한국 해군 정체성과 국제관계

– 해군력 발전 과정의 재조명(1995–2010)

해군중령 **이상엽**

주요 근무경력 - (현재) 박위함장
- 홍범도함 인수 부장
- 합동참모본부 합참의장실

주요 교육경력 - 연세대학교(학사)
- 미국 Columbia University(국제관계학 석사)
- 미국 Rutgers University(정치학 박사)

한국 해군 정체성과 국제관계 – **해군력 발전 과정의 재조명(1995-2010)**

2017년 10월 25일 초판 인쇄
2017년 10월 30일 초판 발행

지은이 | 이상엽
교정교열 | 정난진
펴낸이 | 이찬규
펴낸곳 | 북코리아
등록번호 | 제03-01240호
주소 | 13209 경기도 성남시 중원구 사기막골로 45번길 14
우림2차 A동 1007호
전화 | 02-704-7840
팩스 | 02-704-7848
이메일 | sunhaksa@korea.com
홈페이지 | www.북코리아.kr
ISBN | 978-89-6324-575-1(93390)

값 22,000원

한국 해군 정체성과 국제관계

해군력 발전 과정의 재조명(1995-2010)

이상엽 지음

북코리아

서문

이 책을 통해 저자는 '대양해군'으로 표현되었던 1990~2010년대 기간의 한국 해군력 발전과정을 재조명하고, 그 의미를 되새기고자 했다. 이 서문을 작성하던 시기에 북한은 6차 핵실험을 감행했다. 언론에서는 이 사실과 한·미 국가 통수권 및 군 수뇌부들이 대응방안을 강구하고 있다는 내용이 지속해서 보도되었다. 현 시점에서 북한의 핵·미사일 위협에 대해 대응하거나 억제력을 창출할 수 있는 가용한 군사적 수단에는 어떤 것들이 있을까?

현재 거론되고 있는 방안으로서 적 지휘부나 주요 시설 타격, 또는 북한이 발사한 미사일을 탐지하고 요격하는 능력 등이 있다. 적의 주요 시설 타격을 위해 한국은 육군의 지대지 미사일, 공군의 공대지 미사일, 그리고 해군의 함대지 또는 잠대지 미사일을 운용하고 있다. 북한 미사일의 탐지 및 요격을 위해서는 최근 도입한 종말단계 고고도 미사일 방어체계(THAAD)나 공군의 패트리어트 미사일도 있지만, 해군 이지스(Aegis) 구축함의 탐지 및 요격체계를 운용할 수 있을 것이다. 물론, 요격을 위해서는 SM-3 미사일 도입이 필수적이지만 말이다. 특히, 최근 대두되고 있는 북한의 잠수함발사탄도미사일(SLBM) 위협에 대응하여 핵추진 잠수함을 도입해야 한다는 의견도 진지하게 거론되고 있다. 우리 군은 그동안 이렇듯 다양한 무기체계를 획득하고 운영해왔다. 물론, 여기에는 한미 연합 자산도 있고 보강해야 할 능력들이 많이 있지만, 이러한 국가적인 위기 상황에서 선택할 수 있는 군사적 대응방안이 있다는 것이 얼마나 다행스러운 일인지 모른다. 현 시점에서 우리가 핵추진 잠수함 건조 등 좀 더 발전된 무기체계를 논할 수 있는 것도 지금까지 부지런히 축적해온 노하우로부터 나오는 자신감과 신념을 바탕으로 한다는 점을 상기해야 한다.

이러한 전력들을 보유하게 되기까지 각 군은 다양한 과정을 겪었으리라. 이 중 저자는 해군 전력에 초점을 맞췄다. 현재 한반도 주변과 국제사회에서 해군은 다양한 모습으로 국가안보와 국익에 기여하고 있다. 북한의 전략적 도발이 있을 때, 한국의 대형함정들은 美 해군 전력과 함께 한반도 해역에서 무력시위를 통한 압박을 가한다. 정찰 및 감시 작전, 그리고 정밀타격임무를 수행함은 물론, 북한의 탄도미사일을 감시, 추적한다. 해양에서 일어난 사고에 대해 해군 함정이 구조함과 지휘함으로 지원되기도 한다. 타국 해역에서는 해적을 퇴치하고 나포된 한국 국적의 선박을 구조하는 등 국민의 재산과 생명을 보호하고, 국제사회의 노력에 동참해왔다.

약 20~30년 전, 우리 해군의 모습은 현재와 무척 달랐다. 소형함정들을 이용한 연안작전이 주된 임무였다. 그렇다면, 이러한 변화가 어떻게 가능했을까? 같은 기간 동안 육군과 공군의 전력에도 많은 발전이 있었지만, 해군은 특히 플랫폼의 특성 자체가 연안작전 위주의 소형함정에서 대양작전이 가능한 대형함정으로 발전하는 본질적인 변화가 있었고, 작전 지역도 연근해에서 대양으로 확장되는 커다란 변화가 있었음은 물론, 작전의 종류와 개념도 다양해졌다. 저자는 이 책에서 이런 커다란 변화가 어떻게 시작되었으며, 어떻게 이런 변화가 가능했는지를 상세히 살펴본다. 결국, 저자의 연구는 넓은 의미에서 어떻게 군사력 증강이 이루어지는지 그 메커니즘과 논리에 대한 것이라고 볼 수 있다. 하지만, 현 시점에서 저자가 강조하고 싶은 것은, 본 책에서 강조되는 논리가 어떤 것이든, 그것이 시대적 배경을 막론하고, 어떤 국가에게나 적용되는 일반적인 논리는 아니라는 것이다. 본 연구의 배경이 되는 시기의 군사력 증강을 위해서 어떤 메커니즘이 작용하였다면, 또 다른 시기에는 다른 메커니즘이 작용할 수 있다.

앞서 언급한 해군전력의 변화는 한국의 안보와 위상 차원에서 매우 큰 의미를 갖는 현상이지만, 그 원인과 과정에 대한 학문적인 연구가 부족했던 것이 사실이다. 또한 당시 커다란 사회적 이슈이기도 했던 '대양해군' 현상이 갖는 의미에 대해 학문적인 접근을 한 문헌도 마땅히 찾아보기 어렵다. 이에 저자는 이러한 변화의 역사를 기록하여 남기고, 국제정치학의 이론들을 바탕으로 이 현상을 해석해보려 한다. 아마도 국내에서는 해군전력 증강과 관련된 현상을 사회과학 연구방법론으로 풀어낸 첫 시도일 것으로 생각된다.

이 책에는 국제정치학 방법론뿐 아니라 주변국과의 역학관계 내용이 자세히 담겨 있고, 국가안보 및 군사전략 분야에 대한 심도 깊은 논의가 포함되어 있다. 국제정치학을 공부하는 학생이나 군사, 안보 분야 전문가, 그리고 이러한 분야에 관심이 있는 독자들에게 참고가 되는 자료, 그리고 흥미 있는 읽을거리가 될 수 있다면 저자에게는 최고의 보람과 영광일 것이다. 아울러, 이 책의 내용 중 오류가 있다면, 그것은 전적으로 저자의 학문적 부족함과 책임이라는 것을 강조하고 싶다.

이 책은 저자의 미국 박사과정 기간의 연구를 바탕으로 집필했고, 출판을 마음먹은 후 약 5년이라는 시간이 흐르고 난 후에야 이런 산물로 탄생하게 되었다. 이러한 연구를 할 수 있도록 저자를 선발해주시고 지원해주신 해군과 군사전문 인력으로 성장할 수 있도록 독려해주신 해군 선배님들께 깊은 감사를 드린다. 저자가 미국 러트거스대학(Rutgers University)에서 수학할 당시 지도교수이셨던 잭 리비(Jack S. Levy), 에드워드 로즈(Edward Rhodes), 얀 큐빅(Jan Kubik), 로이 릭라이더(Roy Licklider) 등 교수님들께 큰 감사를 드린다. 한편, 저자의 많은 질문을 항상 진지하게 받아주셨던 컬럼비아대학(Columbia University)의 고(故)케네스 월츠(Kenneth N. Waltz) 교수와 프린스턴대학(Princeton University)의 마이클 오할론(Michael O'Hanlon) 교수께도 깊은 감사를 드린다. 연구 당시 저자의 인터뷰에 응해주신 청와대 안보수석을 역임하셨던 유종하 전 외무부장관님, 임성준 전 캐나다 대사님, 그리고, 안병태 전 해군참모총장님, 유삼남 전 해수부장관님, 윤광웅 전 국방장관님, 송영무 전 해군참모총장님, 김성찬 전 해군참모총장님, 이춘근 박사님, 유용원 기자님을 비롯한 그 밖의 도움 주신 많은 분들께 다시 한 번 깊은 감사를 드린다. 특히, 설문을 도와주신 신인균 자주국방네트워크 대표님과 회원님들께도 큰 감사를 드린다. 또한, 이 책의 탄생이 있게 도와주신 북코리아 이찬규 사장님과 교정 및 편집 작업을 해주신 송새롬님께 깊이 감사드린다. 마지막으로, 늘 든든한 지원을 아끼지 않으신 부모님과 아내, 그리고 딸 진이에게 감사의 뜻을 전한다.

이 책에서 저자는 한국의 해군력이 현재까지 성장하기 위해 어떤 논리들이 작용했는지 심도 있게 연구했다. '대양해군' 기간에 해군력 성장 동력이 어떻게 이어졌었는지는 당시의 시대적 배경과 국제안보

상황, 그에 따른 한국과 군의 변화 등의 영향을 이해해야 한다. 현재 일어나고 있고, 또 앞으로 발생할 해군력의 변화도 지금의 상황이 반영될 변화일 것이다. 그 변화가 어떤 것이든, 가장 중요한 것은 북한의 핵과 미사일을 포함한 군사적 위협에 대한 실질적인 억제력 발위와, 억제 실패시 적을 압도할 수 있는 이러한 국가 차원의 안보전략을 지원할 수 있는 해군력 건설이 지속되어야 함을 강조하고 싶다.

2017년 10월

탑산이 바라다 보이는 진해 관사에서

차례

표 차례

그림 차례

제1장
서론

누군가 건배를 제의하며 "바다로!" 하고 외치면, 나머지는 "세계로!"라는 함성으로 답을 하며 잔을 높이 든다. 이는 1990년대 중반부터 2000년대까지 대한민국 해군의 공식 또는 비공식 행사에서 흔히 볼 수 있는 광경이었다. "바다로, 세계로"는 1995년에 시작되어 2010년 3월 북한의 천안함 폭침 사건이 발생하기 전까지 이어진 한국 해군의 대양해군 건설을 표방한 구호였다. 약 15년 기간 동안 한국 해군은 규모와 능력 면에서 과거와 비교하여 괄목할 만한 성장을 경험했다. 이러한 해군력 성장이 세계적인 관심을 끌 정도의 변화는 아니었을지 몰라도 군사 전문가들과 일부 관심 있는 이들은 한국 해군의 성장 속도가 매우 놀랍다는 평가를 한다. 예를 들어, 미 펜사콜라 해군항공부대의 교육훈련 안전을 위한 전략기획관 마이클 맥크랩(Michael McCrabb)은 자신이 기고한 글에서 한국 해군전력구조의 현대화 속도가 매우 놀랍다고 감탄했다.[1)]

한국 해군과 관련된 이러한 변화들은 학문적 설명을 시도해볼 만

---

1) Michael H. McCrabb. "From Presence to Powerhouse." *Proceedings*, March 2011, pp. 54-59.

한 흥미 있는 사회현상이다. 특히, (군 관련) 제도(institutions)는 변화를 거부하는 특징이 있고, 군은 가장 커다란 국가 제도의 하나라는 점을 생각하면 더욱 그렇다. 1990년대 이전까지 한국이 건조한 가장 큰 해군함정은 울산급(1,500톤) 호위함이었다. 약 2,400톤급의 구축함도 운용하긴 했지만, 이들은 미국 해군이 1950년대와 1960년대에 운용하다가 퇴역시키고 한국으로 인도한 낡은 중고 해군함정들이었다. 과거 해군함정의 주력은 소형 고속정과 연안 방어를 위한 초계함이었다. 하지만 2000년대부터 이러한 전력구조에 많은 변화가 일어났다. 예를 들어, 이지스(Aegis) 능력을 보유한 세종대왕함급 구축함(7,600톤)을 포함한 다른 대형 함정들이 한국 해군전력으로 등장하기 시작했다.[2] 〈그림 1.1〉은 한국이 1990년대와 2000년대에 구축함이나 잠수함 같은 대형 또는 높은 기술력을 요구하는 함정들을 획득하는 데 주력했다는 것을 보여준다.

　흥미 있는 또 한 가지 측면은 북한으로부터의 위협 성격을 고려한다면 다른 형태의 전력구조가 한국 안보상황에 더 적합할 가능성도 있

---

2) 이지스 프로그램은 항공모함과 함재기들의 방어를 위해 1960년대 미 국방성이 시작한 고급 함정 미사일 체계(Advanced Surface Missile System)에서 시작되었다. 이지스는 지휘/결심과 무장통제가 통합된 체계를 일컬으며, 이지스 순양함 또는 구축함은 미사일 방어, 대공전, 대수상전, 대잠전, 대지전, 전자전 등의 다양한 능력을 갖췄다. 이지스 능력을 갖춘 함정은 900개의 수상/대공 표적을 동시에 교전할 수 있으며, 1,000㎞ 밖에서 발사된 적 미사일 탐지가 가능하다. 이지스와 관련한 자세한 내용은 다음 문헌을 참조하라. Norman Friedman. *Network-Centric Warfare: How Navies Learned to Fight Smarter Through Three World Wars* (Annapolis: Naval Institute Press, 2009). pp. 98-100; 김민석·양욱·유용원. 『신의 방패 이지스 대양해군의 시대를 열다』(서울: 플래닛미디어, 2008).

3) John Moore. *Jane's Fighting Ships 1981-82*. London and New York: Jane's Publishing Company Ltd., 1981; Richard Sharpe. *Jane's Fighting Ships 1991-92*. Frome and London: Jane's Information Group, 1991; Stephen Saunders. *Jane's Fighting Ships 2001-2002*. Coulsdon, UK: Jane's Information Group, 2001; *Jane's Fighting Ships 2010-2011*. Virginia: Jane's Information Group Inc., 2010.

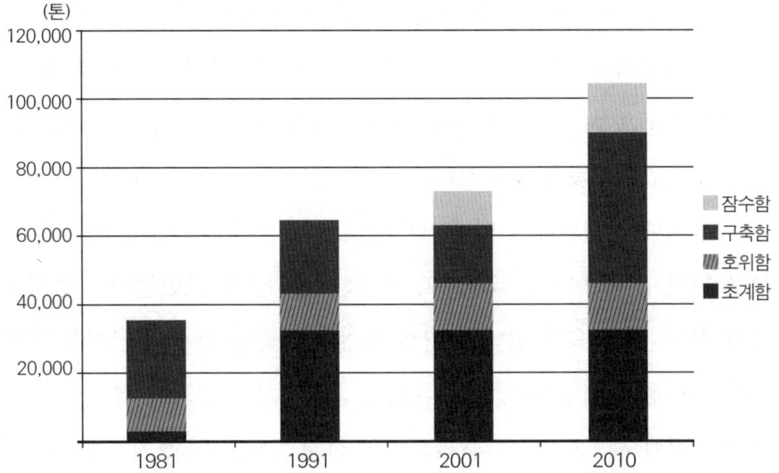

* 참고자료: *Jane's Fighting Ships*[3]

〈그림 1.1〉 한국 해군 획득 전력 총 배수톤수(1981~2010)

는 상황에서 왜 정치인들이나 정책결정자들이 대형 함정 건조를 위한 예산을 승인했는가 하는 것이다. 사실, 대형 해군함정을 운용하는 국가의 수가 세계적으로 그렇게 많은 것은 아니다. 예를 들어, 2008년 현재 세계적으로 3,000톤 이상의 전투 함정을 운용하는 국가는 29개국에 지나지 않으며, 한국이 바로 그중 하나였다.[4] 물론, 해군함정의 톤수가 그 함정들을 운용하는 국가나 해군에 대한 모든 것을 말해주는 것은 아니다. 하지만 그 비용을 생각해서라도 대형 함정들을 건조하고 유지하는 데는 분명히 국가 차원에서의 관심과 노력이 어느 정도는 필요하다. 게

4) 29개국은 호주, 브라질, 캐나다, 중국, 칠레, 이집트, 프랑스, 독일, 그리스, 인도, 이탈리아, 일본, 멕시코, 네덜란드, 뉴질랜드, 노르웨이, 파키스탄, 루마니아, 러시아, 사우디아라비아, 남아프리카공화국, 스페인, 대만, 태국, 우크라이나, UAE, 한국, 영국 그리고 미국이다(여기서 필자는 순양함, 구축함, 호위함 같은 주요 전투함만 포함했다). Stephen Saunders. *Jane's Fighting Ships 2008-2009*. Jane's Information Group: Cambridge University Press, 2008.

다가, 어떤 국가들은 그러한 대형 함정들을 건조하고 운용할 능력이 있음에도 불구하고 이와 다른 방향의 전력건설을 선택한다. 예를 들어, 스웨덴 해군은 대양작전을 위한 대형 함정들 대신 잠수함 또는 작지만 현대화된 고속정들을 운용한다.

이 책에서 필자는 어떠한 요인들로 인해 한국의 새로운 해군력 건설을 위한 움직임이 시작되었고, 장기간 유지될 수 있었는지를 설명하고자 한다. 이 물음에 답하기 위해 필자는 다양한 관점에 근거한 설명들의 타당성을 검증한다. 일반적으로 군사정책의 변화를 설명하는 이론들은 현실주의 모델, 조직/관료주의 정치 모델, 국내정치 모델의 3가지 시각을 근거로 한다. 군사력은 일반적으로 힘의 정치(power politics)의 주요 수단으로 여겨지는 점을 고려한다면, 현실주의적 입장이 가장 간단명료한 설명을 제공할 수 있을 것이다. 현실주의적 시각에 의하면, 군사정책과 무기체계는 외부 자극(위협)에 대해 합리적 계산과 가용한 자원에 근거하여 국익을 보호하고 증대하기 위한 국가 차원의 노력으로 이해할 수 있다. 반면, 조직/관료정치 모델과 국내정치 모델에서는 군사정책이나 무기획득에 관련된 결정들을 행위자들이나 이들이 속한 조직의 이익을 관철시키려고 하는 경쟁관계의 결과로 이해한다.

이러한 모델들에서 (암묵적 또는 명시적으로) 행위자들의 주된 목적은 물리적 힘 또는 정치적 권력으로 정의되는 실리(實利, utility)의 극대화라는 합리적 행위자 가정으로부터 출발한다. 이러한 합리적 행위자 가정은 간단명료한 분석의 틀을 위한 초석이 되는 반면, 이익이 아닌 다른 동기에서부터 시작되는 사회현상을 이해하는 데는 그다지 큰 도움이 되지 않는다. 게다가, 이런 합리적 모델들은 그들의 분석에 사회적 배경(social contexts)을 좀처럼 포함시키지 않는다.[5] 무엇보다 중요한 것은 이러한 합리적 모델에 근거하여 필자가 도출한 가설들이 경험적(empirical) 증거들로 잘 뒷받침되지 않는다는 것이다.

저자는 대양해군을 향한 움직임이 시작되고 지속된 현상을 설명하기 위해 사회학적 제도주의(sociological institutionalist) 관점에 입각한 구성주의적(constructivist) 설명을 제시한다. 필자는 '인간의 행동은 단순히 이익의 원칙만을 따르지 않는다'고 가정한다. 인간의 행동은 제도(institutions), 정체성(identity) 또는 기준(norms) 같은 문화적 요소들에 의해 결정된다.[6] 인간의 행동은 일반적으로 '의미를 만드는' 활동으로 이해된다. 또한, 사회학적 제도주의 접근은 국가를 초월한 조직 분야에서의 기준(norms)과 제도적 관행들의 점진적 변화와 전파, 그리고 그들이 가져오는 국제적인 효과를 강조한다. 저자가 제시하는 모델에서는 행위자들이 조직과 국가의 정체성에 근거하여 '무엇이 적절한(appropriate) 행동인가?'라는 문제뿐만 아니라 '국제사회에서 다른 국가들은 어떻게 행동하는가?'에도 관심을 갖는다.

본 연구에서 저자가 주장하려는 논지는 한국 해군의 조직 정체성 변화, 그리고 한국의 국가 정체성과 연관된 해군의 의미(意味, meanings)를 이해하지 않고서는 대양해군을 향한 움직임과 관련된 현상들을 설명할 수 없다는 것이다. 대양해군 기치를 올리기 전 한국 해군의 주된 임무 중 하나는 영해(領海) 안에서 북한의 간첩선을 추격하는 것이었다. 이

---

5) 물론, 이성주의적(rationalist) 분석 중에서도 사회적 배경을 분석의 대상으로 포함시키려는 학자들도 있다. 매우 독창적인 학술작품인 『*Honor, Symbols, and War*』에서 오닐(O'Neil)은 게임에서 이성적인 행위자들의 전략은 다른 행위자들의 전략에 의해서도 영향을 받지만, 제도와 같은 문화적 요소에 대해서도 영향을 받는다는 것을 증명한다. Barry O'Neil. *Honor, Symbols, and War*. Ann Arbor: University of Michigan Press, 1999.

6) 사회학적 제도주의 시각에서는 제도(institutions)와 문화(culture) 간에 뚜렷한 개념적인 구분을 두지 않는다. 저자는 제2장에서 이 점에 대한 세부적인 설명을 제공한다.

후 해군은 광범위한 의미의 국익뿐 아니라, (남-북 관계에 한정되지 않는) 대한민국의 외교안보정책목표 달성을 증진시키는 데 중심적인 역할을 하는 군이 되어야 한다는 점을 강조하기 시작했다. 이러한 변화는 국민 사이에서 한국이 주권국가로서 정당한 국제사회의 일원이라는 인식이 점차 커져가던 시기와 때를 같이했다. 한국의 국제 지향적 정체성은 북한과의 경쟁관계로 정의되던 과거 정체성으로부터의 탈피를 의미했다. 한편, 해군의 대양해군을 향한 기치는 선진 해군들과의 접촉이 증가하고, 그에 따라 (하나의 전문 분야로서) 해군력 발전의 필요성과 열망을 강하게 경험하면서 더욱 강해졌다. 또한, 대양해군 관련 메시지는 정치지도자들과 국민 간에 비교적 잘 전파되고 호응을 얻었는데, 이는 국민이 국가에 대한 새로운 이미지 또는 정체성에 공감했고, 그러한 국가 정체성을 대양해군의 의미와 결부시켰기 때문이다.

저자는 본 연구에서 절충적인(eclectic) 입장을 취하는데, 이는 개인의 이익이나 관료, 조직역학 등 인간행위에 대한 기본적인 가정이나 입장이 다른 시각들을 완전히 부정하지 않는다는 것이다. 저자가 제시하는 절충적 접근에서는 사회학적 제도주의(sociological institutionalist) 가정이 다른 요인들의 작용 여건 또는 환경을 제공한다. 저자의 모델에서는 다른 요인들의 역할도 문화적 요인들을 통해 효과를 나타낸다. 예를 들어, 외부위협의 효과는 그 위협이 새롭게 정의된 국가 정체성이나 국익과 연계된 해군의 조직 정체성 또는 임무와 얼마나 관련이 있는가에 따라 다르게 나타날 것이다. 일본의 독도 영유권 주장은 북한과의 군사적 충돌보다 대양해군 기치를 더욱 공고히 할 가능성이 높다. 왜냐하면, 후자보다는 전자가 국제정치에서 독립된 현대 국가로서 한국의 정체성에 대한 도전이 되기 때문이다. 마찬가지로, 경제적 이익과 관련된 고려사항들(예를 들어, 자국의 해군력을 이용하여 해상교통로를 지키는 일 등)이 대양해군과 관련된 사안에 직접적인 영향을 미치지 않을 것이다. 오히려 이러한 해상교통로 보호 같은 사안도 정치지도자들이나 국민이 국제사회에서 다른 국가들과 동등하게 존중받는 주권국가로서 한국이 어떻게 행동해야 하는가를 강조함에 따라 그 중요도가 높아질 것이다.

1996년, 카젠슈타인(Katzenstein)과 동료 학자들은 『국가안보의 문화(*The Culture of National Security*)』라는 책을 발표했다.[7] 이 책에 글을 실은 저자들은 정체성, 기준 그리고 제도 등 문화적인 요소들이 국가안보 관련 사안에서도 인과관계에 영향을 미치는 중요한 요인이라고 주장했다. 저자의 연구가 정치학계에 기여하는 분야는 바로 이러한 연구 분야다. 정치적 목적을 위한 전략적 계산이나 외부위협 같은 요소들이 국가안보 정책 수립에 중요한 고려요소라는 것은 분명하다. 하지만 이러한 요소들이 한 국가의 국방정책에 변화를 가져올 수 있는 유일한 요소들은 아니다. 더욱이 그러한 이성적인 전략적 계산조차 제도적인 범위 안에서 행해지는 것일지도 모른다. 다시 말해, 국가안보를 어떠한 방법으로 실현할 것인가에 대한 문제도 존재하는 제도들(institutions)이 정의하는 범위 내에서 결정될 수 있다는 것이다. 이러한 관점에서 키건(Keegan)은 문화가 전쟁의 성격을 정의하는 주된 결정요소라고 주장하기도 했다.[8] 사실, 군사(軍事, military affairs)가 행해진 방식들도 국제적 관행으로서의 기준(norms)에 많은 영향을 받아왔다. 예를 들어, 화학무기나 핵무기 같은 대량살상무기(Weapons of Mass Destruction)의 사용은 용납할 수 없다는

7) Peter J. Katzenstein. *The Culture of National Security: Norms and Identity in World Politics*. New York: Columbia University Press, 1996.

8) John Keegan. *A History of Warfare*. New York: Alfred A. Knopf Inc., 1993. p. 387.

입장이 국제정치에서의 관행이 되었다.[9] 어떤 국가가 정당하고 존중받는 국제사회의 일원으로 여겨지기를 원한다면 대량살상무기 같은 국제적 금기(禁忌)로부터 멀리하려 할 것이다. 서치맨과 아이어(Suchman and Eyre)는 "국가들은 선진화된 군 조직과 무기체계를 이들이 상징하는 현대성과 자주성 등 때문에 유지하려 할 수도 있다"고 주장한다.[10] 이처럼 사회적 기준과 정체성이 어떤 군 또는 무기체계를 획득하고 유지할 것인가, 그리고 어떻게 싸울 것인가에 대한 국가적 결정에 영향을 미칠 수 있다. 본 연구를 통해 저자는 특히 그러한 문화적 요인들이 사회적 행위자의 행동에 어떻게 영향을 미치고, 어떻게 그 행위자들이 그러한 문화적인 자원을 이용하여 다시금 제도의 변화를 가져오는지 그 세부적인 메커니즘(fine-grained mechanism)을 밝혀내려 한다.

저자의 연구가 정치학 분야에 기여하는 바는 다음과 같다. 첫째, 본 연구는 강대국도 약소국도 아닌 중간 수준의 국력을 가진 국가(middle power)의 사례를 이용하여 다양한 국제관계 이론을 경험적으로 검증했다. 많은 경우, 국제관계 이론들은 강대국의 사례들을 통해 검증되어왔다. 반면, 본 연구는 그러한 이론들이 한국 같은 중간국의 경우에 얼마나 잘 적용되는지를 검증할 기회를 제공한다. 둘째, 지금까지 정치학 분야에서 한국 해군의 사례를 심도 있게 다룬 학술연구는 거의 없었다. 한국의 빠른 경제발전이 정치학에서 많은 관심을 집중시켰던 것처럼 지난 20년간 한국이 이룩한 해군력 건설 또한 매우 흥미로운 사회현상

9) Richard Price and Nina Tannenwald. "Norms and Deterrence: The Nuclear and Chemical Weapons Taboos." In *The Culture of National Security: Norms and Identity in World Politics,* by Peter J. Katzenstein, pp. 114-152. New York: Columbia University Press, 1996.

10) Mark C. Suchman and Dana P. Eyre. "Military Procurement as Rational Myth: Notes on the Social Construction of Weapons Proliferation." *Sociological Forum, Vol. 7, No. 1, Special Issue: Needed Sociological Research on Issues of War and Peace*, Mar., 1992: pp. 137-161.

이다. 더욱 흥미로운 것은 강대국들과 전통적인 해양 국가들을 제외하면 한국이 대양작전 능력을 보유한 해군함정들을 직접 건조하고 유지하는 몇 안 되는 국가 중의 하나라는 점이다. 저자의 연구는 정치학의 다양한 이론적 시각과 이론을 통해 한국 해군력 건설에 대한 면밀한 학문적 연구를 한 첫 시도가 될 것이다.

이 책의 구성은 다음과 같다. 제2장에서 저자는 국가의 무기체계 획득에 대한 다양한 이론적 입장을 논의하고, 이 다양한 이론적 입장에 근거하여 다음 장에서 검증될 가설들을 도출한다. 여기에서 논의될 이론적 입장들은 현실주의 모델, 조직/관료정치 모델, 국내정치 모델 및 사회학적 제도주의 모델을 포함한다. 제3장은 현실주의 모델에 근거한 설명들이 1990년대 이후 한국 해군전력건설에 대해 얼마나 타당한 설명을 제공할 수 있는지를 검증한다. 여기서는 주로 외부위협, 국제정치의 구조적 특성, 경제적 이익과 경제력 또는 기술력 등을 포함한 독립변수(independent variables)의 효과를 살펴본다. 제4장에서는 관료정치 관점을 통한 설명의 타당성을 검증한다. 여기서 저자는 대양해군을 향한 움직임이 해군의 집단이익을 위해 추진되었거나, 또는 해군이 중앙정부조직이나 타군과의 관계에 있어 조직적 입지가 향상되었기 때문일 가능성을 분석한다. 제5장은 해군전력 발전이 사회저변에서 변혁을 장려하는 한국의 사회적 특성의 결과였는지, 또는 해군, 정계, 업체 같은 국내 행위자들의 이익을 위한 상호 간의 정치적 담합의 결과였을 가능성 등에 대해 분석한다.

제6장과 제7장에서 저자는 사회학적 제도주의에 입각한 절충적 설명을 제시한다. 제6장에서는 대양해군을 향한 움직임이 어떻게, 그리고 어떤 요소들에 의해 시작되었는지를 살펴보고, 제7장에서는 그러

한 움직임이 어떻게 장기간 지속될 수 있었는지를 분석한다. 제8장은 저자가 제시한 분석들을 요약하는 결론의 장으로, 여기서 저자가 제시하는 문화적 설명이 (한국이 아닌) 다른 사례에 대한 설명을 위해 갖는 함의와 장차 연구의 방향에 대해서도 간단히 언급한다. 에필로그에서 저자는 본 연구가 제시하는 설명이 천안함 폭침 사태 이후 대양해군 관련 변화에 어떻게 적용될 수 있는지에 대한 논의를 할 것이다.

제2장
다양한 국제정치학적 설명과 연구 계획

제2장에서는 국가의 무기획득 현상과 관련된 다양한 입장의 이론들을 논의한다. 이러한 다양한 이론적 입장에 근거하여 저자는 1990년대 한국 해군의 전력발전현상을 설명할 수 있는 가설을 도출한다. 저자가 논의할 이론적 입장들에는 현실주의 모델, 조직/관료주의 정치 모델, 국내정치 모델, 사회학적 제도주의 모델이 포함된다. 저자의 주장은 각 모델이 현상을 이해할 수 있는 유용한 시각을 제공하는 것은 사실이지만, 이들 중 어떤 한 가지 모델도 현상 전체를 완벽히 설명할 수 없다는 것이다. 다시 말해, 대양해군 현상을 둘러싼 현상들의 시작과 지속, 그리고 종료의 과정을 설명하기 위해서는 다양한 모델들이 제시하는 시각으로 상호 보완할 수 있는 절충적인 접근이 필요하다는 것이다. 저자는 이러한 절충적인 노력에서 사회학적 제도주의 모델을 기본 분석틀로 사용한다. 이론적 접근에 대한 논의 후, 본 연구를 어떻게 구상하고 설계했는지에 대해 간단히 설명한다.

1. 다양한 국제정치학 이론에 근거한 접근

1) 현실주의 모델

새로운 한국 해군력 건설방향에 대한 현실주의 설명은 국가안보와 경제적인 측면에서의 국익, 국제정치체계 구조의 변화, 그리고 한국의 경제력 및 기술력 변화 같은 변수들의 역할을 강조한다. 현실주의 패러다임은 기본적으로 국가를 무정부적인(anarchical) 국제정치체계에서 외부의 자극에 이성적으로 반응하는 단위(unitary) 행위자로 가정한다.[1] 또한, 국가는 한정된 자원 내에서 전략적 계산에 의해 행동한다고 가정한다. 따라서 한 국가의 군사력 변화는 어떤 외부 자극에 대응하여 국익을 보호하거나 증대시키려는 국가행위자의 합리적인(rational) 정책판단의 결과물로 이해할 수 있다. 즉, 현실주의 세계에서 "목적 없는 무기"는 존재할 수 없다.[2]

강조점에 따라 조금씩 다른 종류의 현실주의 입장이 존재한다. 구체적인 가설을 도출하기에 앞서 다양한 현실주의 접근에 대해 간략히 논하는 것이 도움이 될 것이다. 모겐소(Hans J. Morgenthau) 등 고전적 현실주의자들은 힘(power)으로 정의되는 이익의 추구가 (국내 및 국제)정치의 기본 특성이며, 인간 본연의 특성도 이러한 정치의 특성을 결정하는 중요

---

1) Hans J. Morgenthau. *Politics among Nations: The Struggle for Power and Peace* (New York: Alfred A. Knopf, 1963). Kenneth N. Waltz. *Theory of International Politics* (Boston, New York: McGraw-Hill, 1979).

2) 인용부호 안의 표현은 저자가 테오 파렐이 쓴 책 제목에서 빌려 인용했다. Theo Farrell. *Weapons Without a Cause: The Politics of Weapons Acquisition in the United States* (New York: St. Martin's Press, 1997).

한 요소라는 점을 강조한다.[3] 한편, 월츠(Kenneth N. Waltz) 교수의 신현실주의(또는 구조적 현실주의)는 무정부적인 국제정치체계의 구조적 특성을 강조한다. 신현실주의는 국가가 가장 우려하는 것은 힘이 아닌 안전보장(security)이라는 점을 강조하는데, 이는 무정부적인 국제정치체계에서는 국가 간의 충돌과 경쟁적인 관계를 중재(仲裁)해줄 중앙 권한(authority)이 존재하지 않기 때문이다. 더욱이, 무정부적인 체계에서는 '안보딜레마(security dilemma)'라는 역학이 형성되는데, 이는 국가 자신들의 안보를 위한 노력이 결국 안보적으로 더 불안한 상황이나 충돌의 악순환을 가져오는 상황을 말한다. 예를 들어, 순수한 방어를 위한 자국의 군비증강 노력이 주변의 다른 국가가 보기에는 위협으로 인식될 수 있다. 이러한 역학은 두 국가 간에 군비경쟁을 가져올 수 있고, 결국 두 국가 모두의 안보 상황이 악화되는 결과를 가져오게 된다. 이처럼 무정부적인 구조적 특성 때문에 국가들이 자신들의 의지와는 무관하게 충돌상황이나 전쟁으로 치닫게 될 상황이 조성될 수 있다는 것이다.[4]

구조적 현실주의는 공격적(offensive) 현실주의와 방어적(defensive) 현실주의 두 가지 다른 입장으로 구분할 수 있다. 두 가지 입장 모두 '무정부적 구조(체계)'라는 가정은 동일하다. 차이점은 무정부적 국제정치체계가 국가의 안보행동에 얼마나 영향을 미치는지 그 정도에 대한 가정에 있다. 공격적 현실주의에서 무정부 구조의 영향은 매우 크게 나타난다. 미어샤이머(Mearsheimer) 교수에 의하면, 국가들(특히, 강대국들)은 가능한 한 힘(국력)을 최대한 키우려고 노력하는데, 이는 안전보장의 가장 확실한 방법이 그 체계 안에서 가장 강한 국가 또는 패권국가가 되는 것

---

3) Morgenthau. *Politics among Nations.*

4) Robert Jervis. *Perception and Misperception in International Politics*. Princeton: Princeton University Press, 1976. p. 67.

이기 때문이다.[5] 고전적 현실주의와 마찬가지로, 공격적 현실주의에서 힘(power)은 수단이 아닌 목적이다. 미어샤이머 교수는 월츠 교수의 이론을 기반으로 하여 무정부 상태(anarchy)와 힘의 분배 상태 같은 구조적 변수들이 국제정치를 형성해나가는 주된 요인이라고 주장한다. 예를 들어, 양극체계(bipolar system)보다는 다극체계(multipolar system)에서 전쟁이 발생할 가능성이 높은데, 이는 다극체계에서 세력 불균형이나 계산 착오 등의 여지가 많으며, 특히 다극체계는 충돌할 수 있는 더 많은 양자 관계의 조합을 내포하기 때문이다.

반면, 방어적 현실주의는 "국가들이 팽창보다는 안보를 추구한다면 무정부 상태의 영향은 어느 정도 경감될 수 있다"고 주장한다. 또한, 방어를 위한 무기체계는 공격을 위한 무기체계와 구별될 수 있기 때문에 국가들은 방어적인 태세를 유지함으로써 안보 딜레마의 악영향을 감소시킬 수 있다고 믿는다.[6] 월츠의 신현실주의나 공격적 현실주의가 "구조"의 영향을 강조한 것과는 달리, 방어적 현실주의는 공격-방어의 균형, 기술과 지형의 영향 등을 포함하여 "힘을 구성하는 세부적인 요소들의 역할이 미치는 영향을 고려한 구조"를 강조한다.[7] 이베라(Evera) 교수에 의하면, 공격-방어 균형의 결정 요인들은 군사기술, 교리, 지형, 통치형태 등을 포함한 비체계적(non-system) 변수들을 포함한다.[8] 사실, 방어적 현실주의는 이같이 국내 수준(domestic level) 변수의 역할을 인정하기 때문에 순수한 구조주의 모델이라고 보기는 어렵다.

---

5) John J. Mearsheimer. *The Tragedy of Great Power Politics*. New York: Norton, 2001.

6) Robert Jervis. "Cooperation Under Security Dilemma." *World Politics, Vol. 30, No. 2*, January 1978: pp. 167-214.

7) Stephen Van Evera. *Causes of War: Power and the Roots of Conflict*. Ithaca, NY: Cornell University Press, 1999.

8) 같은 책.

신고전 현실주의(neoclassical realism)도 순수한 구조적 시각에서 벗어난 또 다른 예라고 할 수 있다. 신고전 현실주의가 다른 현실주의와 다른 점은 국가들이 가장 중요한 행위자라는 것은 인정하지만 이들을 단위행위자(unitary actors)로 이해하지는 않는다는 것이다. 신고전 현실주의 역시 국제관계에서 무정부 상태의 역할을 받아들인다. 하지만 중요한 것은 무정부 상태의 영향이 국가 행위를 직접적으로 결정하는 독립변수가 아니라 간접적으로 국가 행위에 영향을 미치는 허용적인(permissive) 요인으로 이해된다. 다시 말해, 구조적 영향은 국내정치 구조나 국가지도자들의 인식(perception) 같은 행위자 수준의 변수들을 통해 새로이 변형 또는 해석된다.[9] 국가지도자들은 다른 국가의 의도나 힘의 상대적 우열 등을 포함한 국제 환경의 평가를 기반으로 외교정책을 결정한다. 동시에, 그 지도자들은 국내정치에서 발생하는 제한 요소들의 영향을 받게 되어 있으며, 결국 다른 국내 행위자들과 협상을 해야 하는 입장에 처한다는 것이다.[10]

첫 번째 현실주의 가설은 한국 해군력 증강을 주변국들과의 양자관계에서 발생하는 외부위협에 대한 전략적(strategic) 반응으로 보는 입장을 기반으로 도출해보았다.[11] 월츠 교수에 따르면, 국가행위자들이

---

9) Gideon Rose. "Neoclassical Realism and Theories of Foreign Policy." *World Politics, Vol. 51, No. 1*, October, 1998. p. 152.

10) Steven E. Lobell, Norrin M. Ripsman, and Jeffrey W. Taliaferro. *Neoclassical Realism, the State, and Foreign Policy*. Cambridge and New York: Cambridge University Press, 2009. pp. 25-26.

11) 여기서 '전략적(strategic)'이라는 표현의 의미를 명확히 할 필요가 있다. 전략적 상황이란 어떤 행위자가 자신의 목표를 추진할 능력이 다른 행위자가 어떤 행동을 취하느냐에 달려 있는 상황을 말한다. 세부적인 논의는 다음 문헌을 참조하라. David A. Lake and Robert Powell. *Strategic Choice and International Relations* (Princeton: Princeton University Press, 1999), p. 8.

생존을 위해 취할 수 있는 수단에는 외부적 균형(external balancing)과 자체 균형(internal balancing)의 두 가지가 있다.[12] 전자는 잠재 위협세력에 대응하여 군사동맹을 형성함으로써 힘의 균형이 유지되는 현상을 말한다. 후자는 자신의 능력을 향상시킴으로써 힘의 균형을 찾는 것으로 경제적 능력 향상, 군사력 증강, 새로운 전략 개발 등이 여기에 속한다. 현실주의 입장은 또한 다른 국가들에 비해 한 국가의 상대적 능력 감소가 그 국가의 생존 확률에 치명적인 영향을 준다는 것을 강조한다.[13]

포젠(Posen) 교수는 이러한 외부적/자체 균형 노력과 관련된 역학관계를 이용하여 제1차 세계대전 이후 독일군, 영국군, 프랑스군의 교리발전 과정을 설명한다.[14] 포젠 교수에 의하면, 군 교리 혁신을 위한 가장 중요한 요인은 민간 정치인의 개입이며, 민간 정치인들이 군 관련 사안들에 적극적으로 개입할지 여부는 균형(balancing) 행동 유형에 근거하여 예측이 가능하다. 예를 들어, 다극(multipolar)체계에서 동맹국이 없는 국가는 정치인들의 적극적인 관심으로 자국의 군사력 증강이나 교리 혁신 등 자체 균형 노력에 의존할 가능성이 높다는 것이다. 포젠의 주장에 의하면, 제2차 세계대전 이전의 독일의 대외관계나 이스라엘의 전반적인 주변국 관계에서의 외교적 고립상황이 이들 국가로 하여금 주변 경쟁 국가들에 비해 혁신적인 군 교리개발을 가능케 했다.[15]

---

12) Waltz. *Theory of International Politics*, p. 118.

13) Joseph M. Grieco. "Anarchy and the Limits of Cooperation: A Realist Critique of the Newest Liberal Institutionalism," in Charles W. Kegley, Jr. (ed), *Controversies in International Relations Theory: Realism and the Neoliberal Challenge* (New York: St. Martin's Press, 1995), p. 161.

14) Barry R. Posen. *The Sources of Military Doctrine: France, Britain, and Germany between the World Wars* (Ithaca: Cornell University Press, 1984).

15) 같은 책. p. 233.

이와 같은 관점에서 보면, 한국 해군력의 변화는 군사력 증강을 위한 자체 균형 노력으로 이해할 수 있을 것이다. 그렇다면 한국의 자체 균형 노력은 어떤 세력을 견제하기 위한 것이었는지가 문제다. 세력균형 이론보다는 위협균형 이론이 본 사례를 설명하는 데 적합할 것으로 보인다. 세력균형 이론은 국가 행동을 예측함에 있어 물질적 힘을 가장 중요한 요소로 본다. 예를 들어, 월츠 교수는 "국가들은 힘이 약한 쪽으로 서로 응집하기 마련인데, 이는 강한 국가들이 위협의 대상이기 때문"이라고 주장한다.[16] 이렇게 강한 세력을 견제하여 약한 쪽으로 모이는 균형행위가 더 안전하며, 이는 만일 강한 쪽에 편승했을 때, 그 편승한 국가의 운명은 결국 그 강한 국가에 의해 결정될 것이기 때문이다. 세력균형 이론은 국제관계 이해를 위해 널리 받아들여져온 이론이지만, 냉전 이후 동아시아에서의 안보관계를 이해하기 위한 분석의 틀로서는 그다지 적합해 보이지 않는다. 세력균형 이론에 의하면, 빠른 속도로 부상하고 있는 중국을 견제하기 위해 주변국들은 서로 힘을 모아 세력균형을 이루려 해야 할 것이다. 하지만 데이빗 강(David Kang)이 지적한 것처럼 일본, 한국 및 동남아시아 국가들은 중국을 견제하기 위해 연합을 형성하는 등의 뚜렷한 세력균형 행위는 보이지 않고 있다.[17]

반면, 위협균형 이론은 국가들이 물질적 힘보다는 인지된 위협에 대해 견제하려 한다고 예측한다. 스테판 월트(Stephen Walt) 교수에 의하면, (물질적) 힘, 근접성, 공격능력, 공격적 의도 등 다수의 요인이 위협요소가 될 수 있다.[18] 특히, 월트 교수는 공격적인 의도를 중요한 요인으

---

16) Waltz. *Theory of International Politics*, p. 127.

17) David Kang. "Getting Asia Wrong: The Need for New Analytical Framework," *International Security* 27-4 (Spring, 2003), pp. 57-85.

18) Stephen M. Walt. *The Origins of Alliances* (Ithaca: Cornell University Press, 1987). pp. 21-

로 강조한다. 서울이 약 1만 2,000개 북한 장사정포 등의 사정거리 안에 위치해 있고, 북한의 한국에 대한 지속적인 군사도발 및 위협적인 메시지 등을 고려한다면, 한국이 북한을 가장 심각한 국가안보 위협으로 인지할 것임은 쉽게 이해할 수 있을 것이다. 또한, 동아시아 지역에서 다른 주변국들이 한국에 새로운 위협요소가 되었을 가능성도 있다. 중국과 일본 등의 주변국들이 지속적으로 전력투사능력을 신장해왔다는 사실과 동아시아 지역에 해결되지 않은 영토 분쟁이 잔존한다는 사실 등을 고려하면, 주변국 위협 논리도 충분히 가능성이 있는 시나리오다.

한국 해군전력 증강을 남-북한 간의 군사적 대치상황의 맥락에서 본다면, 억제 이론(deterrence theory)을 이용한 설명도 가능할 것이다. 억제 이론에 의하면, 한 국가의 국방을 위한 의지와 능력이 약하다고 그 적성국이 믿게 되면, 그 국가의 안보는 위험에 처하게 된다.[19] 결국 강한 군사력과 위압적인 전략이 적국에게 억제효과를 가져옴으로써 평화를 유지하게 한다는 것이다. 이러한 시각에서 특히 삼면이 바다로 둘러싸인 한국의 지형적인 특성을 고려한다면, 북한의 동·서해 측방에 대한 공격시도를 무효화할 수 있는 강한 해군력은 북한의 군사도발에 대한 억제효과를 위한 군사력 증강일 수도 있을 것이다. 지금까지의 이론적 논의를 바탕으로 하여 다음과 같이 첫 번째 가설을 기술한다.

> **HR 1.** 대양해군을 표방한 한국 해군력 증강은 북한이나 기타 주변국으로부터 인지된 위협에 대한 국가(정부) 차원의 반응이었다.

26.

19) Jervis. *Perception and Misperception*. p. 58.

HR 1이 타당성 있는 가설이 되기 위해서는 한국이 안보위협으로 인식할 만한 외부 요인들을 발견할 수 있어야 한다. 북한이나 기타 주변국의 새로운 무기획득을 포함한 군 구조의 변화 등을 그러한 예로 볼 수 있다. 특히, 해군력 변화는 매우 적절한 증거일 것이다. 무기체계뿐만 아니라, 북한과 다른 주변국들의 공격적인 외교 정책이나 의도의 현시 등도 한국이 안보 위협요소로 인식할 수 있다. 객관적으로 존재하는 군사위협이 아닌 한국의 '위협 인식'이 작용했는지를 판단하기 위해서는 정치지도자들의 연설이나 발언내용 등을 살펴보고 그들이 대양해군 건설을 주장한 사례가 있는지, 그리고 그 주장이 북한이나 주변국들로부터 인식된 위협에 근거한 것이지를 살펴보는 방법이 있다. 국방백서 같은 정부의 공식 입장을 기술한 공식 문서나 간행물 등도 유용한 자료가 될 것이다.

첫 번째 현실주의 가설(HR 1)이 양자(dyadic) 관계 수준의 위협에 관계되는 데 반해, 두 번째 현실주의 설명은 체계 수준(system level) 변수의 효과를 강조한다. 신현실주의 이론에 의하면, 국가들은 특성이나 기능 면에서가 아닌 물질적 능력으로 정의되는 힘의 차이에 의해 차별화된다.[20] 더 중요한 것은 국가들의 행동이 국제정치체계의 구조적 압력에 의해 형성된다는 것이다. 냉전의 양극체계에서 미국과 소련은 자신들의 약소 동맹국들을 보호하기 위해 매우 높은 수준의 안보 공약을 보여야 했다. 억제 이론이 시사하듯, 어떤 한쪽에서라도 동맹국 방어에 대한 공약을 소홀히 한다면, 이는 동맹국 방어 의지와 능력이 감소되었다는 징후로 비쳤을 것이고, 이는 이후의 양국 관계 및 전략적 행동에

20) Waltz. *Theory of International Politics*. p. 97.

있어 고려사항이 되었을 것이다.[21] 이러한 역학관계는 개별 국가의 의지와는 상관없이 무정부적인 국제관계의 구조적 특성 때문에 발생한다.[22]

이러한 구조적 관점에서 보면, 냉전의 종료와 함께 미국-소련 간의 팽팽한 강대국 경쟁구도가 사라지고, 이와 같은 국제안보 환경의 변화와 함께 미국이 한반도에 대한 안보 공약의 필요성을 재평가했을 수도 있다. 한국은 이를 예견하고 해군력 증강을 통해 대북 방어태세를 강화하려 했을 가능성도 있다. 실제로 미국의 한반도 방어공약 수준의 감소가 있었는지는 검증을 통해 확인해야 할 경험적(empirical) 문제다. 사실, 더욱 관련 있는 요소는 미국의 동아시아 안보정책 변화 가능성에 대해 한국이 느끼는 안보 불안일 것이다. 한-미 관계의 역사 속에서 미국 정부의 주한미군 감축 또는 그에 대한 논의가 있을 때마다 한국에서는 커다란 우려와 반대의 목소리가 있었던 사실을 고려하면, 냉전 이후 한국의 안보 불안이 해군력 증강을 가져왔을 것이라는 가설도 어느 정도 설득력이 있다.

또 한 가지 가능한 설명으로, 대양해군을 표방한 한국 해군력 증강과 관련된 현상을 강대국의 약소동맹국 관리능력과 연관지어 생각해볼 수도 있다. 월츠 교수는 체계 내에서 강대국들은 약소국(small power) 또는 중간국(middle power)에 대해 어느 정도의 "관리(managing)"를 한다고 주장한다.[23] 그러한 관리를 위해 동맹관계는 유용한 도구로 이용될 수 있다. 슈로더(Schroeder) 교수는 동맹의 기능은 세력결집 등 여러 가지가 있지만, 그중에서도 "관리 및 통제를 위한 도구"로서 이해하는 것이 가

21) Jervis. *Perception and Misperception*. p. 58.

22) 같은 책. p. 67.

23) Waltz. *Theory of International Politics*. p. 205.

장 적절하다고 역설한다.[24] 예를 들어, 1815년부터 1945까지 유럽 체계에서 형성된 모든 동맹이 동맹국 간의 전쟁을 피하기 위해 "상호 자제를 위한 협정"으로 작용했다는 것이다.[25] 로스타인(Rothstein)도 이와 비슷한 주장을 하는데, 강대국들이 동맹이라는 장치를 이용하여 약소국들의 모험주의적 행동을 자제시킨다는 것이다.[26] 한국전쟁 이후 아이젠하워 미국 대통령이 내키지 않는 한국과의 방위조약을 체결한 목적이 북한에 대한 한국의 일방적인 군사행동을 자제시키기 위한 것이었다는 사실을 고려하면, 한-미 방위조약 체결도 이와 같은 강대국의 약소국 관리의 차원에서 이해할 수 있을 것이다.[27]

월츠의 신현실주의 이론에 따르면, 강대국이 다른 국가들의 행동에 영향을 미칠 수 있는 능력의 정도를 결정하는 가장 근본적인 요소는 힘의 분배 상태다. 예를 들어, 강대국이 둘 이상 존재하는 다극체계보다는 양극체계가 두 개의 강대국이 각각의 세력권을 관리할 수 있는 안정적인 환경을 제공한다.[28] 체계가 불안할수록 강대국의 체계관리는 더 힘들어

---

24) Paul W. Schroeder. "Alliances, 1815-1945: Weapons of Power and Tools of Management," in Paul W. Schroeder; David Wetzel, Robert Jervis, and Jack S. Levy (eds) *Systems, Stability, and Statecraft: Essays on the International History of Modern Europe* (New York: Palgrave, 2004). p. 221.

25) 같은 책. p. 198.

26) Robert L. Rothstein. *Alliances and Small Powers*. New York: Columbia University Press, 1968. p. 50.

27) Jeremy Pressman. *Warring Friends: Alliance Restraint in International Politics* (Ithaca, NY: Cornell University Press, 2008).

28) Waltz. *Theory of International Politics.* pp. 204-205. 국제정치시스템의 안전성에 대해서는 현실주의 학자들 간에도 이견이 있음을 감안해야 한다. 예를 들어, 월츠나 미어샤이머 등의 구조적 현실주의 학자들과 달리 고전 현실주의자인 모겐소는 다극체계가 더 안정적이라고 주장한다. 모겐소에 의하면, 다극체계에는 다수의 강대국이 존재하여 그들 간에 동맹관계를 체결할 수 있는 조합의 수가 늘어나고, 어떤 국가든 다른 국가와 동맹을 맺을 가능성이 늘어나기 때문에 강대국 관계에 있어 유연성과 불확실성이 늘어난다. 이러한 불확실성 및 견제의 가능성 때문에 어떤 한 강대국이 지나친 세력 확장을 위해 함부로 행

진다. 이에 따라 어느 정도 지역안정에 기여하던 강대국의 약소국 관리를 위한 영향력은 감소하게 된다. 그 결과, 약소국과 중간국들은 무정부적 국제안보환경에서 자국 안전보장의 방편으로 자체 균형(internal balancing) 노력, 즉 자국 군사력 증강에 힘을 기울일 가능성이 커진다.

이러한 구조주의적 관점에서 보면, 냉전의 구조적 압력에서는 대양해군을 모토로 한 한국의 전력 증강이 현재와 같은 수준으로 이뤄지지 않았을지도 모른다. 미국은 북한과 그 후원국인 소련을 자극할 것이라는 우려 때문에 그러한 한국의 군사력 증강을 자제하도록 강력히 권고했을 것이다. 물론, 냉전 양극체계의 종료와 함께 이러한 미국의 동맹국 억제를 위한 동기가 모두 사라졌다고 단정할 수는 없다. 탈냉전체계에서도 미국은 지역안정을 위해 동맹국들의 군사력이 어느 정도 관리 및 통제 가능한 수준에 머무는 것을 선호할 것이기 때문이다. 더욱이 중국이 지역 패권국으로 떠올랐고, 중국은 북한과 긴밀한 관계를 유지하고 있다. 이러한 상황에서 남북한 간의 군사적 충돌은 미국과 중국을 끌어들이게 될 것이고, 이는 다시금 한국전쟁의 악몽을 상기시키게 될 것이다. 하지만 냉전 후 동북아시아 국가들 사이의 전반적인 긴장이 완화되고, 한국이 북한의 후원국이었던 러시아·중국과 외교정상화를 하는 등의 변화를 고려할 때, 미국의 동맹국 군사력 증강에 대한 우려는 냉전 후보다 냉전 기간 동안 더욱 두드러졌을 것이라고 충분히 가정할 수 있다. 두 번째 가설은 다음과 같다.

HR 2. 대양해군을 표방한 한국의 해군력 증강은 ① 미국의 한반도 방어공약의 감소(또는 한국의 그러한 인식) ② 미국의 한국 무기획득정책에 대한 영향

동할 수 없다는 것이다. 이와 관련된 자세한 내용은 다음 문헌을 참조하라. Morgenthau. *Politics among Nations*, Chapter 21.

력 감소와 관련된 국가(정부) 차원의 반응이었다.

HR 2를 위한 증거로는 1990년대 동아시아 지역에 대한 방어 수준의 약화로 인식될 만한 미국의 안보정책 변화 등이 있을 수 있다. 한국 국민이 미국의 정책 변화에 과민하게 반응한 경우는 당시의 신문 같은 매체나 정치지도자들의 발언 등의 분석을 통해 식별할 수 있을 것이다. 한국의 무기획득 정책과 관련된 미국의 영향력에 대해서는 한국의 무기 수입처의 변화를 살펴봄으로써 가설의 타당성을 가늠할 수 있을 것이다. 다시 말해, 양극체계에서 강대국(미국)이 약소국(한국)에 대한 통제력이 더 강하다는 신현실주의적 입장에 근거하여 냉전 이후 한국의 무기획득을 위한 수입원이 냉전 기간 중의 그것보다 더 다양할 것이라고 기대할 수 있다.

대양해군을 목표로 한 한국 해군력 증강과 관련된 현상은 오히려 물질적 이익에 바탕을 둔 단순한 동기로 설명할 수 있을지도 모른다. 세계 역사를 돌아보면, 비옥한 영토, 자원, 무역로 확보 등의 경제적인 동기는 국가 간 분쟁의 중요한 원인이 되어왔다.[29] 이는 곧 국가가 경제적 이익 보호를 위해 군사적인 수단을 동원할 수 있다는 것이다. 폴 케네디가 역설하듯이, 17~18세기 영국이 해군을 국가의 정책수단으로 삼고 그 전력을 증강시킨 중요한 이유 중의 하나는 해외무역과 식민지를 보호함으로써 국부(國富)를 축적하기 위함이었다.[30] 메코니스와 윌리스(Meconis and Wallace)는 1990년대 한국 해군의 규모와 능력의 발전을

29) Robert Gilpin. *War and Change in World Politics* (New York: Cambridge University Press, 1981), p. 68.

30) Paul M. Kennedy. *The Rise and Fall of British Naval Mastery* (New York: Charles Scribner's Sons, 1976).

가져온 중요한 요인은 해양자원과 무역로 보호 등 중요성이 점점 높아지는 해양의 경제적 가치 때문이라고 주장한다.[31] 한국의 높은 원유 해외의존도와 한국경제에서 차지하는 무역의 높은 비중을 고려하면, 한국의 해군전력 증강을 위한 투자는 무역로 보호를 위한 국가 차원의 필요에 의해 시작되었을 가능성도 있다. 또는 한국 정부가 미래에 있을지도 모를 국제해역(공해)에서의 다른 국가들과의 해양자원 분쟁 등에 대비하여 대형 해군함정의 필요성을 느꼈을 수도 있다.

또 다른 설명으로는 해군전력의 규모 및 능력 증강이 단순히 한국의 경제적 성장과 그에 따른 기술력 발전의 자연스러운 결과일지도 모른다는 것이다. 경제적 성장과 기술력 발전이 군사력 증강과 현대화를 위해 유리한 조건으로 작용할 것은 거의 분명하다. 길핀(Gilpin)의 이론이 이러한 국가의 경제력과 군사력 간의 관계를 이해하는 데 유용하다. 길핀은 "국가들은 (합리적 행위자로서) 국가안보 또는 복지 등 어떤 한 가지 목표에 치우치지 않는다"고 주장한다.[32] 한 가지 목표에 치우친다면 다른 한 가지 목표는 희생될 것이기 때문이다. 오히려 국가들은 자국의 수입과 비용을 고려하여 두 가지 목표가 조합될 수 있는 최적점을 추구할 것이다. 따라서 국가의 경제력과 국력이 증가하게 되면 그에 따라 더 큰 국가안보 목표와 복지 목표의 다발을 선택하게 될 것이다.[33] 이러한 길핀의 이론으로부터 경제력이 있는 국가가 그렇지 않은 국가보다 무기현대화를

31) Charles A. Meconis and Michael D. Wallace. *East Asian Naval Weapons Acquisitions in the 1990s: Causes, Consequences, and Responses.* (Westport, CT: Praeger Publishers, 2000), pp. 87-108.

32) Gilpin. *War and Change in World Politics*, p. 20.

33) 길핀은 이 점에 대해 경제학의 무차별곡선(indifference curve)을 이용하여 설명한다. 각각의 무차별곡선은 그 국가가 추구하는 안보와 복지를 조합한 국가목표의 양을 나타낸다. 그 국가의 경제력이 증가함에 따라 무차별곡선은 바깥쪽으로 점차 옮겨간다. 자세한 내용은 길핀의 책을 참조하라. 같은 책. p. 21.

위해 투자할 가능성이 더 많다는 것을 추론할 수 있다.

호로위츠(Horowitz)도 경제적 요인과 군사 혁신 가능성 간의 관계를 이해하는 데 유용한 시각을 제시한다.[34] 호로위츠는 성공적인 군사 혁신을 위한 조건에 대한 연구에서 국가의 재정 집중도(financial intensity)와 조직 자본(organizational capital)을 두 가지 핵심 요인으로 꼽았다.[35] 두 가지 요인 중 전자가 현재 논의하고 있는 내용과 특히 연관성이 있다. 호로위츠는 재정 집중도를 "중요한 한 건의 군사혁신을 도입하려는 시도에 결부되는 재원의 소요 정도"라고 정의한다.[36] 그는 한 건의 혁신을 위한 재정 집중도가 증가할수록 그 혁신은 채택될 가능성이 줄어든다고 주장한다. 다시 말해, 혁신과 관련된 무기체계의 단가가 높을수록, 또 상업적 활용도가 적을수록 국가가 혁신을 도입할 가능성이 적어진다는 것이다. 이 주장이 갖는 함의로는 경제적으로 부강한 국가들이 그렇지 않은 국가들보다 재정 집중도가 높은 군사혁신을 도입할 수 있는 유리한 위치에 있다는 것이다.

대한민국은 한국전쟁 이후 기적적인 경제발전을 이룩해왔다. 길핀이 예측하듯, 이러한 경제적 성장이 한국 정부가 더욱 큰 국가안보와 복지를 위한 목표로 이끌고 더 많은 국가 재원을 무기획득에 사용하게 했는지도 모른다. 또한, 호로위츠가 예측하듯이, 대양작전능력을 보유한 대형 해군함정 건조는 중간 또는 고도의 재정 집중도를 요구하는

---

34) Michael C. Horowitz. *The Diffusion of Military Power: Causes and Consequences for International Politics*. Princeton: Princeton University Press, 2010.

35) 조직 자본이란 제반 환경적인 요소의 변화(예: 군대의 전쟁 성격 변화 등)에 반응하여 조직의 변화를 허용할 수 있는 수용능력을 의미한다. 호로위츠에 의하면, 어떤 군사혁신을 위해 조직이 충원, 훈련, 군사교리 등의 내용에 많은 변화를 주어야 한다면, 이러한 혁신은 많은 국가들이 도입하지 않을 가능성이 크다. 같은 책. pp. 32-39.

36) 같은 책. p. 31.

사업임을 고려할 때, 경제력은 한국 정부가 고가의 해군무기체계 획득 결정을 내리는 데 기여한 주된 요인일 수도 있다. 더욱이, 한국이 보유하고 있던 발달한 상선 건조 기술도 한몫했을 수 있다. 경제적 이익과 경제력 등의 변수와 관련하여 다음과 같이 세 번째 가설을 기술한다.

> **HR 3.** 대양해군을 표방한 한국 해군력 증강은 ① 한국 정부의 경제, 무역 이익의 변화 ② 한국 경제력 또는 기술력의 성장을 반영하는 현상이다.

만일 한국의 해군력 발전을 위한 움직임이 국제무역과 관련된 경제적 이익 때문이었다면, 시기상으로 이러한 해군력 발전을 위한 노력이 시작될 무렵 또는 그전에 한국의 무역량 증가 같은 변화나 유사한 징후를 발견할 수 있을 것이다. 한국의 경제력 성장이 자연스럽게 해군력의 발전으로 이어졌을 가능성에 대해서는 한국의 GDP 증가가 군사력 증강을 위한 예산 변화에 얼마나 반영되었는지를 분석함으로써 가늠할 수 있을 것이다. 이를 위해 한국 GDP 증가율과 국방예산 증가율을 비교함으로써 유용한 정보를 얻을 수 있을 것이다. 만일 두 변수 간에 정비례적인 상관관계가 있다면, 경제력 성장이 한국의 새로운 해군력 건설 움직임을 위한 조건을 형성한 요인 중 하나일 수도 있다는 결론을 내릴 수 있을 것이다.

지금까지 저자는 1990년대 한국 해군력 발전을 설명할 만한 현실주의 입장들에 대해 논의했다. 현실주의 가설들은 국가를 하나의 단일 행위자(unitary actors)로 가정한다. 또한, 국가는 항상 자국의 이익을 극대화하는 방안을 선택하려 한다는 점에서 합리적(rational)인 행위자로 여긴다.[37] 현실주의 가정들은 복잡한 국제정치를 단순화하여 현상의 명쾌한 이해를 돕는 반면, 실제 정책이 만들어지는 정부 조직 내에서의 정책 결정과정을 분석하기 위한 도구로는 유용성이 떨어지는 측면도 있다. 현실주의 시각으로만 현상을 파악하려 한다면, 조직 이익이나 조직 내부역학 등 정책 결정에 영향을 미칠 수 있는 다양한 요인을 간과할 수도 있을 것이다. 이제부터 저자는 조직/관료주의 정치 모델에 대한 이론적 논의를 시작한다.

2) 조직/관료주의 정치 모델

조직/관료주의 정치 모델은 현실주의와 달리 국가가 합리적인 단일 행위자라고 가정하지 않는다. 이 모델은 정부의 정책 결정이 정부조직 내의 다양한 행위자들 간에 지속적으로 발생하는 경쟁적인 게임의 결과물이라는 입장을 견지한다.[38] 앨리슨과 젤리코(Allison and Zelikow)는 『결정의 본질(Essence of Decision)』이라는 저서에서 긴박한 쿠바 미사일 사태를 둘러싼 미국 정부 내에서의 조직역학과 관련된 두 가지 정책결정 모델을 제시하는데, 이들을 각각 모델Ⅱ[조직 행동(organizational behavior)]와 모

---

37) 이성적 국가 가정에 대해 케네스 월츠 교수는 다른 현실주의 학자들과는 약간 다른 입장을 취한다는 점에 유의할 필요가 있다. 월츠는 국가들이 군사혁신 같은 다른 국가들의 성공적인 예를 모방한다고 주장한다. 성공하는 예를 모방하지 못하는 국가는 국제시스템에서 도태되어 사라질 것이다. 다시 말해, 무정부적인 국제체계로 인해 생성되는 경쟁적인 역학관계에서 국가들은 사회화 과정을 거치고, 그들의 생존을 위해 성공적인 행동 방식을 서로 모방한다는 것이다. 세부적인 내용에 대해서는 다음 문헌을 참조하라. Waltz. *Theory of International Politics*, 1979. p. 127.

38) Graham Allison and Philip Zelikow. *Essence of Decision: Explaining the Cuban Missile Crisis, Second Edition*. New York: Addison-Wesley Education Publishers Inc., 1999. p. 255.

델Ⅲ[정부조직 정치(governmental politics)]이라고 표현한다.[39] 앨리슨과 젤리코는 이 두 가지 모델을 합리적 단일 행위자 모델인 모델 I과 대조를 이루는 대체 모델들로 제시한다.

모델Ⅲ에서 정책결정은 관료들 간에 계속되는 '거래' 또는 '협상(bargaining)'의 결과로 만들어진다. 직업 관료들은 자신들이 속한 조직의 이익을 대변한다고 가정한다. 관료들에게는 분야에 따라 다른 선호 정책들이 존재하며, 이들이 선호하는 정책들은 자신들이 속한 조직의 이익과 밀접한 관련이 있게 마련이다. 앨리슨과 젤리코의 용어를 빌려 표현하자면, "어떤 사람의 입장은 그 사람이 어떤 자리에 있는지에 따라 달라진다."[40] 그러므로 정책 결정은 합리적인 단일 행위자에 의해 일관성 있는 전략적 계산으로 만들어진 산물이 아닌 조직의 이익을 대변하는 여러 행위자들 간의 "끌고 당기기(pulling and hauling)"의 결과로 볼 수 있다는 것이다.[41] 이런 관점에서 핼퍼린(Halperin)은 국제관계에서 국가의 목표를 연구하는 것은 그릇된 결론으로 오도할 수 있다고 주장한다. 왜냐하면, 실제로 정부 관료체제를 운영하는 개인들은 주로 조직 구성원으로서의 위치와 특권을 생각하기 때문이다.[42]

모델Ⅱ는 조직 정치의 약간 다른 면을 강조한다. 이 모델은 조직 내에서의 결정이 기존에 수립되어 있는 일상(routines)의 시행을 통해 내려진다고 본다. 효용(utility)을 극대화하는 것이 아니라, 조직의 결정행위는 "(그 정도로) 만족하기(satisficing)"로 표현할 수 있는데, 이는 조직 차원에

39) 같은 책.

40) 같은 책. p. 307.

41) 같은 책. p. 255.

42) Morton H. Halperin and Arnold Kanter. "The Bureaucratic Perspective: A Preliminary Framework." In *Bureaucratic Politics and Foreign Policy*, by Morton H. Halperin and Arnold Kanter, Washington, D. C.: Brookings Institution, 1974. p. 3.

서 당면한 문제점들을 처리할 때 기존에 수립되어 있는 표준운영절차(Standard Operating Procedures 또는 SOPs) 중에서 그 상황에 가장 적당한 시나리오를 단순히 집행한다는 점에서 그렇다는 것이다.[43] 이러한 의미에서 "t라는 시점에서 조직의 행위에 대한 가장 정확한 설명은 $t-1$ 시점의 행위다."[44] 이러한 조직의 행동 경향은 일부 조직의 성격에서 기인한다. 조직의 운영을 위해서는 많은 개인들과 그들 간의 협조 또는 조정(coordination)이 필요하다. 표준운영절차(SOP)는 이러한 복잡성에 대처하기 위한 효과적인 방법을 제공할 뿐 아니라 조직원들의 정체성(identity)도 정의한다.[45] 조직은 이러한 특성과 역학 때문에 보통 쉽게 변하지 않는다고 여겨진다. 예를 들어, 포젠 교수는 군사교리에서 혁신적인 변화는 상당히 드물게 있는 일이며, 이는 그러한 혁신이 이미 제도화되어 있는 표준운영절차들을 모두 변경해야 하는 값비싼 변화를 가져올 수 있기 때문이라고 역설했다.[46]

조직/관료주의 정치 모델에서 흥미로운 점은 행위자들이 어떤 행동을 할 때, 외부적 원인에 의해 정의된 이익만을 따르지 않는다는 것이다. 그들의 행동은 오히려 조직의 정체성(identities)과 기준(norms)에 의해 정의된다. 또한, 행위자들은 '결과의 논리(logic of consequence)'보다는 '적합성의 논리(logic of appropriateness)'에 따라 행동한다고 가정한다. 결과의 논리에 따르면, 개인은 가용한 대체방안, 각각의 대안이 발생할 확률,

---

43) "만족하기(satisficing)"란 최선보다는 충분히 좋은 대안을 선택하는 것으로 볼 수 있다. James G. March. *A Primer on Decision: How Decisions Happen*. New York: Free Press, 1994. pp. 18-23.

44) Allison and Zelikow. *Essence of Decision*. p. 175.

45) James G. March and Johan P. Olsen. *Rediscovering Institutions: The Organizational Basis of Politics*. New York: The Free Press, 1989. p. 24.

46) Posen. *The Sources of Military Doctrine*. p. 54.

그 대안들이 행위자에게 갖는 가치 등에 대한 치밀한 계산을 하는 합리적 절차를 따르는 존재다.[47] 반면, 적합성의 논리에 따른 결정과정에서는 개인이 처한 상황, 개인과 그 개인이 속한 조직의 정체성, 그 상황에서 개인과 조직의 행동을 정의하는 규칙 등을 고려하게 된다.[48] 이러한 행동의 논리 때문에 행위자들은 조직의 에센스(essence)를 정의하고 보호하기 위해 많은 노력을 하게 된다.[49] 이러한 행위자의 행동 모델은 저자가 이후 상세하게 설명할 사회학적 제도주의 모델과 조화를 이루는 측면도 있다.

기존의 많은 연구 결과들에 의하면, 무기획득을 포함한 군 관련 사건에서 조직/관료주의 정치 모델의 영향이 결코 적지 않았다.[50] 파렐(Farrell)은 군사정책이나 무기획득에 관련된 사안들이 전략적 필요성이나 비용 대비 효과 등의 고려와는 무관하게 결정될 수 있다는 것을 증명해 보인다.[51] 그는 제도적인(institutional) 영향이 전략적, 예산상의 고려와 함께 미군 무기획득 사업을 설명할 수 있는 가장 눈에 띄는 요인 중의 하나라는 점을 지적한다. 파렐의 연구 결과, 미 해군이 A-12 폭격기 사업을 지지한 것은 두 가지 이유에서였다. 한 가지는 해군이 항공모함을 기반으로 한 전력 투사를 본질적인 임무 중 하나로 여겼다는 것이고, 또 다른 한 가지는 B-2 폭격기 같은 공군의 새로운 폭격기에

---

47) March. *A Primer on Decision*. pp. 2-3.

48) 같은 책. p. 58.

49) 헬퍼린은 조직의 에센스를 "(조직이) 어떤 임무를 해야 하고, 어떤 능력을 갖춰야 하는지에 대한 조직 내 지배적인 집단의 시각"이라고 정의한다. Morton H. Halperin. *Bureaucratic Politics and Foreign Policy* (Washington, D. C.: The Brookings Institution, 1974). With the Assistance of Priscilla Clapp and Arnold Kanter. p. 28.

50) 하지만 이 연구들은 앨리슨과 젤리코가 정의한 모델Ⅱ와 모델Ⅲ을 뚜렷히 구분하여 사용하지는 않는다.

51) Farrell. *Weapons without a Cause*. p. 13.

필적하는 해군만의 스텔스 폭격기나 고급 전술전투기를 보유하고 싶었기 때문이다.[52] 핼퍼린의 연구결과에 의하면, 새로운 무기획득이나 새로운 임무 관련 결정에 있어 미군 장교들의 주된 관심사항은 국익이 아니었다. 오히려 각 군 조직의 본질 또는 에센스(organizational essence)를 부각시킬 사업이나 임무를 지지했으며, 본질이 아니라고 여겨지는 것들은 기피했다.[53] 브라운(Brown) 박사는 세계대전 이후 미국 폭격기 획득 사업에 대한 연구에서 "폭격기 획득과 관련된 행동이나 결과들을 가장 잘 설명할 수 있는 요인은 전략적 고려와 함께 미 공군 조직을 위한 이익이었다"는 점을 강조하고 있다.[54]

선거를 통해 선발되는 행정부 관료들과 국방부의 최고 관리자들은 자주 교체되는 반면, 각 군은 그와 무관하게 선호하는 무기획득 사업들을 비교적 일관성 있게 추진할 수도 있다. 이러한 측면에서 무기획득에 대해 각 군이 지배적인 영향을 갖는 것도 어느 정도는 자연스러운 현상일 수 있다. 더욱이 각 군은 그들이 선호하는 획득 사업이 민간 관료들에 의해 취소되지 않도록 무기 개발 절차나 획득 속도를 조정할 수도 있다.[55] 앨리슨과 모리스가 주장하듯이, 국가 권한보다 각 군과 그에 속한 조직들이 무기획득 과정에서 가장 영향력 있는 행위자일 수도 있다.[56]

---

52) 같은 책. p. 67-93.

53) Halperin. *Bureaucratic Politics and Foreign Policy*. p. 28.

54) Michael E. Brown. *Flying Blind: the Politics of the US Strategic Bomber*. Ithaca, New York: Cornell University Press, 1992.

55) 이러한 예가 동시 획득 전략이다. 그 방법은 무기의 개발 단계가 완료되기 전에 생산 단계를 시작하는 것이다. 이러한 관행은 해당 획득 사업을 취소하기 어렵게 하는데, 이는 바로 이미 생산에 투입된 비용 때문이다. 세부적인 설명을 위해서는 다음 문헌을 참조하라. Brown. *Flying Blind*, 1992. p. 25; Farrell. *Weapons without a Cause*, 1997. p. 86.

56) Graham T. Allison and Morris A. Frederic. "Armaments and Arms Control: Exploring the

각 군이 선호하는 획득 사업을 추진하다 보면 이들은 더 많은 재원과 재량을 추구하게 된다. 재원은 각 군 간의 조정과 정부 조직의 허가를 통해 결정되는 만큼 이러한 경향은 타군뿐 아니라 정부나 국회 같은 중심적인 국가 기관 등에 서로 더 많은 영향력을 갖기 위한 각 군 간의 경쟁구도를 가져오게 된다. 이러한 조직/관료주의 정치 모델의 관점에서 보면, 한국의 대양해군 건설의 기치는 외부위협에 따른 안보 필요성에서나 축적된 국가의 능력의 결과가 아닌 해군의 조직 이익을 위해 시작되었을 가능성도 배제할 수 없다. 해군 입장에서는 대양작전 능력이 있는 고급 전투함의 획득이 타군의 사업과 비교할 때 우선시될 가능성도 있고, 그렇게 된다면 좀 더 많은 예산과 자신들만의 사업을 추진할 재량이 허용될 수도 있을 것이기 때문이다.[57] 또한, 그러한 신형 무기체계를 이용하여 국방을 위해 더 큰 역할을 할 수 있을 것을 생각하면 타군과 비교하여 해군의 위상도 높아지게 됨을 의미할 수도 있다.

또 한편으로, 대양해군이라는 전력건설이 일정 기간 지속되었다는 사실은 해군이 추구한 정책 방향이 어느 정도 성공적인 결과를 가져온 것이라는 점을 고려하면, 그러한 대양해군 움직임은 해군에게 유리한 방향으로 정부 조직구조의 변화 또는 정부 조직 내 힘의 균형 변화가 가져온 결과라고 볼 수도 있을 것이다. 예를 들어, 정부나 국회와의 관계에서 해군의 위치나 위상이 개선된 결과일 수도 있다. 또는, 해군의 입지 향상으로 인해 해군의 목소리가 국방부 수준에서 더욱 잘 받아들여졌을 수도 있을 것이다. 지금까지 논의한 조직/관료주의 정치

Determinants of Military Weapons." In *Arms, Defense Policy, and Arms Control*, by Franklin A. Long and George W. Rathjens. New York: W. W. Norton and Company Inc., 1976. p. 123.

57) Halperin. *Bureaucratic Politics and Foreign Policy*. p. 40.

모델에 근거한 가설을 다음과 같이 기술할 수 있을 것이다.

> **HB**. 대양해군전력건설은 더 많은 재원과 재량을 원하는 해군의 조직이익에 의해 시작되었거나, 주요 정부 기관이나 타군과의 관계에서 해군에게 유리한 제도적 변화에 기인했을 것이다.

이 가설이 실제로 타당성 있는 설명이라면 어떤 동기에서 대양해군전력건설이 시작되었는지 그 과정을 보여줄 증거를 찾을 수 있어야 한다. 그러한 증거를 찾는 방법 중 하나는 직접적인 경험이 있는 해군 장교들과의 인터뷰 등을 통한 과정 추적(process-tracing) 기술이다. 또한, 해군전력건설이 해군의 향상된 입지 때문인지 여부를 확인하기 위해서는 육·해·공 3군 예산의 규모를 비교하는 것도 유용한 방법일 것이다. 예산의 분배가 각 군 조직 간 조정의 결과이자 어느 정도는 각 조직 간의 경쟁 요소도 포함되어 있는 만큼 분배 상태의 변화는 각 군이 예산할당 과정에 미칠 수 있는 영향력의 변화를 보여주는 척도가 될 수도 있을 것이다. 또 다른 하나의 방법은 각 군 출신 인원이 얼마나 많이 국방부, 합참 또는 청와대 등 정책수립을 담당하는 주요 정부 기관에서 근무하고 있는지 살펴보는 것이다. 이러한 기관에서 정책결정에 참여할 수 있는 각 군을 대변하는 인원의 수는 각 군이 관료조직에서 갖는 영향력을 짐작하게 해주는 요인으로 볼 수 있을 것이다. 각 군 출신으로 주요 정부 기관에 근무하는 인원들이 맡는 업무 또는 직책의 중요도 역시 유용한 자료가 될 수 있다. 예를 들어, 월등히 많은 수의 특정 군 출신 인원들이 정책결정의 권한을 보유한 직책들을 맡고 있다면, 그 특정한 군의 이익과 입장이 타군의 그것에 비해 정책에 많이 반영될 가능성이 크다고 볼 수도 있을 것이다.

3) 국내정치 모델

국내정치 모델은 대외정책 결정의 결과물을 설명할 때 국내 행위자들의 역할과 그들 간의 관계를 강조한다. 정책결정 과정에서 국가(또는 정부)의 독립성 또는 자치적인 권한은 매우 제한된다고 가정한다. 어떤 학자들은 사회의 영향력과 비교하여 국가의 상대적인 영향력을 대외정책 결정과정의 중요한 변수로 보기도 한다.[58] 또 다른 학자들은 국내 행위자들이 자신들의 이익만을 추구하는 점을 강조한다. 다시 말해, 국내 단체들 —특히 정부에 접근이 가능한 단체들— 이 자기 단체들의 이익을 위해 정부에 영향력을 미치려 한다는 것이다.[59] 이런 단체들은 정부 정책에 대한 영향력을 극대화시키기 위해 서로 연합을 형성하기도 한다. 이 절에서 저자는 한국 해군전력발전에 대한 설명을 제공할 수 있는 국내적 요인에 대해 논의한다. 국내적 요인에는 국가-사회 간 관계의 성격과 국내 행위자들의 이익추구에 대한 고려에 근거한 연합 형성 등이 있다.

에반젤리스타(Evangelista)는 국가-사회 간 관계라는 주제를 이용하여 미국과 (구)소련에서의 군사혁신에 대한 체계적인 비교 연구를 했다. 에반젤리스타에 따르면, 국가와 사회 간의 상대적인 영향력 차이가 두 나라의 신무기체계 획득 과정의 차이점을 이해하는 핵심요소라는 것이다. 미국은 (영향력이) 약한 국가와 강한 사회로 볼 수 있는 데 반해 소

58) Matthew Evangelista. *Innovation and the Arms Race: How the United States and the Soviet Union Develop New Military Technologies*. Ithaca and London: Cornell University Press, 1988.

59) David Skidmore and Valerie M. Hudson. *The Limits of State Autonomy: Societal Groups and Foreign Policy Formulation. Boulder*: Westview Press, 1993.

련은 (영향력이) 강한 국가와 약한 사회라는 특징을 가지고 있다.[60] 미국에서의 무기체계 혁신은 실무자들의 주도성과 정보의 자유로운 교환을 권장하는 비(非)중앙집권적 연구 및 개발 과정을 특징으로 하며, 이러한 과정은 성공적인 무기체계 개발의 기반이 되었다. 이 경우, 군사혁신을 자극하는 요소는 외부적 자극이 아닌 '내부적' 또는 '안으로부터의 압력'이다. 반면, 소련의 무기개발 과정은 혁신을 저해하는 경향이 있는데, 이는 극도로 중앙통제적인 연구개발 과정과 그 과정에 대한 과도한 비밀정책으로 인해 창조적인 노력을 위한 실무 장교들이나 과학자들의 주도적인 성향과 가용한 정보가 적어지기 때문이다.

에반젤리스타의 사례연구에서 특히 주목할 만한 것은 미국과 소련 무기체계 혁신에 대해 상이한 다섯 단계 과정을 정의했다는 것이다. 예를 들어 미국에서는 새로운 무기체계 개발이 대부분 새로운 기술의 군사적 적용을 시도하려는 과학자들의 주도에 의해 시작된다. 군 장교와 과학자들 간에 이러한 군사적 적용에 대한 합의가 이뤄진다. 그런 다음에는 장교들과 과학자들이 각 군, 정부 및 국회에서 새로운 기술의 적용에 대해 알리려고 할 것이다. 이 과정에서 외부위협은 새로운 무기체계의 연구개발을 합리화하기 위해 이용되기도 한다. 대량 생산은 군이 국회의 지지를 얻은 후 마지막 단계에 결정된다.

반면, 소련의 무기체계 개발의 초기단계에서는 실무자 수준에서의 주도가 제한되는데, 이는 국가권한에 의해 이미 우선 사업이 따로 정해져 있기 때문이다. 많은 경우, 외부 자극(예: 라이벌인 미국의 새로운 무기체계 개발 등)에 대한 반응으로서 고위 관료가 무기체계의 우선순위에 대한 재평가를 할 때 비로소 새로운 무기체계 개발이 시작된다. 다음 단계로

---

60) Evangelista. *Innovation and the Arms Race*. p. 25.

국가지도자가 이 개발을 새로운 우선 사업으로 지정함에 따라 개발을 위한 총체적인 노력이 동원된다. 에반젤리스타는 이러한 미국과 소련의 무기개발 과정의 차이점은 핵잠수함, 탄도미사일, 요격기, 전술핵무기 등의 많은 무기개발 사업 등에서 발견되는 어느 정도 일반화할 수 있는(generalizable) 방식(pattern)이라고 주장한다.

미국과 소련 두 나라의 무기개발 과정의 차이점이 어디에서 기인하는지에 대한 에반젤리스타의 설명은 '제도 발전의 순서'를 중요한 변수로 본다는 점에서 역사적 제도주의(historical institutionalism)의 입장과 유사하다. 그의 설명에 따르면, 소련이 산업화 정도는 물론이고 능력 있는 과학자들을 훈련 및 유지시킬 수 있는 능력 면에서 많이 뒤져 있을 때 선진화된 서양(Western)의 라이벌 국가들을 직면하게 되었고, 그러한 선진 국가들을 빠른 기간에 따라잡아야 할 필요성 때문에 소련의 무기개발 시스템이 중앙통제적 성향이 강해졌다는 것이다.[61]

군 전력건설과 연관성이 있는 또 다른 종류의 국내정치 모델은 국내 행위자들의 개인 이익추구와 행위자들 간의 연합형성 가능성을 강조한다. 그중 특히 군사정책과 관련이 있는 모델의 예로는 군산복합체(military-industrial complex) 이론을 꼽을 수 있을 것이다. 슬레이터와 나딘(Slater and Nardin)에 의하면, '군산복합체'라는 표현은 학자들마다 조금씩 다른 개념으로 사용되어왔다.[62] 군산복합체라는 개념은 집권층이나 파

---

61) Evangelista. Innovation and the Arms Race. pp. 22-49. 역사적 제도주의에 대해서는 다음 문헌들을 참조하라. Peter A. Hall and Rosemary C. Taylor. "Political Science and the Three New Institutionalisms." *Political Studies, XLIV*, 1996. pp. 936-957; Paul Pierson and Theda Skocpol. "Historical Institutionalism in Contemporary Political Science." In *Political Science: The State of the Discipline*, by Ira Katznelson and Helen V. Milner, pp. 693-721. New York: W. W. Norton & Company, Inc., 2002.

62) Jerome Slater and Terry Nardin. "The Concept of a Military-Industrial Complex." In *Testing the Theory of the Military-Industrial Complex*, Ed. by Steven Rosen. Lexington, MA: D. C.

위엘리트 계층 또는 관료조직을 뜻하기도 하고, 때로는 느슨한 형태의 연합을 나타내기도 한다. 마지막의 느슨한 형태의 연합 개념에 따르면, 군산복합체는 군사력이 증강되고 국방예산이 증가됨에 따라 이익을 얻게 되는 사회 엘리트 집단들의 느슨한 연합으로 구성된다. 산업체들이 주문생산에 따른 이익창출을 얻는 반면 정치 또는 군의 지도자들은 군사력을 중심으로 한 정책을 통해 권력을 유지한다는 것이다.[63]

슬레이터와 나딘은 군산복합체 개념을 분석의 틀로 활용하는 데 대한 유용성에 대해 다음과 같은 비판적인 입장을 취한다. 첫째, 군산복합체를 어떤 통일성 있는 사회집단으로 이해하는 것은 문제가 있다. 왜냐하면 그 집단에 속한 구성원들을 정확히 한정짓기가 극도로 어렵기 때문이다. 예를 들어, 조합원, 제대군인, 연구원, 기술자 등 군과 산업체와 관련된 모든 사람을 생각하면 군산복합체라는 사회집단에 속한 구성원과 비구성원들 간에 구분이 모호해진다. 둘째, 군산복합체에 대한 기존의 많은 연구들은 군산복합체가 국가의 외교정책 방향을 움직일 수 있을 정도로 권력과 영향력이 크다고 주장하는 경향이 있는데, 문제는 그러한 연구들이 군산복합체의 영향력과 정책 결과물 간에 정확한 인과관계를 보이지 않은 채 그러한 가정을 당연시했다는 것이다. 일정 사회집단이 경제나 권력 면에서 이익을 추구한다고 해서 반드시 그 집단이 바라는 결과로 이어지는 것은 아니다. 군산복합체라는 개념을 학문적인 연구 목적으로 사용하기 곤란한 더욱 중요한 이유는 '군산복합체'라는 용어 자체가 베트남 전쟁 등 미국의 실망스런 대외정책과 군사정책에 대한 정당 간의 논란을 배경으로 널리 사용되기 시작했다

Heath and Company, 1973. p. 29.

63) 같은 책. p. 32.

는 것이다.[64]

슬레이터와 나딘이 주장하듯, 사회집단들이 실제로 국가 대외정책을 좌지우지할 정도로 큰 영향력을 갖는 경우가 많지 않을 수도 있다. 이와 관련하여, 어떤 모델들은 국내 행위자들이 연합을 형성하여 그들의 영향력과 이익을 극대화시키려 한다는 점을 부각시킨다. 예를 들어, 스나이더(Snyder) 교수는 제국주의적 팽창(imperial expansion) 또는 과대 팽창(overexpansion) 현상을 설명하는 데 국내정치의 연합형성 측면을 강조한다. 스나이더에 의하면, 군, 관료, 산업 및 사업가, 무역상인 같은 주요 국내 행위자들이 자신들의 개인 이익추구를 위해 상호결탁을 통한 카르텔화된(cartelized) 정치행위를 한다는 것이다.[65] 제1차 세계대전 이전의 독일이 이러한 예를 보여준다. 융커(Junker) 지주(地主)들은 자신들의 이익을 위해 러시아의 곡물에 대해 보호주의 무역정책을 시행하도록 정부에 영향력을 행사함으로써 소기의 목적은 달성했지만, 이러한 정책은 러시아로부터 적대감을 살 수 있는 것이었다. 해군과 중공업 업체도 그들의 이익을 위해 해군의 증강을 지지했는데, 이 또한 영국으로부터 반감을 불러일으킬 수 있는 정책이었다. 스나이더 교수는 이 두 엘리트 집단(지주들, 해군과 중공업자들)이 개별적으로는 전반적인 국익을 고

64) Slater and Nardin. "The Concept of a Military-Industrial Complex." p. 29. 슬레이터와 나딘은 또한 군 조직이 커짐에 따라 이와 관련된 경제, 관료조직, 정치적 이익, 그리고 군이 대외정책결정에 참가하는 정도가 늘어남으로써 군산복합체의 개념이 널리 사용되었음을 지적한다. 같은 책. p. 28.

65) Jack Snyder. *Myth of Empire: Domestic Politics and International Ambition*. Ithaca, NY: Cornell University Press, 1991. 스나이더에 의하면, 국내 행위자들은 팽창주의 정책을 합리화하기 위해 "전략적 전설"을 꾸며내기도 한다. 예를 들어, 다른 국가의 적대 의도, 다른 국가가 과거에 저지른 부정, 제국건설의 전략적/경제적 가치, 전쟁 직면 시 상대국의 항복으로 끝날 가능성 등을 과장할 수 있다는 것이다. 스나이더는 또한 "여러 집단 간의 연합형성에 의해 만들어지는 정책은 어떤 한 사회집단이 만족하거나 국가의 재원으로 감당할 수 있는 수준을 넘어 훨씬 더 팽창주의적인 성격을 띠게 될 가능성이 크다"고 주장한다.

려하여 결정된 국가정책을 자신들만의 이익을 추구하기 위한 방향으로 바꿀 영향력이 없었다고 주장한다. 이 사회집단들은 서로가 원하는 정책을 상호 지지해주며 그들이 원하는 정책을 얻어낼 수 있었다. 하지만 '철과 호밀의 연합'으로 불리는 이러한 융커 지주와 해군, 중공업 연합은 러시아와 영국으로부터 적대감을 사서 독일의 외교적 고립이라는 (국가적으로는 불리한) 결과를 가져오게 되었다.[66]

이와 비슷한 맥락에서 로벨(Lobell)은 "1889년부터 1939년 기간 동안 영국의 안보정책은 국제주의자(internationalists)와 경제적 민족주의자(economic nationalists)라는 두 개의 다른 이익을 가진 진영 간의 경쟁적인 정치의 결과물이었다"고 설명한다.[67] 이 기간 동안 국제주의자들은 자유무역과 장기적인 재정의 건강을 위한 낮은 군사비 지출을 믿었으며, 따라서 동맹이나 집단안보, 그리고 화해의 정책을 지지했다. 반면, 보수관료나 군인, 그리고 보호주의 무역정책으로부터 이익을 얻고 있던 경제적 민족주의자들은 라이벌 국가들에 비해 우세한 군사력의 필요성을 강조하고, 징병제의 시행과 함께 많은 국가 재정을 군사력 건설에 사용했다.

한국의 방위산업 성장과 많은 해군 예비역 장교들이 함정건조를 하는 대기업에 다시 취업하는 사실을 고려하면, 산업체와 정치, 군 지도자 간의 연합이라는 개념을 한국 해군전력성장을 설명하는 데 사용하는 것도 불가능한 일은 아닐 것이다. 국내 연합정치 모델의 관점에서 보면, 현대와 대우 같은 한국의 조선업체들이 해군함정 획득을 위해 정부에 영향력을 행사했을 가능성도 생각해볼 수 있다. 왜냐하면, 결과

66) 같은 책. pp. 98-99.

67) Steven E. Lobell. "Political and National Security: The Battle for Britain." *Conflict Management and Peace Science, Vol. 21. No. 4.*, Winter 2004: pp. 269-286.

적으로 볼 때, 이들이 바로 한국형 구축함, 다목적 대형 수송함, 잠수함 등 많은 신형함정들을 건조한 주요 국내업체들이기 때문이다.

해군 성장에 공통적인 이익이 있는 정치인들로부터의 지원이 있었을 가능성에 대해서도 생각해볼 수 있을 것이다. 동아시아 국가들의 해군 정책에 대한 연구에서 헤긴보섬(Heginbotham)은 중국, 인도네시아, 대만, 태국 및 한국 등에서 일어나고 있는 해군주의(navalism)는 개혁적인 진보성향을 가진 정치인들이 지원한 결과라고 주장한다.[68] 김대중 정부나 노무현 정부 같은 진보성향을 가진 정치인들이 국가를 경영한 기간 동안 한국 해군의 규모나 능력이 대폭 성장한 사실만을 본다면 헤긴보섬의 주장도 꽤 그럴듯한 설명이다. 해군 출신의 예비역 장교들이 정치계나 정부에 진출하여 해군에 도움을 주었을 가능성도 생각해볼 수 있을 것이다. 이러한 정치인이나 정부 관료들이 해군 성장에 유리한 정책을 지지했을 수도 있다.[69] 국내정치 모델에 기반을 둔 가설은 다음과 같이 기술할 수 있을 것이다.

HD. 대양해군전력건설은 실무자 수준으로부터의 개혁을 장려하는 한국사회의 특징 때문이었거나 해군, 정치인, 기업인 같은 국내 행위자들 간의 정치적 연합형성의 결과였을 것이다.

---

68) Eric Heginbothem. "The Fall and Rise of Navies in East Asia: Military Organizations, Domestic Politics, and Grand Strategy." *International Security, Vol. 27, No. 2, Autumn*, 2002: pp. 86-125.

69) 하지만 이런 경우에 관료들이 반드시 개인적인 이익만으로 해군을 지지하지 않았을 가능성도 고려해야 한다. 해군 가족의 일원으로 해군을 도왔을 수도 있고, 또는 해군에 장기간 몸담고 있으면서 실제로 해군의 발전이 국익에 도움이 된다는 신념의 내면화에서 해군을 지지했을 수도 있다.

국가와 사회 간의 상대적 영향력이라는 변수는 (다른 사례와 비교가 불가능한) 단일 사례로 구성된 본 연구에서 그다지 유용하지 않을 수도 있다. 물론, 동일 사례 내 다른 기간(예: 대양해군 건설 노력이 시작되기 전과 후)을 비교하는 기법을 사용할 수도 있다. 그렇다 하더라도 국가와 사회의 상대적인 영향력을 측정하고 비교하는 작업은 극도로 어려움이 따른다. 하지만 에반젤리스타의 연구로부터 배운 시각을 참고하여 해군전력발전의 과정을 추적할 때 활용할 수는 있을 것이다. 예를 들어, 에반젤리스타 연구의 함의는 일선의 실무 장교들과 과학자들이 무기개발과 획득의 자발적이고 주도적인 역할이 군사혁신을 가져오는 데 유리한 조건으로 작용했다는 것인데, 이러한 요인들이 한국 해군에도 존재했는지를 확인할 수 있을 것이다.

국내 행위자들이 개인 이익을 위한 정치적 연합을 형성했는지에 대한 증거를 찾는 것도 내부인의 시각을 요구하는 매우 어려운 작업이다. 특정 조선업체가 신형 해군함정 건조를 위한 계약을 선점하기 위해 정부나 해군을 상대로 로비활동을 한 사실 등이 그것을 입증하는 사례가 될 수 있을 것이다. 이러한 정보는 실제로 해군이나 조선업체 또는 정부에 근무한 경험자들과의 인터뷰를 통해 얻을 수 있을 것이다. 이에 더하여 한국의 무기획득 절차의 특성을 살펴봄으로써 무기획득 과정이 로비나 정치의 영향에 얼마나 노출되어 있는지를 가늠해보는 것도 좋은 방법일 것이다.

지금까지 저자는 현실주의 모델, 조직/관료주의 정치 모델, 국내정치 모델을 포함하여 1990년대 중반에 시작된 대양해군 현상에 대한 설명이 가능한 3가지 모델을 소개했다. 이 3가지 모델은 관련 주제에 대한 설명을 위해 유용한 시각을 제공하지만, 이들 모두 사회현상에 영향을 줄 수 있는 문화적 요인의 역할을 간과하고 있다.[70] 군사력이나 경제력 같은 물질적인 이익과 계산은 분명히 중요한 사회생활의 동기(motivations)다. 하지만 그러한 물질적인 이익과 계산이 결코 인간 행동의 유일한 동기는 아니다. 행위자들이 그들 자신에 대해 어떻게 생각하는지 또는 다른 사람들은 그 상황에서 어떻게 행동하는지에 따라 행동할 가능성을 고려해야 한다. 또는, 그것이 단지 그들에게 의미 있는 행동이라는 이유만으로 그 행동을 할 수도 있다. 다음 절에서는 저자가 본 연구의 중심적인 분석의 틀로 사용한 사회학적 제도주의 모델에 대해 논의한다.

4) 사회학적 제도주의 모델

구성주의적 접근의 하나로서 사회학적 제도주의 모델(the sociological institutionalist model: 이후 SI 모델)은 국가를 초월한 조직의 장에서 형성된 기준(norms)과 제도적 관행(institutional practices)들의 점진적 변화와 전파, 그리고 그들이 가져오는 범세계적 효과에 초점을 맞춘다.[71] 사회학적 제도주의의 정의에 의하면, 제도에는 공식적으로 선포된 규칙, 표준운영절차, 기준(norms)뿐 아니라 인간 행위를 인도하는 "의미의 틀"을 제공하는 상징(symbols), 지적 각본(cognitive scripts), 윤리적 템플릿(moral templates)도

70) 앞서 논의했듯이, 조직/관료주의 정치 모델은 문화적 접근방법과 통하는 공통적인 요소를 포함한다.

71) Theo Farrell, "World Culture and Military Power," *Security Studies, Vol. 14, No. 3*, 2005: pp. 448-488, p. 450.

포함된다.[72)] 이러한 제도는 인간 행위를 주관하는 중요한 문화적 요인으로 작용한다. 특히, SI 접근은 관행이나 사물의 **사회적으로 구성된 의미**를 강조한다. 예를 들어, 아이어와 서치맨(Eyre and Suchman)은 한 연구에서, "선진화된 군과 고급 무기체계들이 현대성과 주권을 상징한다는 이유로도 국가들은 그러한 발전된 군과 고급 무기체계를 보유하려 할 수도 있다"는 주장을 했다.[73)] 다시 말해, 국가들은 선진화된 군과 무기체계가 갖는 의미를 자국의 현대적이고 자주적인 지위 또는 상태와 연관 짓는다는 것이다. 지금부터 저자는 행위자의 특성과 국제 문화(world culture)의 역할을 중심으로 SI 모델의 이론적 전제들에 대해 논의한다. 논의된 이론적 전제를 바탕으로 대양해군전력건설 노력이 어떻게 시작되었고 유지되었는지 그 세부적인 메커니즘(mechanisms)을 설명하기 위한 가정을 도출한다.

우선, SI 모델은 인간 행위의 본성을 경제적 방식(economic mode)이 아닌 사회학적 방식(sociological mode)으로 이해한다. 콜맨(Coleman)의 구분에 의하면, 경제적 모델은 행위자들이 개별적인 목표를 가지고 독립적으로 행동한다고 가정한다.[74)] 경제적 모델 행위자의 주요 관심사는 개인

---

72) Hall and Taylor의 전게서에서 재인용. Peter A. Hall and Rosemary C. Taylor. "Political Science and the Three New Institutionalisms." *Political Studies, Vol. 44, No. 5*, 1996: pp. 936-957. p. 947.

73) Dana P. Eyre and Mark C. Suchman. "Status, Norms, and the Proliferation of Conventional Weapons: An Institutional Theory Approach." In *The Culture of National Security: Norms and Identity in the World Politics*, by Peter J. Katzenstein, pp. 79-113. New York: Columbia University Press, 1996.

74) James S. Coleman. "Social Capital in the Creation of Human Capital." *American Journal of Sociology, Vol. 94 Supplement*, 1988: pp. 95-96. 콜맨의 인간 행위에 대한 분류는 저자가 조직/관료주의 정치 부분에서 논의한 제임스 마치(James March)의 그것과 유사하다. 마치는 결과의 논리와 적절함의 논리 간에 구분을 짓는다. 마치의 전게서 참조. March. *A Primer on Decision*.

의 이익이며, 행동의 원칙은 실리(實利)를 극대화하는 것이다. 반면, 사회학적 모델 행위자의 행동은 사회적 상호작용의 맥락에서 정의되고 이해된다. 다시 말해, 그들의 행동은 "기준, 규칙, 책임 또는 의무" 같은 제도를 따르게 된다.[75] 사회학적 모드에서 행동의 원칙은 적절함 또는 적합함이다. 마치와 올슨(March and Olsen)에 따르면 "정치적 행위자들은 어떤 행위를 결정할 때 상황과 연계시키는데, 이때 적용되는 규칙이 적합성이다."[76] 적합성은 정치적·사회적 시스템을 배경으로 정의되며, 사회적 상호작용에 의해 전파된다.[77] 따라서 SI 관점에서 보면, 사회적 관례들이 선택되고 유지되는 것은 반드시 효율성이나 이익을 증진시키기 때문만이 아니라 그들이 적합하거나 정당하게 여겨지기 때문이기도 한 것이다.

비슷한 맥락으로, SI 모델은 국가가 물질적으로 정의된 국익을 극대화하고 다른 국가에 대한 상대적 이익에 주로 관심을 갖는다고 가정하지 않는다. 그렇다고 국가들이 국익에 대해 신경 쓰지 않는다는 뜻이 아니다. SI 모델의 관점은 국가들이 자신들의 정체성과 사회적인 배경(상황)을 바탕으로 국익을 정의한다는 것이다.[78] 제퍼슨, 웬트 그리고 카젠슈타인(Jepperson, Wendt, and Katzenstein)의 연구에 따르면, 국가안보나 안보정책에 관련된 사안에서도 정체성(identity)은 중요한 변수이며, 이 정체성의 변화는 그러한 중요한 사안들에 변화를 가져올 수 있다.[79] 여기서

---

75) Coleman. "Social Capital in the Creation of Human Capital." p. 95.

76) James G. March and Johan P. Olsen. "The New Institutionalism: Organizational Factors in Political Life." *The American Political Science Review, Vol. 78, No. 3*, Sep., 1984: pp. 741.

77) 같은 책.

78) Peter J. Katzenstein. *The Culture of National Security: Norms and Identity in World Politics*. New York: Columbia University Press, 1996. p. 2.

79) Ronald L. Jepperson, Alexander Wendt, and Peter J. Katzenstein. "Norms, Identity, and

저자가 말하는 정체성(identity)이란 "상호 간에 구성되고 변화해가는 나와 남의 이미지"를 뜻한다.[80] 따라서 국민—특히 정치지도자들—이 다른 국가들과 관련하여 자국을 어떻게 보느냐에 따라 국가의 안보 행위는 달라질 수 있다. 다음과 같은 웬트(Wendt)의 주장은 이러한 측면을 잘 보여준다. "미국에게는 영국의 핵무기 500기가 북한의 단 한 개의 핵무기보다 덜 위협적이다."[81] 이와 유사하게, 리스-캐펜(Risse-Kappen)은 민주주의 국가들은 상호 간에 전쟁을 하지 않는다고 주장했는데, 이는 우리(민주주의 국가들)와 남(비민주주의 국가들)을 구분하는 정체성의 인식 때문이라고 주장한다.[82] 그러한 집합적 정체성이 "우리" 중 하나로 여겨지는 국가와 "그들"로 여겨지는 국가를 향해 취해야 할 적절한 행동방식을 알려준다. 이러한 민주주의 국가들 간의 공통 정체성은 또한 민주적 문화나 상호 협의와 수용의 규범을 바탕으로 "다원적 안보 공동체(pluralistic security community)"를 형성하는 데 도움을 준다.[83] 리스-캐펜은 북대서양조약기구(NATO)가 바로 미국과 유럽 동맹국들을 "우리"로, 구소련을 "그들"로 인식하는 집합적 정체성 위에 세워진 공동체의 예라고 설명한다.[84]

Culture in National Security." In *The Culture of National Security: Norms and Identity in World Politics,* Ed. by Peter J. Katzenstein. New York: Columbia University Press, 1996.

80) 같은 책. p. 59.

81) Alexander Wendt. *Social Theory of International Politics*. Cambridge and New York: Cambridge University Press, 1999. p. 255.

82) Thomas Risse-Kappen. "Collective Identity in a Democratic Community: The Case of NATO." In *The Culture of National Security: Norms and Identity in World Politics,* Ed. by Peter J. Katzenstein. New York: Columbia University Press, 1996.

83) Karl W. Deutsch et al. *Political Community and the North Atlantic Area*. Princeton: Princeton University Press, 1957.

84) Risse-Kappen. "Collective Identity in a Democratic Community."

정체성을 중요한 변수로 활용한 좋은 연구 중에 저자의 연구와 더욱 연관성이 있는 예로는 에드워드 로즈(Edward Rhodes) 교수의 1890년대 미국 대외정책의 변화에 대한 문화적 설명을 들 수 있다. 로즈 교수는 미국이 19세기 말 새로운 해군을 건설하기 시작한 이유가 "국가의 본질이 무엇이고 국가가 세계와 어떤 관계인지에 대한 신념"의 변화 때문이었다고 역설한다.[85] 미국이 당시 겪고 있던 사회적·정치적 변화들은 남부지역은 물론, 문화적 다양성을 가진 많은 이민자들을 미국 사회로 통합해야 하는 새로운 사회적 책임 또는 필요성에 관한 것이었다. 이러한 변화로 인해 국가의 새로운 이미지와 공통적인 국가 정체성이 필요해졌다. 국가는 점차 미국이라는 나라를 구현할 수 있는 사회적 정체성을 위한 중심적인 제도로 여겨졌다. 그와 동시에, 국가는 국내적 통제를 한다는 의미에서 강자가 아니라 외부에 대해 미국 국민을 대표할 수 있는 능력을 갖춰야 했다. 로즈 교수는 "1890년대 새로운 미국 해군의 건설은 이러한 기본적인 문화적·인식적인 기능을 할 수 있는 새로운 신념의 건설과도 같았다"고 주장한다.[86]

SI 접근의 또 하나의 특징은 국제(적으로 형성된) 문화(world culture)의 역할과 현대 민족국가(nation-states)들이 그 문화에 반응하는 방식에 대한 관점이다. '문화'라는 것이 모호하고 논란이 많은 용어일 수 있기 때문에 국제 문화에 대한 논의를 시작하기에 앞서 개념적인 설명이 필요하다. 본 연구에서 저자가 적용하는 SI 모델은 정치 문화(political culture)에 대한 상징적(semiotic) 접근에 의존한다. 상징적 접근에서 가정하는 인간의 모델은 사회적 인간(*homo sociologicus*)의 범주 안에서도 상징(기호)을 사용하

85) Edward Rhodes. "Sea Change: Interest-Based VS. Cultural-Cognitive Accounts of Strategic Choice in the 1890s." *Security Studies, Vol. 5, No. 4*, Summer, 1996: pp. 73-124. p. 110.

86) 같은 책. p. 74.

는 인간(*homo symbolicus*)으로 볼 수 있는데, 이는 인간의 행동이 상징, 대화, 의식 등에 내재되어 있는 문화적 시나리오 또는 각본을 따른다고 이해하기 때문이다.[87] 정치 문화의 상징적 접근에서는 인간의 행위를 '의미를 만드는 활동'으로 이해한다. 이와 관련하여 갬슨(Gamson)은 정치 문화를 "전설, 은유, 언어와 사상, 틀, 이데올로기, 가치, 축약된 상징들과 같이 정치적인 대상에 대해 말하고, 쓰고, 생각하는 데 사용되는 문화적으로 가용한 의미 체계"로 정의한다.[88] 이는 행위자들이 그들에게 가용한 문화적 상징들이나 관례를 사용하여 세상을 이해하고 당면한 문제를 처리한다는 것이다. 이러한 의미에서 문화는 "도구 상자" 역할을 한다고 볼 수 있는데, 이는 어떤 행동을 취할 것인가 하는 전략과 시나리오에 대한 레퍼토리를 제공하기 때문이다.[89] 스위들러(Swidler)가 주장하듯, 문화의 작용은 행위자의 가치나 목적에 영향을 주는 것이 아니라 수단을 정의하는 것이다.[90] 이런 관점에서 보면, 문화는 제약하는 것이 아닌 '자원(resources)'이라고 할 수 있으며, 행위자들은 전략적인 이익이 관련된 사안에도 이러한 (문화라는) 도구를 활용하여 행동하게 된다.[91] 또

87) Myron Aronoff and Jan Kubik. Anthropology and Political Science: A Convergent Approach. Oxford: Berghahn Books, 2012. Chapter 3.

88) Aronoff and Kubik의 같은 책에서 재인용. 다음 문헌도 참조하라. William A. Gamson. "Political Discourse and Collective Action." In *International Social Movement Research, Volume 1, From Structure to Action: Comparing Social Movement Research Across Cultures*, by Bert Klandermans, Hanspeter Kriesi and Sidney Tarrow, pp. 219-244. Greenwich, CT: JAI Press, 1988. p. 220.

89) Ann Swidler. "Culture in Action: Symbols and Strategies." *American Sociological Review, Vol. 51, No. 2*, Apr., 1986. pp. 273-286.

90) 같은 책.

91) 상징적(semiotic) 접근과 대조를 이루는 다른 관점으로는 심리-사회적 접근(psycho-social approach)이 있다. 심리-사회적 접근은 정치 문화를 인구 또는 집단에서의 심리적 경향이나 정치에 대한 태도의 집합적 분포 측면에서 정의한다. 심리-사회적 접근을 사용한 연구의 예로는 다음 문헌을 참조하라. Gabriel Almond and Sidney Verba. *The Civic*

한 가지 주목할 만한 사항은 이 절의 시작 부분에서 저자가 언급한 사회적 제도주의에서 보는 폭넓은 제도(institutions)의 정의를 고려했을 때, 문화(culture)와 제도(institutions) 간의 정확한 개념적인 구분은 힘들어진다는 것이다.

이러한 관점에서 보면, 국제 문화(world culture)는 현대 민족국가들을 위한 적절한 기준(norms)과 행동의 레퍼토리를 제공하는 도구 상자의 역할을 한다. 맥닐리(McNeely)의 정의에 따르면, 국제 문화란 "국제적 수준에서 제도화되고, 그 함의를 고려할 때 세계에 적용 가능하다고 생각되는 정의(definitions), 규칙(rules) 그리고 원칙(principles)들의 기초 구조"로 이해할 수 있다.[92] 그러므로 사회적 관행이나 어떤 구조적 모델이 국제 문화 수준에서 한 번 정착되면 국가들이 그것을 받아들이지 않기가 어려워지고, 또 받아들이지 않는다면 많은 것을 잃게 된다. 그 결과 발생하는 현상 중의 하나가 동일성(同一性, isomorphism)이다. 이러한 현상의 예로, 전 세계에서 관습적으로 받아들여지고 있는 현대 국가의 적절한 조직적 형태를 들 수 있다.[93] 토머스와 마이어(Thomas and Meyer)는 많은 현대

Culture: The Political Attitudes and Democracy in Five Nations. Princeton: Princeton University Press, 1963; Ronald Inglehart. "The Renaissance of Political Culture." *The American Political Science Review, Vol. 82, Issue 4,* Dec., 1988. pp. 1203-1230. 존슨(Johnson)은 문화를 집합적인 태도 또는 고착된 경향 등의 개념으로 이해하는 심리-사회적 접근은 사회현상을 설명하는 데 의도를 가지고 행동하는 행위자의 역할을 고려하지 않은 것이라고 주장한다. 왜냐하면 심리-사회적 접근은 행위자들이 문화적으로 정의되어 있는 요소들을 수동적으로 내면화하기만 한다고 가정하기 때문이다. James Johnson. "Conceptual Problems as Obstacles to Progress in Political Science." *Journal of Theoretical Politics*, Vol. 15, No. 1, 2003. pp. 87-115.

92) Connie L. McNeely. *Constructing the Nation-State: International Organization and Prescriptive Action*. Westport, CT: Greenwood Press, 1995. p. 17.

93) George M. Thomas and John W. Meyer. "Regime Change and State Power in an Intensifying World-State-System." In *Institutional Structure: Constituting State, Society, and the Individual*, by George M. Thomas, John W. Meyer, Francisco O. Ramirez and John Boli, pp.

국가들 간에 국가가 관할해야 한다고 여겨지는 내용과 책임들이 놀라울 정도로 동일하다는 점을 지적한다.[94] 또 다른 연구들의 결과에 의하면, 많은 현대 국가들의 교육 제도와 복지 제도 같은 제도들이 서로 닮아가는 경향을 보여왔다.[95]

국제 문화의 효과는 군 관련 분야에서도 관찰할 수 있다. 파렐(Farrell)은 사례연구를 통해 국제 문화가 아일랜드 육군 조직과 작전을 위한 기본 틀을 제공했다고 설명한다.[96] 파렐은 정규전을 위한 서양(Western) 스타일의 군 조직이 전 세계 현대 국가들에게 기준이 되었다고 주장한다.[97] 파렐에 의하면, 아일랜드는 제2차 세계대전 이전 예상되는 영국의 재침공을 앞두고 많은 예산과 시간이 들어가는 정규전을 위한 육군을 건설할 수 있는 처지가 아니었다. 게다가 정보부는 과거 영국으로부터 독립전쟁 시 영국 육군을 상대로 실시한 성공적인 게릴라전의 교훈을 바탕으로 게릴라전을 위한 부대 구조와 전비태세를 강력히 권고했다. 하지만 아일랜드군 장교들은 제한된 예산과 게릴라전의 교훈에도 불구하고 영국군을 모델로 한 정규군 건설을 강하게 추진했다. 파렐에 따르면, 이는 정규전의 형태가 아일랜드군에서 전문적인 기준 또는 표준(professional norms)으로 여겨졌기 때문이라는 것이다.[98]

92-110. Beverly Hills: Sage Publications, 1987.

94) 같은 책.

95) Francisco O. Ramirez and John Boli. "Global Patterns of Educational Institutionalization," Thomas, George M. and Pat Lauderdale, "World Polity Sources of National Welfare and Land Reform" in *Institutional Structure* by George M. Thomas et al. 1987.

96) Farrell의 같은 책. "World Culture and Military Power."

97) 예를 들어, 파렐에 의하면, 191개 UN 회원국 중에 160개국이 상비정규군을 유지하고 있으며, 146개국이 서양 스타일의 삼군제(육군, 해군, 공군)를 시행하고 있다. 같은 책. p. 462.

98) 같은 책. p. 466.

SI 모델은 국제 문화가 국가 행위를 위한 정당성의 근원으로 작용하는 측면도 있지만, 동시에 국가 간 경쟁적인 역학을 만들어내는 측면이 있다는 사실에 주목한다. 세계는 커다란 정치 문화적 시스템이며, 그 안에서 국제 수준에서 작용하는 문화적·조직적 측면의 발전과 진전을 향한 압력이 모든 국가를 공통적인 목표, 형태 및 관행으로 몰아가는 경향이 있다는 것이다.[99] 발전과 진전을 향한 강제력이라는 개념의 지적 근원은 베버(Weber)가 역설한 합리화(rationalization) 및 관료화(bureaucratization)에서 찾을 수 있다.[100] 베버에 의하면, 사회가 관료화를 통해 합리적으로 조직화되기 시작하면 그 과정은 자체적인 생명을 띠고 계속 진행된다는 것이다.[101]

SI 모델은 또한 현대 국가가 등장하게 되면서 중앙적인 정치권한으로서 각 나라들에 단일적인 성격을 부여하게 된 가장 주목할 만한 현상이라고 본다. 이러한 특성 때문에 현대 민족국가는 국민으로부터 유일하게 공식적으로 집단 정체성과 문화적 충성심을 동원할 수 있는 정당한 권한이 되었다. 또한, 국가는 국민을 대표하여 집단적 목표를 상정하고 그것을 성취하기 위한 국가적 노력을 조직해야 할 책임도 가진다. 현대 국제 정체(政體)에서 집단적인 목표란 일반적으로 경제력 성장, 복지 제도, 개인적 발전, 기술적 진보 같은 "진전(progress)"을 나타내는 국가적 목표를 의미한다.[102] 세계 수준(world level)에서 각 국가가 주도하는 진전을 위한 노력이 국가 간의 경쟁적인 역학을 생성함에 따

---

99) McNeely의 같은 책. *Constructing the Nation-State*. p. 1.

100) Max Weber. *Economy and Society (edited by Guenther Roth and Claus Wittich), Vol. 2*. Berkeley: University of California Press, 1978. pp. 956-989.

101) 같은 책.

102) McNeely의 같은 책. *Constructing the Nation-State*. p. 19.

라 국내 행위자들의 자국을 위한 내부적 지원 또한 생겨나게 마련이다. 마이어(Meyer)가 주장하듯이, "엘리트 계층(군인, 정치인, 학자 등)과 각 분야의 국민은 세계를 상대로 경쟁적인 발전을 추구하는 목표에 동참하게 된다.[103] 실제로 국민 —특히 각 분야의 리더들— 이 자신들의 국가가 다른 국가들이 가진 시스템을 보유하거나 최소한 그것과 유사한 수준의 것을 보유하고 있기를 희망하면서 자국과 다른 나라를 비교하는 예를 쉽게 찾아볼 수 있다.

하지만 국제 문화 체계가 사회에서의 다양한 분야를 아우르는 하나의 지배적인 영향으로 작용하는 것이라고 가정해서는 안 된다. 아이어와 서치맨이 적용한 것처럼 본 연구에서 사용하는 SI 모델은 기든즈(Giddens)의 국제체계(world system) 모델에 의존한다.[104] 기든즈에 의하면, 현대 국가들의 발전을 향해 압력을 가하는 현대 국제체계가 존재한다는 것이 "하나의 지배적인 힘"이나 전체가 부분에 대해 우선하는 식으로 작용한다는 뜻이 아니다.[105] 기든즈의 개념에 의하면, 국제체계는 "국제 정보체계," "민족-국가체계," "국제 시장경제" 그리고 "국제 군사체계" 등 수개의 하부 체계(subsystems)로 구성되어 있다.[106] 이러한 방식으로 국제체계를 개념화하는 것이 실제로 세계가 어떻게 움직이는

103) John W. Meyer. "The World Polity and the Authority of the Nation-State." In *Institutional Structure: Constituting State, Soceity, and the Individual*, by George M. Thomas, John W. Meyer, Francisco O. Ramirez and John Boli. Beverly Hills, California: Sage Publication, 1987. p. 59.

104) Eyre and Suchman의 같은 글. "Status, Norms, and the Proliferation of Conventional Weapons." pp. 94-95.

105) Anthony Giddens. *The Nation-State and Violence: Volume Two of A Contemporary Critique of Historical Materialism*. Berkeley and Los Angeles: University of California Press, 1985. p. 276.

106) 같은 책.

지를 이해하는 데 더 유용하다. 국가가 사회 전반의 합리화(rationalization)를 이끌어가는 공식적인 권한이라고 하더라도 사회의 여러 분야에서 실제로 합리화 작업에 종사하는 전문 직업인들은 국제 문화의 영향을 사회 전반의 발전이 아닌 자신들 분야에서의 발전으로 경험하게 된다. 예를 들어, 국제적 해군 서열을 민감하게 인식하고 고급 전투함에 대한 강한 필요성을 느끼는 사람들은 (특히, 다른 국가들이 그러한 고급 전투함을 보유하고 있다면) 바로 해군 장교들일 것이다.

이와 같은 국제 문화 체계에 대한 관점은 앤 - 매리 슬로터(Anne-Marie Slaughter) 교수가 전망한 새로운 세계 질서와 맥을 같이한다. 새로운 세계 질서는 정부 및 비정부 제도(조직)들의 "세계적으로 펼쳐진 네트워크"로 특징지어진다.[107] 관료, 은행가, 사업가 같은 사람들은 다른 국가의 같은 분야에 종사하는 사람들과 직업적인 관심 사안을 공유한다. 그 결과, 공통적인 일에 대해 서로 협조할 뿐만 아니라 국제적으로 다른 국가에서 결정되는 사안들에 대한 지식을 이용하여 자신들의 유사한 사안들을 해결하기도 한다. 슬로터 교수는 후자의 경우와 관련하여 "다른 국가를 예로 드는 것은 그들 자신을 더 큰 사회와 연결시킴으로써 정당성을 확보하기 위한 노력"이라고 주장한다. 슬로터 교수에 따르면, 이러한 세계 질서에서는 군인들도 은행가들처럼 다른 국가의 군인들과 네트워크를 유지하게 된다.[108]

형성된 직업적 네트워크는 다시금 동일성(同一性, isomorphism)을 가져오는 원인 중의 하나로 작용하여 이를 통해 새로운 관행과 모델들이

107) Anne-Marie Slaughter. "The Real New World Order." *Foreign Affairs, Vol. 76, No. 5*, Sep.-Oct., 1997. pp. 183-197. p. 195.

108) 같은 글. p. 196.

확산되는 계기가 된다.[109] 사실, SI 모델뿐만 아니라 신현실주의(구조적 현실주의)도 국제관계 체계 안에서 국가 행위자들 간에 사회화와 모방(또는 본받기)을 통해 동일성이 발생한다는 입장을 취한다. 월츠(Waltz)는 "국가의 운명은 그 국가가 다른 국가들의 행동에 어떻게 반응하는가에 달려 있다"고 역설한다. "경쟁하는 국가들 중에 가장 능력이 뛰어나고 강한 국가가 이뤄낸 군사적 혁신 내용을 모방하게 마련이다."[110] 모방에 실패하는 국가들은 도태될 것이다. 이 주장의 함의는 전쟁 등에서 승리한 국가들의 관행들만이 다른 국가들에 의해 좋은 모델로 모방되어 전파된다는 것이다.

SI 모델은 동일성 창출 측면에서 신현실주의와는 다소 상이한 메커니즘을 제시한다. 앞서 논의했듯이, SI 모델도 국가 간의 경쟁적인 역학이 발생함을 인정한다. 하지만 SI 모델이 강조하는 것은 "조직과 행위를 정당화하는 문화적 모델의 확산과 국제화"의 과정을 통해 생성되는 동일성이다.[111] 아이어와 서치맨의 고급 무기체계의 상징적 의미와 관련된 주장은 그러한 과정의 예를 잘 보여준다. 아이어와 서치맨에 따르면, 어떤 현대 무기체계가 국제 문화(world culture) 수준에서 현대 국가임을 나타내는 정의(定義)의 일부분으로 인식되면, 자신들을 현대 국가라고 여기거나 그렇게 여겨지기 바라는 국가들은 그 무기체계를 도입하려 할 것이라는 것이다.[112] 여기서 중요한 것은 다른 현대 국가들

109) Paul J. DiMaggio and Walter W. Powell. "The Iron Cage Revisited: Institutional Isomorphism and Collective Rationality in Organizational Fields." In *The New Institutionalism in Organizational Analysis*, by Walter W. Powell and Paul J. DiMaggio eds., pp. 63-82. Chicago and London: The University of Chicago Press, 1991. p. 71.

110) Waltz. *Theory of International Politics*. p. 127.

111) Farrell. "World Culture and Military Power." p. 455.

112) Mark C. Suchman and Dana P. Eyre. "Military Procurement as Rational Myth: Notes on the

이 어떻게 행동하는지, 그리고 그 무기체계를 보유하는 것이 국제 기준을 고려할 때 어떤 **의미**가 있는 것인지 여부다. 국가들은 국제사회에서 다른 국가들에게 인정받는 정당한 방식으로 행동하려고 노력한다는 것이다.

아이어와 서치맨의 이러한 주장에서 또 한 가지 주목할 점은 사회에서 통용되는 물건들이 국제 문화에 제도화되면 그 상징적 중요도가 달라진다는 것이다. 다음에 인용된 단락이 이들 저자의 중심 생각을 잘 표현해준다.

> "주권, 현대성, 독립 등이 민족국가의 본질을 나타내는 현대 국제체계에서, 어떤 무기들은 중요한 의미를 나타내도록 (초음속 항공기와 같이 상징적으로 중요한 의미를 가지고) 제도화되어 있는 반면 또 다른 무기(트럭, 소병기 등)들은 그렇지 않다. 어떤 무기의 상징적 중요도는 그 무기체계가 민족국가의 특성과 연관되어 문화적으로 형성된 아이디어나 이미지와 어느 정도 긴밀하게 연결되어 있는가에 달려 있다. 고도의 기술력을 요구하고, 시각적으로 구별되고, 흔치 않은 무기들이 일반적이고, 주목할 것 없는 무기들보다 독립성을 상징하는 데 더 효과적이다."[113]

이와 같은 관점에서 보면, 해군의 상징적 중요성은 국제 문화 차원에서 널리 인식되고 제도화되어왔다. 해군은 전통적으로 국제정치에서 주권이나 국력과 같이 국가적 지위를 나타내는 상징적 의미를 지

Social Construction of Weapons Proliferation." *Sociological Forum, Vol. 7, No. 1, Special Issue: Needed Sociological Research on Issues of War and Peace*, Mar., 1992. pp. 137-161.

113) Eyre and Suchman. "Status, Norms, and the Proliferation of Conventional Weapons." p. 96.

녀왔다.[114] 다양한 문헌을 통해 해군의 상징적 의미를 나타내는 요소들을 어렵지 않게 찾아볼 수 있다. 시어도어 루스벨트(Theodore Roosevelt) 미국 대통령의 전기에서 저자인 브랜즈(Brands)는 루스벨트 대통령이 미 해군 화이트 대함대(the Great White Fleet)를 세계로 내보낸 의도가 국내정치적 동기에서 시작되었다는 것을 보여주는 대통령의 언급내용을 기록하고 있다. "나[루스벨트]의 주목적은 미국 국민에게 감동을 주는 것이었고, 그 목적은 완벽히 달성되었네."[115] 사실, 전투함의 웅장한 외관은 보는 사람으로 하여금 자신들의 국가가 그런 근사한 해군함정을 보유하고 있다는 사실에 자부심을 갖게 해줄 만큼 감동을 주기에 충분하다. 슐먼(Shulman)은 1882~1893년 기간 중 미국에서 생겨난 해군주의(navalism)에 대한 연구에서, 당시 해군 발전에 대한 사회적 관심이 많아진 이유는 미국 사회를 상징하는 "거대함(bigness)과 영웅주의(heroism)"에 대해 선호하는 경향이 사회 전반에 퍼졌기 때문이라고 설명한다.[116]

또 다른 예로, 뤼거(Rüger)는 20세기 초에 있었던 호주 해군 발전 배경과 관련하여 해군 함대가 국민에게 비친 상징적이고 문화적인 역할에 대한 설명을 제공한다. 뤼거에 의하면, 관함식, 함대 방문, 전함(battleships)의 진수식 및 취역식 등 당시 제국주의 시대의 대중에게 공개된 화려한 해군 예식들은 국내와 국외의 청중을 모두 의식한 것으로서 힘의 과시는 물론, 국가 정체성을 발산하는 수단이었다.[117] 제국주의

---

114) Ken Booth. *Navies and Foreign Policy*. New York: Crane, Russak & Company Inc., 1977. p. 35.

115) H. W. Brands. *T. R.: The Last Romantic*. New York: BasicBooks, 1997.

116) Mark Russell Shulman. *Navalism and Emerging of American Sea Power, 1882-1893*. Annapolis, Maryland: Naval Institute Press, 1995.

117) Jan Rüger. "The Last Word in Outward Splendour: The Cult of the Navy and the Imperial Age." In *The Navy and the Nation: The Influence of the Navy on Modern Australia*, by David

시대 전함과 관련된 상징적 의미는 다른 저자들의 문헌에서도 찾아볼 수 있다. 예를 들어, 하워드(Howard)는 "전함은 당시 국가적 자부심과 국력의 상징이었으며, 이는 보유국이 뛰어난 기술적 발전수준과 화력을 가지고 전 세계를 누빌 수 있다는 것을 나타냈기 때문"이라고 강조했다.[118)]

해군은 또한 특정한 국제체계(world system)와 긴밀히 연결된 제도라는 사실에 주목해야 한다. 세계의 모든 해군은 물리적인 국경이 존재하지 않는 바다에서 작전을 전개한다. 해군 전투함들은 각각 공해에서 자국을 대표하는 동시에 국제적인 해군 사회(community)의 일부분이다. 그렇기 때문에 다른 국가의 해군 간에도 운용 절차나 상징적 예식 등에서 동일성을 예측할 수 있다. 아이어와 서치맨이 관찰한 것처럼 세계적으로 볼 때 육군 군복의 디자인과 부대상징물은 국가별로 많이 상이한 반면, 해군의 그것들은 놀라울 정도의 동일성을 보인다.[119)] 그 원인 중 하나는 지역문화에 지배적 영향을 받는 육군보다 해군이 국제 문화에 많이 노출되어 있고, 그만큼 많은 영향을 받기 때문이다. 전 세계 해군의 복장과 상징물들이 유사성을 보이는 또 다른 이유 중 하나는 미국을 포함한 거의 모든 국가의 해군들이 영국 해군을 모델로 삼았다는 사실이다. 이러한 사실들 역시 SI 모델의 설명력을 더욱 설득력 있게 해준다.

지금까지 저자는 인간 행동의 본질과 국제 문화의 역할에 초점을

Stevens and John Reeve, Crows Nest NSW: Allen & Unwin, 2005. pp. 48-65.

118) Michael Howard. "War and the Nation-State." *Daedalus 108*, 1979. p. 104. Eyre and Suchman의 같은 책에서 재인용. "Status, Norms, and the Proliferation of Conventional Weapons." p. 97.

119) Eyre and Suchman의 같은 책 각주 인용. "Status, Norms, and the Proliferation of Conventional Weapons." p. 98. Fn. 47.

맞추어 SI 모델의 이론적 전제들을 논의했다. 이제 이러한 SI 모델의 관점을 한국 해군의 사례에 적용할 차례다. 앞서 국제 문화 체계가 직업적 네트워크와 관련하여 어떻게 작용하는지에 대한 논의를 기반으로 생각할 때, 처음 대양해군과 관련된 기치를 든 것은 해군 장교들이었을 가능성이 높다. 무기체계를 직접 운용하는 그 분야 최고의 전문 직업인이라는 점을 고려할 때, 한국 해군 발전에 대한 필요성을 가장 강하게, 또 시급하게 느끼는 것은 바로 해군 장교들이기 때문이다. 무엇보다 중요한 것은 그들이 바로 국제 해군 문화에 가깝게 연결되어 있고, 외국 해군과 연합 훈련, 회의 등 다양한 기회를 통해 세계 해군 간 네트워크를 유지하는 사람들이기 때문이다.

하지만 중요한 것은 SI 모델에서 가정하는 행위자들(해군 장교들)은 국제 문화의 영향을 수동적으로 받아들이지만은 않는다. SI 모델에 대해 비판적인 견해를 가진 학자들은 SI 모델이 국제 문화를 "전 세계적으로 아무런 문제없이 저절로 퍼져나가는" 것으로 이해하는 경향이 있다고 지적한다.[120] 파렐은 이러한 문제를 해결하기 위해 아일랜드 육군에 대한 연구에서 행위자들이 "문화를 전략적으로 사용하는" 측면을 강조한다.[121] 하지만 파렐은 기준(norms)을 강조한 논리에 너무 많이 의존했고, 왜 아일랜드 육군 장교들이 정규전의 표준을 채택했는지에 대한 설명은 간과한 경향이 있다. 이러한 측면에서 저자는 정체성(identity)의 역할을 강조한다. 앞서 논의했듯이, 본 연구에서 사용하는 SI 모델에서 가정하는 행위자들은 자신들의 정체성에 맞게(또는 적절하게) 행동한다. 사회의 엘리트들이 세계 속에서 자국의 경쟁적 발전이라는 목표를

---

120) Martha Finnemore. "Norms, Culture, and World Politics: Insights from Sociology's Institutionalism." *International Organization, Vol. 50, No. 2*, 1996. pp. 325-347. p. 339.

121) Farrell의 같은 책. "World Culture and Military Power."

믿고 따르듯이, 해군 장교들도 어떻게 해군 조직이 국가에 기여할 것인가에 대해 많은 관심을 갖게 마련이다.[122] 그렇다면, '한국 해군이 어떤 조직이고, 무엇을 하는 조직인가?', 또한 '어떠한 국가를 위해 그들이 일하고 있는가?'에 관한 신념들은 해군 지도자들의 결정에 매우 중요한 요인으로 작용하게 될 것이다. 따라서 저자는 해군이 대양해군을 향한 움직임을 주도했고, 이는 해군 지도자들이 그들이 속한 조직(해군)과 국가의 정체성과 역할을 새롭게 보기 시작했기 때문이라는 가설을 세운다.

무기체계 획득을 위해서는 정부의 정책 결정뿐 아니라 국회로부터의 승인이 필요하다. 그러므로 한국 해군이 대양작전이 가능한 대형 전투함정 건조를 시작할 수 있었다는 사실은 그 획득 사업이 정치인들과 국민으로부터 어느 정도 지지를 받았다는 것을 시사한다. 정부 관료들이나 정치 리더들은 해군 장교들이 일선 경험에서 느끼는 사항들을 실제로 느낄 수 없다. 따라서 정치인들이 대형 해군함정들이 국가를 위해 어떤 의미가 있는 것인지 인식하고 있지 않다면, 좀 더 경제적인 함정 대신에 왜 하필 값비싼 대형 함정들에 국민의 세금을 써야 하는지에 대해 설득시키기 어려울 수도 있다. 저자는 이와 관련하여 정치 지도자들이 어느 시점에선가는 국가와 연관된 해군의 의미를 내면화했을 것이라는 가설을 세운다. 동시에 SI 모델이 예측하듯이, 정치지도자들은 해군 무기체계 도입과 관련하여 다른 국가들이 어떻게 행동하고 있는지에 대해 민감하게 반응했을 것이다.

대양해군과 관련된 생각이 정치 리더들로부터 어느 정도 지지를 얻었고, 그러한 생각과 논의가 대중화됨에 따라 국민의 지지도 얻었을

122) Meyer의 같은 책. "The World Polity and the Authority of the Nation-State." p. 59.

것이다. 이 과정에서 그들이 생각하는 한국의 정체성과 이와 관련된 선진 해군의 의미가 15년간 대양해군과 관련된 정책이 유지되는 데 핵심적인 역할을 했다. 한국이 국가 차원에서 세계화를 향한 강한 도약을 시도할 때 마침 이러한 해군의 정책 변화가 시작되었다는 점을 고려하면, 정체성을 이용한 설명은 특히 그 타당성이 높아 보인다. 1990년대는 한국이 정부 주도로 세계화 정책을 시작한 시기다. 이때 한국이 시작한 세계화 정책은 단지 경제적 차원에서 무역 상대국의 증가를 의미한 것이 아니었다. 이는 곧 현대 주권 국가인 대한민국이 경제, 외교, 안보, 문화 등 모든 영역에서 더욱 국제적이고, 경쟁력을 갖추기 위한 국가적 총력을 동원할 것이라는 국가적 의지의 선언이었다. 사무엘 김(Samuel S. Kim) 교수는 "한국의 세계화 정책은 한국의 신흥 공업국으로서뿐 아니라 신흥 민주화국가로서의 국가 정체성의 발현을 의미한다"고 설명한다.[123)]

여기서 논의의 중점은 한국의 새롭게 형성된 국가 정체성 자체에 있는 것이 아니라, 그 새로운 국가 정체성이 형성되는 과정에서 한국이 기존의 제도(해군)를 특별한 의미로 인식함에 따른 해군 정책의 변화라는 것에 유념해야 한다. 정치지도자들과 국민이 세계 속의 한국을 새롭게 보기 시작했다면, 또한 그 국민이 그러한 새로운 국가 정체성 인식에 비춰 해군의 성장을 적합한(appropriate) 행동으로 믿게 되었다면, 그들은 더욱 큰 해군 건설을 지지하게 될 가능성이 크다. 이러한 측면에서, 해군의 대양해군을 향한 새로운 정책은 한국이 냉전 이후 새로운 국제 질서에서 현대 주권국가로서 국제체계에 더 가깝게 연결된 국가가 될 것이라

---

123) 한국의 세계화와 정체성 변화에 대해서는 다음 문헌을 참조하라. Samuel S. Kim. *Korea's Globalization*. New York: Cambridge University Press, 2000.

는 한국의 국가적 결의를 상징하는 것일 수도 있다. 다시 말해, 세계 수준의 선진 해군 함대가 새로운 국가 정체성 형성은 물론, 그 정체성이 국제무대에서 발현할 수 있도록 촉진하는 매개물로 작용했을 수도 있다는 것이다. 지금까지 논의한 내용을 바탕으로 대양해군 현상을 설명할 수 있는 메커니즘을 다음과 같은 가설들을 통해 요약해보았다.

> **HS 1**. 대양해군 현상은 대한민국이 더욱 자주적이고 동등한 국제사회의 일원으로서 국가 정체성이 형성되고 있던 시점에서, 국가를 위해 어떤 조직이 되어야 할 것인지 그 정체성을 새롭게 정의하던 과정에서 해군이 주도했을 것이다.

> **HS 2**. 대형 해군전력건설에 대한 정당성이 정치지도자들 사이에서 어느 정도 호응을 얻었으며, 이는 그들이 대형 해군전력을 한국의 국가 정체성과 국제위상과 연관 지어 생각했던 영향도 있을 것이다.

> **HS 3**. 해군과 관련된 소식이 매체에 자주 등장함에 따라 대양해군에 대한 개념이 국민에게 알려지게 되었으며, 한국의 국가 정체성과 국제위상과 결부되어 국민 사이에서 호응을 얻게 되었을 것이다.

5) 절충적 접근

저자는 SI 모델이 대양해군 현상의 시작, 시행 및 지속, 종료를 포함한 모든 과정을 설명할 수 있다고 주장하는 것은 아니다. 저자의 입장은 제반 현상의 정확한 설명을 위해서는 절충적인 접근이 필요하다는 것이다. 이러한 입장은 사실 더욱 단순명료한 패러다임 중심 설명과 비교할 때 득(得)과 실(失)을 동반한다. 쿤(Kuhn)이 주장한 동일한 패러다임(paradigm)이나 라카토스(Lakatos)가 역설한 연구 프로그램(research program)들은 학자들에게 "과학적 연구 활동을 위한 동일한 규칙과 표준"을 제공함으로써 정제된 방식의 연구를 돕는다.[124] 또한, 패러다임은 학자들이 간단명료하고 정연한 이론을 수립하는 데 도움이 되는 분석의 틀을 제공한다. 실제로 국제관계학(IR)의 패러다임들은 단순화된 전제들을 이용하여 간단명료한 설명을 제공함으로써 국제관계를 이해하는 데 많은 기여를 해왔다. 월츠의 신현실주의가 좋은 예다. 월츠 교수는 "이론은 한 영역을 지적으로 다루기 용이하도록 만들기 위해 다른 영역으로부터 분리시켜 다룬다."[125] 그는 또한 "이론의 유용성은 그 이론이 얼마나 잘 설명하고 예측할 수 있는지에 따라 평가된다"고 했다. 월츠는 유용한 이론은 개별적인 사건의 세부적인 내용보다는 국제관계 체계 수준에서의 국가행동의 "일정한 방식(pattern)"을 설명할 수 있어야 한다고 역설했다.

하지만 우리가 유념해야 할 것은 단순명료함에 대한 지나친 강조는 그 이론의 설명력을 희생시킬 수 있다는 것이다. 예를 들어, 신현실주의 패러다임은 행위자나 제도와 연관된 인과관계에서 중요한 역할을 할 요인들을 고려하지 않는다. 하지만 이렇듯 간단명료한 합리주의(rationalist) 입장에서 수립한 가정이 "복잡한 인간의 상호관계를 융통성

124) Thomas S. Kuhn. The Structure of Scientific Revolutions. Chicago: The University of Chicago Press, 1962. p. 11. "연구 프로그램(research program)"의 개념에 대해서는 다음 문헌을 참조하라. Imre Lakatos. "Falsification and the Methodology of Scientific Research Programmes." In *Criticism and the Growth of Knowledge*, by Imre Lakatos and Alan Musgrave. New York, London: Cambridge University Press, 1970.

125) Waltz. *Theory of International Politics*. p. 8.

없이 기계적으로 압축해버릴" 수도 있다.[126] 패러다임 중심의 연구 활동의 또 다른 약점으로, 패러다임과 단순명료성에 대한 지나친 강조는 국제관계를 연구하는 학생들이 제기하는 중요한 경험적 문제에 대한 질문을 사전에 차단할 수도 있다는 것이다. 쿤은 "하나의 패러다임이 그 패러다임을 적용하여 연구하는 커뮤니티(community)로부터 중요한 사회문제를 다룰 기회를 박탈할 수도 있다"고 명백히 밝히고 있다. 이는 그러한 문제들이 해당 패러다임이 제공하는 개념적 틀에 담길 수 없다면 연구대상에서 제외되어버리기 때문이다.[127]

사실, 국제관계학 학자들은 패러다임 중심 연구에서 세밀한 인과(因果)관계 메커니즘(fine-grained causal mechanisms)을 추구하는 방향으로 옮아가는 경향을 보여왔다. 예를 들어, 현실주의 학자들은 국제정치 현상을 더욱 정확히 설명하기 위해 국가를 단일 행위자로 보는 가정을 완화하고 국내 및 개인 수준의 변수들도 분석에 포함시켜왔다. 앞서 언급한 것처럼 방어적 현실주의(defensive realism)는 기술과 공격-방어 균형 등의 영향을 고려하는 "힘의 미세한 구조"를 강조함으로써 월츠의 신현실주의와 차별을 둔다.[128] 신고전적 현실주의(neoclassical realism)는 국제체계의 구조적 압력이 어떤 현상에 직접적으로 영향을 미치는 것이 아니라 국내 정치구조나 정치지도자들의 인식 같은 단위/개별 수준의 변수를 통해 재해석되어야 한다는 입장을 취한다.[129] 이런 노력을 일컬어 현실주

126) Robert C. North and Matthew Willard. "The Convergence Effect: challenge to parsimony." *International Organization, Vol. 37, No. 2*, Spring 1983. p. 340.

127) Kuhn. The Structure of Scientific Revolutions. p. 37.

128) Evera. *Causes of War.* p. 7.

129) Rose. "Neoclassical Realism and Theories of Foreign Policy." p. 152. 신고전적 현실주의에 대한 더 세부적인 논의와 연구결과를 위해서는 다음 문헌을 참조하라. Steven E. Lobell, Norrin M. Ripsman, and Jeffrey W. Taliaferro eds., *Neoclassical Realism, the State, and Foreign*

의 패러다임은 자유주의나 구성주의 패러다임으로부터 독립변수들을 도용함으로써 그 본질을 잃고 변질되었다고 주장하며 비판적인 의견을 갖는 학자들도 있다.[130] 하지만 저자의 입장은 다르다. 앞서 열거한 완화된 현실주의 학자들의 노력으로 인해 더 많은 문제에 대해 답을 할 수 있었으며, 따라서 정치학 관련 지식 축적에 더 많은 기여를 했기 때문이다. 그들은 월츠의 신현실주의적 입장만으로는 풀 수 없었을 문제들에 대한 답을 제시해왔다. 설명력과 간단명료함은 좋은 이론을 수립하는 데 모두 중요한 조건이다. 하지만 이베라(Evera) 교수가 역설했듯이, 우리가 단순명료성의 원칙을 완화해서 세계를 더 잘 설명할 수만 있다면 그렇게 해야 한다.[131]

절충주의적 분석은 국제관계학에서 오래전부터 그 가치를 인정받아왔다. 이와 관련된 논의로 엘먼과 엘먼(Elman and Elman)이 편집을 맡아 2013년에 발행된 『국제관계 이론의 진보(*Progress in International Relations Theory*)』를 들 수 있다. 여기서 앤드루 모라비치크(Andrew Moravcsik), 스테판 워커(Stephen Walker), 앤드루 베넷(Andrew Bennett) 등 여러 학자들은 라카토스의 이론보다는 로든(Laudan)의 과학적 진보에 관한 이론이 현대 국제관계학의 발전을 위한 유용한 기준을 제공해줄 수도 있다는 주장을 한다. 로든에 따르면, 과학의 주된 목적은 문제 해결이다. 또한, 어떤 이론 또는 연구 전통(패러다임)을 택할 것인가를 고려할 때, 여러 가지 패러다임 중에 어떤 한 가지를 선택했을 때, 선택한 전통이 다른 전통들보다 당면

Policy. Cambridge and New York: Cambridge University Press, 2009.

130) Jeffrey W. Legro and Andrew Moravcsik. "Is Anybody Still a Realist?" *International Security, Vol. 24, No. 2*, Autumn, 1999. pp. 5-55.

131) Stephen Van Evera. *Guide to Methods for Students of Political Science*. Ithaca and London: Cornell University Press, 1997. p. 19.

한 문제해결에 더 도움이 될수록 —하나의 패러다임에 대한 맹목적인 고수가 아닌[132]— 그 선택은 발전적인(따라서 합리적인) 선택이라고 할 수 있다고 주장한다.[133] 그러므로 하나의 연구전통에 속한 학자가 문제해결에 도움이 된다면 다른 전통의 이론을 활용할 수도 있다. 이러한 로든의 견해는 다양한 연구전통 간의 공조(共助)[또는 절충주의적 분석]를 촉진시킴으로써 과학적 진보에 관한 쿤이나 라카토스의 입장을 대체하여 사회과학 연구에 많은 도움이 된다. 이와 관련하여 최근 실(Sil)과 카젠슈타인(Katzenstein)은 공저를 통해 국제정치 연구를 위해 절충주의적 분석 기법이 필요함을 역설하기도 했다.[134] 이들은 국제관계학에서 주요 패러다임 간의 공통적인 부분이 적지 않음을 지적하고, 상호 보완할 수 있는 가능성에 대해 주목했다. 이들은 또한 같은 저서에서 절충주의적 접근을 활용하여 연구한 안보, 정치경제, 국제관리 등에 관한 다양한 문헌들을 소개했다.

절충주의적 분석을 적용하는 방법과 관련하여 제퍼슨(Jepperson)과 동료 학자들의 상호 보완성(complementarity) 논의가 본 연구를 위해 많은 도움을 준다.[135] 상호 보완성을 활용하는 다양한 방법 중의 한 가지는 "단계 보완성(stage complementarity)"이다. 단계 보완성이란 인과관계의 흐름에서 국면별로 다른 관점들(perspectives)이 설명을 제공하는 것을 말한

---

132) 역자(저자) 주.

133) Larry Laudan. *Progress and Its Problems: Toward a Theory of Scientific Growth*. Berkeley, Los Angeles, and London: University of California Press, 1977. p. 109.

134) Rudra Sil and Peter J. Katzenstein. *Beyond Paradigms: Analytic Eclecticism in the Study of World Politics*. New York: Palgrave MacMillan, 2010.

135) Jepperson, Wendt, and Katzenstein. "Norms, Identity, and Culture in National Security." p. 70.

다.[136] 예를 들어, 바넷(Barnett)은 1950년도 이후 중동지역에서의 동맹관계를 비롯한 국가 간 관계의 패턴은 위협 인식(threat perceptions)에 의해 형성되었다고 주장한다. 하지만 그 위협 인식은 아랍 국가의 집단적 정체성과 그에 해당하는 기준(norms)에 근거하여 형성되었다는 것이다.[137]

상호 보완성을 적용하는 또 다른 방안으로는 "깃들이기(nesting)"가 있다. 여기서는 하나의 관점이 또 다른 관점의 조건으로 작용한다. 이것이 저자가 본 연구에서 적용한 방식과 가깝다고 볼 수 있다. 저자는 SI 모델 또는 구성주의적(constructivist) 전제들이 다른 관점들을 위한 조건을 제공한다고 보기 때문이다. 특히, 본 연구에서는 현실주의와 SI 모델 간의 보완성을 강조한다. 대양해군 현상과 관련된 과정에서 외부위협이나 경제적 이익 등의 현실주의적 요소들이 분명히 영향을 미쳤을 것이라고 예측된다. 하지만 저자는 그 영향이 직접적이지 않았을 것이라는 가정을 세운다. 다시 말해, 그러한 현실주의적 요소들도 문화적 요인을 통해 작용했을 것이라는 입장이다. 외부위협의 효과는 그 위협이 (더 넓은 의미의 국익과 연관되어 새롭게 정의되어가던) 해군의 정체성 및 임무와 어느 정도 관련이 있는가에 따라 달라질 것이다.

사실 본 연구에서 저자는 단계 보완성도 어느 정도 활용했다. 대양해군 현상을 설명하기 위한 네 가지 다른 접근(현실주의, 조직/관료주의 정치, 국내정치, 사회학적 제도주의)의 타당성을 검증하는 과정에서 저자의 목적은 부정 또는 배제할 관점을 찾아내는 것이 아니라, 각 관점들이 어느 정도, 또 어떻게 대양해군 현상이 시작되고 지속되었는지를 설명하는 데 기여했는가를 식별하는 것이었다. 이러한 접근방식의 다른 예로는 솔

---

136) 같은 책.

137) Michael Barnett. *Dialogues in Arab Politics*. New York: Columbia University Press, 1998.

링겐(Solingen)의 연구가 있다.[138] 솔링겐의 연구는 왜 어떤 국가들은 핵무기 보유를 택했고, 어떤 국가들은 핵을 포기했는가를 묻는다. 솔링겐은 정치인들의 자국 내에서의 정치생명 유지를 위한 이익이나 정부 형태 등이 안보정책 결정을 위한 핵심적인 요인이었다는 설명을 하면서도 다른 관점들(신현실주의, 신자유주의, 구성주의)을 바탕으로 한 현상의 이해방식을 완전히 배제하지 않았다. 사실, 무기체계 획득 같은 국제관계 현상들은 수많은 행위자들이 관여하는 복잡한 메커니즘을 통해 이뤄진다. 국내정치와 국제정치 간의 상호작용에 의해 영향을 받을 수도 있다. 앨리슨과 젤리코(Allison and Zelikow)가 주장하듯이, "어떤 종류의 안경을 사용하는가에 따라 일련의 요인들이 다른 요인들에 비해 돋보이기 마련이다."[139] 하나의 시각은 또 다른 시각이 간과하는 증거를 제공할 수도 있다. 한국 해군전력발전과 관련하여 어떤 변화들이 있었는지 정확히 설명하기 위해서는 하나 이상의 관점(perspective)을 바탕으로 한 이해방식이 필요하다.

2. 연구 계획

이 프로젝트는 한국 해군 발전에 대한 단일 사례연구다. 저자의 연구는 이론적 일반화 목적을 위해 행해지는 하나의 수단이라기보다 "이 하나의 현상 자체를 기술하고, 설명하고, 해석하며, 이해하는 것"

138) Etel Solingen. *Nuclear Logics: Contrasting Paths in East Asia and the Middle East*. Princeton: Princeton University Press, 2007.

139) Allison and Zelikow. *Essence of Decision*. p. 387.

이 목적인, 그 자체가 의미를 보유하는 사례연구(ideographic case study)로 볼 수 있다.[140] 리비(Levy) 교수는 일반화할 수 있는 이론 개발에만 집중하고 개별적인 사례들에 대한 설명은 역사가들에게 맡긴다면 이는 사회과학자들이 기여할 수 있는 영역을 너무 좁히는 것이라 주장한다. 단 하나의 역사적 사례에 대한 설명도 그 연구가 이론적으로 현실의 어떤 구체적인 측면을 부각시키는 잘 형성된 개념적 틀을 기반으로 진행된다면 매우 값진 과학적 지식의 축적에 기여할 수 있기 때문이다.[141] 이런 점에서 저자의 연구는 그 자체로서 가치가 있는 사례연구로 볼 수 있다.

하지만 이 연구는 단지 자체적 의미가 있는 연구만으로 끝나지 않는다. 게링(Gerring)의 정의에 따르면, 사례연구란 그 현상이 대변하는 더 넓은 종류 전체를 이해하기 위한 목적으로 하는, 그 현상에 대한 심층 연구다.[142] 조지와 베넷(George and Bennett)도 사례(case)를 같은 종류의 사건 중 하나의 예(instance)로 이해한다.[143] 저자의 연구는 무기체계 획득에 대한 연구임이 분명하다. 특히, 이 사례는 문화적 요인들이 국가안보와 관련된 결정과 행위에 중요한 영향을 미치는 사건들의 종류(the class of events)에 속한다.[144]

---

140) Jack S. Levy. "Case Studies: Types, Designs, and Logics of Inference." *Conflict Management and Peace Science*, Vol. 25, 2008, p. 4.

141) 리비 교수는 이런 노력을 "이론기반 사례연구(theory-guided case studies)"라고 부른다. Levy의 같은 글. "Case Studies." p. 4.

142) John Gerring. "The Case Study: What It Is and What It Does." In *The Oxford Handbook of Comparative Politics*, by Carles Boix and Susan C. Stokes, pp. 90-122. Oxford and New York: Oxford University Press, 2007. p. 96.

143) Alexander L. George and Andrew Bennett. *Case Studies and Theory Development in the Social Science*. Cambridge, MA: MIT Press, 2005. p. 17.

144) 문화적 요인들이 국가안보에 미치는 영향을 다룬 연구에는 다음과 같은 예가 있다. Katzenstein. *The Culture of National Security*. Theo Farrell and Terry Terriff eds., *The Sources*

저자의 연구는 또한 '가장 그럴 것 같은/그럴 것 같지 않은 디자인(the most/least likely design)'을 이용한 사례연구이기도 하다. 리비 교수는 엑스타인(Eckstein)을 인용하여 "가장 '그럴 것 같은/그럴 것 같지 않은' 논리를 이용한 '결정적 사례연구'는 이론을 검증하는 데 유용한 도구로 쓰일 수 있다"고 강조한다.[145] 어떤 사례가 한 이론의 논거로서 가장 적합하지 않고 다른 이론의 논거일 가능성이 커 보임에도 불구하고 그 사례에서 우리의 이론을 뒷받침할 증거가 발견된다면, 이 이론을 일반화할 수 있는 가능성은 증가하게 된다. 반대로, 그 사례가 우리의 이론의 논거로서 가장 적합할 것 같아 보이지만, 발견된 증거들이 그 이론이 예측하는 것과 다르다면 이론의 타당성은 현저히 낮아진다. 북한의 군사위협에 직면하고 있는 한국의 안보상황을 고려하면, 한국의 군사력 증강 사례는 현실주의 이론들에 대한 논거일 가능성이 가장 많고, SI 모델 같은 문화적 설명과는 거리가 멀어 보인다. 만일, 이 연구를 통해 SI 모델을 뒷받침하는 증거가 발견된다면, 이는 저자가 제시하는 가설의 일반화 가능성을 증대시키는 것이다.

저자는 연구 방법으로 해군, 정치지도자들, 일반대중의 세 가지 수준(level)에 초점을 맞춘 양적(qualitative) 분석을 선택했다. 이를 통해 정체성과 고급 해군함정의 의미 등 문화적 요인들이 한국사회의 다양한 행위자들에게 어떤 효과를 가져왔는지를 분석한다. 특히, 저자는 사회행위자들이 대형 해군함정들의 필요성을 믿게 되는 과정에서 어떻게 그러한 문화적 요인들이 도움을 주었는가 하는 문제에 초점을 맞췄다. 사회(community)에서 어떤 의미가 전파되어가는 것 자체가 선명하고 뚜렷

of Military Strategy: Culture, Politics, Technology. Boulder, Colorado: Lynne Rienner Publishers, Inc, 2002.

145) Levy의 같은 글. "Case Studies." p. 12.

한 과정은 아니지만, 의미를 만드는 활동(meaning making activity)은 언어나 상징 같은 관행 등을 통해 관찰할 수 있다.[146] 이런 측면에서 보면, 정치 지도자들의 연설이나 진술은 그 정치인들이 중요하게 생각하는 의미와 가치를 포함하는 정치 문화가 표현된 자료로 볼 수 있다.

해군 수준(level)의 분석은 내용 분석(content analysis)과 과정 추적(process-tracing) 기법을 사용했다. 먼저, 해군사관학교를 비롯하여 육군·공군사관학교 졸업식에서 대통령의 연설을 분석했다. 사관학교 졸업식에서 대통령의 연설은 각 군의 정체성을 표현해주기 때문에 특히 본 연구를 위한 매우 값진 자료다. 사관학교 졸업식(임관식)은 졸업하는 생도들을 장차 각 군의 리더로서 공식적으로 인정하는 자리인 만큼 대통령은 국군의 최고 통수권자로서 각 군의 가장 본질적인 특성들을 언급함으로써 사기를 증진시키려 한다. 따라서 그 연설문들은 국가지도자들과 국민이 국방을 위해 해당 군에게 **기대하는** 이미지와 역할 정체성을 보여주는 많은 표현들을 포함하고 있게 마련이다. 더욱이 연설문은 대통령 보좌진들이 작성하고 있지만, 각 군과의 긴밀한 협조를 통해 작성하기 때문에 우리 군이 어떤 조직이라는 자체적인 시각과 군 입장에서 국민에게 비쳐지기 바라는 이미지도 담고 있다. 따라서 대통령의 사관학교 졸업식 연설은 군의 입장과 국가지도자들의 시각을 포함하여 각 군의 정체성을 보여주기에 알맞은 자료라고 볼 수 있다.

저자는 대통령 연설의 내용 분석(content analysis)을 통해 1995년 대양해군 현상이 시작되기 전과 후에 대통령들이 묘사한 해군의 이미지에 주목할 만한 차이가 있는지 여부를 관찰할 것이다. 또한, 대통령이 묘사하는 해군의 이미지와 다른 군들의 이미지 간에 차이가 있는지 여부도 살펴

146) Wedeen. "Conceptualizing Culture: Possibilities for Political Science."

본다. 예를 들어, 내용 분석의 결과가 대통령들이 한국의 세계화를 다른 군들보다 해군과 많이 연관지었다면, SI 모델의 타당성을 주장할 수 있는 어느 정도의 기반이 형성되는 것이라고 볼 수 있을 것이다.

본 연구에서 저자는 1차 및 2차 자료를 활용하여 과정 추적(process-tracing) 기법도 사용한다. 과정 추적을 위한 방법 중 하나는 해군을 이끌던 예편한 해군제독들과의 인터뷰다. 그중에는 대양해군 현상의 공식적인 시작을 주도한 전 해군참모총장 안병태 제독도 포함된다. 해군 지도자들과의 인터뷰를 통해 저자는 대양해군 움직임과 관련된 동기나 해군 안팎의 반응들에 대한 직접적인 정보를 얻을 수 있었다. 대양해군 건설을 위한 정책의 계획과 추진에 관여한 해군 장교들이나 학자들이 쓴 글이나 논문도 매우 귀중한 자료로 사용되었다.

정치지도자 수준(level)의 분석으로는 국회의원들의 진술에 대한 내용 분석(content analysis)을 했다. 구체적으로 1995년부터 2009년까지의 국정감사에서 국회 국방위원회 회의록 내용을 분석했다. 이를 통해 국회의원들이 '대양해군'이라는 슬로건 아래 추진된 대형 함정 획득계획을 어느 정도 지지했는지를 살펴본다. 1995~2009년 기간의 회의록과 1995년 이전의 회의록의 내용도 비교분석했는데, 이는 1995년 대양해군 현상이 시작되기 전과 후 해군전력 발전에 대한 정치인들의 견해에 변화가 있었는지 여부를 알아보기 위함이다. 국회의원들이 대양해군전력건설을 지지했다는 단서가 발견된 후에는 어떤 이유로 지지했는지를 분석한다. 이를 통해 국회의원들의 진술이 SI 모델 요인들을 (현실주의와 같은 다른 모델의 요인들에 비해) 얼마나 포함하고 있는지 살펴볼 수 있을 것이다. 예를 들어, 대형 함정 획득이 국제사회에서 한국의 향상된 지위 등을 고려하여 적합한 행동이라는 의견이 있다면, 이는 SI 모델의 예측과 일치한다고 볼 수 있다. 이에 반해, 대형 함정 획득과 외부위협을 연관 짓는다면, 이는 현실주의 가설을 확증하는 것이다.

한국사회의 대중 간에 '대양해군'이 어느 정도 전파되고 지지를 얻었는지를 분석하기 위해 내용분석(content analysis)과 설문조사(public survey) 기법을 사용했다. 먼저, 주요 일간지들로부터 '대양해군'이라는 표현을 포함한 뉴스 기사를 모두 조사했다. 대양해군이라는 개념이 어떤 계기를 통해 대중에게 전파되었는지를 추적하기 위해 그 표현이 어떤 맥락에서 사용되었는지를 분석했다. 데버러 라슨(Deborah Larson)이 주장하듯이, 신문은 "전후 관계를 수립하는 데 매우 긴요하게 쓰인다."[147] 신문 내용의 분석을 통해 한국사회에서 대양해군을 향한 변화에 대해 어떤 의견들이 있었는지도 알 수 있다. 동시에 대양해군 관련 메시지가 어떤 이벤트들을 통해 (어떤 사건들을 계기로) 대중에게 주로 전파되었는지도 파악할 수 있다.

설문조사를 통해서는 한국 해군에 대한 일반국민의 생각과 대형 함정 건조의 필요성 등에 대한 개인적인 의견을 수렴한다. 설문조사의 결과를 통해 대중은 해군의 이미지와 의미를 어느 정도로 국가와 연관지어 생각하는지를 엿볼 수 있다. 하지만 여기서 참작해야 할 사항은 방법상의 한계점 때문에 설문조사는 본 연구에서 부가적인 수단으로만 사용되었다는 것이다. 무엇보다 표본(sample)이 임의로(무작위로) 추출되지 않았다. 저자는 인터넷을 이용하여 설문조사를 실시했다. 자주국방네트워크(Korea Defense Network)라는 시민단체의 대표에게 부탁하여 웹

147) Deborah Welch Larson. "Sources and Methods in Cold War History: The Need for a New Theory-Based Archival Approach." In *Bridges and Boundaries: Historians, Political Scientists, and the Study of International Relations*, by Colin Elman and Miriam Fendius Elman eds., pp. 327-350. Cambridge and London: The MIT Press, 2001. p. 345.

페이지에 설문조사를 위한 질문서를 게시한 후 회원들이 자발적으로 조사에 참여할 수 있도록 했다. 일정 단체의 회원을 대상으로 한 만큼 이 설문조사의 대상을 무작위로 추출하지 않았고, 통계 이론에 따라 이 표본으로부터의 결과가 일반국민 전체의 의견을 대표할 수 있는 여지는 줄어드는 것이다.

하지만 또 다른 견지에서 보면, 저자의 설문조사 결과가 무작위로 선택된 표본으로부터 얻은 결과보다 더 의미 있는 내용일 수도 있다. 군사 관련 내용에 대한 논의를 위해서는 이 주제에 대한 어느 정도의 관심과 지식이 필요하다. 만일, 무작위로 선택된 어떤 대상이 해군함정에 대한 아무런 지식이 없다면, 이 대상이 답한 설문지 결과로부터 의미 있는 답변을 기대하기는 어렵다. 더욱이, 자주국방네트워크 회원들을 대상으로 실시한 설문조사는 본 연구에서 주장하는 해군력 건설의 문화적 설명에 대한 더욱 철저한 시험과정일 수도 있다. 이 단체의 회원들은 일반적으로 군 관련 사안과 무기체계 등에 익숙하고 비교적 많은 지식을 가지고 있다. 따라서 이들은 무기체계 획득을 그 무기체계가 가져올 전략적 · 전술적 가치와 기능 등의 관점에서 이해하려는 경향이 많을 것이다. 국가 정체성과 같은 요인들에 대해서는 실제로 그들이 이런 요인들의 효과를 느꼈다고 하더라도 군사문제에 영향을 주었을 것이라는 의견 자체를 표현하기 꺼려할 수도 있다. 그러므로 이런 표본을 대상으로 실시한 설문조사에서 문화적 요소들에 대한 영향을 관찰할 수 있다면 SI 모델의 입지는 더욱 굳어지는 것이다.

하지만 역시 자주국방네트워크는 한국의 강력한 국방을 지지하는 단체다. 애국심과 강한 국방에 대한 열망이 강한 만큼 그들의 의견이 오히려 국가와 관련된 상징적이고 감성적인 요소를 반영할 수 있는 가능성을 배제할 수 없다. 이러한 장점과 단점들을 명확히 밝히고, 저자는 설문조사의 결과를 있는 그대로 기술할 것이다. 다시 한 번 강조하면, 여기서 저자가 기술하는 설문조사의 결과는 어디까지나 부가적인 정보나 참고사항으로 취급하며, 그 이상의 역할은 하지 않는다.

제3장
현실주의 설명

제3장에서는 1990년대부터 시작된 한국의 대양해군을 향한 노력에 대해 현실주의적 관점이 어느 정도 타당한 설명을 제공하는지를 알아본다. 현실주의 모델은 국가들을 무정부적 국제정치 체계에서 생존을 위해 노력하는 합리적인 단일 행위자(unitary actor)라는 전제를 세운다. 대외정책 결정은 안보나 부(富)로 정의되는 국익을 극대화하기 위해 제한된 재원을 고려하여 내려진 전략적인 계산을 반영한다. 그러므로 어떤 국가의 국방태세의 변화는 외부적인 자극에 대응하여 국익을 방어 또는 신장시키기 위해 그 국가가 선택한 합리적인 정책결정이라고 볼 수 있다.

이 장에서는 저자가 제2장에서 도출한 세 가지 현실주의 가설을 검증한다. 세 가지 가설은 ① 외부위협(또는 그에 관한 인식), ② (국제정치 체계의 구조적 변화에 따른) 미국의 방어공약 또는 미국의 한국에 대한 영향력 변화, 그리고 ③ 한국의 경제적 이익 또는 경제력·기술력의 변화, 이렇게 세 가지 독립변수의 효과를 포함한다. 이 장은 3개의 절로 구성되며, 각 절은 각각의 가설 검증에 대한 요약과 세부 분석내용을 다룬다. 이 장에서 저자의 논지를 간단히 요약하면, 일부 현실주의 관점들은 과거의 한국 해군전력건설을 설명하는 데 유용한 반면, 1990년대부터 시작된 전력건설에 대한 타당한 설명을 완벽히 제공하지는 못한다는 것이다. 이 장의 마지막 부분에서는 현실주의 관점으로만 설명하려 한 현상들에 대해 절충주의 시각으로 전환하기 위한 제안을 해보았다.

1. 외부위협

첫 번째 현실주의적 설명은 1990년대부터 시작된 한국 해군력 건설이 북한 또는 주변국(중국, 일본)으로부터 인지된 위협에 대한 정부 차원의 대응이었을 것이라는 가설에 근거한다. 저자는 이 가설을 검증하기 위해 먼저 북한 또는 주변국들의 군사력이나 태세에 중요한 변화가 있었는지 여부를 검토한다. 또한, 이러한 국가들이 한국 해군력 증강을 자극했을 만한 위협적이거나 공격적인 국방정책을 채택했는지 여부도 살펴본다. 마지막으로, 저자는 북한이나 주변국들에 대한 한국의 입장을 확인하는데, 이는 실제 위협의 존재가 아닌 (한국이 위협으로 느낄 수 있는) 위협 인식이 한국의 외교안보정책에 영향을 주었을 가능성을 확인하기 위함이다. 주변국으로는 한국과의 지리적 근접성을 고려하여 중국과 일본을 외부위협으로 인식했을 가능성이 높다고 가정하고 이 두 국가의 경우만 연구에 포함시켰다.[1)]

1) 월트(Walt)에 의하면, 지리적 근접성은 위협감을 생성할 수 있는 중요한 요소 중의 하나다. 자세한 내용은 다음 문헌을 참조하라. Stephen M. Walt. "Alliance Formation and the Balance of World Power." *International Security, Vol. 9, No. 4*, Spring 1985.

이 절에서 저자가 주장하고자 하는 논지는 다음과 같다. 북한의 군사위협 중 대형(신형) 함정을 보유함으로써 더욱 효과적으로 대응할 수 있는 측면은 있지만, 전반적인 북한의 무기획득 추세나 군사력 구조를 고려할 때, 한국의 대양해군력 건설 노력이 북한의 군사위협에 대한 전략적인 대응이었다고 보기는 어렵다. 중국과 일본 또한 해군력과 자국의 방어를 위한 방어선의 범위를 확장시켜왔다. 하지만 1990년대부터 시작된 한국의 해군력 증강을 중국과 일본의 이러한 움직임 때문이라고 보는 것도 문제가 있다. 왜냐하면, 중국과 일본은 모두 (1990년대 이전부터도) 한국의 해군력과 비교가 안 될 정도의 우세한 해군전력을 보유하고 있었지만, 한국은 1990년대 이전에 이미 존재하던 이런 우세한 해군력에는 별다른 반응을 하지 않았기 때문이다. 한국의 외교 안보정책 측면에서도 대양해군 현상이 지속되는 동안 이러한 주변국들에게 특별히 공격적인 입장을 취하지 않았다.

1) 북한

1990년대 한국의 대양해군 건설 계획을 자극했을 만한 북한의 군사위협은 북한의 해군력 또는 비슷한 시기에 있었던 북한의 해군력 변화를 생각해볼 수 있다. 이러한 단서를 찾기 위해 먼저 북한의 해군은 어떤 전력구조를 가지고 있고, 주요 전력건설은 언제 있었는지를 알아볼 필요가 있다. 우선, 북한의 해군은 접근거부(access-denial) 능력에 초점을 맞춘 연안해군으로 분류된다. 이러한 측면에서 북한의 해군력 구조는 과거 중국이나 구소련 같은 대륙세력국가들의 그것과 유사하다고 볼 수 있다. 로버트 로스(Robert S. Ross)에 의하면, 미국 같은 해양세력은 국경 넘어 주변국으로부터 오는 위협이 적어 대내적 안보가 보장되고 바다로의 접근이 쉬운 반면, 대륙세력은 많은 경우 국경을 접한 이웃 국가들로부터 오는 위협에 직면하게 된다.[2)] 국경으로부터 오는 안보위협 때문에 대륙세력들은 큰 규모의 지상군을 유지하는 반면, 제한적인 국가재원을 활용하여 —비용 대비 효과가 큰— 작지만 효과적인 접근거부 능력을 갖춘 해군을 유지해왔다. 이러한 접근거부 능력은 (침범해오는) 해양국가에게 막대한 전시 희생 및 비용을 유발함으로써 해양 억제효과를 발휘할 수 있다.[3)] 이러한 지정학적 요구사항 때문에 구소련은 냉전 기간 중 자국 연안에서 미국의 항공모함을 중심으로 하는 대양작전 전력들에 효과적으로 대응하기 위해 잠수함과 고속정을 중심으로 전력을 건설했다.

이러한 접근거부 능력을 위해 북한은 대형 수상함보다는 비교적 경제적인 전력인 잠수함과 고속정을 위주로 한 해군을 유지해왔다. 유일한 예외 전력으로 두 종류의 호위함(1,500톤 나진급, 1,600톤 소호급)이 있을 뿐이다.[4)] 잠수함은 아무리 작고 노후되었더라도 항공모함 같은 고가전력에 막대한 피해를 입힐 수 있다. 200톤 남짓한 작은 고속정도 빠른 속력으로 기동하며 함대함(surface-to-surface) 미사일이나 어뢰를 이용하여 대형 수상함정에 치명적인 공격을 가할 수 있다.

이러한 북한 해군의 능력이 효과적인 접근거부 전력인 것은 사실

---

2) Robert S. Ross. "China's Naval Nationalism Sources, Prospects, and the U.S. Response," *International Security* 34-2 (Fall 2009), pp. 46-81. p. 48.

3) 같은 글. p. 49.

4) Richard Sharpe. *Jane's Fighting Ships 1991-92*, (Frome and London: Jane's Information Group, 1991)

이지만, 그렇다고 해서 이에 대응하기 위해 (합리적 단위 행위자로서) 한국이 값비싼 대형 함정들을 획득했을 것이라는 설명은 타당성이 없다. 먼저, 그러한 대형 수상함정들은 전시에 북한의 값싼 전력인 잠수함이나 유도탄 고속정의 공격에 쉽게 노출될 수도 있다. 더욱이, 북한 해군의 전력건설시기를 고려하면, 1990년대 한국이 북한의 해군력을 새로운 위협으로 느꼈을 가능성은 매우 적다. 북한의 주된 해군전력은 1960년대부터 1980년대에 걸쳐 건설되었기 때문이다. 예를 들어, 1992년 현재, 북한은 18척의 R급 잠수함을 운용했다. 이는 1973년부터 1975년까지 중국으로부터 도입된 6척의 R급 잠수함 모델을 기반으로 1980년대까지 자체적으로 건조한 12척을 합한 전력이다. 북한이 유지하고 있던 4척의 W급 잠수함은 모두 1960년부터 1974년까지 구소련으로부터 도입된 전력이다.[5] 오사급 및 코마급 유도탄 고속정도 대부분 1960년대와 1970년대에 걸쳐 구소련으로부터 도입된 전력이다.[6] 2척의 나진급 호위함은 1973년과 1975년에 각각 자체 건조했고, 소호급 호위함은 1983년 건조했다.[7]

사실 북한이 왜 이러한 해군전력건설 경향을 보였는지는 북한의 대외관계와 국내사정을 고려한다면 쉽게 이해할 수 있다. 대외관계의 관점에서 볼 때, 1990년대에 북한은 전통적인 동맹국인 러시아와 중국으로부터 냉전 기간과 같은 지원을 기대할 수 없었다. 예를 들어, 구소련은 1990년 북한이 소련으로부터 수입하는 원유와 천연가스에 대해 국제적으로 통용되는 시가를 현금으로 지급하라고 요구했다.[8] 또한,

---

5) 같은 책. p. 350.

6) 같은 책. p. 350-352.

7) 같은 책. p. 350.

8) Jane Shapiro Zacek. "Russia in North Korean Foreign Policy" in Samuel S. Kim ed., *North*

러시아는 1992년부터 북한에 대한 기술적 지원을 제한했을 뿐 아니라, 무기판매도 우대가격이 아닌 국제시가를 요구했다.[9] 1993년에는 북한이 지난 40년 동안 소련으로부터 빌려간 35억 달러에 달하는 차관의 상환을 요구하기도 했다.[10] 중국도 1991년 원유를 포함하여 북한과의 모든 거래에 대해 기존에 해오던 국제시가의 반값이 아닌 국제시가를 현금으로 지급해야 한다고 선언했다.[11] 실제로 1980년대 10억 달러가 넘던 북한의 대(對)중국 무기수입량은 1990년대에는 5,000만 달러로 급격히 줄었다.

당시 북한의 국내사정은 경제사정이 악화되었을 뿐 아니라 사회적 불안도 가중되었다. 1992년과 1996년 사이 북한의 농업 및 산업 분야 총생산은 기존 수준의 50% 가까이 감소했다.[12] 같은 기간 중 국내총생산(GDP) 역시 반감했다.[13] 더욱이, 1995년부터 1997년까지 계속된 홍수와 가뭄으로 북한의 고질적인 식량난이 더 심해지면서 사회의 불안은 더욱 악화되었다. 미국 평화연구원(United States Institute of Peace)의 북한 기아(飢餓) 상황에 대한 특별 보고에 의하면, 1994~1998년 기간에 200~300만 명이 아사(餓死)했거나 기아와 관련된 병으로 사망했다.[14] 이러한 식량부족으로 인해 1995년부터 1998년까지 북한 내부적으로

Korean Foreign Relations (Hong Kong: Oxford University, 1998). p. 81.

9) 같은 책. p. 77.

10) 같은 책. p. 84.

11) Marcus Noland. *Avoiding the Apocalypse: The Future of the Two Koreas* (Washington, D. C.: Institute for International Economics, 2000). p. 99.

12) 북한이 IMF에 제출한 자료에 의하면, 1992년 총생산은 209억 달러에서 1996년 106억 달러로 감소했다. 자세한 설명은 같은 책 참조. p. 69.

13) 같은 책. p. 81.

14) Andrew Natsios. The Politics of Famine in North Korea in United States Institute of Peace Special Report (Washington: 1999), pp. 1-6. Accessed at www.usip.org.

대량의 주민 이주 현상이 발생했고, 중국으로 도피한 난민의 수도 급증했다. 게다가 1994년 김일성의 급작스런 죽음으로 김정일 중심의 체제를 확립해야 하는 문제도 있었다.

이러한 북한의 대외관계 변화와 국내사정은 해군함정 같은 주요 재래식 무기를 건설하는 데 매우 불리한 여건으로 작용할 수밖에 없었다. 이민룡 교수에 의하면, 1990년대의 경제난으로 인해 북한은 탱크나 포 같은 재래식 정규전을 위한 무기체계의 양적 증강을 줄이고, 잠수정, AN-2 항공기, 탄도미사일이나 대량살상무기 같은 전략 무기를 위한 연구개발에 주력하기 시작했다.[15] 이러한 견해는 미군 측의 정보로도 확인된다. 2000년 주한미군사령관의 미(美) 국회 진술에 따르면, "북한 지도부는 기술적으로 압도적인 연합전력의 전투능력에 필적할 수 없다는 것을 깨닫고, 우리의 재래식 전력 우세를 상쇄시키기 위한 전력인 탄도미사일, 특수부대, 대량살상무기 등 비대칭전력건설에 초점을 맞추고 있다."[16] 실제로 1990년대 이후 북한의 대표적인 해군력 건설은 상어급 잠수함 등으로 제한되어왔다.[17]

여기서 유의해야 할 점은 저자가 외부위협(북한)을 강조하는 현실주의 패러다임이 1990년대 이후 대양해군을 표방한 한국 해군력 건설을 설명하기에는 부적합하다고 주장하고 있지만, 1990년대 이전의 몇몇 해군 무기체계 획득은 현실주의 이론이 매우 적합한 설명을 제공한다는 것이다. 예를 들어, 1970년대 한국이 획득한 고속정들은 주로 북

15) 이민룡. 『김정일 체제의 북한군대 해부』(서울: 황금알, 2004). p. 54.

16) *2000 Report to Congress: Military Situation on the Korean Peninsula*, September 12, 2000.

17) *Jane's Fighting Ships*에 의하면, 2000년대 들어 북한은 연간 1~2척의 상어급 잠수함을 생산했다. Stephen Saunders. *Jane's Fighting Ships 2008-2009* (Jane's Information Group: Cambridge University Press, 2008). p. 445.

한 해군의 위협에 대응하기 위한 전력이었다. 1970년대 초까지만 해도 한국은 어뢰나 함대함 유도탄으로 무장한 다수의 고속정 등으로 구성된 북한의 해군전력과 효과적으로 교전할 수 있는 해군력을 보유하고 있지 않았다.[18] 1970년 현재, 한국 해군의 전력은 미 해군에서 퇴역 후 양도된 구축함(DD) 3척, 구축함 호위함(DE) 1척, 고속상륙지원함(APD) 6척, 그리고 상륙함(LST) 24척이 고작이었다.[19] 이러한 함정들을 이용하여 고속으로 기동하는 북한의 소형 어뢰정과 유도탄정을 대적하는 것은 매우 비효율적이었을 뿐 아니라 그러한 낡은 중형·대형 함정들은 북한의 어뢰정과 유도탄정의 손쉬운 표적이 될 수도 있었다. 실제로, 1967년 발생한 6일전쟁(the Six Day War)에서 이스라엘의 1,710톤급 구축함인 에일랫함(Eilat)이 이집트의 코마급 유도탄정으로부터 발사된 3발의 유도탄 공격으로 격침당한 사례가 있었다.[20] 또 하나의 문제점으로 당시 한국 영해를 빈번히 침투했다가 도주하는 빠른 간첩선들을 이러한 구형 함정으로 추격하는 것은 매우 힘든 일이었다. 예를 들어, 당시 간첩선들은 신속하게 35노트(kts) 이상으로 증속할 수 있는 반면, 우리가 가진 가장 빠른 함정은 미국에서 받은 구축함으로 최대속력이 35노트였다. 더욱이 당시 구축함들은 증기 추진 방식이었기 때문에 증기를 가열해서 최고속력에 이르게 하기까지는 시간이 걸리기 때문에 신속한 대응이 어려웠다.

18) 제인 연감(1972~73)에 의하면, 1972년 현재 북한은 소련에서 양도받은 OSA급(165톤) 8척, 코마급(75톤) 6척 등의 유도탄 고속정을 운용했다. 북한은 당시 소련에서 받은 P-4급 어뢰정 40척도 운용하고 있었다. Raymond V. B. Blanckman ed. *Jane's Fighting Ships 1972-73*. Huddersfield, England: Netherwood Dalton & Co. LTD, 1972.

19) John Moore ed. *Jane's Fighting Ships* (London: Jane's Publishing Company, 1980).

20) 이스라엘 구축함 에일랫은 함대함 유도탄에 의해 격침된 최초의 주요(대형) 수상함으로 알려져 있다. Anthony Bruce and William Cogar. *An Encyclopedia of Naval History* (Chicago and London: Fitzroy Dearborn Publishers, 1998). p. 124.

1960년대 말, 대통령을 포함한 정치권과 해군에서 북한의 유도탄정에 대응하고, 고속 간첩선을 추격할 수 있는 고속정을 건조해야 한다는 의견의 일치가 이뤄졌다.[21] 이것이 한국 해군이 연안 초계를 위한 고속정과 유도탄 고속정을 건조하기 시작한 배경이다. 주요 획득사업 중 하나가 '백구(구 USS Asheville)'라고 불리던 다목적 유도탄정(Patrol Ship Multi-Mission, PSMM)이다. 한국 해군이 1972년 미 해군으로부터 첫 함정(백구 51 또는 구 USS Benicia, PG96)을 인도받은 후, 미 정부는 한국 정부의 요청에 의해 다목적 유도탄정의 건조 기술을 한국 건조업체에 이전시켜 주기로 결정했다.[22] 이에 따라 총 8척의 백구 사업 중 4척은 1975년부터 1976년에 걸쳐 미국 타코마(Tacoma Boatbuilding Company)가, 나머지 4척은 1976년부터 1977년 사이 한국 타코마가 건조하게 되었다. 이렇게 4척씩 나누어 건조하게 된 이유 중 하나는 북한의 계속되는 도발로 인해 빠른 전력 보충이 요구되었기 때문이다.[23] 이러한 1970년대 무기획득은 북한의 위협에 반응한 정부 주도의 결정이었기 때문에 위협을 기반으로 한 현실주의 모델을 이용하여 설명할 수 있다.

이처럼 북한의 위협에 근거한 현실주의 모델로 설명할 수 있는 해군 무기체계 획득도 있었지만, 이와 동일한 논리로 1990년대부터 시작된 대양해군 건설을 위한 한국의 노력을 설명하기는 힘들다. 다시 말해, 북한은 1990년대에 한국이 대양해군을 표방한 해군력 건설을 하도

21) 당시 일반국민도 북한 해군능력에 대응할 수 있는 해군함정 건조를 위해 자발적으로 성금을 내기도 했다. 따라서 정부는 성금의 일부를 70톤급 연안 감시정의 건조에 할당했다. 국내 자체 기술로 개발한 최초의 해군함정이었던 70톤급 연안 감시정 사업은 학생들의 성금으로 추진되었기 때문에 "학생호"라고 명명되었다. 김효철 외 편집, 『한국의 배』(서울: 지성사, 2006), p. 442.

22) 김효철의 전게서, p. 444.

23) 전게서, p. 445.

록 자극할 만한 전력건설을 하지 않았다. 그렇다면, 전력건설이 아닌 그들의 도발 양상 변화 등으로 인해 대형 함정들이 필요해졌을 가능성도 있지 않을까? 가능성 있는 설명이지만, 이 설명을 뒷받침할 증거 역시 부족하다. 왜냐하면, 1980년대 말부터 1990년대에 이르기까지 북한의 위협 양상이 1990년대부터 2000년대까지 이어지는 한국 해군전력건설 방향에 많은 영향을 미친 것은 아니기 때문이다. 1970년대와 1980년대에 한국 해군이 호위함이나 초계함 등 연안 방어 전력을 증강시키면서 북한의 간첩선 침투는 확연히 줄어든 반면, 북한은 다른 형태의 도발을 감행했다. 예를 들어, 잠수함을 이용한 해상침투가 증가했다. 1996년 특작부대요원들을 태운 북한의 상어급 잠수함이 강릉 근방에서 나포되었고, 1998년에는 유고급 소형 잠수함이 동해에서 나포되었다.

또 다른 형태의 도발로, 북한 경비정이 서해의 NLL(Northern Limit Line)을 무력화할 목적으로 이를 침범하는 횟수가 현저하게 증가했다. NLL은 1953년 유엔군 사령관이 해상 및 공중 초계 한계선으로 지정한 후에 남-북한 간의 해상 경계선 역할을 해왔다. 사실, NLL은 유엔사에 의해 일방적으로 설정되었다는 논리로 아무런 효력을 갖지 않는다는 이유를 내세워 북한이 NLL 무효화를 주장하기 시작한 것은 1973년이지만, 1990년대 들어와서는 해군전력을 동원하여 적극적인 도발을 감행하기 시작했다.[24) 예를 들어, 북한 경비정은 1994~1997년 기간 동안 서해 NLL을 37회 침범했고, 1998년 한 해에만 35회에 달하는 침범을 했다.[25) 북한의 이러한 빈번한 해상 경계선 침범은 제1 연평해전

24) NLL에 관련된 자세한 정보는 통일교육원의 공식 웹 페이지를 참조하라. http://www.uniedu.go.kr/uniedu/MainHome.do?cmd=indexMain.

25) Hannah Fischer. *North Korean Provocative Actions, 1950-2007. CRS Report for Congress*

(1999년)과 제2 연평해전(2002년) 같은 해상충돌을 가져왔다. 두 번의 충돌 모두 북한의 침범에 대해 한국의 강력한 경고가 이어졌으나 북한은 거기에 응하지 않았으며, 그 결과 양측 해군전력과 승조원들의 희생이 뒤따랐다.

이러한 북한 잠수함과 경비정을 이용한 도발은 한국에 심각한 위협임에는 틀림없다. 하지만 이것이 논리적으로 대양해군력의 필요성으로 이어지지는 않는다. 오히려 이는 대잠전 능력 등 연안 방어능력을 향상시킴으로써 더욱 효과적으로 대응할 수 있는 위협들이다. 물론, 한국 해군은 북한 잠수함에 대한 방어 태세를 향상시키기 위해 많은 노력을 기울였다. 1996년과 1998년의 북한 잠수함 침투 사건 이후, 북한의 수중위협에 대한 전투 수행방안에 대한 대폭 수정이 있었다. 예를 들어, 북한 잠수함이 한국 연안을 따라 침투하는 점과 특수요원을 침투시키기 위해 착저할 수 있다는 사실을 감안하여 예상되는 착저 지역의 탐색을 강화했다.[26] 또한, P-3C나 Lynx 등 대잠 항공기 및 헬기를 이용하여 대잠 초계 횟수도 증강했다.[27] 해군은 북한의 소형 잠수함 탐색을 위해 어군탐지기나 트롤어선을 보조 대잠정으로 동원하는 등의 창의적인 방법도 동원했다.[28] 중기적인 계획으로, 해군은 연안에 수중 감시 체계를 설치하는 계획을 세우기도 했다.[29]

하지만 이는 작전 또는 전술적 수준의 변화일 뿐 연안해군에서 대양해군으로 한국 해군의 본질적 탈바꿈이 요구되는 변화는 아니었다.

(Washington, D. C.: Congressional Research Service, updated April 20, 2007). p. 19.

26) 국회사무처, 「1998년 국정감사 회의록(해군본부)」, 대한민국 국회, 1998. p. 23.

27) 국회사무처, 「1998년 국정감사 회의록(해군본부)」(부록), 대한민국 국회, 1998. p. 18.

28) 같은 자료.

29) 같은 자료.

사실 북한의 위협에 대한 대응 노력으로 인해 대양해군력 건설을 향한 방향 자체가 바뀌진 않았다. 1990년대 이후 전력건설의 초점은 역시 대형 함정들이었다. 이러한 해군의 전력건설 방향에 대해 안동선 의원은 1999년 국정감사에서 "대형" 함정보다는 북한 잠수함 위협을 고려할 때, 대잠초계기 같은 대잠능력에 초점을 맞춘 증강이 우선시되어야 하지 않느냐는 의견을 피력하기도 했다. 사실 다양한 종류의 소나부이와 어뢰 등을 갖춘 P-3C 같은 해상초계기는 가장 효과적인 대잠 무기체계 중의 하나다. 아마도 잠수함 위협에 대응하는 가장 합리적인(rational) 전략 중의 하나는 이러한 항공 대잠능력을 최우선시하는 것일지도 모른다. 이러한 예를 일본에서 찾아볼 수 있다. 일본은 냉전 기간 동안 소련의 잠수함 위협에 대응하기 위해 약 100대의 P-3C 항공기를 도입했다.[30)]

또 다른 효과적인 대잠무기체계는 잠수함이다. 잠수함은 탁월한 수중탐지능력을 갖췄을 뿐 아니라 전방 감시, 타격 능력을 포함하여 다양한 용도로 활용될 수 있는 전력이다. 잠수함은 우수한 성능의 수중음향탐지체계를 보유하고 있을 뿐 아니라, 수중에서 작전하기 때문에 수상에서 작전하는 대잠함보다 조용한 환경에서 음향탐지를 할 수 있는 등 많은 장점을 가지고 있다. 또한, 은밀성이라는 장점 때문에 적진에서 적 잠수함의 활동을 감시하는 정찰 및 감시 작전에 투입될 수 있는 최적의 무기체계다. 어떤 종류의 잠수함은 적이 군사도발을 감행했을 때 보복조치로서 적의 핵심 시설들에 대한 정밀 타격을 할 수 있는 능력을 보유함으로써 전략적인 수준에서 억제수단으로도 활용될 수 있

---

30) Euan Graham. *Japan's Sea Lane Security, 1940-2004: A Matter of Life and Death?* (New York: Routledge, 2006). p. 145.

다. 이러한 많은 전략적 · 전술적 이점에도 불구하고 1990년대 이후 한국 해군전력건설의 방향을 보면 해상초계기나 잠수함 같은 전력들의 도입이 최우선시된 것은 아니었다.

북한 잠수함 위협에 합리적으로 대처하는 다른 방안은 기뢰전 능력의 향상이었을 것이다. 잠수함이 위력적인 이유 중 하나는 기뢰부설을 함으로써 해상교통로(SLOC: Sea Lines of Communication)를 차단할 수 있다는 사실이다. 어떤 지역이 기뢰위험구역으로 선포되면 위험이 완전히 제거될 때까지 군함이나 상선들이 그 지역에 진입할 수 없게 된다. 예를 들어, 대만이 중국으로부터 독립을 선언하는 경우, 중국은 대만의 생존이 달린 해상교통로를 차단하고 미 해군전력의 접근을 거부하기 위해 기뢰를 부설하여 대만 주변 해역을 봉쇄시킬 수도 있을 것이다.[31] 일본은 잠수함의 위협으로부터 해상교통로를 보호하기 위해 항공 기뢰대항체계인 MH-53E 10대와 30척이 넘는 소해함을 포함한 비교적 많은 수의 소해전력을 보유해왔다.[32] 이에 반해, 2008년 당시 한국은 항공 기뢰대항체계 없이 9척의 소해함을 유지하고 있을 뿐이었다. 북한 잠수함에 의한 항만 봉쇄는 현존하는 위협이다. 한국전쟁 당시 북한이 부설해놓은 기뢰로 인해 한반도 전역과 원산에서 미 해군전력이 겪은 피해와 어려움을 고려한다면 이는 더욱 심각한 현실적인 위협으로 인식될 수 있을 것이다.[33] 하지만 대잠 전력인 P-3C나 잠수함과 같이

---

31) John Wilson Lewis and Xue Litai. *China's Strategic Seapower: The Politics of Force Modernization in the Nuclear Age*. Stanford, California: Stanford University Press, 1994. pp. 226-229.

32) MH-53E는 소해장비를 장착한 소해헬기다. 2008년 현재 일본은 MH-53E를 신형 모델인 MCH-101로 교체 중이다. Stephen Saunders. *Jane's Fighting Ships 2008-2009*. Jane's Information Group: Cambridge University Press, 2008.

33) 한국전쟁 중 해군작전에 대한 세부적인 기록은 다음 문헌을 참조하라. Malcolm W. Cagle and Frank A. Manson. *The Sea War in Korea*. Annapolis, Maryland: United States Naval Institute, 1957.

대양해군 기간 중 기뢰전 전력이 많이 강조된 것은 아니었다.

그렇다고 해서 한국 해군이 북한 잠수함의 위협을 간과한 것은 아니다. 대양작전을 위한 함정들이 전적으로 북한 잠수함의 위협에 대응하기 위한 것만은 아니었지만, 향상된 대잠작전 능력은 해군이 1980년대 획득을 계획하기 시작한 대형 함정들의 요구 성능 중에 포함되어 있었다. 1991년부터 1993년까지 해군참모총장을 역임한 김철우 제독이 1991년 국정감사에서 진술한 내용에 의하면, 한국형 구축함 사업은 북한의 고속정들을 상대하기 위한 것이 아니라 적 잠수함으로부터 해상교통로를 보호하고 미래의 예기치 못한 위협에 대한 억제효과를 위해 시작되었다.[34)]

실제로 대양해군의 기치 아래 도입된 KDX-I급 이상의 구축함들은 기존의 울산급 호위함(1,500톤급)이나 초계함(1,200톤급)에 비해 월등한 대잠전(Anti-Submarine Warfare: ASW) 능력을 보유하고 있다. 물론, 기존의 호위함이나 초계함의 주요 임무 중의 하나도 대잠전이지만, 이러한 중소형 함정들이 대형구축함들의 대잠전 능력을 능가하기는 매우 힘들다. 대형 함정들이 대잠전에서 유리한 가장 기본적인 이유는 대잠탐지에 필요한 다양한 종류의 센서를 탑재할 공간이 있다는 것이다. 예를 들어, 구형 호위함과 초계함들의 대잠 음향탐색은 함수소나(Hull-mounted Sonar)에 전적으로 의존해야 했다. 하지만 KDX 사업으로 획득된 구축함들은 함수소나 외에도 예인소나(Towed Array Sonar)나 대잠 헬기들을 탑재할 수 있고, 이러한 여러 가지 대잠탐지 센서를 통합하여 분석할 수 있는 능력을 갖추고 있다. 또, 그러한 대형 구축함들은 대형 고출력 함수소나를 장착할 수 있기 때문에 잠수함 탐지에 훨씬 유리한 면도 있

34) 국회사무처, 「1991년 국정감사 회의록(해군본부)」, 대한민국 국회, 1991. p. 20.

다.[35] 북한이 다수의 잠수함 전력을 보유하고 있다는 것과 그 잠수함들이 전시(戰時)에 실제로 해상교통로를 위협할 수 있다는 사실 등을 고려하면, 향상된 수중탐지능력을 갖춘 대형 함정들은 대잠작전의 판도를 바꿀 수 있는 매우 중요한 전력임에 틀림없다. 하지만 향상된 대잠능력이 요구된다고 해서 이것이 한국 해군이 초고가의 이지스(Aegis) 능력을 갖춘 구축함이나 헬기를 탑재할 수 있는 다목적 대형 상륙함을 획득한 결정적인 이유라고 설명하기에는 무리가 있다.

대양해군을 위한 해군전력건설의 주된 배경이 북한의 군사 위협은 아니었지만, 대형 함정들의 일부 능력이 북한의 위협에 효과적으로 대처할 수 있게 해주는 측면은 분명히 있었다. 이것이 그러한 함정들의 획득을 지속해야 하는(대양해군 건설 노력이 지속되어야 하는) 논리로 작용했을 가능성은 충분히 있다. 예를 들어, 대양해군 기치 아래 2008년 해군이 도입하기 시작한 이지스 구축함들은 여러 가지 북한 군사위협의 대응방안이 될 수 있다. 이지스 구축함들은 특히 북한의 탄도미사일을 추적하고 요격하기 위한 효과적인 전력이다. 앞서 논의한 바와 같이, 북한은 1990년대에 대량살상무기와 탄도미사일 등을 포함한 비대칭전력 개발에 주력해왔다. 예를 들어, 1998년 대포동-Ⅰ 미사일을 시작으로 2006년에는 노동 및 대포동-Ⅱ, 2009년에는 대포동-Ⅱ 미사일을 시험 발사하는 등 미사일 기술을 발전시키기 위한 노력을 지속적으로 해오고 있다.[36] 이러한 추세를 고려할 때, 한국 해군의 이지스 능력 보유

---

35) 고출력 능동소나의 성능은 다수의 연합훈련을 통해 증명되어왔다. 예를 들어, 한국 해군의 수상함들은 능동소나를 이용해 수천 야드에서 잠수함을 접촉하는 반면, 고출력 함수소나를 보유한 미국 해군함정들은 2만 야드 이상의 거리에서부터 접촉하는 경우가 많다.

36) 노동 미사일은 1단계 액체추진 중거리(1,300㎞) 미사일, 대포동-Ⅰ은 2단계 액체추진 중거리(1,800㎞) 미사일, 대포동-Ⅱ는 3단계 대륙간(5,000~10,000㎞) 탄도미사일로 분류된다.

노력은 절대로 지나치다고 볼 수 없을 것이다. 북한이 지속적으로 핵보유국의 지위를 고집하고 있다는 사실을 함께 생각해보면 더욱 그렇다. 당시 국회 국방위원회 위원들의 진술내용을 보면, 이지스 구축함 사업(KDX-Ⅲ)은 북한 탄도미사일 위협에 대응하는 수단으로 이해되었다. 북한이 2006년 7월 4일 7기의 탄도미사일을 시험 발사하고, 같은 해 10월 9일 지하핵실험을 실시했을 때, 김학송 의원은 이지스 구축함의 조기 건조를 주장하기도 했다.[37] 실제로 해군의 첫 이지스 구축함인 세종대왕함은 북한이 2009년 무수단리에서 발사한 대포동-Ⅱ 미사일의 탄도를 성공적으로 추적하여 그 능력을 입증했다.[38]

지금까지 저자는 북한의 군사위협 요인이 어느 정도는 한국의 대양해군전력 보유의 이유가 될 수 있지만, 1990년대의 대양해군전력을 위한 움직임을 시작하게 한 주된 원인은 아니라는 주장과 논거를 펼쳤다. 그렇다면, 한국 정치 리더들이 북한을 보는 시각이나 대북 정책 등이 대양해군 건설의 논리로 이어질 만한 요소를 가지고 있진 않았을까? 예를 들어, 대양해군을 주창한 기간의 국가지도자들이 북한의 위협을 특별히 강조했을 가능성도 있다. 하지만 이것도 타당성이 적은 논리다. 대양해군 전력건설이 한창 진행 중이었던 기간에 집권한 두 정부는 북한에 대한 화해정책으로 특징지어지기 때문이다. 김대중 정부는 북한에 대해 '햇볕정책'으로 화해 모드를 조성했다. 뒤를 이은 노무현 정부 때는 2004년 방위백서에서 북한에 대해 '주적'이라는 표현도 삭제했다. 사실, 햇볕정책이 시행되고 있던 김대중 정부 시절에도 북한의 군사 도발은 계속되었다. 1998년 일본 상공으로 대포동 미사일을 발사

37) 국회사무처, 「2006년 국정감사 회의록(해군본부)」, 대한민국 국회, 2006. p. 18.

38) 윤상호, "로켓 발사 강행/첫 투입 세종대왕함, 로켓 궤도추적 성공", 「동아일보」, 2009년 4월 6일.

하고, 서해에서는 1999년과 2002년에 각각 제1 연평해전과 제2 연평해전을 도발했다. 제2 연평해전에서는 북한의 기습 공격으로 한국 해군의 고속정이 격침되어 5명의 승조원이 전사하고 18명이 실종되었다. 당시, 미국의 부시 대통령과 일본의 고이즈미 총리는 햇볕정책의 미래와 실효성에 대해 우려를 표했지만, 김대중 대통령은 한국의 화해 정책에 북한의 김정일도 같은 방식으로 답할 것을 바라며 햇볕정책을 유지하겠다고 밝혔다고 한다.[39)]

실제로 이 두 정부는 평화 프로세스의 원활한 진행을 위해 북한을 자극하지 않으려는 많은 노력을 했다. 김대중 정부는 1999년, 미국이 북한의 미사일 위협을 주요 국가안보 사안으로 보고 미사일 방어체계 구축의 필요성을 강조할 때, 미국의 미사일 방어체계에 참여하지 않겠다고 발표했다. 노무현 정부는 2006년 미국이 주도하는 범세계적 대량살상무기(WMD) 확산 차단 노력인 확산방지구상(Proliferation Security Initiative)에 불참 의사를 확실히 했다.[40)] 확산방지구상에 참여하게 되면, WMD 관련 물자를 이송할 것으로 의심되는 북한 선박에 대한 정선 및 승선 검색을 해야 했기 때문이다. 이처럼 남북 간의 화해 분위기 조성을 강조한 사실을 고려하면, 이 두 정부에서 북한을 특별히 위협으로 인식해서 해군력 증강을 계획했을 가능성은 희박하다.

---

39) 정경환. 『김대중 정권의 대북정책의 평가』(부산: 이경출판, 2008). p. 155.

40) Michael A. Fletcher. "Bush Fails to Persuade S. Korea on Sanctions: Roh Vows to Help Block N. Korean Nuclear Exports." Washington Post, November 19, 2006. 확산방지구상(PSI)은 2003년 5월 31일 폴란드 크라코브(Krakow)에서 조지 부시(George W. Bush) 당시 미국 대통령이 시작한 다국적 비확산 협조체제다. PSI 참가국들은 관심국가 또는 비국가 행위자들로부터 대량학살무기 및 발사체계, 또는 관련 물질의 이동 및 확산을 막기 위해 단독으로 또는 다른 국가들과의 협력을 통한 차단 노력에 동참하게 된다. 자세한 사항은 다음 문서를 참조하라. State Department. Statement of Interdiction Principles, agreed at Paris, September 4, 2003.

어떤 이들은 한국이 대양해군 전력건설을 시작할 수 있었던 이유는 오히려 북한을 적으로 보지 않는 이러한 화해정책 때문이었을 것이라고 설명한다. 이러한 입장은 통일에 대한 낙관적인 전망과 관련이 있다. 다시 말해, 한국과 북한 간에 평화가 정착되고 통일이 된다면 한국 입장에서는 북한 위협에 대응하기 위한 무기체계는 획득할 필요가 없다. 따라서 북한의 군사위협과 많은 관계가 없는 대양작전을 위한 함정 획득이 가능했다는 논리다.

하지만 이 논리는 몇 가지 문제점을 내포하고 있다. 무엇보다 이 논리는 몇 가지 잘못된 전제조건에서만 성립한다. 먼저, 한국 해군이 건조하기 시작한 대양해군전력들이 북한의 군사위협에 대응하기 위한 목적과는 거리가 멀다는 가정이다. 다시 말해, 북한의 군사위협 대응은 대양해군전력의 설계에 요구되는 성능으로 반영되어 있지 않다는 것이다. 이는 사실과는 정반대되는 잘못된 가정이다. 앞서 논의한 것처럼 새로 건조를 시작한 대양해군전력이 북한의 유도탄정이나 어뢰정 같은 고속정을 상대하기 위한 것은 아니었지만, 수중이나 공중위협 같은 북한군의 다른 형태의 위협에 더욱 잘 대응하기 위한 것임에는 틀림없다. 사실, 대양해군 기치 아래 건조하기 시작한 대형 수상함정들은 날아오는 유도탄에 대한 방어수단인 근접무기체계(close-in-weapon system)를 갖추어 구형 전투함들에 비해 북한의 유도탄정들에 대해서도 월등한 전투력을 발휘할 수 있다.

또 하나의 잘못된 가정은 한국 정부의 화해 분위기 조성을 위한 입장만큼 남-북 간의 군사관계에도 그러한 분위기가 형성되었을 것이라는 점이다. 만일, 정부 또는 정치 수준에서의 화해 노력과 북한이 적이 아니라는 시각이 군(해군)의 대비태세에 변화를 가져올 정도로 영향력이 있었다면, 군축 같은 움직임을 포함하여 군사관계에도 화해적인 분위기를 대변하는 변화가 있었을 만도 하다. 휴전 이후 남-북 간에 간헐적으로 군 감축에 대한 논의가 없던 것은 아니었지만, 정규군전력 감축을 위한 뚜렷한 합의나 대책이 나온 적은 한 번도 없었다.[41] 앞서 설명했듯이, 한국의 햇볕정책 시행 중에도 북한의 군사도발은 계속되었다. 2000년, 2007년 남북정상회담을 포함하여 남-북 간의 평화정착을 위한 노력 중에도 한국 해군 장병들은 계속되는 북한 경비정의 한국 영해 침범을 막기 위해 바다에서 사투를 벌여야 했다. 당시 상황을 경험한 해군 지휘관들은 화해정책에 따른 지시사항 때문에 영해를 지키는 해군 장병들이 엄청난 위험을 무릅써야 했다고 진술한다. 1999년 2함대 사령관으로 제1 연평해전을 지휘한 박정성 제독에 의하면, 북한 경비정이 한국 경비정에게 직접 사격을 가하기 전에는 절대 먼저 발포하지 말고 북한 경비정의 영해침범을 막으라는 지시 때문에 한국 해군 장병들은 마치 두 손이 묶인 상태로 싸우는 것 같았다고 한다.[42] 이것이 한국 해군 고속정이 북한의 경비정보다 현대적이고 자동화된 무기체계를 장착하고 있으면서도 사용하지 못하고 영해를 침범해오는 북한 경비정에게 충돌함으로써 더 이상의 침범을 막는 밀어내기 전술로 일관할 수밖에 없던 이유였다. 이처럼 한국 정부가 화해정책을 시행한 기간에도 남-북 간의 군사적 긴장은 감소했다고 볼 수 없다.

또 한 가지 중요한 것은 한국 정부가 화해정책을 폈다고 해서 반드시 한국이 북한에 대해 군사대비태세를 완화시켰다고 볼 수 없다는

41) 현용해. 「한반도 평화체제 구축과 군비통제 정책」; 차영구 · 황병무. 『국방정책의 이론과 실제』(서울: 오름, 2004). p. 346.

42) 이정호, "박정성 해군 예비역 소장 '연평해전, 햇볕정책 때문에 왜곡'", 「파이낸셜뉴스」, 2009년 6월 16일.

것이다. 또한, 한국 정치 리더들이 북한에 대한 군사적 방어태세를 중요하게 생각하지 않았다는 것도 아니다. 저자의 연구에 의하면, 모든 사관학교 졸업식 연설에서 대통령들이 최우선으로 강조한 것은 북한에 대한 군의 방어태세였다. 국회의원들의 국가안보에 대한 논의를 보면, 북한 군사위협은 가장 자주 등장하는 주제 중의 하나다.[43] 무엇보다 중요한 것은 역대 어떤 해군 지휘관도 북한 위협에 대해 해군의 대비태세에 대한 중요성을 조금이라도 간과한 적이 없다는 것이다.

통일에 대한 전망도 대양해군전력건설을 시작하게 된 배경으로 이해하기 힘들다. 물론, 1990년대 북한의 경제난과 사회적 불안의 고조 등으로 인해 북한의 붕괴나 한국에 의한 흡수통일 등을 예견하는 추측들을 국내외에서 적지 않게 접할 수 있었다. 예를 들어, 1994년 북핵 문제가 대두되었을 때, 그 해결책으로서 미국과 북한 간에 '북미 기본합의(Agreed Framework)'를 도출해냈다. 합의의 내용은 북한이 핵시설을 폐기하고 비확산조약(non-Proliferation Treaty)으로부터 탈퇴하지 않는 대신 북한에게는 두 개의 경수로와 연간 50만 톤의 연료유를 제공하기로 한 것이다.[44] 하지만 셀리그 해리슨(Selig Harrison)에 의하면, 미국이 그러한 합의에 서명한 이유는 당시 클린턴 정부 관료들과 국회의원들이 경수로와 연료유가 북한에 제공되기 전에 북한은 곧 붕괴될 것이고 한국에 의해 흡수될 것이라는 생각을 가지고 있었기 때문이라고 한다.[45]

43) 예를 들어, 1995년부터 2009년까지 해군에 대한 국정감사의 내용들을 보면, 북한에 대한 한국 해군의 대비태세가 (대양해군전력건설 다음으로) 두 번째로 많이 논의되는 주제임을 알 수 있다. 이에 대한 자세한 내용은 제7장에서 설명한다.

44) 자세한 내용은 다음 자료를 참조하라. Agreed Framework between the United States and the Democratic People's Republic of Korea. http://www.kedo.org/pdfs/AgreedFramework.pdf.

45) Selig Harrison. *Korean Endgame: A Strategy For Reunification and U. S. Disengagement*. Princeton: Princeton University Press, 2002. p. xvii.

하지만 그러한 북한의 붕괴는 실현되지 않았다. 사실, 한 박(Han S. Park) 교수가 주장하듯, 북한은 한반도에서 "체계 정당성(system legitimacy)"을 두고 한국과의 경쟁에서 결코 패배를 인정하거나 굴복한 적이 없다.[46] 박 교수에 의하면, 2000년 평양에서 남-북 정상이 역사적인 만남을 갖게 되었을 때도 북한은 한국의 우위를 점하려는 많은 노력을 했다. 정상회담을 실시하는 조건으로 한국 대통령의 요청에 김정일이 수락하는 형태로 이뤄져야 하며, 김정일의 서울 답방에 대한 의무는 없어야 한다는 것이었다. 박 교수는 이러한 북한의 입장은 통일의 중심점은 평양이 되어야 한다는 것을 상징적으로 암시하는 것이라고 설명한다.[47]

사실, 북한의 붕괴를 통한 통일에 대한 추측은 적어도 두 가지 비현실적이고 단순한 가정을 근거로 한다. 첫째, 북한이 한국과의 군사적 충돌을 일으키지 않고 조용히 붕괴할 것이라는 가정이다. 둘째로는 지배층을 포함한 100만 병력이 아무 대응도 하지 않고 어떻게든 증발해 버릴 것이라는 가정이다.[48] 이런 비현실적으로 낙관적인 생각이 합리적인(rational) 국가 행위자의 해군력 구조와 관련된 전략적인 결정을 내릴 때 근거로 사용된 가정이었을 리 없다. 가령 이러한 비현실적인 낙관론이 해군과 정치지도자들의 계산에 영향을 주었다고 가정하더라도 북한이 붕괴될 것이라는 예측이 틀렸다는 결론은 오랜 시간이 지나지 않아 자명해졌고, 이렇게 빨리 사라져버린 억측이 1990년대와 2000년

46) Han S. Park. "The Nature and Evolution of the Inter-Korean Legitimacy War." In *Korean Security Dynamics In Transition*, by Kyung-Ae Park and Dalchoong Kim eds. New York: Palgrave, 2001. p. 12.

47) 같은 책.

48) Samuel S. Kim. *The Two Koreas and the Great Powers*. New York: Cambridge University Press, 2006. p. 303.

대를 통해 지속된 대양해군전력건설의 기본 전제였다고 보는 것은 많은 무리가 따른다.

통일을 전제한 대양해군건설 논리를 현실주의 입장에서 볼 때 더욱 큰 문제점은 왜 하필 북한이라는 위협의 감소와 통일에 대한 기대가 한국의 군사력 증강(해군력 건설)으로 이어졌는지에 대한 설명이 곤란하다는 것이다. 현실주의 입장에서 가장 타당성 있는 설명으로 한국이 대양작전이 가능한 해군력을 보유함으로써 대처할 수 있었을 만한 또 다른 위협요소를 생각해볼 수 있을 것이다. 예를 들어, 한국이 대양해군 능력을 가진 주변국들을 새롭게 위협으로 인식했을 수도 있다. 다음 절에서는 이러한 가설이 얼마나 타당성 있는 설명인지 논의하기로 한다.

2) 주변국: 중국, 일본

현실주의 관점에서 보면, 1990년대 한국의 대양해군건설 노력은 중국이나 일본 같은 주변국들의 해군력 증강에 따른 자체 균형행위(internal balancing)로 볼 수도 있다. 당시, 주변국의 군사적 동향을 보면 이러한 현실주의적 시각이 어느 정도는 뒷받침된다. 예를 들어, 1980년대 중국 해군의 전력은 질적으로나 양적으로 모두 향상되었다. 〈표 3.1〉을 보면, 잠수함은 1980년 88척에서 1985년 110척으로 증가되었고, 같은 기간 동안 주요 수상전투함은 27척에서 49척으로 대폭 증가되었음을 알 수 있다. 하(夏, *Xia*)급 전략탄도미사일 잠수함이 진수된 것도 이때였다.

〈표 3.1〉 중국 인민해방군 해군의 주요 전투함 전력 변화(1974~2010)[49]

종류		급(class)/배수량(tons)		연도							
				1974	1980	1985	1990	1995	2001	2005	2010
잠수함		Ex-Soviet M-V	350	1							
		Ex-Soviet S-1	840	3	1						
		SS Whiskey	1,030	21	20	15	15				
		SS Romeo	1,475	24	62	87	84	30	31	21	
		SSB Golf	2,350	1	1	1	1	1	1	1	1
		SS Ming	1,584	1	2	2	6	10	20	20	19
		SSN Han		1	2	3	4	5	5	4	3
		SSG Wuhan(R급 개조)	1,650			1	1	1	1	1	
		SSBN Xia	8,000			1	1	1	1	1	1
		SSK Kilo	2,325					1	4	5	12
		SSG Song	1,700						2	9	13
		SSN Shang(093)	6,000							2	2
		SSG Yuan									4
		SSBN Jin	8,000								2
		소계		52	88	110	112	49	65	64	57
주요 (수상) 전투함	구축함	Anshan(구소련 Gordy)	1,660	4	4	4	4				
		Luda-I/ II class DDG	3,250	6	7	15	15	15	15	12	10
		Luda III DDG	3,250					1	1	4	4
		Luhu DDG	4,200					1	2	2	2
		Sovremenny DDG	7,940						2	3	4
		Luhai DDG	6,000						1	1	1
		Luyang	7,000							2	2
		Luyang II	7,000							2	2
		Luzhou	7,000								2
	호위함	Chengdu(구소련 Riga)	1,240	4	4	4	4	1			
		Jiang Nan	1,150	5	5	5	5	1			
		Jiiang Dong (FFG)	1,570	1	2	2	2				
		Jianghu I (FFG)	1,674		5	19	26	25	27	27	25
		Jianghu II FFGH	1,550					1	1	1	1
		Jiangwei I (FFG)	2,250					4	4	4	4
		Jianghu III, IV FFG	1,924					3	3	3	3
		Jiangwei II (FFG)	2,250						6	8	10
		Jiangkai	3,500							2	2
		Jiangkai II	3,500								6
	소계			20	27	49	56	52	62	71	78
기타 대형 함정											
상륙돌격함		LPD Yuzhao	17,600								1

1990년대는 중국이 전통적인 접근거부 능력에 추가적으로 전력 투사능력 확보를 추구하면서 전력의 질적 향상이 두드러졌다. 예를 들어, 러시아로부터 킬로(Kilo)급 잠수함과 소브레메니(Sovremenny)급 구축함 등 최신 무기체계를 도입하기 시작했다. 킬로급 잠수함은 중국이 기존에 운용해오던 로미오(R)급이나 위스키(W)급 잠수함들보다 훨씬 조용한 디젤-전기 추진을 사용하는 공격 잠수함으로 알려져 있다. 중국은 또한 루후급 구축함, 장웨이급·장후급 호위함 등 다양한 자체 건조 사업을 추진하기도 했다. 2000년대 루조(Luzhou)급 구축함을 도입하면서는 대공전(Anti-Air Warfare) 능력도 한층 향상되었다.

비슷한 시기에 일본 해상자위대 전력도 많은 향상을 보였다. 〈표 3.2〉에서 볼 수 있듯이, 주요 수상전투함 수가 1980년 48척에서 1990년 58척으로 증가했다. 같은 시기에 잠수함 수는 두 배로 늘어났다. 일본 해상자위대 전력 발전의 특징은 전력 수가 중국의 경우처럼 급격히 늘진 않았지만, 질적 향상이 두드러졌다는 것이다. 〈표 3.2〉를 보면, 잠수함과 수상전투함의 소계는 현저히 증가하지는 않았지만, 꾸준히 새로운 급의 함정을 획득했음을 알 수 있다. 예를 들어, 1990년대에 도입된 하루시오급 잠수함은 기존 모델인 유시오급 잠수함에 비해 소음도

49) 〈표 3.1〉은 저자가 다음 문헌들을 참조하여 정리 및 작성한 것이다. John Moore. *Jane's Fighting Ships 1974-75*. Huddersfield, UK: Netherwood Dalton & Co. Ltd, 1974; John Moore. *Jane's Fighting Ships*. London: Jane's Publishing Company, 1980; *Jane's Fighting Ships 1985-86*. London and New York: Jane's Publishing Company Ltd., 1985; Richard Sharpe. *Jane's Fighting Ships 1990-91*. Coulsdon, UK: Jane's Information Group, 1990; Richard Sharpe. *Jane's Fighting Ships 1995-96*. Frome and London: Butler and Tanner Ltd, 1995; Stephen Saunders. *Jane's Fighting Ships 2001-2002*. Coulsdon, UK: Jane's Information Group, 2001; *Jane's Fighting Ships 2005-2006*. Coulsdon, UK: Jane's Information Group, 2005; *Jane's Fighting Ships 2010-2011*. Virginia: Jane's Information Group Inc., 2010.

〈표 3.2〉 일본 해상자위대의 주요 전투함 전력 변화(1975~2010)[50]

종류		급(class)/배수량(tons)		연도							
				1975	1980	1985	1990	1995	2001	2005	2010
잠수함		Oyashio (SS511)	1,100	1							
		Hayashio (SS521)	750	4							
		Ooshio (SS561)	1,650	5	5	1					
		Uzushio (SS566)	1,850	5	7	7	4				
		Yuushio (SS573)	2,200		1	6	10	10	6	3	
		Harushio (SS583)	2,450				1	6	7	7	6
		Oyashio (SS590)	2,700						4	8	11
		Souryu (SS501)	2,900								2
		소계		15	13	14	15	16	17	18	19
주요 (수상) 전투함	구축함	Harukaze (DD101)	1,700	2	2						
		Ayanami (DD103)	1,700	7	7	7					
		Murasame (DD107)	1,800	3	3						
		Yamagumo(DD113)	2,150	5	6	6	6	3	1	1	
		Minegumo (DD116)	2,150	3	3	3	3	3			
		Akizuki (DD161)	2,350	2	2	1					
		Amatsukaze(DD163)	3,050	1	1	1	1	1			
		Takatsuki (DD164)	3,050	4	4	4	4	4	2		
		Haruna (DD141)	4,700	2	2	2	2	2	2	2	1
		Tachikaze (DD168)	3,900		2	3	3	3	3	3	1
		Shirane (DD143)	5,250		1	2	2	2	2	2	2
		Asagiri (DD 151)	3,500				7	8	8	6	6
		Hatakaze (DDG171)	4,600				2	2	2	2	2
		Hatsuyuki (DD122)	2,950			7	12	12	11	11	11
		Kongo (DDG173)	7,250					2	4	4	4
		Murasame(DD 101)	4,550						7	9	9
		Takanami (DD110)	4,650							4	5
		Atago (DDG177)	7,700								2
	호위함	Asahi (DE262)	1,250	2							
		Akebono (DE 201)	1,060	1							
		Ikazuchi (DE202)	1,070	2							
		Isuzu (DE211)	1,490	4	4	4					
		Chikugo (DE215)	1,470	9	11	11	11	11	1		
		Ishikari (DE226)	1,290			1	1	1	1	1	
		Yubari (DE227)	1,470			2	2	2	2	2	2
		Abukuma (DE229)	2,050				2	6	6	6	6
		소계		47	48	54	58	62	52	53	51
기타 대형 함정											
상륙함		Oosumi (LST 4001)	8,900						1	3	3
헬기 케리어		Hyuga (DDH 181)	13,500								1

적고, 수중탐지능력과 통신능력도 향상되었다.[51] 대양작전 능력 또한 신장되었다. 하타카제급이나 무라사메급 같은 4,000톤이 넘는 구축함이나 오수미급의 8,000톤이 넘는 상륙함 등을 도입하는가 하면, 콩고급 이지스 구축함의 도입으로 대공방어 능력과 지휘통제 능력이 급격히 증대되기도 했다.

능력(capability)만이 주변국의 자체 균형행위(internal balancing), 즉 자체적인 힘의 증강을 자극하는 유일한 요인이 아니다. 월트 교수에 의하면, "공격적인 의도" 또한 위협감을 느끼게 하는 중요한 요소다. 중국이나 일본이 특별히 공격적인 의도를 보였는지 —그런 공격적 의도가 한국의 대양해군전력건설을 자극했을 가능성도 있는지— 알아보기 위해 무기체계 변화를 가져올 수 있는 국방정책이나 군사교리에 변화가 있었는지를 살펴볼 필요가 있다. 국방정책이나 군사교리는 무기체계 획득의 논리로 작용할 수 있기 때문에 이들에 대한 조사도 무기체계 증강 자체만큼 중요하다.

1980년대와 1990년대 중국 해군력의 증강과 현대화는 어느 정도 중국의 군사교리 발전과 관련이 있다. 군사교리의 변화를 가져온 주요 요인 중의 하나는 지도자의 교체였다. 마오쩌둥이 집권하는 동안 국방의 개념으로 '인민의 전쟁(people's war)'에 기반을 둔 지상전이 강조되었기 때문에 중국 해군은 접근거부(access - denial) 전략에 거의 전적으로 의존했다. 이런 개념에서 해전(naval warfare)은 지상전의 일부로 취급되고, 해군의 주요 임무는 연안에서 바다로부터 침략해오는 적에게 피해를 입히

---

50) 〈표 3.2〉는 저자가 *Jane's Fighting Ships*를 참조하여 정리 및 작성했다. 자세한 참고문헌은 〈표 3.1〉의 각주 49) 참조.

51) Stephen Saunders. *Jane's Fighting Ships 2008-2009* (Jane's Information Group: Cambridge University Press, 2008). p. 408.

고 지상군 작전을 지원하는 게릴라전 형태의 공격이었다.[52] 중국이 잠수함과 고속정 중심의 전력 증강을 우선시한 것도 이런 이유에서였다. 접근거부적인 군사교리 외에도 루이스와 리타이(Lewis and Litai)는 중국이 이렇게 잠수함과 고속정 중심의 해군 전력구조를 유지한 것을 현대적인 해군력을 건설할 재원이 부족해서였다고 분석한다.[53] 이러한 대륙형 해군전략과 전력구조는 중국이 미국을 외부위협세력으로 인식한 1950년대와 소련을 위협으로 인식한 1960~70년대를 통해 유지되었다.

1980년대 덩샤오핑이 집권한 후 연안 방어는 여전히 중국 해군의 핵심적인 임무였지만, 중국 해군전략의 초점은 외해 방어 쪽으로 확장되었다. 미국과 소련 두 강대국이 서로의 견제에 총력을 기울이는 형세가 되자, 이 두 강대국이 중국을 향해 대규모(핵 포함) 공격을 할 가능성이 희박해졌다. 대만과의 문제나 남중국해의 영토 분쟁 등 국지적 분쟁의 중요성이 더욱 두드러졌다. 외부위협을 정확히 식별할 수 없는 불확실성이 안보환경의 특징이 되었고, 따라서 평시에 더 높은 수준의 군사 준비태세가 필요했다. 덩샤오핑은 다양한 국지전에 효과적으로 대응할 수 있도록 향상된 기동력과 화력을 강조하는 등 중국 해군의 현대전 수행능력 향상을 추진했다.[54] 이러한 변화는 중국 인민해방군의 지휘부가 1991년 미국이 이끄는 사막의 폭풍작전(Operation Desert Storm)이 보여준 현대전의 효과에 자극을 받고 더욱 가속화되었다는 분석도 있다.[55] 한편, 1980년대 류화칭(劉華淸) 제독 같은 해양력을 중요시하는 해

52) John Wilson Lewis and Xue Litai. *China's Strategic Seapower: The Politics of Force Modernization in the Nuclear Age*. Stanford, California: Stanford University Press, 1994. pp. 219-230.

53) 같은 책. p. 220.

54) Bates Gill and Taeho Kim. *China's Arms Acquisition From Abroad: A Quest for "Superb and Secret Weapons"* (New York: Oxford University Press, 1995). p. 35.

55) 이러한 시각의 예는 다음 문헌을 참조하라. Di Hua. "Threat Perception and Military

군 지도자가 등장하면서 중국 해군의 전략적 초점을 연안방어에서 대양방어 능력으로 확장하는 데 기여하기도 했다. 이런 확장된 중국의 해양전략은 1980년대 말부터 수립된 '다층 방어선' 개념으로 대표되는데, 최외곽 방어선은 일본 본토, 류큐 섬, 대만, 필리핀 및 보르네오를 연결하는 지역을 포함한다.[56)]

1980년대 말부터 1990년대에 이르는 일본의 해군전력 증강 또는 현대화는 '변화'라고 이해하기보다는 데스몬드 볼(Desmond Ball)이 분석한 것처럼 "비교적 오랜 기간 동안 유지되어온 전략의 일부분"으로 이해할 수 있다.[57)] 사실, 일본은 군대와 관련한 특이한 역사를 갖고 있는 만큼 중국의 경우보다는 조금 더 세부적인 설명이 필요하다. 주목할 것은 제약적인 조건에서도 일본은 현재 세계적으로 가장 발달한 첨단 해군력을 유지하고 있다는 것이다. 제2차 세계대전 후 미국의 통치를 받고 있던 일본은 1946년 평화헌법을 반포하면서 독립국가의 고유 권한인 군대를 보유할 수 있는 '자주적 권리'를 포기했다. 하지만 1950년 초 미국의 요청에 의해 일본은 재무장을 시작한다. 미국의 이러한 요청은 당시 동북아시아 지역에서의 공산주의 확산이라는 안보상황 때문이었는데, 여기에는 소련의 군비증강, 중국의 공산화, 북한의 한국 무력침략 등이 포함되었다.[58)] 당시 시게류 요시다 총리는 일본이 재무장하는 것

Planning in China: Domestic Instability and the Importance of Prestige." In *Military Capacity and the Risk of War*. pp. 32-33.

56) 다층 방어선 개념은 최외곽 방어선, 중간 방어선(중국 연안으로부터 150마일 방어선), 내측 방어선(중국 연안으로부터 60마일 방어선)으로 구성된다. 자세한 내용은 Lewis and Litai의 같은 책 참조. pp. 229-230.

57) Desmond Ball. "Arms and Affluence: Military Acquisitions in the Asia-Pacific Region." *International Security, Vol. 18, No. 3*, Winter, 1993-1994. pp. 78-112. p. 83.

58) William L. Scully and Guy M. Hicks. *Japanese Defense Policy*. Washington D. C.: Heritage Foundation, May 1981.

을 거부했다. 헌법으로 정해진 제도적인 제한도 있었지만, 무엇보다 요시다 총리에게는 '요시다 독트린'으로 불리는 안보정책에 대한 확고한 입장이 있었다. 일본은 국방은 미국에 의존하면서 경제발전에 주된 노력을 기울여야 한다는 것이었다. 일본은 국방을 위해 단지 미국의 노력을 보조한다는 입장이었는데, 이를 위해 1954년 방위청과 육상·해상·항공 전력을 포함하는 자위대가 설립되었다.[59)]

자위대 설립 이후 일본은 자위대 전력의 건설과 현대화를 위해 꾸준한 노력을 해왔다. 전력건설 초기의 노력은 1958~60년, 1962~66년, 1967~71년, 1972~76년의 4차에 걸친 방위력 건설 계획으로 시작되었다.[60)] 이어서 일본은 1976년 "표준 방위력 개념"을 명시한 '방위계획대강(防衛計劃大綱, National Defense Program Outline)'을 수립한다.[61)] 방위력 개념의 핵심은 일본에 대한 대규모의 군사공격 같은 사태에 대비해서는 미-일 동맹체제에 의존하는 반면, 소규모의 군사적 도발 등을 억제할 수 있는 전력을 평시에도 유지해야 한다는 것이었다.[62)] 방위계획대강에서 제시한 해군력 수준은 잠수함 16척과 대잠전 능력을 갖춘 수상함 60여 척이었다. 이러한 전력건설계획은 〈표 3.2〉에 반영되어 있는 전력 수준과 1980년대와 1990년대에 걸친 점진적인 수상함 증가 현상을 잘 설명해준다. 휴스와 후쿠시마(Hughes and Fukushima)에 따르면, 방위계획대강의 수립은 일본이 국방을 위해 미국에게 의존하고 있음을 공공연히 하고 동시에 미국의 방위비용을 분담함으로써 미국과 일본 간의 양

59) Mike M. Mochizuki. "Japan's Search for Strategy." *International Security, Vol. 8, No. 3*, Winter, 1983-1984. pp. 152-179. p. 153.

60) Scully and Hicks. *Japanese Defense Policy*.

61) Mochizuki. "Japan's Search for Strategy." p. 154.

62) 같은 글. pp. 154-156.

자 안보관계를 공고히 하려는 노력의 일부였다.[63)]

사실, 미-일 동맹은 일본의 국가안보를 위한 핵심이 되어왔지만, 일본의 역할은 점진적으로 증가해왔다. 그레이엄(Graham)의 연구에 의하면, 1960년대 말부터 1970년대에 미국의 국방정책 관련 기관 및 전문가들 사이에서 일본이 자국방위를 위한 노력을 분담해야 한다는 압력이 강해졌다.[64)] 이 기간에 미국은 인도양과 태평양 지역에서 늘어나는 소련 해군의 활동 징후를 포착하고 있었다.[65)] 게다가 1971년 인도-파키스탄 전쟁, 1973년 욤키퍼 전쟁, 1979년 이란 혁명, 1980년 이란-이라크 전쟁 등의 국제 분쟁들에 대한 대응으로 미국이 아라비아해, 인도양 등으로 항모전투단(carrier battle groups)을 전개시키는 횟수가 늘어났다. 미국 해군전력, 특히 일본에 전개해 있는 7함대 전력의 무리한 가동은 미국의 서태평양지역 방어 능력을 약화시킬 가능성이 있었다. 이러한 문제점에 대한 해결책의 일환으로 미국은 일본을 생각한 것이다. 책임을 분담할 가장 우선시된 분야는 해상교통로 방어를 위한 해군간 협력이었으며, 이를 위해 일본 해상자위대는 대잠전 능력과 대공 방어 능력을 향상시켜야 했다.[66)] 미 해군과 협력하여 해상교통로를 보호하는 임무에서 해상자위대의 역할은 1978년 조인된 '일-미 방위 협력 지침(이후 협력 지침)'에 명시되어 있다.

1980년대에 즈음하여 미국과 일본 간의 (일본의 국가안보와 관련된) 분업

63) Christopher W. Hughes and Akiko Fukushima. "U. S.-Japan Security Relations: Toward Bilateralism Plus?" In *Beyond Bilateralism: U. S.-Japan Relations in the New Asia-Pacific*, by Ellis S. Krauss and T. J. Pempel. Stanford, California: Standford University Press, 2004. p. 65.

64) Euan Graham. *Japan's Sea Lane Security, 1940-2004: A Matter of Life and Death?* New York: Routledge, 2006. pp. 122-149.

65) 같은 책. p. 126.

66) 같은 책. p. 127.

체계 수립이 완료되었다. 공격적인 작전은 미국이 전담하고, 일본은 대잠전이나 기뢰제거작전 등을 통해 일본 주변 해상교통로 방어를 맡게 되었다. 이러한 일본의 임무는 1980년 스즈키 총리가 발표한 안보정책으로 대변되는데, 일본은 장차 일본으로부터 1,000해리 범위까지 해상교통로를 보호하겠다고 천명한 것이 그 내용이다. 일본의 국가지도자가 영해 밖의 해상교통로 보호를 위해 해상자위대 전력을 활용할 것이라는 의지를 밝힌 것은 제2차 세계대전 이후로는 처음이었다.[67] 1,000해리 해상교통로 방어 정책은 다음 나카소네 총리 때도 이어졌다. 이러한 1,000해리 방어정책은 실상 필리핀 동쪽부터 괌 서쪽 지역까지 일본의 해양통제 능력을 의미했는데, 여기에는 소련의 잠수함 전력에 대해 소야(La Perouse) 해협, 쓰가루 해협 및 대한해협을 봉쇄하고, 소련의 항공기들에 대해 일본 본토와 (한국의) 동해 일부까지 대공방어를 제공할 능력을 포함한 것이었다.[68] 일본이 1980년대 무기체계의 현대화를 가속화하고 전력 수준을 상향조정하여 잠수함 16척, P-3C 100대, MH-53 소해헬기 12대, 이지스 구축함 4척 체제를 유지하게 된 것도 이러한 배경에서였다. 예를 들어, 이지스 구축함들은 대잠전과 대공방어를 위한 다목적 전력으로 전시(戰時) 일본을 방어하기 위해 해상교통로를 통해 전개하는 미 해군 항공모함 전력들을 위한 방어 임무를 수행한다는 개념이다.[69]

일본 해상자위대의 역할은 1997년부터 1999년에 걸쳐 추진된 '협력 지침' 개정작업을 통해 더욱 확장되었다. 개정된 지침에는 해상자위

67) 같은 책. p. 135.

68) 같은 책. p. 133.

69) M. J. Green. "Despite Aegis, Japan Still Will Depend on U. S. Navy." *Defense News*, August 13, 1990. p. 8.

대가 일본과 그 주변에 위치한 주요 항만과 해협을 포함한 해상교통로 방어의 "1차" 책임을 갖는다고 명시되어 있다. 여기에 더하여 개정된 협력 지침은 일본 영해뿐 아니라 일본 주변의 공해에서도 미군에 대한 후방 지원을 할 수 있도록 했는데, 여기에는 군수지원, 제재(sanctions) 시행, 해양 정찰, 기뢰 제거 등의 임무가 포함되었다.[70)]

지금까지 1980년대와 1990년대 중국과 일본의 해군 무기체계 획득과 군사교리의 변화를 간략히 살펴보았다. 두 국가 모두 주목할 만한 무기체계의 획득이 있었다. 그뿐만 아니라, 군사교리의 변화를 보더라도 두 국가의 국가안보를 위해 필수적이라고 생각하는 방어 영역의 범위를 점차 확장해왔다. 중국과 일본이 특별히 대외적으로 공격적인 정책을 취하지 않았다고 하더라도 군사능력의 증강과 방어 영역의 확장은 한국에게 어느 정도 긴장감을 조성하는 요인이 될 수 있었을 것이다. 두 강대국과 한국의 근접한 지리적 거리를 고려하면 위에서 언급한 변화들은 안보적 불안감을 더욱 유발할 요인들이었을 것이다. 다시 말해, 중국과 일본이 설정한 확장된 방어 영역 안에 한반도가 포함된다. 예를 들어, 소련의 군사 행동이 있다고 가정했을 때 일본이 해군력을 이용해 우리의 동해를 봉쇄시켜버릴 능력과 의도가 있다는 사실은 한국의 국가안보에 매우 불안한 요소였을 것이다.

이러한 1980년대와 1990년대의 중국과 일본의 해군력 발전을 고려하면, 1990년대 한국의 대양해군 전력건설을 주변국의 해군력 증강을 견제하기 위한 자체 균형행위(internal balancing)로 이해할 수도 있다. 특히, 1990년대 아시아 국가들의 해군 무기체계 획득 현상을 냉전 이후

---

70) The Guidelines For Japan-U. S. Defense Cooperation. 원문은 일본 외무성 웹사이트 참조. http://www. mofa.go.jp/region/n-america/us/security/guideline2.html.

안보환경에 어울리지 않는 무기획득 경쟁으로 이해하는 시각으로 보면, 이는 더욱 그럴듯한 설명일 것이다.[71] 실제로 몇몇 외국 학자들은 한국의 1990년대 해군력 증강이 일본의 군사력 증강에 대한 작용-반작용 논리의 결과물이라고 주장한다. 예를 들어, 메코니스와 월리스(Meconis and Wallace)는 한국의 해군력 발전을 일본과의 경쟁관계 맥락에서 설명한다.[72] 이들 저자는 일본이 16세기 한국을 침략한 것과 20세기 제국주의 일본이 한국을 지배했던 몇 가지 역사적 사실을 바탕으로 한국과 일본의 관계를 경쟁관계(rivalry)로 정의한다. 저자들의 주장에 의하면, "1990년대 일본 해상자위대 능력의 신장은 한국 해군에 영향을 준 주요한 요인이었다."[73]

하지만 이러한 설명에는 몇 가지 문제점이 있다. 무엇보다 한국 해군력 발전을 일본과의 경쟁관계에서 이해하는 시각은 개념적으로 맞지 않다. 톰슨(Thompson)의 국가 간 경쟁관계(rivalry) 개념 충족요건에 의하면, 양국 간 국력은 어느 정도 대칭관계가 성립되어야 하고, 서로에게 위협적인 경쟁국이어야 하며, 상대 국가를 서로 적으로 간주해야 한다.[74] 한국과 일본은 이러한 조건들을 만족시키지 않는다. 양국 모두 서로를 적이나 위협으로 보지는 않는다. 표면적으로 보면, 오히려 이들 국가는 모두 미국의 가까운 동맹국이다. 무엇보다도 국력으로 비교했을 때, 두 국가 간에는 커다란 힘의 비대칭이 존재한다. 일본은 한때

71) 이러한 시각의 예로는 다음 글을 참조하라. *The Economist*. "Asia's Arms Race: Gearing Up." February 20, 1993.

72) Charles A. Meconis and Michael D. Wallace. *East Asian Naval Weapons Acquisitions in the 1990s: Causes, Consequences, and Responses*. Westport, CT: Praeger Publishers, 2000.

73) 같은 책. p. 99.

74) William R. Thompson and David Dreyer. *Handbook of Interstate Rivalries, 1494-2010*. Washington, D. C.: CQ Press, 2011.

4만 6,000톤에 달하는 야마토 같은 전함과 항공모함을 운용한 강력한 해양세력이다. 해군력을 바탕으로 일본은 러일전쟁에서 승리했고, 태평양전쟁에서 미국에 도전하기도 했다. 비록 일본 해군함정들의 대부분이 제2차 세계대전에서 손실되고, 연합군에게 항복한 이후로는 군 자체가 해체되었지만, 일본은 1950년대 자위대 설립이 결정된 당시에도 해군력을 새롭게 건설할 수 있는 기술력과 산업적 기반을 보유하고 있었다. 1954년부터 1957년 사이 일본이 건설하기 시작한 사업들에는 1,700톤 호위함 11척, 1,000톤급 잠수함 1척, 6척의 소해함과 기타 지원함정들이 포함되어 있다.[75] 대조적으로, 한국은 1980년대 1,500톤 호위함을, 1994년에 1,200톤급 잠수함을 처음 건조했고, 이러한 사실은 한국의 해군력이 일본에 비해 얼마나 차이가 났는지를 단적으로 보여주고 있다.

더욱 큰 문제는 주변국의 해군력이 한국 해군력 발전을 자극한 요인이었다고 가정한다면, 같은 요인에 의해 왜 한국이 중국과 일본이 보유하고 있던 기존의 우세한 해군력에는 반응하지 않았는지 설명할 수 없다는 것이다. 앞의 〈표 3.1〉에서 볼 수 있듯이, 1974년을 기준으로 볼 때, 중국은 20여 척의 주요 수상전투함과 '한'급 핵추진 잠수함, 'Golf'급 탄도미사일 잠수함을 포함한 52척의 잠수함을 보유하고 있었다. 물론, 어떤 분석가들은 1970년대와 1980년대 중국 해군전력들의 낙후성을 감안하여 미국의 1950년대 전력들과 유사한 성능으로 보면 된다고 주장하기도 한다.[76] 그렇다고 하더라도 당시 한국이 보유하고

75) Raymond V. B. Blackman. *Jane's Fighting Ships 1956-57*. New York: The McGraw-Hill Book Company Inc., 1956.

76) David G. Muller, Jr., *China as a Maritime Power*. Boulder, Colorado: Westview Press, 1983. p. 159.

있던 작은 해군과 비교하면 중국 해군의 전력은 수적으로나 양적으로 훨씬 우세한 해군이었음에 틀림없다. 더욱이, 1982년에는 'Golf'급 잠수함에서 탄도미사일 시험발사에 성공하면서 중국 해군은 해양으로부터의 핵 억제능력 향상이라는 성과를 거두기도 했다.[77] 일본도 1975년까지 잠수함 15척, 구축함과 호위함 등 주요 수상전투함 47척 등을 포함하여 어느 정도의 해군력을 갖춘 상태였다. 반면, 당시 한국 해군은 소형 경비정 건조를 막 시작하고 있던 때였다.

혹자는 중국과 일본의 기존 해군력보다는 그들의 전력 투사능력이나 대양작전 능력의 신장이 한국에게 위협적인 요인이었을 수 있다고 주장할 수도 있다. 이와 같은 경우에도 역시 같은 문제가 대두된다. 예를 들어, 1975년 당시 일본이 유지하고 있던 15척의 잠수함과 47척의 수상전투함 중 10척의 잠수함이 1,600톤 이상이고, 7척의 구축함이 3,000톤을 넘는 크기였으며, 이 정도의 배수톤수를 가진 함정들이라면 대략 연근해를 벗어난 대양에서의 작전 능력을 이미 어느 정도 갖췄다고 볼 수 있다. 실제로 일본은 1965년 아마쓰카제급 유도탄구축함(3,050톤) 건조를 시작으로 하여 지속적으로 대양작전 전력을 획득해왔다. 반면, 한국의 3,000톤급 구축함 운용은 1998년이 되어서야 가능했다. 다른 예로, 일본 해자대는 1987년 이지스 구축함 건조를 건의하여 1993년 첫 번째 이지스함(콩고함)이 취역했다. 한국의 경우에는 2001~2005 국방중기계획에 이지스함 건조계획이 최초로 반영되었고, 2008년 첫 번째 함정(세종대왕함)이 취역했다. 요컨대, 주변국의 능력을 위협 요인으로 보고, 이것이 1990년대 한국 해군전력발전의 자극제가 되었다는 주장을 하기 위해서는 왜 한국이 주변국 해군의 그러한 능력에 대한 대

77) Lewis and Litai. *China's Strategic Seapower*. p. 73.

응능력을 더 일찍 갖추려 하지 않았는가에 대한 설명을 할 수 있어야 한다.

주변국의 능력을 위협으로 인식하고, 한국 해군전력발전이 이에 대한 (합리적 행위자로서의 전략적) 대응이었을 것이라는 설명에는 또 다른 문제점이 있다. 바로 대양해군전력건설이 그에 대한 가장 효과적인 전략적 대응은 아니라는 것이다. 만일, 주변국의 전력 투사 능력이 한국의 영토와 생존에 대한 실질적인 위협으로 인식되었다면, 그에 대한 합리적인 정책결정은 (짧은 시간, 비용 대 효과 등을 고려하여) 잠수함이나 소형 고속정 같은 전력을 중심으로 하는 접근거부 능력을 보유한 해군전력의 건설이었을 것이다. 앞서 논의한 것과 같이 북한은 이러한 형태의 해군을 유지하고 있다. 1970년대까지 중국이 잠수함과 고속정을 위주로 한 해군을 유지한 이유도 제한된 재원으로 바다로부터 오는 미국이나 소련의 위협에 대응하기 위한 것이었다.[78] 잠수함은 자국의 영토를 침범하는 적 전력들을 매우 효과적으로 무력화시킬 수 있는 능력을 보유하고 있는데, 이는 대형 구축함이나 항공모함 등 고가표적이나 해상 재보급 함정들을 비교적 자유롭게 공격할 수 있기 때문이다. 하지만 한국의 '대양해군' 기치는 (잠수함 건설도 그 일부이긴 했지만) 잠수함보다는 대형 수상함 건조에 더 많은 초점이 맞춰져 있었다고 볼 수 있다.

실제 능력이 아닌 '인식된 위협(perceived threats)' 요인과 관련하여 1980년대 말과 1990년대의 한국 정부의 입장을 보면, 주변국들의 군사력이나 의도로부터 '위협'을 인식한 증거는 찾아보기 힘들다. 한국의 국방백서들을 보면, 중국과 일본의 군사력 현대화와 전력 투사능력 증가 현상에 주목한 것은 사실이다. 예를 들어, 1990년 국방백서는 일

78) 같은 책. p. 220.

본이 지역에서 미국을 대체할 군사강국으로 부상할 가능성을 언급한다.[79)] 하지만 이러한 변화가 동북아시아 국가들의 국방정책과 안보협력에 영향을 줄 새로운 변수가 될 것이라고 예측하면서도 이러한 변화를 위협 또는 안보문제로 인식하지는 않는다. 이러한 한국 정부의 입장은 중국과 일본이 서로의 군사력 증강을 심각한 안보위협으로 확실히 단정 짓는 것과는 완전한 대조를 이룬다.[80)] 오히려, 한국 정부와 군 지휘부의 일반적인 입장은 주변국과 우호관계 유지에 많은 노력을 기울이는 편이었다. 예를 들어, 합참은 1997년 대양해군 건설 준비를 위해 추진하던 해군력 건설의 사업 규모를 축소하겠다는 발표를 내놓았는데, 이는 최초의 계획이 주변국들과 외교적인 마찰을 가져올 수도 있다는 우려 때문이었다.[81)]

한국의 당시 정책방향이 외교·경제·안보 차원에서 주변국과의 협력관계를 수립하고 확장시키는 것이었던 사실을 고려하면, 주변국의 군사력에 대응하기 위한 노력으로 대양해군 능력을 발전시켰을 것이라는 설명은 약간 무리가 있다. 예를 들어, 냉전이 종료된 후 '북방정책'으로 알려진 노태우 정부 주도의 적극적인 외교정책의 결과 중 하나로 한국은 1992년 중국과 외교정상화라는 성과를 (중국과 북한 간의 전통적으로 가까운 외교관계에도 불구하고) 거두기도 했다. 이후, 한국과 중국 간의 경제교류는 무척 빠른 속도로 확장되었다. 1996년, 한국은 이미 중국의 세 번째로 큰 무역상대국이 되었으며, 중국은 한국의 가장 큰 투자시장이

79) 국방부. 『국방백서 1990』(서울: 대한민국 국방부, 1990). pp. 66-67.

80) Graham. *Japan's Sea Lane Security, 1940-2004*. pp. 210-220. 이러한 입장은 Samuel Kim 교수의 저서에서도 찾아볼 수 있다. Samuel S. Kim. *The Two Koreas and the Great Powers* (New York: Cambridge University Press, 2006). p. 74.

81) 이종훈, "대양해군 전략 재검토", 「문화일보」, 1997년 3월 26일.

되었다.[82] 한국의 조성태 국방부 장관이 1999년 중국을 방문하면서 안보 분야의 교류도 시작되었고, 이에 대해 2000년 츠하오티엔 중국 국방부장이 한국을 방문하기도 했다.[83] 그 결과, 1999년 이후부터 양국은 군 장교들을 교환하여 서로의 군사교육 프로그램에 참여시키고 있다. 특히, 해군사관학교 생도들과 함께 한국 해군함정들이 2001년 중국을 방문하고, 2002년 중국 해군함정이 한국을 방문하는 등 중국과 한국은 해군함정들의 상호 방문을 추진함으로써 장차 더 많은 군사교류를 위한 기반을 마련했다.[84] 요컨대, 중국과의 관계에 대해 한국의 공식입장은 "협력적 동반자"(1998년 이후), "포괄적 협력관계"(2000년 이후), 그리고 "포괄적 · 협력적 동반자"(2003년 이후) 등의 문구로 묘사되어왔다.[85]

일본의 잔혹한 식민정책이 한국과 일본의 관계에 매우 부정적인 영향을 남긴 것은 사실이지만, 한국과 일본 관계를 '경쟁관계(rivalry)'나 '위협적인 적성국가' 등으로 이해하기에는 무리가 있다. 빅터 차(Victor Cha) 교수는 냉전 기간 중 한-일 관계를 "유사 동맹(quasi-alliance)"으로 정의하기도 한다.[86] 한국과 일본은 1965년 '대한민국과 일본 간의 기본관계에 관한 조약'을 체결함으로써 정상 외교관계를 갖기 시작했다. 두 정부 모두 외교정상화를 위한 국내정치적 동기가 있었다. 한국은 경제 개발을 위해 일본의 선진 기술과 자본이 필요했고, 일본은 지리적으

82) 외교부. 『외교백서 1997』(서울: 대한민국 외교부, 1997). p. 165-166.

83) 국방부. 『국방정책 1998~2002』(서울: 대한민국 국방부, 2002). p. 87.

84) 같은 책.

85) 외교통상부. 『외교백서 2004』(서울: 대한민국 외교통상부, 2004). p. 208. 또한, 다음 자료에서도 이와 같은 표현들을 찾아볼 수 있다. 외교통상부. 『외교백서 2003』(서울: 대한민국 외교통상부, 2003).

86) Victor D. Cha. *Alignment Despite Antagonism: The United States-Korea-Japan Security Triangle*. Stanford, California: Stanford University Press, 1999.

로 가까운 수출시장이 생기는 이점이 있었다.[87] 미국도 베트남 전쟁 발발 등 아시아 안보 상황을 고려하여 한-일 간의 외교정상화를 지지했다.[88]

정상화 이후 양국은 경제·안보 분야의 협력과 교류를 넓혀왔다. 2010년 현재, 일본은 (중국 다음으로) 두 번째로 큰 한국의 무역상대국이 되었으며, 한국은 일본에게 세 번째로 큰 무역상대국이 되었다.[89] 그뿐만 아니라, 1994년 이후 한국과 일본은 매년 국방 장관급 회의를 개최해오고 있다. 1994년 한국 해군함정들이 최초로 일본을 방문한 이후, 두 국가의 해군함정들은 상호 방문을 교환해오고 있다. 한국군은 2000년부터, 자위대는 2002년부터 장교들을 상대국의 군 교육과정에 참가시키고 있다.[90] 1998년 김대중 대통령과 게이조 오부치 총리의 '21세기를 향한 새로운 한-일 파트너십' 선언 이후, 한국 해군과 일본 해상자위대는 거의 매년 단위로 합동 조난구조훈련을 실시하고 있다. 양국 간의 훈련 이외에도 한국과 일본은 림팩(RIMPAC), 서태평양 잠수함 탈출 및 구조훈련(Pacific Reach) 같은 다자적 합동 해군훈련의 참가국이기도 하다. 1999년부터는 해군대 해군 회의를 포함한 다양한 수준의 회의를 정례화하는 등 안보 분야를 위한 대화 채널이 더욱 다양해졌다. 국가지도자들이나 국방 장관급 지도자들 간의 교류를 통해 반복적으로 확인

---

87) Samuel S. Kim. *The Two Koreas and the Great Powers*. New York: Cambridge University Press, 2006. pp. 187-188.

88) 같은 책. 맥도널드(MacDonald)에 따르면, 케네디 대통령이 한국과 일본의 대통령들에게 서한을 보내 두 국가의 정상화를 바라는 미국의 입장을 표현했다고 한다. Donald Stone MacDonald. *U. S.-Korean Relations from Liberation to Self-Reliance: The Twenty-Year Record*. Boulder, Colorado: Westview Press, 1992. pp. 127-135.

89) 외교통상부. 『외교백서 2010』(서울: 대한민국 외교통상부, 2010). p. 143.

90) 국방부. 『국방정책 1998~2002』(서울: 대한민국 국방부, 2002). p. 86.

할 수 있듯이, 한국 정부와 군의 일본을 향한 공식적 입장은 지역과 세계 평화를 위해 상보적이고 협조적인 관계의 추구라고 볼 수 있다.[91]

이 절에서 저자는 북한의 위협이 한국의 대양해군 기치를 가져온 주된 요인이 아님을 주장했다. 한편, 중국과 일본은 모두 전력 투사 능력을 향상시켜왔음은 물론 자국의 방어를 위한 방어선을 확장시켜온 만큼 이러한 변화들이 한국에게 어느 정도 위협적으로 작용했을 수도 있다. 하지만 1990년대 한국의 대양해군을 향한 움직임을 한국이 그러한 주변국의 변화를 군사위협으로 인식한 결과라고 이해하는 것은 문제가 있다. 예를 들어, 중국과 일본은 1990년대보다 훨씬 이른 시기부터 한국보다 수적으로나 양적으로 우세한 해군력을 유지했음에도 불구하고 그 당시 한국은 그 우월한 해군력에 대응하지 않았다. 게다가, 주변국의 해군력이 실제로 한국의 '생존(survival)'에 위협이 된 절박한 정국이었다면, 많은 비용이 드는 대형 수상함보다는 비용 대 효과 측면에서 우수한 접근거부 능력을 구축하는 것이 합리적 국가행위자로서 더 어울리는 선택이었을 것이다. 저자는 또한 주변국들을 향한 한국의 공식적인 입장도 위협 인식이나 대치하는 양상보다는 협력을 추구했음을 확인했다. 다음 절에서는 한국 해군전력 발전에 영향을 미쳤을법한 체계(system) 수준 변수들의 효과와 관련된 가설에 대해 검증한다.

---

91) 같은 책.

2. 체계 수준 요인: 미국의 방위공약과 한국에 대한 영향력

두 번째 현실주의 설명을 체계 수준의 독립변수를 포함하는 가설로 다시 한 번 기술해보면 다음과 같다. 대양해군을 표방한 한국 해군력 증강은 ① 미국의 한반도 방어공약의 감소(또는 한국의 그러한 인식) ② 미국의 한국 무기획득정책에 대한 영향력 감소와 관련된 정부 차원의 반응이었을 것이다. 이를 검증하기 위해 저자는 먼저 냉전이 종료될 즈음 한국에 대한 미국의 방어공약 감소를 포함할 만한 미국 외교정책의 변화가 있었는지에 대해 살펴본다. 만일 그러한 변화들이 있었다면, 그 변화들이 어느 정도 해군 무기체계 획득에 영향을 미쳤는지를 알아볼 것이다. 마지막으로 저자는 미국의 대외정책이 전통적으로 한국의 해군 무기체계 획득에 영향을 미쳤는지, 그렇다면 그것이 어느 정도 영향력이었는지에 대해 살펴보고, 냉전 기간 동안 그리고 종료 이후에 그 영향력 정도에 주목할 만한 변화가 있었는지 여부를 분석한다.

먼저 저자는 체계 수준 변수(극성: polarity)는 미국과 한국 간의 동맹과 관련된 행동들을 잘 설명할 수 없다는 것을 강조한다.[92] 냉전 이후 아시아-태평양 지역에서의 미국 군사대비 태세에 조정이 가해졌던

92) 여기서 주목할 것은 현실주의자들 사이에서도 다른 종류의 극성(polarity)과 관련된 국제관계 시스템의 특성에 대해 의견일치가 이뤄지지 않고 있다는 점이다. 예를 들어, 모겐소는 양극체계보다 다극체계가 더 안정적이고, 따라서 전쟁의 가능성이 적다고 주장한다. Hans J. Morgenthau. *Politics among Nations: The Struggle for Power and Peace*. New York: Alfred A. Knopf, 1963. Chapter 21. 반면, 케네스 월츠는 양극체계가 가장 안정적인 시스템이라고 주장한다. Kenneth N. Waltz. *Theory of International Politics, Boston*. New York: McGraw-Hill, 1979. pp. 204-205. 경험적 근거에 의하면 사실은 양극체계와 다극체계 중 어떤 것이 더 안정적인 시스템인지 결론을 내리기가 힘들다. 왜냐하면, 역사적으로 볼 때, 양극체계나 다극체계에서 모두 전쟁의 기록이 있기 때문이다. 자세한 내용은 다음 문헌을 참조하라. Jack S. Levy and William R. Thompson. *Causes of War*. West Sussex, UK: Wiley-Blackwell, 2010. pp. 31-34.

것은 사실이다. 하지만 중요한 것은 당시 미군의 방어태세 조정은 '방어공약의 감소'로 볼 정도로 대대적인 군사력의 감축 등을 의미하지 않았다는 것이다. 또한, 한국의 반응도 과거 주한미군 전력의 태세 변화에 대해 민감하게 안보 불안을 느끼며 자체적인 군사력 증강에 박차를 가하던 때와는 확실히 달랐다. 마지막으로 저자는 한국 해군무기체계 획득과 관련하여 미국의 정치적 영향력은 그다지 중요하지 않았다는 입장을 취한다.

1990년대 국제체계의 대표적인 특징은 냉전의 양극체계 종료와 동시에 미국이 주도하는 단극체계(unipolar system)의 시작으로 볼 수 있다. 냉전 기간 동안 비교적 쉬운 적(敵)·아(我) 식별을 기본으로 국가들은 명확한 안보정책을 수립할 수 있었다. 핵무기로 중무장한 두 강대국의 경쟁관계(rivalry) 덕분에 서로에 대해 강력한 억제력이 유지되었다. 두 강대국이 자신들의 영향권을 각자 관리한 것도 어느 정도 안정된 국제관계에 도움이 되었다. 다소 극단적인 시각으로는 이러한 체계에서 가용한 국가 재원을 경제발전에 집중시킬 수 있었던 한국은 두 강대국에 의한 억제와 관리로 유지된 안정적인 국제체계의 수혜자로 볼 수도 있을 것이다.

물론, 냉전 종료 후 동북아시아 안보환경의 특징을 살펴보면, 미-소 간의 긴장이 완화되면서 동아시아 지역안보를 위한 미국의 역할에 대한 불확실성이 증가한 것은 사실이다. 이와 관련하여 데스몬드 볼(Desmond Ball) 박사는 미국 역할의 불확실성이 1990년대 아시아 국가들의 국방비 증가를 설명하는 요인 중 하나라고 분석한다.[93] 당시, 일

93) Desmond Ball. "Arms and Influence: Military Acquisition in the Asia-Pacific Region." *International Security* 18-3 (Winter, 1993-1994). pp. 78-112.

부 학자들과 해군장교들이 아시아에 주둔한 미군이 감축될 가능성이 있다고 예측하며 대양해군 건설의 필요성을 주장한 사실을 생각해보면, 이러한 주장은 어느 정도 그럴듯해 보인다. 예를 들어, 정호섭 제독이 1998년 한 논문에서 역설한 내용에 따르면, 한국이 자체적인 해군력을 필요로 하는 것은 미국의 주둔전력 수준이 감소되고, 세계대전 같은 대규모 전쟁보다는 지역 국가들 간의 충돌 가능성이 더 많아진 탈냉전 시대에는 냉전 기간 동안 미국으로부터 받던 것과 같은 수준의 안전보장을 기대할 수 없기 때문이다.[94] 실제로 그 정도는 크지 않았지만, 냉전 기간이 끝난 후 아시아-태평양 지역에 전방전개된 미군 전력의 감축이 있긴 했다. 예를 들어, 1989년 미 태평양함대의 전력은 항공모함(CV/CVN) 7척, 전함(BB) 2척, 순양함(CG/CGN) 22척, 구축함(DD/DDG) 29척, 핵탄도미사일 잠수함(SSBN) 8척, 공격잠수함(SSN) 37척, 유도탄잠수함(SSGN) 3척으로 구성되었다. 냉전 종료 8년 뒤인 1997년의 전력은 항공모함 6척, 순양함 29척, 구축함 17척, 전략핵탄두미사일 잠수함 7척, 공격잠수함 27척, 유도탄잠수함 5척으로 조정되었다.[95]

미군 주둔병력의 감소에 대한 주장은 종종 그로 인해 줄어들게 될 아시아에서의 미국의 영향력과 그로부터 발생하게 될 결과와 함께 결부된다. 현실주의적인 입장에서 보면, 미국의 영향이 줄어듦으로써 발생할 수 있는 결과 중 하나는 지역 국가들 간 패권을 차지하기 위한 경쟁적인 관계일 것이다. 이춘근 교수는 아시아에서 미국 해군전력이 감

94) 정호섭. 「한국의 해양안보: 그 몇 가지 근원적 난제」, 「Strategy 21」 제1집(1998). pp. 7-35.

95) The International Institute for Strategic Studies. *The Military Balance 1989-1990.* London: The International Institute for Strategic Studies, 1989. The International Institute for Strategic Studies. *The Military Balance 1997/98.* London: Oxford University Press, 1997.

소됨에 따라 중국이나 일본 같은 지역 세력국가들이 해군력을 키울 수 있는 여건을 제공하게 된다고 주장한다.[96] 그리고 이렇게 증강하게 되는 주변국의 해군력은 한국의 국익에 불리하게 작용할 수 있다. 미어샤이머(Mearsheimer) 교수에 따르면, 강대국들의 궁극적인 목표는 지역의 패권국, 즉 지역 체계에서 가장 강력한 국가가 된다. 이것이 곧 무정부적인 국제체계에서 생존을 보장하는 가장 확실한 방법이기 때문이다.[97] 이런 의미에서 강대국들은 국력의 극대화를 추구한다. 동북아시아의 상황에 적용해본다면, 지역의 두 강대국인 중국과 일본은 소련의 몰락을 지켜보고 미국 같은 역외 균형자(offshore balancer)의 영향이 줄어들 것을 예상함에 따라 자국의 국력과 영향력을 극대화시키려 할 것이다. 저자가 앞서 설명한 중국과 일본의 해군력 투사능력 증가 현상이 바로 이러한 공격적 현실주의 시각을 확인시켜주는 증거로 볼 수도 있을 것이다. 물론, 중국과 일본의 해군력 증가를 가져온 인과관계 메커니즘을 정확히 이해하기 위해서는 각각의 경우를 더욱 면밀히 살펴보아야겠지만 말이다.

여기서 중요한 것은 1990년대 아시아에 전개되어 있던 미 전방전개 전력의 태세에 실제로 어떤 변화가 있었는지 확인해야 한다. 미국은 구소련과 냉전의 경쟁 구도가 종료되자, 외국에 주둔하고 있는 미군 병력 감축을 위해 아시아-태평양 지역의 적정 주둔전력을 검토했다. 이러한 노력이 시작된 배경에는 국방예산의 감축 전망과 전방전개 전력을 감소해야 한다는 미 의회의 압력 등이 있었다. 특히, 미 의회는 1989년 방위비 지출승인법안에 대한 넌-워너(Nunn-Warner) 개정안을 통과

96) 이춘근. 「한국 해군력 증강의 논리」, 「Strategy 21」 제1집(1998). pp. 59-84.

97) John J. Mearsheimer. *The Tragedy of Great Power Politics*. New York: Norton, 2001.

시켰는데, 그 내용이 바로 동아시아 주둔병력 감소를 요구하는 것이었다.[98] 그 결과, 당시 국방장관이던 리처드 체니(Richard Cheney)의 책임하에 1990년 「아시아 태평양 지역을 위한 전략의 틀(A Strategic Framework for the Asia Pacific Rim)」이라는 보고서가 나오게 되었다. '동아시아 안보구상'이라고도 불리는 이 보고서는 구소련의 군사위협은 감소한 반면, 아시아 동맹국들의 경제력과 군사력은 성장했다는 점을 지적하면서 이와 같은 여건에서 일본이나 한국 같은 아시아의 동맹국들이 "자국의 국방을 위한 더 큰 책임을 맡고", 그럼으로써 "지역안정에 직접적으로 공헌할 수 있다"고 주장했다.[99] 보고서는 특히 한국, 일본, 필리핀에 주둔하고 있는 지상군과 공군 병력에 대한 3단계 감축 및 재구성 계획을 포함하고 있었다. 이에 따라 1990년 11월 제22차 한·미 연례 안보협의회의(Security Consultative Meeting)에서 리처드 체니 미국 국방장관과 이종구 한국 국방장관은 1단계 계획으로 주한미군 중 지상군 5,000명과 공군 전력 2,000명을 감축하는 데 합의했다.[100] 이렇게 합의된 7,000명의 감축은 1992년 12월까지 완료되었고, 이로써 주한미군 전력은 3만 7,400명을 유지하게 되었다.

결국, 냉전의 종식이라는 요인이 1990년대 한국을 포함해서 아시아 동맹국들에 주둔하고 있던 미군의 전력을 감축시킬 수 있는 구조적인 여건을 조성해준 것은 사실이다. 이러한 미군 병력의 감축을 한국

98) 이와 관련된 미 의회에서의 논의 내용은 다음 자료를 참조하라. Senator Sam Nunn's speech in *Congressional Record 101st Congress (1989-1990)*. Cloture Motion (Senate-July 31, 1989). p. S9126.

99) Department of Defense. "A Strategic Framework for the Asian Pacific Rim: Looking Toward the 21st Century." Report to Congress, Washington, D. C., 1990. p. 2.

100) *Joint Communique*, 22nd Annual US-ROK Security Consultative Meeting. Washington, D. C., November 15, 1990.

정부의 입장에서는 한국을 위한 방어 노력이 저하된 것으로 인식하면서 해군력을 포함한 군사력의 증강을 추구하게 되었을 수도 있는데, 이는 꽤나 그럴법한 시나리오다. 과거, 미군 병력의 감축에 대한 논의가 대두될 때마다 한국에서는 강한 반대와 안보 불안감이 확산되었다. 빅터 차(Victor Cha) 교수는 이러한 한국의 반응을 '방기(放棄)의 두려움(fear of abandonment)' 때문이라고 지적한다.[101] 글렌 스나이더(Glenn Snyder) 교수에 따르면, 동맹관계에서 방기(abandonment)는 동맹관계를 공식적으로 취소하거나, 동맹국 의무를 이행하지 않거나, 국제분쟁 등에서 외교적으로 지원하지 않는 등의 형태로 표출될 수 있다고 설명한다.[102] 이처럼 버려진 쪽에서는 지원을 기대하는 정도가 현격히 줄어들게 될 것이다. 이와 관련하여 만델바움(Mandelbaum) 교수는 동맹관계에서 힘이 약한 쪽이 강한 쪽보다 방기의 두려움을 겪을 확률이 크다는 점을 지적했다.[103]

특히, 한국의 경우, 미국에 의한 방치와 관련된 우려는 1950년 한국전쟁에서 현실이 된 역사가 있기에 더욱 민감한 반응을 보인 것일 수도 있다. 1950년 이전, 미국은 '한국 군사고문단(Korea Military Advisory Group, KMAG)'이라는 기구를 위한 인원만을 남긴 채 모든 병력의 철수를 완료했다. 키신저(Kissinger)의 설명에 따르면, 당시 미국 정치지도자들은 한국을 대체적으로 미국의 방어선 밖에 있는 국가로 여겼다.[104] 예를

---

101) Victor D. Cha. *Alignment Despite Antagonism: The United States-Korea-Japan Security Triangle.* Stanford, California: Stanford University Press, 1999.

102) Glenn H. Snyder. *Alliance Politics.* Ithaca and London: Cornell University Press, 1997. p. 182.

103) Michael Mandelbaum. *The Fate of Nations: The Search for National Security in the Nineteenth and Twentieth Centuries.* Cambridge and New York: Cambridge University Press, 1988. p. 101. Michael Mandelbaum. *The Nuclear Revolution: International Politics Before and After Hiroshima.* Cambridge: Cambridge University Press, 1981. pp. 151-152.

104) Henry Kissinger. *Diplomacy.* New York and London: Simon & Schuster, 1994. p. 475.

들어, 1950년 1월 12일 내셔널프레스 클럽에서 있었던 미 국무장관 딘 애치슨의 연설에서 한국과 대만은 "알류샨 열도에서 일본 본토, 류큐 섬들을 거쳐 필리핀에 이르는" 미국의 방어선 안에 포함시키지 않았다.[105] 결국, 맥도널드(MacDonald)가 주장하듯이, 미국이 방어공약 철회로 보이는 이런 명백한 징후를 보였고, 게다가 당시 한국의 군사력이 약했기 때문에 북한은 1950년 6월 전면 공격을 결정할 수 있었다.[106]

하지만 한국이 대형 함정들을 보유한 해군력 건설을 시작한 현상을 체계(system) 수준 변수인 미국 요인만으로 설명하는 데는 이론적인 차원이나 실제 역사적 사실을 바탕으로 한 경험적 차원에서 모두 문제점이 있다. 먼저, 이론적 관점에서 볼 때, 체계 수준 요인인 극성(polarity) 자체가 동일한 극성을 가진 국제체계에서 일어나고 있는 국가들의 다양한 행동을 설명할 수는 없다. 월츠 교수의 구조적 현실주의에 대한 가장 대표적인 비판 중의 하나가 바로 전쟁과 평화에 관련된 국제관계의 많은 변화와 다양한 현상 모두를 상수(constant)인 '무정부'로 단순히 설명하려고 한다는 것이다.[107] 만일, 냉전의 종식으로 인해 한국에 대한 미국의 안보 공약 또는 노력의 정도가 감소했다면(주둔병력 감소로 대표되는), 양극체계의 압력이 강하게 작용한 냉전 시대에는 미국이 항상 한국에 강력한 안보 노력을 해왔을 것이라고 생각할 수 있다. 하지만 냉전 기간 중 미국과 한국의 동맹관계를 돌아보면 꼭 그렇지만은 않다는 것을 알 수 있다.

---

105) Chae-Jin Lee. *A Troubled Peace: U. S. Policy and the Two Koreas.* Baltimore: The Johns Hopkins University Press, 2006. p. 25.

106) MacDonald. *U. S.-Korean Relations from Liberation to Self-Reliance*. p. 44.

107) 월츠의 이론에 대한 비평은 다음 문헌을 참조하라. John Gerard Ruggie. "Continuity and Transformation in the World Polity: Toward a Neorealist Synthesis." *World Politics, Vol. 35. No. 2*, January, 1983.

역사적 사실의 관점에서 보면, 냉전 기간 중 미국의 행정부가 교체됨에 따라 한국에 대한 방어 공약의 수준은 오르내림을 반복했다. 예를 들어, 닉슨(Nixon) 대통령은 미국의 동맹국들이 공산주의로부터의 국방에 대한 주책임을 맡을 것과 미국은 단지 그 동맹국들을 지원하기 위한 제한된 역할만을 수행할 것을 요구했다.[108] 이러한 새로운 외교정책의 일환으로, 닉슨 행정부는 한국에 주둔해 있던 미 7사단과 공군 3개 편대를 포함하여 약 2만 명의 병력을 철수시켰다.[109] 미 국가안전보장회의(NSC)에서 국방장관과 관련 국가기관으로 전달된 국가안보사안결심메모 48호(National Security Decision Memorandum 48)에 따르면, 당시 베트남에 파병되어 있던 한국 병력이 복귀하게 되면 더 많은 미군 병력을 한국에서 철수시키겠다는 계획도 포함되어 있다.[110] 이와는 대조적으로, 포드(Ford) 행정부는 한국의 국가안보를 보장한다는 강력한 의지를 보였다. 국무장관이던 헨리 키신저(Henry Kissinger)는 미 대통령의 한국 방어를 위한 강력한 의지를 재확인했고, 북한이 이에 대한 신빙성에 의심을 갖는다면 큰 오판일 것이라고 경고하기도 했다.[111]

뒤이어, 카터(Carter) 정부는 이러한 미국의 입장을 다시 180도 바꾸어 향후 4~5년에 걸쳐 한국에 주둔하고 있는 지상군 병력을 모두 철수하겠다는 정책을 발표했다.[112] 미국과 한국에 있는 미군 장성들의 심한

---

108) Richard Nixon. *United States Foreign Policy for the 1970s: Building for Peace: A Report by President Richard Nixon to the Congress February 25, 1971.* New York: Harper & Row, Publishers, 1971.

109) National Security Council. "National Security Decision Memorandum 48." Washington, D. C., March 20, 1970. 동일한 내용을 다음 문헌에서도 확인할 수 있다: Cha. *Alignment Despite Antagonism.* p. 62.

110) 같은 책.

111) *Department of State Bulletin.* June 2, 1975. p. 734.

112) Lee. *A Troubled Peace.* pp. 81-95.

반대에도 불구하고 카터 정부는 이러한 결정을 내렸다. 당시, 북한의 군사력이 한국의 그것보다 월등히 우세하다는 새로운 정보판단이 나옴에 따라 카터의 주한미군 철수계획 시행은 1978년 중단되고, 한 개의 전투 대대가 철수하는 데 그치게 되었다. 물론, 당시 철수 계획을 중단하고 한국을 달래기 위한 미국의 후속 노력이 이어졌다 하더라도 한국이 느끼는 '방기의 두려움'을 완전히 해소할 수는 없었다.[113] 이러한 불안한 상황은 레이건(Reagan) 행정부가 들어서면서 또 한 번 반전되는데, 레이건 대통령은 강력한 반공정책과 '힘을 통한 평화' 슬로건을 기반으로 한국 방어를 위한 강한 의지를 보였다.

국제체계의 극성(polarity)이 한-미 동맹과 관련된 행동 변화를 설명할 요인이라고 할 수는 없지만, 미국의 방어 노력이 감소되는 징후가 보일 때마다 이것이 한국의 국가안보 행위에, 특히 1970년대와 1980년대를 통해 영향을 주었던 것은 사실이다. 다시 말해, 현실주의 이론이 예견하듯이, 동맹 같은 외적 균형(external balancing) 요소가 감소될 때는 대부분 자체 균형(internal balancing) 노력으로 이어졌다. 예를 들어, 주한미군을 일부 철수하려는 닉슨 정부의 의도가 확실해짐에 따라 박정희 정부는 비밀리에 핵무기 개발에 착수하기도 했다.[114] 또한, 박정희 대통령은 합참에 자주국방을 위한 군사전략과 무기체계 개발 계획을 수립하도록 지시했다.[115] 당시 박 대통령은 전투기나 미사일 같은 최첨단 무기들을 제외한 일반 무기체계들을 국산화해야 한다고 강조했다. 이에 따라 합참은 '국방 8개년(1974~81) 계획'을 수립하고 1974년 2월 25

113) Cha. *Alignment Despite Antagonism*. pp. 149-152.

114) 같은 책.

115) 국방부. 『율곡사업의 어제와 오늘, 그리고 내일』(서울: 대한민국 국방부, 1994). 22면.

일 대통령의 재가를 받는다.[116] 이것이 바로 "율곡사업"이라고 알려져 있는 한국 최초의 독자적인 (재래식) 전력증강 및 현대화 계획이다.

율곡사업의 일환으로, 해군은 1976년 중형 고속정(PKM) 건조 사업을 시작했다.[117] PKM은 약 150톤의 배수량을 갖는 고속정으로서 접적 해역에서의 북한의 도발에 대해 신속히 대처하고, 후방 해역에서의 북한 간첩선 침투에 대응하기 위한 전력이었다. 또한, 1975년 7월, 한국 해군은 대통령의 지시에 따라 미 해군으로부터 물려받은 구형 구축함을 대체할 이른바 한국형 구축함을 자체 건조하기 위한 노력을 시작했다.[118] 이 한국형 구축함은 이후 '울산급' 유도탄 호위함(FFG)으로 재분류되었다.[119]

1975년 미국이 베트남으로부터 철수를 결정했을 때, 한국의 방기 두려움은 더욱 악화되었다. 미국의 그러한 결정으로 말미암아 강대국 동맹국의 방어 공약을 믿을 수 없다는 생각이 더욱 확고해졌다. 이에 박정희 정부는 1975년부터 방위세 징수를 위한 법을 제정하게 된

---

116) 같은 책. p. 23.

117) 중형 고속정 사업은 1976년 한진중공업의 전신인 대한조선공사와 계약을 체결하여 설계 및 건조를 시작했다. 1977년부터 1993년까지 총 105척의 고속정이 대한조선공사와 코리아 타코마사에 의해 건조되었다. 김효철 외. 『한국의 배』(서울: 지성사, 2006). pp. 445-6. 한국 해군함정 건조 역사는 다음의 한국 해군 홈페이지를 참조해도 좋다. http://www.navy.mil.kr/sub_guide/navy_pds. jsp? menu=3&smenu=1&ssmenu=8.

118) 한국 해군 홈페이지 참조. The ROK navy official website at http://www.navy.mil.kr/sub_guide/navy_ pds.jsp?menu=3&s menu=1&ssmenu=5.

119) 울산급 호위함은 함포(76㎜, 30~40㎜), 함대함 유도탄(하푼) 및 대잠전 능력을 갖췄으며, 배수량은 약 1,400톤(만재 시 2,180톤 또는 2,300톤)이다. 첫 번째 함정은 미국 군함 설계회사인 John J. McMullen Associates, Incorporated (JJMA)의 도움으로 현대중공업이 설계를 맡았는데, 1978년에 설계를 마치고 1980년 진수하게 된다. 1992년까지 현대중공업, 대한조선공사, 코리아 타코마, 대우중공업이 총 9척의 울산급 호위함을 건조했다. 본 각주에서 소개한 함정 재원은 *Jane's Fighting Ships 2008-2009*를 참조했다. 함정 건조관련 역사에 대해서는 다음 문헌을 참조하라. 김효철 외. 『한국의 배』, p. 449.

다. 이렇게 징수된 세금은 1990년 12월 방위세 제도가 없어지기 전까지 율곡사업을 보강하고 추진하기 위한 재원으로 사용되었다.[120]

카터 정부의 주한미군 철수선언도 한국의 자체 균형(internal balancing) 행동을 증대시키는 결과를 가져왔다. 먼저, 최초 8개년 계획으로 시작한 율곡사업이 1980년대 이후로도 연장 실시되었다. 1차 연장은 1981~1985년까지로 추진되었고, 2차 연장기간은 1986~1990년을 포함한다. 이 기간 동안 고속정과 호위함의 건조가 계속 이어졌을 뿐 아니라 다른 종류의 해군함정 사업도 활발히 추진되었다. 예를 들어, 1981년에는 한국형 연안 초계함(PCC) 건조가 시작된다.[121] 1984년부터는 소해함(MHC) 건조가 시작되었다. 1980년대 말부터는 군수 지원함과 상륙함도 건조하기 시작했다.

이처럼 미국 요인은 한국의 국방력 증강을 위한 자체 균형행동에 대해 어느 정도의 설명은 제공해준다. 하지만 한국이 대형 함정들을 건조하기 시작한 현상을 외부적 안보 지원 요소가 줄어듦에 따른 자체 균형행위로 설명하기는 어렵다. 무엇보다 1990년대 주한미군 감축 계획을 포함한 미국 정부의 '동아시아 안보구상(Strategic Framework)'에 대해 한국 정부가 과거와 같이 심한 안보 불안감을 표출하지 않았다. 그 원인 중 하나는 아마도 한미 연합군사지휘체계가 제도적으로 정착되었기 때문일 것이다. 카터 정부의 주한미군 철수 계획이 북한의 군사력에 대한 재평가로 인해 취소된 이후, 미국과 한국은 1978년 11월 연합사

120) 『율곡사업의 어제와 오늘, 그리고 내일』, pp. 25-27.

121) PCC는 배수량 약 1,200톤의 연안 경비함이다. 무장은 76㎜, 40㎜ 또는 30㎜ 함포, 함대함 유도탄(엑소세 또는 하푼)을 탑재하고 있고, 대잠전 능력을 보유하고 있다. 1993년까지 현대중공업, 대우중공업, 대한조선공사, 코리아 타코마에서 총 28척이 건조되었다. *Jane's Fighitng Ships*, 2008-2009. 함정 건조 역사에 대해서는 김효철의 『한국의 배』 참조.

령부(Combined Forces Command)를 창설했다. 미국 육군 4성 장군이 지휘하는 이 효율적인 지휘통제 구조가 생김으로써 기여한 것은 군사대비 태세와 전투력의 증강만이 아니었다. 무엇보다 중요한 것은 동맹국인 미국에게 "작전에 대한 공동 책임감을 심어주는" 장치로 작용했다는 것이다.[122]

사실, 1990년대 주한미군 감축과 관련된 한국의 입장은 과거와 많이 달랐다. 한국은 자국의 국방에 대한 책임에 더욱 주도적인 입장을 취하기 시작했다. 예를 들어, 1987년 노태우 대통령 후보자는 선거운동 당시 한국군의 작전통제권을 미국에서 한국으로 반환시킬 것을 공약으로 내걸었다.[123] 한국군에 대한 작전통제권은 1950년 7월 14일, 한국전쟁 중 이승만 대통령이 UN군 사령관이었던 맥아더 장군에게 양도한 이후, 미군 4성 장군이 행사해왔다.[124] 1980년대 말부터 노태우 정부가 전작권 반환을 위해 미국 정부와 협조를 시작한 배경을 고려하면, 1990년 미국의 '안보구상'에서 동맹국들이 자국의 안보를 위해 더욱 주도적인 역할을 해야 한다고 주장한 내용이 한국 정부의 입장에서 매우 놀라운 일은 아니었을 것이다. 당시, 노태우 정부의 주도로 전작권 전환을 추진한 결과, 1992년 개최된 제24회 한미안보회의(SCM)에서 미국은 1994년까지 평시 작전통제권을 한국군에 이양하기로 동의했

122) Lee. *A Troubled Peace: U. S. Policy and the Two Koreas*. p. 90.

123) 이대우. 『국제안보 환경변화와 한미동맹 재조정』(서울: 도서출판 한울, 2008). p. 210.

124) 한국전쟁 발발 이후인 1950년 7월 14일, 한국의 이승만 대통령은 당시 UN 사령관이었던 더글러스 맥아더 장군에게 "현재와 같은 전쟁상태가 지속되는 기간 동안 한국 육군·해군·공군에 대한 모든 지휘권을 UN군 사령관에게 양도한다"는 서한을 쓰고, 7월 16일 주한 미국대사는 그 요청을 받아들인다는 답신을 보냈다. 이승만 대통령의 서한에 대한 세부내용은 다음 문헌을 참조하라. James P. Finley. *The US Military Experience in Korea, 1871-1982: In the Vanguard of ROK-US Relations* (USFK/EUSA Headquarters, 1983), p. 59.

고, 이에 따라 1994년 12월 1일 평시 작전통제권 이양이 실제로 이뤄졌다.[125)]

당시 미국은 한국이 국방 분야에서 점차 주도적인 역할을 할 것을 구상하고 있었기 때문에 이러한 한국의 적극적인 입장은 미국의 대외정책 방향과 부합하는 측면도 있었다. 이재진 박사가 설명하듯이, 1990년도 '안보구상'을 통해 미국은 주한미군 감축으로부터 발생하는 효과를 상쇄하고, 한국에 남아 있는 주한미군 유지 및 운용을 위한 비용을 분담하는 차원에서 한국이 국방을 위해 좀 더 많은 재정적 책임을 맡아줄 것을 권하고 있던 상황이었다.[126)] 현실주의적 입장에서 보면, 그리고 과거 미군 감축에 대한 한국의 반응을 고려하면, 한국 정부는 이와 같은 미국의 입장을 자주국방 능력을 강조하여 국방비를 증가시키는 기회로 활용했을 수도 있다. 미국의 바람대로 한국 정부는 1991년 제23회 한미안보회의(SCM)에서 1995년까지 주한미군 주둔을 위한 방위비 분담금을 전체의 3분의 1 수준까지 점진적으로 늘려갈 것에 동의한 것은 사실이다.[127)] 하지만 중요한 것은 1990년대를 통해 주

---

125) *Joint Communique, Twenty-Fourth Annual US-ROK Security Consultative Meeting*, Washington, D. C. October 8, 1992. 하지만 아직 전시 작전통제권은 연합사령관에게 있으며, 평시에도 연합사령관은 한국 합참으로부터 위임받은 연합위임권한(CODA)을 행사할 책임을 갖는다. 연합위임권한의 내용은 한-미 연합위기관리, 전시 작전계획, 연합 교리발전, 연합 연습/훈련의 계획과 시행, 징후 및 경보를 위한 연합 정보관리, C4I 상호운용성 보장을 포함한다. 2006년 한국 정부의 건의를 발단으로 한국과 미국 정부는 전시 작전통제권을 한국으로 이양하는 데 동의하고, 이를 위한 준비를 해오고 있다. 최초 2012년 4월까지 전작권 전환을 완료하기로 합의했지만, 2010년 천안함 폭침, 연평도 포격 도발 등 심각한 안보 상황과 국민 여론 등을 고려하여 양국은 전환 시기를 2015년 12월 1일로 조정하고, '전략동맹 2015'에 이를 명시했다. 북한의 핵 위협 등 더욱 심각해지는 북한의 위협을 고려하여 2013년 45차 SCM에서 양국은 '시기'가 아닌 '조건'에 기초한 전환에 합의하면서 전작권 전환 시기는 다시 연기되었다.

126) Lee, *A Troubled Peace: U. S. Policy and the Two Koreas*, p. 134.

127) *Joint Communique, Twenty-Third Annual US-ROK Security Consultative Meeting*, Seoul, November

목할만한 국방비 증가는 없었다는 사실이다.

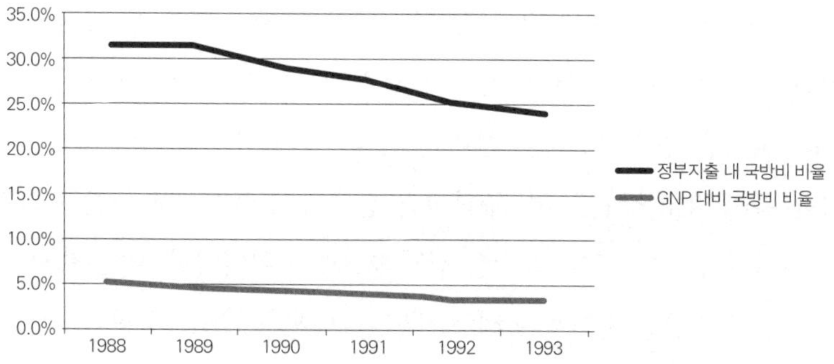

〈그림 3.1〉 정부지출 및 GNP 대비 한국의 국방비 변화(1988~1993)

* 출처: 국방부, 1993~1994 국방백서, p. 153.

〈그림 3.1〉에서 알 수 있듯이, 1980년대 말부터 1990년대로 접어들면서 정부지출에서 국방비가 차지하는 비율은 계속 감소했다. 같은 기간 동안 국민총생산(GNP) 대비 국방비 비율도 감소했음을 알 수 있다. 이러한 양상을 보면, 한국 정부가 1990년대 미국의 방위공약이 줄어들 수도 있다는 염려에서 기인한 안보 불안 때문에 (해군 대형 함정을 포함하여) 군 무기체계를 증강시키기 위한 특별한 조치를 취하지는 않았던 것으로 판단된다.

사실, 냉전 종료 이후 한국에 대한 미국의 안보 공약 또는 노력이 감소했다고 보기는 힘들다. 닉슨 행정부나 카터 행정부 당시 한국의 안보 불안을 가중시킨 것은 부분적인 주한미군의 감소가 궁극적으로는 완전한 철수로 이어질 것이라는 불안감이었다. 반면, 미 국방부가 수립한 1990년도 '안보구상'을 통해 미국이 강조한 것은 —물론, 주한미

22, 1991.

군의 수를 감축하고 한국이 더 많은 국방에 대한 책임과 비용을 감당하는 내용을 포함하고 있긴 했지만— 미국은 아시아 전방주둔 전략을 지속적으로 유지할 것이라는 점이었다.[128] 1989년 미 의회 상원 군사위원회 위원장으로서 미국 전략의 재평가 필요성을 제기한 샘 넌(Sam Nunn) 의원은 한국에서의 주한미군 감축이 부분적이고 점진적이어야 함을 특히 강조했다. "이번 주한미군 감축이 주한미군의 완전한 철수로 이어져서는 안 된다. 감축은 점진적으로 진행되어야 하며, 특히 한국 정부와 긴밀한 협의를 통해 시행되어야 한다."[129] 그의 연설에서 강조한 것처럼 한국과 미국 두 정부는 북한 핵무기 개발에 대한 우려가 악화됨에 따라 상호협의를 통해 1991년 '안보구상'에 따른 2단계 주한미군 감축계획 진행을 중단시켰다.[130]

더욱 중요성을 갖는 것은 미국이 냉전 이후 동아시아 전략에 대해 내놓은 또 하나의 검토 내용이다. 1995년 '동아시아-태평양 지역 미국 안보전략(이후 안보전략)'이 나오게 되는데, 이는 당시 국방성 차관이던 조지프 나이(Joseph Nye)가 검토한 전략으로서 이전에 나온 미국의 모든 동아시아 안보전략을 대체하는 것이었다. 1995년 '안보전략'은 아시아-태평양 지역에서의 미국의 영구적인 이익을 인정하면서 "냉전 이후 아시아-태평양 지역의 미군 감축작업은 완전히 종료"되었고, 현재 전방전개하고 있는 태평양사령부 예하 약 10만 명의 병력은 지속 유지해나갈 것을 명확히 했다.[131] 미국이 주도하는 역할에서 지원하는 역할

128) *A Strategic Framework for the Asian Pacific Rim: Looking Toward the 21st Century.*

129) Senator Sam Nunn's speech in *Congressional Record 101st Congress (1989-1990).* Cloture Motion (Senate-July 31, 1989). p. s9126.

130) *Joint Communique, Twenty-Third Annual US-ROK Security Consultative Meeting*, Seoul, November 22, 1991.

131) Department of Defense. *United States Security Strategy for the East Asia-Pacific Region.*

로 전환하는 원칙은 유효했지만, '안보전략'은 "북한의 위협이 사라진다고 하더라도" 한국과 동맹을 유지할 것이며, 미국이 "다른 지역에서 대규모 전쟁을 치르는 경우라도" 한국과의 안보동맹을 위한 공약을 반드시 이행할 것이라는 강력한 의도를 표명했다.[132)]

지금까지 살펴본 냉전 이후 한국과 미국의 행동에 의하면, 냉전 양극체제 종료로 인해 미국이 한국 방어를 위한 노력을 감소할 수 있는 여건이 조성되었고, 이에 한국이 1990년대 대양해군전력을 비롯한 군사력 증강에 박차를 가했을 것이라는 가설은 잘 뒷받침되지 않는다는 것을 알 수 있다. 그렇다면, 혹시 냉전이 끝나면서 미국이 동맹국을 자제시키는 영향력이 감소하고, 그에 따라 한국이 더 자유롭게 대양해군전력을 건설할 수 있었던 것은 아닐까? 케네스 월츠(Kenneth Waltz) 교수는 강대국들이 국제관계에서 어느 정도의 "관리(managing)" 역할을 한다고 주장했다.[133)] 이러한 측면에서 볼 때, 폴 슈로더(Paul Schroeder) 교수가 설명하듯이, 동맹이라는 시스템은 동맹국들을 통제하고 관리하는 목적으로 활용될 수 있다.[134)] 미국이 약소국인 한국과 상호방위조약을 맺은 것은 자국의 이익 때문이라기보다 휴전협정 이후 한국이 북한을 공격하기 위해 단독 행동을 하는 것을 방지하고 자제시키기 위한 것이었다. 이러한 사실을 고려하면, 냉전 양극체제는 강대국이 약소동맹국들을

Washington, D. C.: Department of Defense, Office of International Security Affairs, February 1995. p. 2.

132) 같은 책. p. 10, 25.

133) Waltz. *Theory of International Politics*. p. 205.

134) Paul W. Schroeder. "Alliances, 1815-1945: Weapons of Power and Tools of Management." In *Systems, Stability, and Statecraft: Essays on the International History of Modern Europe*, by Paul W. Schroeder, pp. 195-222. New York: Palgrave, 2004. Edited by David Wetzel, Robert Jervis, and Jack S. Levy.

더욱 효과적으로 통제하기 위한 구조적 요인으로 작용했을 수도 있다.

실제로 한국과 미국 간의 상호방위조약은 냉전 기간 중 한국의 행동을 자제시키고 북한에 대해서는 억제하는 효과를 발휘했다. 하지만 이것이 냉전 양극체제의 구조적 효과라고 단정지을 수는 없다. 왜냐하면, 한미 방위동맹은 냉전 이후 질서에서도 같은 효과를 창출했기 때문이다. 더욱이 한국 국방력 건설, 특히 해군력 건설에 대한 미국의 영향력이 냉전 이후보다 냉전 기간이 더 컸는지 여부는 실제 경험적인 자료로 검증이 필요한 부분이다.

물론, 외교정책이나 군사력 분야에서 미국이 한국에 어느 정도의 통제력을 행사한 것은 사실이다. 예를 들어, 1968년 1월 21일, 김신조를 포함한 북한 특수부대원들이 박정희 대통령과 가족들을 암살할 목적으로 청와대에 침투했다가 저지당한 사건이 있었다. 이틀 뒤, 북한은 공해에서 정보수집 임무를 수행 중이던 미 해군 정보함인 푸에블로함(USS Pueblo)을 불법적으로 나포했다. 박정희 대통령은 이러한 북한의 도발에 "미국과 한국은 공동으로 북한에 대한 응징조치를 해야 한다"고 강력히 주장했다.[135] 당시 포터 주한 미 대사가 미국 국무성에 보낸 전보에 의하면, 박정희 대통령은 북한과의 푸에블로함 관련 협상이 잘 풀리지 않을 경우 미국과 한국은 북한 동해안에 위치한 북한 공군력을 무력화시킨 후에 해군함정들을 타격해야 한다고 주장했다.[136] 하지만

135) 박정희 대통령은 이러한 의도를 담은 서한을 1968년 2월 5일 존슨 대통령에게 전달했다. Office of the Historian, U. S. Department of State. "Letter From President Pak to President Johnson." In *Foreign Relations of the United States, 1964-1968. Volume XXIX, Part 1, Korea, Document 155.* Washington, D. C.: U. S. Department of State, February 5, 1968.

136) Office of the Historian, U. S. Department of State. "Telegram From the Embassy in Korea to the Department of State." In *Foreign Relations of the United States, 1964-1968. Volume XXIX, Part 1, Korea, Document 145.* Washington, D. C.: U. S. Department of State, January 24, 1968.

이러한 군사력 사용을 생각한 박 대통령의 의도는 존슨 정부의 지속적인 압력으로 인해 실현되지 않았다.[137)]

미국의 영향력은 한국의 군사력 건설을 제어하는 효과도 있었다. 1978년 박정희 정부는 한국 최초로 미국의 나이키-허큘리스 미사일을 모델로 하여 160㎞ 사거리의 유도미사일인 NHK-Ⅰ(또는 백곰)을 개발에 성공했다. 그러자 카터 정부는 한국 정부와 한국의 미사일 사거리를 180㎞로 제한하는 양해각서를 체결했다.[138)] 1990년대 북한의 핵무기 개발과 관련된 긴장이 고조되면서 한국은 미사일 운용 가능거리를 연장하기 위해 1979년에 체결한 미국과의 양해각서를 무효화하려는 노력을 했다. 1995년부터 2001년까지 한국과 미국 간의 여러 차례 논의 끝에 미국이 한국의 미사일 기술통제 레짐(Missile Technology Control Regime: MTCR) 가입을 지원할 것을 합의하게 된다.[139)] 2001년 MTCR에 가입함으로써 1979년 양해각서 상의 제한사항에서는 자유로워졌지만, MTCR에서 요구하는 탄두무게 500㎏과 사거리 300㎞의 제한을 받게 된다.

미국이 한국의 군사력을 제한한 또 한 가지 예로 한국의 핵무기

---

137) 기록에 의하면, 당시 박 대통령과 정부 요원들은 북한의 도발에 대해 미국이 자제하는 입장으로 일관하자 많은 불만을 표출했다고 한다. Office of the Historian, U. S. Department of State. "Notes of Meeting." In *Foreign Relations of the United States, 1964-1968. Volume XXIX, Part 1, Korea, Document 213*. Washington, D. C.: U. S. Department of State, January 23, 1968.

138) 서울에서부터 평양까지의 거리가 대략 180㎞다. 한국 미사일 개발에 관한 배경은 다음 문헌을 참조하라. Dinshaw Mistry. *Containing Missile Proliferation: Strategic Technology, Security Regimes, and International Cooperation in Arms Control*. Seattle and London: University of Washington Press, 2003. pp. 90-97.

139) 같은 책. MTCR에 가입함으로써 얻는 이점 중 하나는 회원국들 간에 우주기술협력을 할 수 있다는 것이다. 하지만 이 국가들은 대량살상무기 기술이나 투발수단 관련 부품을 수출하지 못하도록 되어 있다.

개발에 관한 일화를 들 수 있다. 1970년대 초, 박정희 대통령의 지시로 한국은 비밀리에 핵무기 개발에 착수한다. 그중 핵심 사업은 플루토늄을 생산하는 데 필요한 재처리 시설인데, 한국은 이것을 프랑스로부터 구입하기로 결정했다.[140] 1974년 한국이 핵무기 개발을 추진하고 있다는 것을 감지한 미국 정부는 이를 멈추기 위해 한국과 프랑스 두 정부에 압력을 가하기 시작했다.[141] 이에 프랑스 정부는 재처리 시설 판매를 통한 이익 창출의 기회를 놓치지 않으려 했다. 하지만 미국의 끈질긴 설득과 경고 —한국이 핵무기 개발을 계속한다면 미국의 안보 및 경제 원조에 부정적인 영향이 있을 것이라는— 로 박정희 대통령은 결국 프랑스와의 거래를 취소하게 된다.[142]

하지만 이러한 미국의 영향력 행사를 동맹국인 한국의 군사력을 제한하려는 목적보다는 지역안정을 유지한다는 맥락에서 이해하는 것이 더 적절하다. 특히, 1968년 당시 미국은 베트남 전쟁을 치르고 있었고, 이 때문에 존슨 행정부는 북한의 청와대 기습과 푸에블로함 납치 사건 등 북한의 도발에 대해 더욱 조심스런 입장을 취할 수밖에 없었다. 존슨 대통령이 박정희 대통령에게 보낸 서한 내용에 따르면, 미국 정부는 당시 북한의 도발을 한반도 주변의 긴장을 고조시킴으로써 미국의 베트남전에 대한 주의와 노력을 분산시켜 같은 공산국인 베트남을 도우려는 시도로 보고 있었다.[143] 돌아보면 이것은 정확한 분석이

---

140) 한국의 핵무기 개발 사업에 대한 자세한 내용은 다음 문헌을 참조하라. Don Oberdorfer. *The Two Koreas: A Contemporary History*. Reading, Massachusetts: Addison-Wesley, 1997. pp. 68-74.

141) Oberdorfer. *The Two Koreas*. pp. 72-73.

142) 같은 책.

143) Office of the Historian, U. S. Department of State. "Telegram From the Department of State to the Embassy in Korea." In *Foreign Relations of the United States, 1964-1968, Volume*

었다. 당시 한반도가 또 하나의 전쟁 지역이 되어버렸다면, 동북아시아 지역안보에 엄청난 파장을 가져왔을 것이다. 미국이 한국의 핵무기와 미사일 능력을 제한한 것도 그것이 지역안보에 불안요소가 될 수 있기 때문이었다. 당시 국무장관이었던 키신저는 한국이 핵무기를 갖게 된다면, 그것은 특히 북한이나 일본 등 주변국들에 대해 "대단히 불안한" 파급 효과를 가져올 것이라고 강조했다.[144)]

여기서 중요한 점은 미국의 동아시아 안보정책은 국제체제의 성격에 영향을 받기보다는 그 초점이 항상 지역안정에 맞춰져 있었다는 것이다. 1995년 '안보전략'을 통해 미국은 냉전 이후 국제관계에서 아시아-태평양 지역의 안정 유지가 미국의 영구적인 국익의 한 부분이라는 것을 명확히 했다.[145)] 위에서 언급한 미국이 한국의 군사력을 제한하기 위한 노력을 냉전 시대라는 양극체제가 갖는 특성에 기인한 것으로 볼 수 있을지도 모른다. 미국이 한국을 지원함에 따라 소련이 다시 북한의 능력을 키울 빌미를 제공하는 상황을 방지하기 위해 노력한 것은 사실이기 때문이다.[146)] 하지만 과연 미국이 냉전이 종료된 국제체제에서 다르게 행동했을지는 의문이다. 각종 지역분쟁에서 위기가 고조되는 것을 막고, 핵무기나 미사일의 확산을 방지하려는 미국의 노력을 고려하면, 미국의 행동이 냉전 기간과 비교하여 냉전 이후에 크게 달라진 것 같지는 않다. 사실상 2012년 중반까지만 해도 한국은 MTCR

XXIX, Part 1, Korea, Document 151. Washington, D. C.: U. S. Department of State, February 4, 1968.

144) Oberdorfer. *The Two Koreas*. p. 70.

145) *United States Security Strategy for the East Asia-Pacific Region*. p. 5.

146) 이러한 상황의 예는 다음 문헌을 참조하라. Janne E. Nolan. *Military Industry in Taiwan and South Korea*. New York: St. Martin's Press, 1986. pp. 28-29.

이 규정하는 미사일 사거리인 300km 제한을 받고 있었다.[147)]

더욱이 지역안정을 유지하기 위해 미국이 동맹국들의 능력을 제한하기만 한 것은 아니다. 지역 국가 간의 균형을 유지하기 위해 동맹국들의 능력을 신장시켜주기도 했다. 예를 들어, 일본이 평화헌법에 근거하여 군대를 유지할 수 있는 권한 자체를 포기했음에도 불구하고 미국은 한국전쟁 이후 일본의 재무장을 장려했다. 이와 마찬가지로, 미국은 냉전 기간은 물론이고, 그 이후에도 한반도의 군사력 균형을 유지하기 위해 많은 주의를 기울여왔다. 이러한 노력은 1976년 제정된 무기수출통제법(Arms Export Control Act: AECA)에서도 엿볼 수 있다. 무기수출통제법(AECA)은 미 행정부가 매년 국회에 보고할 사항을 법으로 정하고 있는데, 이에 따른 보고사항으로는 "한국군 현대화 계획 진행상황, 상호방위조약에 따른 한국에서의 미국의 역할, 북한과 한국의 군사력 현황"을 포함했다.[148)]

또 한 가지 중요한 사실은 한국의 안보정책에 대한 미국의 영향력이 냉전 기간 중에도 지배적이지는 않았다는 것이다. 오버도퍼(Oberdorfer)에 따르면, 1970년대 미국의 관료들은 미국이 한국 정치에 대해 행사하는 영향력이 매우 제한적이었음을 느꼈다고 한다. 이러한 제한적인 미국의 영향력은 한국이 미국의 경제원조에서 벗어나면서 더욱 확연히 감소했다고 한다.[149)] 글레이스틴(Gleysteen) 대사는 1979년의 한국은 "우리(미국)가 박정희 정부에게 개헌을 하라고 압력을 행사한"

---

147) 2012년 10월, 한국과 미국 정부는 한국 미사일의 사거리를 800km까지 연장하여 북한의 모든 미사일 발사 기지를 타격할 수 있도록 하는 데 동의했다. Chico Harlan. "South Korea extends missile range under new deal with U. S." *The Washington Post*, October 7, 2012.

148) Arms Export Control Act, Section 25(a)(9).

149) Oberdorfer. *The Two Koreas*. p. 110.

1960년대의 한국이 아니라고 미 국무성에 보고하기도 했다.[150] 이러한 내용은 한국 정부의 한 관료의 시각과도 일치한다. 이상옥 전 외무장관에 따르면, 한국은 미국과의 동맹관계에서 자국의 입장을 잘 대변해왔음은 물론, 꽤 적극적인 역할을 해왔다고 한다.[151] 이 장관은 미국이 한국 국내정치에 간섭해왔다거나 한국 국내정치에 보이지 않는 영향력을 행사해왔다는 음모이론 같은 추측은 경계해야 한다고 강조한다.[152]

실제로, 특히 국방 관련 사안에 대해 한국은 군의 현대화와 한-미 연합 군사대비태세의 향상을 위한 미국의 지원을 끌어내기 위해 적극적인 노력을 해왔다. 예를 들어, 1977년 카터 행정부의 주한미군 철수 계획에 대해 박정희 대통령이 강력하게 반대의사를 표명한 결과, 카터 행정부는 그에 대한 다양한 보상조치의 일환으로 한국군 현대화를 위해 20억 달러의 원조와 추가적인 대외군사판매(FMS) 지원을 약속했다. 카터 정부는 또한 한국의 국방산업 발전을 위해 군사기술을 이전해줄 것에 동의하기도 했다.[153] 이러한 추가적인 지원이 아니더라도 미국은 한국전쟁 이후 한국의 안보와 경제를 위해 지원해오고 있었는데, 그동안의 지원에 더해 더욱 선진화된 무기체계와 기술을 이전해주어야 했던 미국의 입장과 상황에 대해 앤드루 피에르(Andrew Pierre)는 아이러니하다고 평하고 있다.[154]

---

150) 다음 문헌에서 재인용. Oberdorfer. *The Two Koreas*. p. 110.

151) 이상현·조윤영.「미국의 세계전략과 주한미군: 80년대 말 철군 논의와 한반도 안보의 연계성에 관한 고찰」,『한국외교논총』제26호(1). 1998. p. 187.

152) 같은 책.

153) 당시 미국의 보상 조치에 대한 세부적인 내용에 대해서는 다음 자료를 참조하라. *Joint Communique*, Tenth Annual US-ROK Security Consultative Meeting. Seoul, July 26, 1977. Lee. A Troubled Peace. p. 88.

154) Andrew J. Pierre. *The Global Politics of Arms Sales*. Princeton, New Jersey: Princeton University Press, 1982. pp. 211-212.

이렇듯 한국이 북한의 침략을 억제하고 군을 현대화하기 위해 미국에 의존해온 한편, 한국 정부는 그 의존도를 낮추기 위해 독자적인 국방 능력을 구축해왔다. 한국 정부가 독자적인 국방 능력을 갖추기 위한 본격적인 노력을 시작한 것은 박정희 대통령이 미국을 신뢰할 수 있는지에 대한 확신이 감소하면서부터였다. 1968년 김신조 청와대 습격사건에 대해 미국이 한국 정부에 절제를 요구한 것이 박정희 대통령에게는 만족스런 조치가 아니었다.[155] 닉슨 독트린과 그에 따른 2만 명의 주한미군 감축 조치 또한 박정희 대통령이 독자적인 국방 능력을 키워야 한다고 결심하는 데 영향을 미친 중요한 요인이었다. 결국, 1974년 박정희 정부는 미국의 원조를 바탕으로 '율곡 계획'이라는 야심찬 군사력 현대화 계획을 시작하게 된다. 1970년에는 독자적인 무기체계 연구와 개발을 위해 국방과학연구소(국과연 또는 ADD)를 수립했는데, 국과연은 유도탄과 핵무기를 포함한 다양한 무기 개발에서 중심적인 역할을 했다. 그렇다고 해서 한국 정부가 한-미 안보동맹의 역할을 과소평가한 것은 아니다. 현재까지 한국 정부는 한-미 동맹을 국방의 핵심으로 여겨왔다. 올슨(Olsen) 교수는 이러한 독자적인 국방 능력을 위한 한국의 행동을 미국의 지원을 보유하면서 그 지원이 끊길 경우를 위한 동시 대비전략으로 설명한다.[156]

한국이 미국으로부터 획득하고자 했지만 끝내 할 수 없었던 무기체계도 있었다. 하지만 그것이 미국 정부 차원에서 한국의 군사능력을

---

155) 당시 한국 정부의 반응에 대해서는 다음 자료를 참조하라. "Notes of Meeting." In *Foreign Relations of the United States, 1964-1968. Volume XXIX, Part 1, Korea, Document 213.* Office of the Historian, U. S. Department of State. "Memorandum From Cyprus R. Vance to President Johnson." In *Foreign Relations of the United States, 1964-1968. Volume XXIX, Part 1, Korea, Document 181.* Washington, D. C.: U. S. Department of State, February 20, 1968.

156) Olsen. "Republic of Korea: The Peninsular Overachiever." p. 81.

제한시키기 위한 목적 때문이었다고는 단정할 수 없다. 사실, 이러한 미국의 무기수출 통제는 자국의 최신 군사기술이 한국을 통해 제3국으로 확산되는 것에 대한 우려에서 나온 경우가 많았으며, 일각에서는 이를 한국의 군사능력을 제한하려는 미국 정부의 의도로 해석되었을 수도 있다.

예를 들어, 1986년 잠수함 획득 계획이 수립되자, 한국 정부는 미국에서 디젤 잠수함 1척을 건조하고, 이후에 기술을 이전받아 한국에서 자체적으로 건조하는 방안을 제안했다. 노먼 폴머에 의하면, 이러한 한국의 제안은 1970년대와 1980년대 많은 미국 조선소들이 일감이 없어 문을 닫고 있던 상황에서 조선산업 측면에서나 일자리 창출 측면에서 미국에게 좋은 기회였다고 한다.[157] 또한, 당시 몇몇 국회의원은 이러한 한국의 제안을 받아들이자고 주장했다고 한다. 토드 퍼시픽(Todd Pacific), 배스 아이언웍스(Bath Iron Works), 록히드 십빌딩(Lockheed Shipbuilding) 같은 회사들은 이러한 한국의 제안에 따른 잠수함 건조사업에 참여할 의사를 밝혔다.[158] 하지만 미국 잠수함 장교들을 중심으로 한 잠수함 커뮤니티의 격렬한 반대로 계약이 이뤄지지 못했다. 미국 잠수함 장교들이 반대한 이유는 외국 잠수함을 미국 조선소에서 건조할 경우, 핵잠수함의 건조 원리나 노하우가 유출될 우려가 있다는 것이었다.[159] 당시, 이러한 제안을 한 것은 한국만이 아니었다. 이스라엘과 호주도 디젤 잠수함 건조를 위해 한국과 거의 유사한 시기에 미국에게 접근했으나, 결과는 모두 거절이었다. 이후 한국은 방향을 바꾸어 독일로부터 디젤 잠수함을 획득한 사실을 고려하면, 미 해군이 기술 유출을 막기

---

157) Norman Polmer. "Back to the Future." *Proceedings Magazine*, Vol. 132/3/1, March 2006.

158) 같은 책.

159) 같은 책.

위해 노력했지만, 결국 한국이 유사한 무기체계를 획득하는 것을 방지하지는 못했다는 것을 알 수 있다. 오히려 한국이 무기를 도입하는 대상 국가를 다양화하는 결과를 가져왔다.

물론, 미국이 한국에게 무기수입을 위한 주공급처의 자리를 유지해온 것은 사실이지만, 한국도 나름대로 고급 무기체계의 공급원을 다양화해왔다. 독자적으로 해군함정을 설계하고 건조하는 과정에서 한국 해군은 대함 미사일, 레이더 시스템, 함포, 수중 음탐센서 등을 미국이 아닌 다른 서구 국가로부터 수입했다. 〈표 3.3〉을 보면, 1971년까지 미국이 한국 무기체계의 유일한 공급처였지만, 1970~80년대부터는 이탈리아, 네덜란드, 프랑스 같은 국가들도 지속적으로 한국의 무기 수입원이었음을 알 수 있다. 예를 들어, 1977년 이탈리아의 주 수출 품목은 한국 해군과 현대중공업이 설계하고 건조한 울산급 호위함을 위한 오토멜라라 40L70과 76㎜ 함포였다. 네덜란드는 이 울산급 호위함을 위해 1981년부터 DA-05 대공 레이더와 WM-20 사격통제 레이더를 수출했다. 1981년부터 독일은 한국에 209급 잠수함, 잠수함과 초계함에 사용되는 MTU 엔진, 잠수함 어뢰인 SUT를 수출했다. 참고로, 1972년 700만 달러라고 표시되어 있는 프랑스로부터의 수입 품목은 MM-38 엑소세 대함 유도탄 8기인데, 이는 북한의 해상침투와 한국 어선 납치에 대응하기 위해 자체 건조하기 시작한 고속정에 탑재할 무장이었다.[160] 1970년대와 1980년대 프랑스로부터 수입한 품목은 초계함에 탑재할 MM-38 엑소세 대함유도탄과 소해함, 군수지원함을 위한

160) 대함유도탄이 탑재된 첫 함정 중의 하나는 한국과학기술연구원이 설계한 키스트(KIST) 보트였으며, 나중에는 PKMM에도 탑재되었다. 첫 번째 키스트 보트는 1972년 3월 완성되었다.

PA-6 디젤 엔진이다.

<표 3.3> 한국의 무기 수입 기록(1968~1989)

	1968	1969	1970	1971	1972	1973	1974	1975	1976	1977	1978	1979	1980	1981	1982	1983	1984	1985	1986	1987	1988	1989
Brazil													22									
France					7			2	3	3	6	4	8	4	4		7		7	1		
Germany(FRG)														2	2	7	6	26	26	20	25	46
Italy										5	5	5	5	10	12	17	5	34	24	2	22	114
Netherland														14	11	33	22	43	49		10	57
Switzerland								14														
UK																		5		20	25	19
USA	344	295	82	273	398	270	371	723	491	1189	323	1404	1004	985	709	403	485	661	750	720	1128	1504
Total	344	295	82	273	405	270	371	738	493	1196	334	1412	1038	1014	738	460	525	769	857	763	1210	1740

* 출처: *Stockholm International Peace Research Institute*[161)]

* 표의 수치는 1990년도 미국 달러가치로 표현된 SIPRI 트렌드지표가치(Trend Indicator Values)임
(자료 산출일자: 2012년 7월 14일)

물론, 미국이 일부 군사기술을 통제해온 측면도 있지만, 한국이 다양한 무기체계 공급원을 활용하여 자국의 전투함을 건조할 수 있었다는 사실을 고려하면, 미국이 약소 동맹국인 한국의 해군력 건설을 막으려 했다고 보기는 힘들다. 사실, 스멀돈과 맥로린(Smaldone and McLaurin)이 주장하는 것처럼 미국은 동맹국들의 실제 안보상황이 군사력을 필요로 하고, 그 국가의 경제적인 능력만 있다면 자주적인 군사력과 자체적인 방위산업 양성도 지원하는 입장이었다고 볼 수 있다.[162)] 심지어 1970년대에는 미국 정부가 한국의 방위산업 육성을 돕기 위해 미국 업체(Colt Firearm Company)에 압력을 행사해서 M-16 소총과 탄약을 한국 업

161) 세부 데이터는 다음 웹사이트 참조. http://www.sipri.org/databases/armstransfers.

162) Joseph P. Smaldone and Ronald D. McLaurin. "Supplier Controls in U. S. Arms Transfer Policy," In *The Dilemma of Third World Defense Industries: Supplier Control or Recipient Autonomy?*, by Kwang-Il Baek, Ronald D. McLaurin and Chung-in Moon (Inchon and Boulder: Center for International Studies, Inha University and Westview Press, Inc., 1989). p. 110.

체와 공동 생산하도록 조치한 경우도 있다.[163] 이와 같이 냉전 기간 동안에도 미국(또는 미국 정부)이 한국의 재래식 무기획득을 원천적으로 통제하려 하지 않았다. 따라서 1990년대 한국의 대양해군 건설 노력이 냉전 이후 미국의 약화된 통제력 때문이라고 결론지을 수는 없다.

지금까지 저자는 1990년대 한국의 대형 함정 중심의 해군력 건설을 설명하는 데 미국 요인, 즉 미국의 한국에 대한 방위공약이나 한국 군사력 건설제한이 중요한 인과관계에 영향을 미치는 요인이 아니었음을 주장했다. 이를 위해 먼저, 냉전 기간 동안 미국의 한국 정책이 냉전 이후의 그것보다 더 강한 방위공약을 포함했다고 볼 수 없다는 것을 설명했다. 미국이 냉전 종료 시점에서 전방전개 전력의 규모 등에 대한 재검토를 하고, 약간의 전력을 감소시키는 조치를 취하긴 했지만, 이러한 변화가 미국의 아시아 동맹국들에 대한 방위 노력 감소를 보여주는 것은 아니었다. 오히려 당시 아시아에서 미국의 존재를 영구적인 국익문제로 정의했다. 게다가, 한국도 당시 미국의 전력 조정에 대해 국방비나 군사력 건설 노력을 대폭 증강시키는 등의 뚜렷한 자체 균형 행동(internal balancing)을 보이지도 않았다.

한국과의 동맹관계에서 미국이 한국을 통제하려는 경향과 관련하여 과거 한국의 안보정책에 대해 미국의 외교적 영향력을 미친 사례가 있었던 것은 사실이다. 하지만 그러한 영향력은 냉전 기간 중에도 지배적이거나 지속적인 요인은 아니었다. 물론, 미국 내에서 고급 군사기술을 한국에 이전하는 것을 꺼리는 경향도 있었지만, 이를 한국 군사력에 제한을 가하려는 정부 차원의 계획적인 노력으로 보기는 힘들다.

---

163) Olsen. "Republic of Korea: The Peninsular Overachiever." p. 81.

3. 경제적 이익과 경제/기술력 성장 요인

저자가 선정한 마지막 현실주의 가설(HR 3)은 다음과 같다. 대양해군 기치는 ① 한국의 경제적 이익의 변화 ② 한국의 경제력과 기술력 성장에 따른 결과였을 것이다. 전자의 경우는 한국이 대형 해군함정들을 건조한 것은 이들이 무역이나 해양 자원과 관련된 경제적 이익을 보호하는 데 유용하기 때문이라는 것이다. 후자는 한국의 경제력과 기술력이 발전하게 됨에 따라 자연스럽게 대형 해군함정들을 건조하게 된 것이라는 입장을 취한다. 다시 말해, 한국이 대형 해군함정 건조를 더 일찍 시작하지 않은 것은 단지 재정적인 여유가 부족했거나 기술이 없었기 때문이라는 것이다. 이 절에서는 먼저 전자의 경우를 검증하기 위해 대양해군 기치가 형성될 무렵(1980년대 말부터 1990년대 초), 무역의 증가나 해양 자원의 중요성에 대한 인식 증가 등 대형 해군전력들을 보호 수단으로 필요로 할 변화들이 있었는지를 살펴본다. 또한, 그러한 경제적인 이익을 위해 더 큰 해군을 건설하려는 정부 차원의 움직임이 있었는지도 살펴볼 것이다. 후자의 가설 검증을 위해 저자는 과연 한국의 성장된 경제규모가 얼마나 직접적으로 국방예산의 증가로 이어졌는지, 그리고 대양해군 건설 노력이 시작될 즈음 한국이 과연 대양해군력 건설을 위한 기술을 이미 보유하고 있었는지 여부를 검토한다.

이 절에서 저자가 주장하는 내용은 다음과 같다. 한국 정부는 당시 바다의 경제적 가치의 중요성이 커지고 있다는 것을 잘 알고 있었지만, 그 가치와 군사력(해군력)을 연관 짓지는 않았다. 더욱이, 대양해군 기치가 시작된 것은 1990년대였던 반면, 한국 경제에 무역이 차지하는 비율이 급격히 증가한 것은 1970년대였기 때문에 한국이 무역 이익을 보호하기 위해 대양해군력을 건설하기 시작했다는 주장도 무리가 있다. 또한, 지난 30년간 한국 경제의 생산량은 기하급수적으로 늘어났으나, 그러한 경제성장이 같은 기간 동안 국방예산의 증가에 반드시 반영된 것은 아니었다. 즉, 한국의 경제성장률과 국방예산 간에 양적(的) 상관관계(positive relationship)가 성립하지 않는다는 것이다. 기술적인 측면에서도 대양해군 기치가 대두될 무렵, 한국은 대양작전에 필요한 선진 해군함정들을 만들기 위한 자체기술이 부족했다. 마지막으로 저자는 경제력과 기술력의 성장이 대양해군을 위한 움직임을 몰아간 요인은 아니었지만, 이 요인들이 1990년대 한국의 해군력 건설을 위한 필요조건(충분조건은 아닌)으로 작용했다는 점을 언급할 것이다.

1980년대와 1990년대는 해양이 중대한 국익의 하나라는 인식이 더욱 대두된 시기였다. 바다로부터 나오는 경제적 이익과 이를 지켜야 한다는 인식은 1982년 최종 합의되어 1994년부터 효력이 발생한 UN 해양법협약(the United Nations Convention on the Law of the Sea: UNCLOS)이라는 국제 레짐이 생겨나면서 더욱 강조되었다. 해양법협약은 "항해의 권리, 영해선, 경제적 관할권, 국가 관할 밖 해저자원의 법적 지위" 등을 포함하여 해양과 해양자원의 사용을 위한 규칙을 정의하고 있다.[164] 1609년 휴고 그로티우스가 『마레 리베룸(*Mare Liberum*)』이라는 저서를 통해 해양의 자유 원칙을 천명한 이후 해양법협약이 생겨나기 전까지 바다는 세계의 '공통 영역'(국가 주변의 근접한 해안을 제외하고)으로 간주되어왔다.[165] 제2

164) Division for Ocean Affairs and the Law of the Sea. *The United Nations Convention on the Law of the Sea (A Historical Perspective)*. The United Nations, Originally prepared for the International Year of the Ocean, 1998. 다음 웹사이트 참조: http://www.un.org/Depts/los/convention_agreements/conven tion_historical_perspective.htm#The United Nations.

165) 17세기에 이르러 영해와 공해의 구분이 생겨났다. 당시 해안선으로부터 3마일까지 영해의 외곽선으로 간주되었는데, 그 이유 중 하나는 당시 포의 사정거리가 3마일 정도였기

차 세계대전 이후부터는 국가들이 점차 넓은 해양 영역과 자원에 대한 영유권을 주장하는 현상이 두드러졌다. 예를 들어, 미국은 자국의 연안을 둘러싼 대륙붕 전체와 그로부터 나오는 모든 자원에 대한 독점적인 권리를 보유한다고 선언했고, 다른 많은 나라들도 미국의 뒤를 이어 같은 입장을 밝혔다.[166] 이러한 움직임에 따라 해저 자원이나 어로 자원을 위해 먼 바다까지 진출하는 국가들과 그 해양을 접한 연안 국가들 사이에 긴장이 고조되고 충돌이 발생할 가능성이 생겨났다. 더욱이, 해양 활동들로 인해 번져가는 해양오염은 심각한 환경 문제로 대두되었다. 말타(Malta)의 유엔 대사였던 아비드 파르도(Arvid Pardo)는 이러한 문제들을 인식하고, 1967년 해양의 사용을 규제하는 국제 레짐을 수립할 것을 제안했다. 이것이 바로 유엔 해양법협약 탄생의 기원이다.

이러한 배경을 고려하면, 해양법협약은 국가 간의 긴장과 경쟁을 완화시키는 하나의 방편으로 제안된 것이다. 하지만 또 다른 측면에서 보면, 해양법협약은 국가 간의 해양 영역을 규정함에 따라 결과적으로 해양을 "영토화"하여 오히려 강한 해군력의 필요성을 대두시킬 가능성을 내포한 것이었다. 켄 부스(Ken Booth) 박사는 이러한 현상과 관련하여 냉전 시대가 끝나면서 많은 수의 전투함정을 보유함으로써 얻는 효용성이 줄어들긴 했지만, "해안을 접한 모든 국가들에게 자국의 해역을 보호하는 일은 매우 중요한 기능"이 될 것이며, 이에 따라 어느 정도 수준 이상의 해군력을 보유해야 할 필요가 있을 것이라고 주장했다.[167]

때문이다. 김현수. 『해양법총론』(서울: 청목, 2010). p. 20. 항해의 자유 원칙에 대해서는 다음 문헌을 참조하라. Hugo Grotius. *Mare Liberum*. University of Michigan Library, 1916.

166) 이와 관련된 세부 내용은 다음 자료를 참조하라. Division for Ocean Affairs and the Law of the Sea. *The United Nations Convention on the Law of the Sea (A Historical Perspective)*. The United Nations, Originally prepared for the International Year of the Ocean, 1998.

167) Ken Booth. "The Role of Navies in Peacetime: The Influence of Future History on Sea

UN 해양법협약은 해안을 접한 국가가 주권을 행사할 수 있는 해상 구역의 범위를 정의한다. 예를 들어, 해양법협약 제56조는 한 국가가 해안선으로부터 200해리까지 이르는 배타적 경제수역의 해양, 해저, 하층토에 존재하는 생물 및 무생물 자연자원들을 이용하고, 개발하며, 보호할 수 있는 고유한 권리를 인정하고 있다.[168] 이렇듯 뚜렷해진 해양 경계선과 영토화된 해양은 그 안에서 다른 국가들의 활동을 배제하는 동시에, 그 국가가 더욱 큰 관심과 책임을 가져야 할 대상이 되었다. 헤럴드 커슬리(Herold Kearsley) 박사가 역설했듯이, "오늘날 해양 경계선은 어느 때보다도 민감한 국가적 자산들을 포함하게 되었다."[169]

냉전 시대 이후 국제관계의 또 다른 특징 중 하나는 국가 상호 간의 경제적 의존성이 증가했다는 것이다. 특히, 1995년 국제무역기구(World Trade Organization)의 수립은 국제무역이 증가하고 있음을 단적으로 보여주는 현상이었다. 국제무역의 증가에 따라 무역로의 안전은 자연스럽게 국가의 안보와 경제적 번영에 직결되는 사안이 되어버렸다. 이와 관련하여 미 국방대학 총장 어빈 록크(Ervin Rokke) 장군은 "국가안보의 초점이 이제는 군사적인 요소보다는 경제적인 요소로 옮아갔다"고 역설하기도 했다.[170] 실제로 냉전 이후 해상무역량이 증가했다. 예를 들어, 1985년 34억 톤이던 국제 해상무역량은 20년 뒤 약 두 배인 70

Power." In *Naval Power in the Pacific: Toward the Year 2000*, by Hugh Smith and Anthony Bergin, pp. 145-162. Boulder and London: Lynne Rienner Publishers, 1993. p. 160.

168) Article 56, Part V in Division for Ocean Affairs and the Law of the Sea. *United Nations Convention on the Law of the Sea.* The United Nations, 10 December 1982.

169) Harold J. Kearsley. *Maritime Power and the Twenty-first Century*. Aldershot: Dartmouth Publishing Co., 1992. p. 17.

170) John H. Noer with David Gregory. *Chokepoints: Maritime Economic Concerns in South-east Asia*. Washington, D. C.: National Defense University Press/Center for Naval Analyses, 1996. p. 1.

억 톤으로 증가했다.[171] 또한, 해상무역량은 국제무역의 약 90%를 차지하게 되었다.[172] 탈냉전 시대 국제 안보환경의 또 다른 특징 중 하나인 테러 조직이나 해적 같은 비국가 행위자들의 위협을 고려하면, 무역로 또는 해상교통로(SLOC) 안전의 중요성은 더욱더 커졌다. 이와 관련하여 1995년에 발표된 '동아시아-태평양 지역의 미국 안보전략'은 해상교통로의 유지가 미국과 아시아 국가들의 국익과 직결된 사안이라고 강조하기도 했다.[173]

위에서 언급한 새로운 국제 레짐의 형성과 국제무역의 증가는 (합리적 행위자로서) 국가의 입장에서 자국의 경제적 이익을 보호하기 위해 해군력을 증강시킬 수 있는 충분한 배경적 요인이 될 수 있다. 하지만 특정 국가가 실제로 합리적인 행위자로서 예측되는 방식에 부합되게 행동했는지, 또 위에서 언급된 요인들이 실제로 어떤 효과를 가져왔는지에 대한 결론을 내리기 위해서는 좀 더 신중한 분석이 필요하다. 메코니스와 월리스(Meconis and Wallace)는 1990년대 한국 해군전력의 질적·양적 성장을 가져온 가장 핵심적인 요인은 해양 자원과 해상교통로 보호의 필요성 등 해양의 중요성이 증대된 것이라고 주장했다.[174] 이러한 주장을 뒷받침하기 위해 메코니스와 월리스가 제시한 논거로서, 한국이 당시 해양문제에 대한 국가 차원의 역할을 제고하기 위해 해당 분야의 전문가들로 구성된 해로안보연구회(SLOC Study Group)를 설립하는 등의 노력을 했다는 것이다. 다시 말해, 해로안보연구회는 해양 문제

---

171) The United Nations Conference on Trade and Development Secretariat. *Review of Maritime Transport 2011*. New York and Geneva: The United Nations, 2011. p. 10.

172) 세부적인 통계 자료는 다음 온라인 자료를 참조하라. Shipping Facts, International Chamber of Shipping. http://www.marisec.org/shippingfacts//worldtrade/index.php.

173) *United States Security Strategy for the East Asia-Pacific Region*. p. 7.

174) Meconis and Wallace. *East Asian Naval Weapons Acquisitions in the 1990s*. pp. 87-108.

연구를 위해 한국 정부의 주도로 조직되었고, 또 한국 정부가 해양을 통한 경제적 이익과 번영을 추구하다 보니 해군을 증강시킬 필요성을 느끼게 되었다는 것이다. 하지만 저자의 연구에 의하면, 이는 사실과는 다소 차이가 있는 설명이다. 요컨대, 정부와 정치지도자들은 해군이 대양해군이라는 기치를 내걸기 전까지는 국가 차원의 경제적 이익과 해군의 역할을 공공연히 연관 짓지는 않았다. 더욱이, 해로안보연구회는 한국 정부의 노력으로 설립된 것이 아니라 냉전 기간 중 있었던 안보 위협에 대한 국제적인 대응 노력의 일환이었다. 해로안보연구회에 대해서는 이후 좀 더 자세히 살펴보려 한다.

한국 정부가 냉전 이후 UN 해양법협약(UNCLOS)의 발효, 국제무역의 증가 등 변화하는 환경에서 해양의 중요성을 깊이 인식하기 시작한 것은 사실이다. 예를 들어, 한국 정부는 1996년 대통령령 제15135호에 의거하여 해양수산부를 설립했다.[175] 해양수산부는 그전까지 8개의 다른 기관에서 맡고 있던 해운, 어업, 해양자원, 환경, 치안 등의 해양 관련 업무를 통합하여 관장하기 시작한 정부 기관으로서 이명박 정부에 들어서면서 2008년 폐지되었다가 박근혜 정부 때인 2013년 다시 부활했다.[176] 해양수산부는 전통적인 정부 기관의 기능을 담당함은 물론, 국민에게 미래의 번영을 위해 바다가 얼마나 중요한지를 홍보하는 역할을 하게 되었다. 또한, 영화 같은 문화적인 산물을 통해 국민이 해양과 더욱 친숙해질 수 있도록 돕는 활동도 담당했다. 결국 이러한 해양수산부의 설립은 한국이 해양국가라는 국가 차원의 인식이 있었음을

175) 해양수산부. 『해양수산 백서, 1996-2001』(서울: 대한민국 해양수산부, 2001). p. 16.

176) 여기서 언급한 8개의 다른 기관에는 어업청, 해양항만청, 과학기술청, 농림수산부, 통상산업부, 환경부, 건설교통부, 경찰청이 포함된다. 자세한 내용은 다음 문헌을 참조하라. 『해양수산 백서, 1996-2001』(서울: 대한민국 해양수산부, 2001). pp. 16-17.

보여주는 단면이다. 이는 또한 정부가 앞장서 해양산업을 진흥시키고, '새로운 국제 해양질서'에 발맞춰나갈 것이라는 국가 차원의 결의를 보여준 것이라 볼 수 있다.[177)]

하지만 한국 정부는 그러한 해양의 중요성과 군사력의 필요성을 특별히 관련짓지는 않았던 것 같다. 다시 말해, 해군전력 증강 현상은 해양의 중요성이 부각됨에 따라 정부가 주도한 노력이 아니었다는 것이다. 김영삼 정부의 외교안보수석을 역임한 유종하 전(前) 외교부장관에 따르면, 해군력 증강의 논리와 주장이 대두될 만한 안보 상황과 배경이 조성된 시기였지만, 정부 차원에서 해군력 증강을 위한 정책을 펴는 등의 노력은 없었다고 한다.[178)] 당시 국방부나 합동참모본부 같은 최고 군 정책 기관들의 입장은 한국 해군은 대양작전보다는 북한의 침투위협을 고려하여 연안작전에 초점을 맞춰야 한다는 것이었다.[179)] 또 다른 예로, 1990년대 정의승 대표의 주도로 세워진 한국해양전략연구소(KIMS)는 그 설립 취지가 국가 해양안보 전략을 위한 정책 연구 및 제안이었다.[180)] 이에 따라 정 대표는 이 연구소를 국방부에 등록된 연구소로 수립하기를 희망했지만 거절당하다가 마침내 1997년 외교부로부터 지원을 받아 재단법인으로 등록하게 되었다.[181)] 이런 점들을 볼 때, 한국 정부가 보여준 해양에 대한 관심은 군사력이나 국가안보적인 측면으로 이해하기는 힘들 것 같다.

177) 『해양수산 백서, 1996-2001』(서울: 대한민국 해양수산부, 2001). p. 3.

178) 필자의 유종하 장관과의 인터뷰(2011년 5월 27일).

179) 이러한 시각을 보여주는 예로는 다음 기사를 참조하라. 이종훈, "대양해군 전략 재검토", 「문화일보」, 1997년 3월 26일.

180) 해양전략연구소(KIMS)의 홈페이지 참조. http://www.kims.or.kr/e-inc.php?id=e-a02.

181) 필자의 이춘근 교수와의 인터뷰(2011년 5월 21일).

해로안보연구회는 한국의 주도로 시작된 것도 아니었고, 냉전 이후 해양안보 상황을 반영한 움직임도 아니었다. 이는 냉전 시대를 배경으로 한 국제적인 학계 활동의 산물이었다. 사실, 해로안보연구회는 1980년 1월 미국 워싱턴에서 열린 학술 세미나에서 아시아국제연구소(the Asia and World Institute) 소장이자 대만 학자인 한 리우(Han Lih-wu) 박사가 해상교통로(SLOC)의 안전을 위한 국제적인 연구회를 조성하자는 제안을 하면서 시작되었다.[182] 이 제안은 그 자리에서 참가자들로부터 호응을 얻었고, 그 결과 해로 연구를 위한 학회들이 미국, 일본, 대만 그리고 한국에 세워지게 되었다. 이후, 1982년 미국 샌프란시스코를 시작으로 해로 연구를 위한 국제 학술회의가 연 1회 열리게 되었다. 해로연구회의 주된 관심 사안은 잠수함과 폭격기(backfire) 등으로 대표되는 구소련의 해군력과 공군력의 증가에 따른 위협으로부터 태평양 해상교통로의 안전을 보장하기 위한 국제 협력을 조성하는 것이었다.[183] (소련이 개입하는) 전쟁이 발발할 경우, 미군 증원전력이 일본, 필리핀 그리고 한국 등의 전방기지에 도달하기 위해서도 해상교통로의 안전을 보장하는 것은 중요한 사안이었기 때문이다.

한국 해로안보연구회(the SLOC Study Group-Korea)는 1981년 6월 29일 수립되었는데, 창단 회원으로는 초대 회장을 역임한 민관식 박사(당시 아시아정책연구원장)를 비롯하여 이한기 박사(전 감사원장, 서울대 법대 교수)와 이맹기 예비역 제독(전 해군참모총장, 한국 재향군인회 회장) 등의 고문들이 포함된다.[184] 최초 해로연구회는 외교부 산하 외교안보연구원 내에서 운영되

---

182) Malcolm J. Kennedy and Michael J. O'Connor eds. *Safely by Sea*. Lanham, Maryland: University Press of America, Inc., 1990. p. xiii.

183) Michael O'Connor. "The Threat to Sea Lane Security." In *Safely by Sea*, pp. 49-56.

184) 그 밖에도 주요 회원으로는 함병춘 교수(전 주미대사이자 해로연구회 연구위원장), 김달

어오다가 정부 기관에서 민간연구단체인 해로연구회의 운영을 관장하는 것이 적절치 않다는 이유 등으로 1985년 연세대학교 동서문제연구원에 안착하게 되었다.[185] 이후, 연구회는 김달중 교수의 책임 아래 동서문제연구원 안에서 활동을 시작하게 되었다. 특히, 해로연구회는 1989년부터 해군과 협력적인 관계를 발전시켰는데, 예를 들어 1989년 해군과 함께 공동으로 국제해양력 심포지엄을 개최했을 뿐 아니라 1992년에는 해군의 함상토론회도 공동 개최했다. 결국, 해로연구회가 한국에서 해양과 관련된 많은 발전에 공헌한 것은 사실이나, 연구회의 활동들을 정부가 전략적인 계산을 갖고 주도한 노력으로 보기는 힘들다. 김달중 교수도 강조하듯이, 해로연구회는 "민간 차원에서 시작된 국제적 다자간 협력"의 일환으로 시작되었다.[186]

1990년대 한국의 해군력 건설 현상을 경제적 이익이라는 변수로 설명하려 한다면, 우선 한국이 늘어가는 무역을 보호하기 위해 왜 그보다 더 일찍 대양해군력을 추구하지 않았는지를 설명할 수 있어야 할 것이다. 한국 정부를 합리적(rational) 행위자로 가정했을 때, 그 정부가 염두에 두었을 요인은 바로 국제무역이 자국 경제에 기여하는 정도였을 것이다. 한국의 경제발전과정에서 국제무역의 주목할 만한 증가는 1973년에 있었다. 〈그림 3.2〉에서 명확히 알 수 있듯이, 그 전해인 1972년도 무역은 국내총생산(GDP)의 43.6%를 차지한 반면, 1973년에는 그 수치가 60.5%로 뛰어올랐다. 1970년대는 바로 한국이 1960년대

중 교수(연세대학교) 등 국제법, 국제관계 및 군사전략 분야 전문가 27명이 포함된다. 자세한 내용은 다음 문헌을 참조하라. 『한국 해로연구회 30년사』(서울: 한국 해로연구회, 2011). p. 10.

185) 『한국 해로연구회 30년사』. p. 11.

186) 같은 책.

의 노동집약적 경공업에서 자본 및 기술집약적인 중공업으로 수출 전략을 바꾸면서 외국과 경제 협력을 확대해나가기 시작한 시기였다.[187] 이때부터 1980년대까지 한국의 대외무역은 국내총생산의 60~70% 수준을 유지했고, 2007년에는 심지어 80%를 넘기기 시작했다. 하지만 1970년대의 이런 커다란 변화와는 대조적으로 대양해군 움직임이 시작된 1980년대 말이나 1990년대 초에는 그러한 변화를 관찰할 수 없다. 〈그림 3.2〉에서 볼 수 있듯이, 1990년대에는 오히려 국내총생산에서 무역이 차지하는 비중이 감소하기까지 했다. 사실, 1960년대에 정부의 강한 리더십과 지원으로 시작된 산업발전의 초기 단계부터 한국 경제는 대외무역에 대한 의존도가 높았다.[188] 이토록 오래전부터 한국 경제의 핵심적인 요소였던 대외무역을 1990년대에 이르러서야 대두된 대양해군을 향한 움직임을 이끌어낸 요인이라고 보는 가설은 설득력이 없어 보인다.

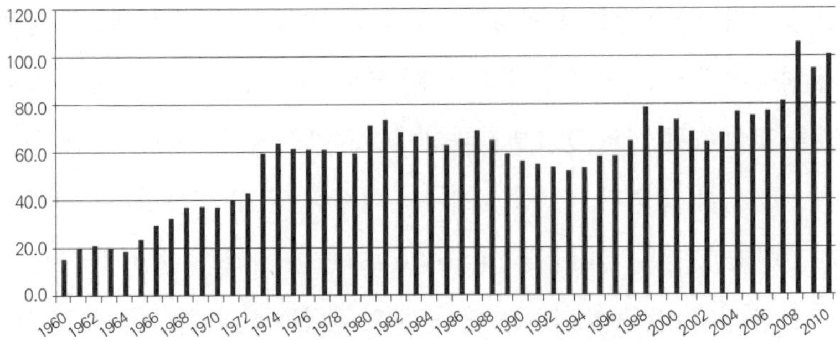

〈그림 3.2〉 한국의 국제무역이 GDP에서 차지하는 비율(%) 변화

* 출처: World Bank 웹사이트 www.worldbank.org(검색일 2012년 8월 12일)

187) 외교통상부. 『한국외교 60년, 1948-2008』(서울: 외교통상부, 2009). p. 252.

188) 같은 책.

그렇다면, (합리적 행위자로서) 한국 정부는 왜 1960년대부터 1980년대까지 자국의 무역을 보호하기 위한 해군 건설을 하지 않았을까? 에드워드 올슨(Edward Olsen)의 주장처럼 이 질문에 대한 답은 미국 해군이 제공해온 보호, 즉 적은 비용으로 혜택을 볼 수 있는 방편에서 찾을 수 있을지도 모른다. 올슨의 분석에 따르면, 이때는 "한국이 (일본과 마찬가지로) 태평양과 인도양의 주요 해상교통로 상에서 불로소득으로 자유로운 항해를 누리던 때였다."[189] 경제적 이익을 바탕으로 한 현실주의적인 시각으로 보았을 때, 문제는 한국 정부가 이러한 무임승차의 특권을 계속 누리지 않고, 왜 추가적인 비용을 들여 고가의 대형 해군함정들을 건조하기 시작했냐는 것이다. 예를 들어, 1960년대와 1970년대 박정희 정부의 경제발전 계획을 책임졌던 오원철 경제수석은 한국이 대형 해군함정들을 건조하는 것에 강한 반대 입장을 취한다. 그에 따르면, 한국은 항공모함 같은 대형 함정이 불필요한데, 이는 반도국가라는 지형특성상 한국 전체가 항공기를 발진시킬 수 있는 항공모함 같은 성격을 갖기 때문에 해상으로부터 침범해오는 적의 공격에 대해 지상에서 발진하는 공군기들이 해안 방어를 할 수 있기 때문이라는 것이다.[190] 따라서 한국은 대형 함정보다는 대함 유도탄 같은 해안 방어무기체계를 구축해야 한다는 것이다. 이러한 주장은 반(反)접근 전략을 의미한다. 이는 또한, 국방 관련 사안에서 최소비용과 최대효과를 고려한 전형적인 합리적 접근을 보여주는 예이기도 하다.

한국이 1990년도 이전에는 왜 대양작전 능력을 추구하지 않았는지에 대해 좀 더 간단한 설명을 생각해볼 수도 있을 것이다. 예를 들어,

---

189) Olsen. "Republic of Korea: The Peninsular Overachiever." p. 90.

190) 오원철. 『한국형 경제건설: 엔지니어링 어프로치』(제5권)[서울: 기아경제연구소, 1996]. pp. 442-443.

한국이 1990년대에 들어와서야 대양해군 건설을 위한 노력을 시작한 것은 그전엔 경제적 여력 또는 기술적 기반이 없었기 때문이라고도 생각할 수 있다. '경제력' 주장은 국가의 경제적인 능력이 성장함에 따라 그 국가는 군사력 건설에도 많은 예산을 지출하려 할 것이라는 강한 가정을 내포한다. 다시 말해, 국가의 경제력과 군사력 간에는 양적(的) 관계가 성립한다는 것이다. '기술력' 주장의 요지는 한국이 1990년대에 들어와서야 대형 함정 건조를 위한 기술을 갖게 되었다는 것이다.

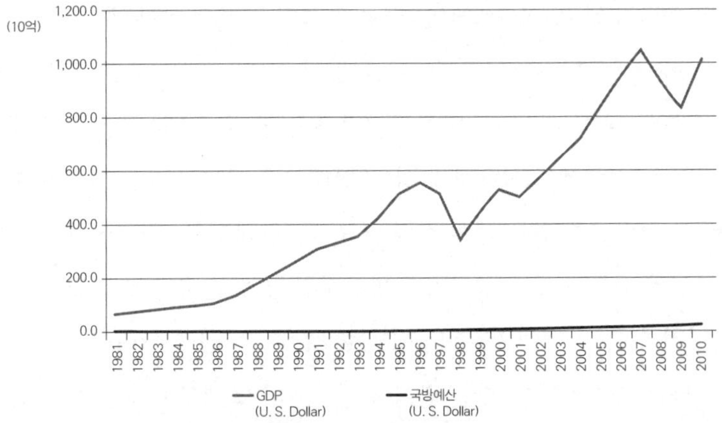

〈그림 3.3〉 한국 국내총생산(GDP)과 국방예산 비교(1981~2010)

* 출처: World Bank 웹사이트 www.worldbank.org(검색일 2012년 8월 12일), 2010년 국방백서[GDP는 2012년 8월 7일 미 달러기준으로 표기했음. 국방예산은 2012년 8월 7일 환율(1$=1,128.7원)을 기준으로 작성했음]

하지만 객관적인 데이터가 이러한 주장을 뒷받침해주지는 않는다. 예를 들어, 지난 30년을 돌아보면, 한국의 경제력 성장이 직접적으로 국방예산에 반영되었다고 볼 수는 없다. 〈그림 3.3〉에서 보듯이, 1981년부터 한국은 눈에 띌 만한 경제력 성장을 이뤘음에도 불구하고 국방예산은 그러한 변화를 보이지 않았다.[191] 사실, 국가의 경제력과 군사력 간의 불확실한 관계는 많은 학문적 연구를 통해서도 입증되었다. 예를 들어, 카스틸로와 동료 학자들(Castillo et al.)은 1870년부터 1939년까지 미국, 독일, 프랑스, 일본, 러시아 5개국의 경제성장과 국방비지출의 관계를 연구한 결과, 통계적으로 의미 있는 관계를 찾을 수 없다는 결론을 내리기도 했다.[192] 이렇듯, 국가들이 경제적으로 감당할 수 있다는 이유만으로 군사력을 증강시킬 것이라고 단정지을 수 없는 만큼 한국 해군의 경우도 단지 경제적 능력을 이용하여 대양해군 기치의 원인을 설명하는 것은 많은 무리가 따른다.

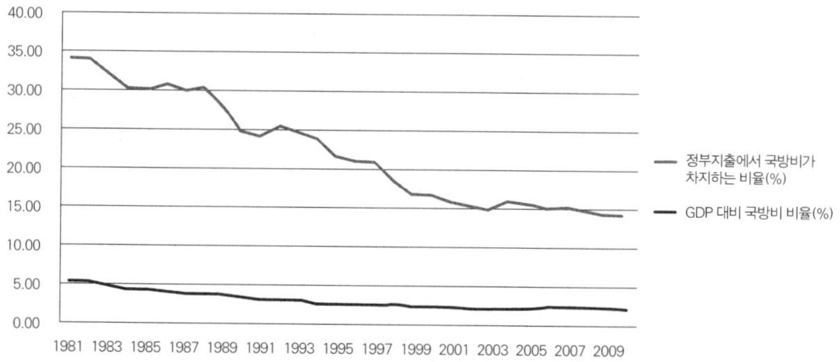

〈그림 3.4〉 한국 정부 예산 및 GDP 대비 국방예산 비교(1981~2010)

* 출처: 국방부.『국방백서 2010』(서울: 대한민국 국방부, 2010). 부록 20. 연도별 국방비 현황.

191) 여기서 저자가 주장하는 것은 한국의 경제력 성장을 고려할 때 그에 상응하는 만큼의(proportional) 군사비 지출이 없었다는 것일 뿐 경제력이 대양해군 건설에 전혀 영향을 미치지 않았다고 주장하는 것이 아니다. 경제력과 기술력 성장은 대양해군 건설 같은 군사력 건설을 위해 필요하지만 충분하지 않은 조건(necessary but not sufficient conditions)으로 작용할 수 있다.

192) Jasen Castillo, Julia Lowell, Ashley J. Tellis, Jorge Munoz, and Menjamin Zycher. *Military Expenditures and Economic Growth* (Santa Monica: Rand, 2001).

〈그림 3.4〉에서 알 수 있듯이, 국방비와 GDP 성장 간의 미약한 관계는 어쩌면 지난 30년 동안 정부지출 내역 중에서 국방비가 차지하는 비율이 점차 감소해왔다는 사실에 (부분적으로나마) 기인할지도 모른다. 1980년대에는 국방비가 정부 예산의 거의 3분의 1을 차지했다. 국방비 비율은 1990년대에 걸쳐 계속 감소하다가 2000년대에는 약 15% 수준을 유지하게 된다. GDP 대비 국방비 비율도 1990년대 내내 지속적으로 감소했고, 1994년 이후에는 약 3% 수준에 머물렀다. 이러한 국방비 수준은 싱가포르, 대만과 같이 빠른 경제성장을 경험한 다른 아시아 국가에 비하면 매우 낮은 것이다. 예를 들어, 1999년 한국은 3% 미만이었던 데 반해, 싱가포르와 대만의 GDP 대비 국방비 비율은 각각 5.6%와 5.2%였다.[193] 같은 해 북한의 14.3%와 비교하면 더 큰 차이를 보여준다. 이러한 분석결과들을 고려한다면, 한국이 경제성장을 이룩해왔다고 하더라도 그것이 반드시 더 많은 군사력 건설과 유지를 위해 쓰였을 것이라는 결론을 내리기는 힘들다.

마찬가지로, 기술력의 보유 여부도 한국이 대양해군 건설을 추구하도록 영향을 미친 요인으로 보기 힘들다. 다시 말해, 한국이 대형 해군함정 획득을 결정할 때, 그러한 선진 해군함정들을 건조할 기술이나 노하우를 이미 보유하고 있었기 때문에 추진한 것은 아니었다는 것이다. 예를 들어, 1980년대에 잠수함을 획득하기로 결정했을 때, 한국은 독일 정부와 업체에 의존해야 했다. 계약 조건 중 하나로, 총 9척의 209급 잠수함 중 첫 번째 잠수함을 당시 독일 건조회사였던 하데베(Howaldtswerke - Deutsche Werft 또는 HDW)가 설계하고 건조하기로 했다. 또한,

193) The International Institute for Strategic Studies. *The Military Balance 2000*. London: Routledge, 2000. p. 299.

첫 번째 잠수함이 건조되는 동안 설계 및 건조, 정비 기술을 한국 업체인 대우조선에 이전하여 두 번째 잠수함부터는 한국에서 건조할 수 있도록 하는 것이었다.[194] 이렇게 건조 기술과 운용에 관한 노하우를 습득하기 위해 대우조선과 한국 해군 요원들은 독일에 일정 기간 체류해야 했다. 이후 계획된 잠수함의 국내 건조는 성공적으로 진행되었지만, 전투체계나 센서 같은 주요 장비들은 수입에 의존해야 했기 때문에 국내생산율이 크게 높은 편은 아니었다. 한국에서 생산한 두 번째 잠수함까지는 국내생산율이 24.2%였는데, 마지막 세 척을 생산할 때까지도 36.3% 정도밖에 되지 않았다.[195] 심지어, 6번 잠수함까지는 선체를 제작하기 위한 철강도 독일에서 수입하여 사용했다.[196]

수상함의 국내생산율은 그래도 잠수함의 경우보다는 높았다. 예를 들어, 광개토대왕함급 구축함(약 3,000톤)의 국내생산율은 84%였다. 설계는 대우조선에서 했지만, 엔진이나 전투체계, 지휘통제체계 같은 주요 부분은 여전히 수입에 의존하거나 다양한 절충교역(offset) 조건에 따라 생산되었다.[197] 마찬가지로, 세종대왕함급 이지스 구축함(KDX-Ⅲ, 약 7,600톤) 건조를 위해 현대중공업은 미국의 이지스 구축함 구조를 연구했고, 설계단계부터 록히드마틴(Lockheed Martin) 같은 미국 방위산업체

---

194) 김효철 외. 『한국의 배』. p. 460.

195) 국내생산율은 다음과 같이 산출했다. (단위 무기체계 생산에 소요된 총 비용 – 외화로 지급된 비용)÷총비용×100. 세부 내용은 다음 자료를 참조하라. 국회사무처, 「1995년 국정감사 회의록(대우조선)」, 대한민국 국회, 1995. p. 5.

196) 7, 8, 9번 잠수함의 선체는 포스코(POSCO)에서 생산한 특수 철강으로 건조했다. 세부 내용은 다음 자료를 참조하라. 국회사무처, 「1993년 국정감사 회의록(대우조선)」, 대한민국 국회, 1993. p. 9.

197) 자세한 내용은 다음 자료를 참조하라. 국회사무처, 「1995년 국정감사 회의록(대우조선)」, 대한민국 국회, 1995. p. 21. 절충교역(offset)의 정의는 제5장의 시작 부분을 참조하라.

로부터 많은 자문을 구했다.[198] 이러한 점들을 고려할 때, 한국이 1990년대에 들어서 관련 기술을 보유하게 되었기 때문에 대양작전이 가능한 해군함정들을 건설하기 시작했다고 주장하기는 힘들어 보인다.

그렇다고 해서 저자가 군사력 건설에 있어 경제와 기술 요인들의 중요성을 무시하는 것은 아니다. 경제와 기술 요인들이 변화를 가져온 동인은 아니었어도 이들은 1990년대 대형 해군함정 건조를 위해 매우 큰 공헌을 한 것은 사실이다. 한국의 경제력과 기술력의 발전은 대형 해군함정 건조를 위한 재정적인 뒷받침과 추진 여건을 조성해주었다는 것이다. 다시 말해, 경제력과 선진 기술을 신속히 습득할 기술적 기반이 뒷받침되어 있지 않았더라면 그토록 고가의 신형 해군함정들을 성공적으로 건조할 수 없었을 것이라는 점에서 경제력과 기술력 같은 요인들은 충분조건(sufficient conditions)은 아니지만 필요조건(necessary conditions)의 역할을 했다는 것이다.

사실, 한국이 대양작전을 위한 해군함정을 한 번도 건조한 경험은 없었지만, 이를 위한 기술적 기반은 마련되어 있었다. 1970년대 조선(造船) 분야가 정부 주도 경제개발계획의 핵심 산업 중의 하나로 지정된 이후 한국의 조선업체는 빠른 성장을 했고, 1990년대에는 국제적으로 인정받는 수준에까지 이르렀다. 현대중공업, 삼성중공업 그리고 대우조선해양 같은 한국의 선박건조업체들은 세계적인 수준의 기업으로 성장했다. 예를 들어, 1995년 한국 선박제조업체들의 수주량은 전 세계 시장의 20%를 넘어섰다.[199] 2004년에는 그 수치가 42%에 달하게

---

198) 김효철 외, 『한국의 배』, p. 470. 국회사무처, 「2003년 국정감사 회의록(현대중공업)」(부록), 대한민국 국회, 2003. p. 6.

199) 김효철 외. 『한국의 배』. p. 85.

된다.[200] 한국이 이러한 산업적 기반이 형성되어 있지 않았더라면, 대형 해군함정 건조계획을 착안하지도 못했을 것이다. 만일, 산업 기반이 없는 상태에서 대형 해군함정을 도입하려 했다면 외국으로부터 구입했어야 했을 것이고, 그랬을 경우 무기도입과정은 더욱더 복잡하고 더디게 진행되었을 가능성이 높으며, 더욱이 무기도입 자체가 계획대로 진행되지 못했을 가능성도 있다.

한국은 상선 건조를 위한 산업 기반뿐 아니라, 해군함정을 설계하고 건조하기 위한 노하우를 축적해왔다. 1970년대부터 자주국방을 위한 무기의 자체 생산이 기본적인 정부방침이었고, 해군함정 건조는 그러한 노력 중 가장 성공적인 사례 중 하나였다.[201] 예를 들어, 1975년 박정희 대통령으로부터 한국형 구축함 도입 계획을 수립하라는 지시가 있었을 때, 거의 모든 전문가들이 생각한 방안으로 설계는 외국 회사에게 맡기고, 건조는 현대중공업이 하는 것이었다. 그 당시까지만 해도 한국 해군이나 선박업체들은 고속정 정도의 작은 함정을 설계하고 건조해본 경험이 유일했기 때문이다. 이러한 때에 당시 해군본부 조함과장이던 엄도재 제독은 미국에서 조선공학을 공부한 유일한 인적자원으로서, 우리가 운용할 구축함은 우리가 설계해야 한다고 목소리를 높였다. 그럼으로써 정부 예산도 절감할 수 있을 뿐 아니라, 장차 독립적인 기술을 보유하게 될 것이라는 주장이었다.[202] 정부는 이 주장을 받아들였고, 그 결과 1980년 한국이 설계하고 건조한 최초의 주요 전

---

200) 같은 책. p. 91.

201) Chung-in Moon. "South Korea: Between Security and Vulnerability." In *The Implications of Third World Military Industrialization: Sowing the Serpents' Teeth*, by James Everett Katz, pp. 241-266. Lexington: D. C. Heath and Company, 1986. p. 242.

202) 오원철. 『한국형 경제건설: 엔지니어링 어프로치』(제5권). pp. 434-440.

투함(major combat ship)인 울산함이 진수하게 된다. 이후로 해군의 주요 전투함 대부분을 (209급과 214급 잠수함을 제외하고) 해군 조함단과 방산업체들의 협업을 통해 국내에서 자체 설계하고 건조해왔다. 과거로부터 이러한 도전 정신과 노하우를 축적하려는 노력이 없었더라면, 1990년대와 2000년대에 한국이 대양작전을 위한 대형 해군함정을 건조하고자 했을 때 더 많은 어려움을 겪었을 것이다.

경제 조건의 중요성에 관해 폴 케네디(Paul Kennedy) 교수는 건강한 경제가 19세기 영국 해군 발전의 "본질적인 필수 요건"이었다고 주장한다.[203] 한국은 아시아에서 가장 빠른 경제성장을 성공적으로 이룩한 대표적인 사례로 잘 알려져 있다. 〈그림 3.3〉에서 보듯이, 1981년 710억 달러였던 한국의 GDP가 1995년에는 7배가 넘는 5,170억 달러로 증가했다. 이 수치가 2007년에는 다시 두 배로 뛰어 1조 달러가 넘는 GDP를 기록했다. 그렇다고 하더라도 제한된 정부 재원을 대형 해군함정 건조에 투자하는 일은 쉬운 결정이 아니다. 요구되는 예산 규모와 그에 따르는 기회비용을 생각하면 더욱 그렇다. 예를 들어, 이지스 구축함(약 10억 달러) 1척을 도입하는 비용이면, 214급 잠수함 3척 또는 F-15K 전투기의 경우에는 10대, K-2 전차는 125대를 도입할 수 있다.[204] 만일, 좋지 않은 경제 상황으로 인해 한국 정부가 여러 가지 무기를 모두 도입할 수 없는 형편이었다면, 값비싼 대형 해군함정 도입은 취소 또는 순연될 가능성이 가장 많은 사업이었을 것이다. 사실, 이러

203) Paul M. Kennedy. *The Rise and Fall of British Naval Mastery*. New York: Charles Scribner's Sons, 1976. p. 147.

204) 214급 잠수함, F-15K, K-2 전차의 가격은 각각 약 3억 5,000달러, 1억 달러, 800만 달러다. 자세한 내용은 다음 문헌을 참조하라. 유용원, "(전문가 칼럼) 첨단무기를 제대로 쓰려면", 「조선일보」, 2008년 8월 17일.

한 일들은 실제로 적지 않게 발생한다. 예를 들어, 2011년부터 2012년까지 유럽의 경제위기 같은 좋지 않은 경제 상황으로 인해 미국과 유럽의 많은 서방 국가들이 국방예산 삭감 결정을 내렸다. 심지어 이탈리아는 2012년 큰 폭의 예산 감축 영향으로 해군이 보유하고 있던 함정 척수의 약 3분의 1(88척의 수상함과 잠수함 중 28척)을 필리핀 등 다른 국가에 팔거나 기증한 일이 있다.[205] 다시 한 번 강조하면, 경제성장은 무조건적으로 한 국가의 군사력 건설을 조장하는 요인은 아니지만, 대형 해군함정 같은 주요 무기 도입 사업을 지탱하기 위한 필요조건(necessary condition)임은 분명하다.

4. 요약 및 절충적 관점으로의 전환

제3장에서는 1990년대부터 시작된 한국의 대양해군력 건설 현상을 현실주의 요인들로 어느 정도 설명이 가능한지 분석했다. 그 결과를 정리해보면 다음과 같다. 첫째, 당시 재정적 문제로 인해 북한이 군사력 현대화를 추진하는 등의 노력이 어려웠던 상황을 고려하면, 1990년대 한국의 대양해군 건설은 북한의 재래식 군사력 변화에 자극을 받아 시작된 현상은 아니었을 것이다. 하지만 첨단 해군함정들을 보유함으로써 북한의 위협, 특히 잠수함이나 탄도미사일 같은 비대칭 위협에 효과적으로 대응할 수 있다는 점을 고려할 때, 북한의 위협 요인은 한국이 그러한 첨단 함정 건설 노력을 지속하는 데 영향을 주었을 가능성

205) Tom Kington. "Italy Looks to Sell Used Ships, Vehicles." *Defense News*, June 4, 2012.

이 있다. 주변국과 관련하여 중국과 일본은 상당한 규모의 해군력을 유지해온 것은 사실이다. 또 이 국가들은 특히 1980년대와 1990년대에 자국을 위한 해양 방어 범위를 넓혀갔다. 이러한 요인들이 한국의 해군력 건설에 자극을 준 측면도 있을 수 있지만, 한국 정부가 이러한 주변국들의 해군력이 한국 국가안보에 대한 위협이라고 판단한 증거는 찾기 어렵다. 더욱 중요한 것은 한국의 대양해군 건설이 이러한 주변국들의 해군력에 대한 대응이라고 주장하기 위해서는 먼저 한국이 1990년대 이전에 이미 한국보다 훨씬 강하고 큰 규모의 해군력을 유지하고 있던 중국과 일본 두 강대국에 왜 유사한 방식으로 대응하지 않았는지를 설명할 수 있어야 한다.

둘째, 한국의 대양해군 건설은 냉전 이후 감소된 미국의 방위 노력을 보상하기 위한 자체 균형행동(internal balancing)으로 보기도 힘들다는 것이다. 무엇보다도 당시 주한미군 감축 등 전방전개 미군 전력의 조정이 있긴 했지만, 1990년대 미국의 아시아-태평양 안보정책을 동맹국에 대한 방위공약의 '감소'로 특징지을 수는 없다. 한국 정부도 그 이전에 있었던 주한미군 감축만큼 민감하게 반응하지 않았다. 또한, 저자는 냉전 기간 동안과 냉전 후의 한국의 무기 도입에 대한 미국의 영향력 변화도 그리 중요한 요인은 아니었음을 주장했다. 냉전 기간 중에도 한국 정부의 재래식 무기 도입을 미국 정부가 의도적으로 제한하려는 적극적인 노력은 없었기 때문이다. 미국이 한국 정부의 행동을 적극적으로 개입했을 때는 한국의 군사력 증대를 막기 위함이 아니었고, 한국이 북한에 대한 직접적인 군사행동을 하려 했거나 핵무기와 그 투발수단을 개발하는 등 지역안정(regional stability)에 영향을 줄 우려가 있을 때였다.

셋째, 마지막으로 저자는 경제이익이나 경제력 또는 기술력 성장 등의 요인도 한국이 1990년대 대양해군을 위한 노력에 대한 동인(動因)이 아니었음을 보였다. 단, 한국의 경제력과 기술력은 성공적인 해군력 건설을 위한 필요조건(necessary conditions)이었음을 주장했다.

이 장에서 저자는 다양한 현실주의적 변수들의 효과를 살펴보았고, 이러한 현실주의 요인들만으로 한국의 대양해군 건설 노력과 관련된 현상들을 설명할 수 없음을 보였다. 이 시점에서 제6장과 제7장에서 제시할 저자의 설명에 대한 준비단계로, 현상을 더욱 잘 이해하기 위해 다른 관점을 한 번 도입해볼 것을 제안한다. 예를 들어, 저자는 앞서 한-중, 한-일 관계를 서로의 안보에 위협이 될 수 있는 능력(군사력)과 의도(공격적인 정책, 전략) 등의 관점에서만 설명하려 했다. 이 경우, 국가정체성(national identity)이라는 요인을 불러들인다면, 위에서 언급한 동북아시아 국가들의 관계에서 공식적이거나 명백히 겉으로 드러나는 정도는 낮지만, 매우 핵심적인 역학관계를 이해하는 데 도움이 된다. 아마도 역사 속의 기억을 포함하여 국가 정체성의 정치(national identity politics)는 중국, 일본 그리고 한국 간의 역학관계에서 가장 두드러지는 단면이라고 해도 과언이 아닐 것이다. 예를 들어, 이러한 요인 때문에 각 국가 간의 외교관계가 복잡해지는 경우가 적지 않다. 한국과 중국 국민은 제국주의 일본군이 과거에 저지른 잘못에 대해 일본 지도자들이 어떻게 생각하는지에 대해 항상 의심어린 눈으로 바라본다. 2000년대에 한-일 그리고 한-중 관계를 어렵게 만든 문제 중 하나가 바로 고이즈미 일본 수상의 야스쿠니 신사 참배 문제였다. 야스쿠니 신사는 제2차 세계대전과 관련된 A급 전범들을 포함하여 전쟁에서 죽은 일본 전사자들을 위한 사당이다. 당시, 한국과 중국 정부는 일본 군국주의의 상징이기도 한 야스쿠니 신사를 일본 수상이 방문하는 것에 대해 깊은

우려를 표시했다.[206)]

돌아보면, 과거사를 포함한 국가 정체성 문제에 충돌이 있을 때, 한국과 일본 간의 긴장은 고조되었다. 예를 들어, 많은 한국 여성들이 제2차 세계대전 당시 일본군의 성노예(이른바 위안부)로 희생당했다. 이러한 역사에 대해 일본 정부는 국제사회에서 공식적으로 인정하거나 피해자에 대한 보상을 하는 데 소극적인 태도를 취해왔다. 더욱이, 1997년까지는 일본 역사 교과서에서 다뤘던 위안부 문제를 2001년부터는 중학교 교과서에서 의도적으로 삭제하기까지 했다. 역사 교과서 개혁을 위한 일본 소사이어티(the Japanese Society for History Textbook Reform)의 창립자인 노부카쓰 후지오카에 따르면, 위안부 문제를 삭제한 것은 그러한 역사 속의 오명이 일본 학생들로부터 국가에 대한 자부심과 자신감을 박탈할 것을 우려했기 때문이라는 것이다.[207)] 사실, 일본의 제국주의 역사와 관련된 교과서 문제는 어제오늘의 일이 아니다. 1982년에는 일본 국립 역사교과서에 제국주의 기간의 역사적 사실에 대한 왜곡된 내용이 실린 사례도 있었다. 그중 외교문제를 일으켰던 것은 1919년 3월 1일 발생한 한국의 3.1 독립운동을 "폭력적인 폭동"이라고 묘사한 것이다. 3.1 독립운동은 비록 일본군의 억압으로 실패하고 말았지만, 일본의 잔악한 식민통치에 대해 한국인의 불굴의 국가 정신이 평화적인 방법으로 표출된 만세사건으로 유명하다. 삭제나 왜곡 등 역사 속의 오명을 지우려 하는 등 일본이 어떤 국가인지를 나타내는 정체성이나 이미지에 관련된 이러한 노력은 제국주의 역사에 대한 정당화 또는 미화라

206) Howard W. French. "Koizumi's Visit to War Shrine Angers Japan's Neighbors." *The New York Times*, April 22, 2002.

207) Norimitsu Onish. "In Japan's New Texts, Lessons in Rising Nationalism." *The New York Times*, April 17, 2005.

고 할 수 있다. 이는 반대로, 독립된 한 국가로서의 한국을 위해 싸우다가 희생된 한국인에게는 너무나도 무례하고 모욕적인 행동이다. 이런 면에서 보면, 한-일 간의 관계에서 쟁점은 국가안보에 대한 위협도 중요하지만, 더욱 두드러지는 문제는 국가 정체성과 자부심에 대한 도전이라고 볼 수도 있을 것이다.

국가 정체성은 미국과의 관계에서도 매우 중요한 요인이 될 수 있다. 특히, 한국에 대해 미국이 제재를 가할 것인가 여부는 애초에 한국이 어떻게 행동하는가에 달려 있다. 한국이 지역안정을 해치지 않도록 평화롭게 행동한다면, 미국이 한국에 압력을 행사할 필요가 없다. 사실, 1990년대부터 한국의 행동을 돌아보면, 북한에 대해 공격적이거나 지역안정에 불안 요소로 작용할 만한 것들이 아니었다. 한국은 1991년 비핵화정책을 선언했다. 또한, 국가안보와 관련된 사안들에 대해서도 국제 제도를 존중하고 따르는 경향이 점차 강해졌다. 예를 들어, 2010년 3월, 영해 내에서 북한 잠수함의 기습 어뢰 공격으로 한국 해군 초계함인 천안함이 폭침된 사건이 있었다. 이에 대해 한국은 자구책으로서 군사적 보복으로 문제를 해결하려 하지 않고, UN에 이 사건을 상정함으로써 회원국들의 지지를 받는 국제적인 공동 방안을 찾으려 했다. 한-미 동맹도 한국이 미국의 일방적인 보호를 받는 관계에서 서로 도와가는 동반자 관계(partnership)로 발전해왔다. 이러한 관계의 변화 속에서 한국이 자국을 어떤 국가로 생각하는지(즉, 국제사회의 일원인가 또는 이단아인가), 그리고 미국과 한국이 서로를 어떻게 보는지 등의 요인들이 우리가 이 연구를 통해 구하려는 답을 제공해줄지도 모른다.

한국의 경제력 성장이 비단 한국 해군력 건설을 위한 물질적 조건으로만 작용하는 것은 아니다. 경제력 성장은 한국인이 자신들의 국가를 바라보는 시각에도 영향을 미칠 수 있다. 국민, 특히 주요 정책 결정자들이 한국의 경제적 지위가 상승했다는 것을 인식하는 것은 매우 중요한 요인으로 작용할 수 있는데, 이는 기준(norms)과 정체성(identity)에 근거한 행위자 모델을 가정했을 때 그 중요성이 더욱 커지게 된다. 사실, 정체성에 대한 고려가 한국의 대양해군 건설에 중요한 영향을 주었을 수도 있다는 가능성을 제시해주는 증거도 없지 않다.[208] 예를 들어, 많은 정치인들이 해양 관련 산업을 포함한 경제의 눈부신 발전과 한국이 국제무대에서 차지하는 위상이 걸맞지 않음을 주장한다. 이들은 때로 한국이 도움을 받던 국가에서 도움을 주는 국가가 되었음을 강조하기도 한다.

마찬가지로, 경제적 이익 자체보다는 국민이 자신들의 조국인 한국을 어떻게 생각하는지에 따라 정치인들의 결정과 행동이 형성되었을 수도 있다. 예를 들어, 이춘근 박사는 한 논문에서 왜 한국이 대양작전 능력을 필요로 하는지에 대한 논리적이고도 날카로운 논거들을 제시한 적이 있다.[209] 여기서 이춘근 박사는 기본적으로 현실주의적인 입장을 취하고 있긴 하지만, 이 주장들은 한국이 국제무대에서 주요 무역국가가 되었다는 정체성의 자각에서부터 시작된다. 앞서 설명했듯이, 무역을 통한 경제적 이익만으로 1990년대부터 시작된 한국의 해군력 건설을 설명할 수는 없다. 1990년대 들어 한국 해군과 정치 리더들은 미국에 의존해온 해상교통로(SLOC) 보호에 대한 필요성을 유난히도 강조했다. 어쩌면 한국군의 평시 작전통제권을 찾아옴으로써 국가 방어에 대한 주도적인 책임을 맡으려 한 한국 정부의 노력에서 엿볼 수 있

208) 저자의 이러한 주장을 뒷받침하는 세부 증거와 분석은 제7장에서 제시했다.

209) 이춘근. "한국 해군력 증강의 논리", 「Strategy 21」 제1집(1998). p. 61.

듯이, 한국은 주권 국가로서 어떻게 행동해야 하는지에 대해 더욱 의식하기 시작했을 수도 있다. 이러한 변화와 배경들을 고려한다면, 대양해군은 새롭게 인식되기 시작한 국가 정체성에 적합한 새로운 역할을 시도한 것일 가능성도 있다는 것이다. 이러한 관점에서 보았을 때, 앞서 현실주의적 입장에서 풀지 못한 문제, 즉 한국은 왜 미국이 제공해온 무임승차의 혜택을 계속 누리지 않고 해상교통로 보호를 위한 자체적 능력을 건설하기 시작했느냐는 물음에 적절한 답을 제시할 수도 있을 것이다.

제4장
조직/관료주의 정치적 설명

이 장에서 저자는 한국의 대양해군 건설 노력을 관료주의 정치 관점에서 바라보고자 한다. 조직/관료주의 정치 관점에 따른 가설은 다음과 같다. 한국의 대양해군 건설 노력은 해군이 좀 더 많은 예산이나 독립성을 추구하는 등의 조직 이기주의에서 시작되었을 것이며, 그 노력이 어느 정도 성과를 거두며 지속될 수 있었던 것은 정부나 타군과의 관계에서 해군에게 유리한 제도적 변화가 있었기 때문일 것이다. 조직/관료주의 관점은 기본적으로 현실주의적 입장과 다른데, 가장 기본적인 차이는 국가의 정책결정을 단일 행위자(국가)에 의한 합리적인(rational) 계산의 산물로 보지 않는다는 것이다. 조직/관료주의 정치 관점에서 보면, 국가의 정책결정은 각자 조직의 이익을 대변하는 다양한 행위자들 간에 발생하는 "끌고 당기기(pulling and hauling)"의 결과에 지나지 않는다.[1] 이러한 의미에서 정부 관료들이 취하는 정책 입장이 반드시 국익을 고려한 것은 아니라는 것이다. 앨리슨과 젤리코(Allison and Zelikow)

---

1) Graham Allison and Philip Zelikow. *Essence of Decision: Explaining the Cuban Missile Crisis*, Second Edition. New York: Addison-Wesley Educational Publishers Inc., 1999. p. 255.

가 표현했듯이, "어떤 입장을 취하는지는 어떤 자리에 있느냐에 따라 달라진다."[2)]

저자는 먼저 한국군의 특징을 간단히 기술하고, 타군 간의 경쟁과 관련된 관료주의적 역학(bureaucratic dynamics)에 대해 논의할 것이다. 이후 저자는 한국의 무기획득 역사를 통해 조직 간의 경쟁이 두드러진 사례도 있었지만, 해군의 대양작전을 위한 함정 건조의 경우는 그러한 조직/관료주의 역학으로 설명하기는 어렵다고 주장한다. 저자는 이러한 주장을 뒷받침하기 위해 대양해군 노력이 시작된 이후 해군에게 할당된 자원의 양에 현격한 증가 등의 변화가 없었음을 보인다. 또한, 해군의 제도적 영향력도 크게 증가되지 않았음을 설명한다. 제4장의 끝부분에서는 조직/관료주의 정치 모델이 저자가 주장하는 대양해군 현상에 대한 절충적(eclectic) 입장에 어떤 방식으로 기여하는지 간단히 설명한다.

한국군 조직 안에서의 관료주의 정치 역학에 대한 논의에 앞서 한국군의 규모와 구성에 대해 알아보는 것이 앞으로의 논의 내용을 이해하는 데 도움이 될 것이다. 1948년 창설된 이후 한국군은 육군, 해군, 공군으로 구성되는 서방 국가들의 제도와 유사한 3군 체제를 유지해왔다.[3)] 해병대는 해군에 포함된다. 한국군의 가장 특징적인 구조 중의 하나는 육군의 규모가 타군에 비해 크다는 것이다. 해군과 공군은 각각 약 6만 8,000명과 6만 4,000명의 현역 병력을 유지하는 데 반해, 육군은 약 56만 명을 보유하고 있다. 해군 6만 8,000명에는 해병대 2만

---

2) 같은 책. p. 307.

3) 정확히 말하자면, 공군은 1949년 10월 육군으로부터 분리되었다. 한국군 창설의 역사에 대해서는 다음 문헌을 참조하라. 김증기. 『한국군사사』(창원: 경남대학교출판부, 2011). pp. 218-232.

7,000명도 포함되어 있기 때문에 순수 해군 병력은 4만 1,000명이다. 결국, 육군과 공군, 해군의 현역 병력을 비율로 생각해보면 13.7 대 1.6 대 1이 된다.

다른 국가들의 군대와 비교해볼 때, 한국군에서 육군이 차지하는 비율은 상당히 크다는 것을 알 수 있다. 〈표 4.1〉은 선별된 국가들의 군 규모와 각 군에서의 육군-해군, 공군-해군 비율을 보여준다. 표는 위에서 아래로 육군-해군의 비율이 가장 큰 국가에서부터 작은 국가 순으로 정렬했다. 육군-해군 비율을 나타내는 숫자가 클수록 상대적으로 해군의 규모가 작다는 것을 나타낸다. 참고로, 이 표가 포함하는 자료에 대한 좀 더 상세하고 체계적인 분석은 저자가 이 장에서 논의하고자 하는 범위 밖의 내용이라는 것을 명확히 해둔다.[4] 이 표를 통해 저자는 단지 한국군의 육군-해군 비율이 타국 군대의 그것과 비교하여 어느 정도 수준인지를 보여주고자 한다.

〈표 4.1〉에 따르면, 한국이 가장 심한 경우는 아니지만, 해군이나 공군에 비해 확실히 육군의 규모가 큰 국가에 속한다는 것을 알 수 있다. 또한, 표에서 육군-해군 비율이 10을 넘는 국가들은 대부분이 지상 국경 너머로부터 비교적 확실한 위협에 노출되어 있음도 알 수 있다. 특히, 시리아, 베트남, 파키스탄, 북한, 이란, 인도, 이집트, 이스라엘 그리고 한국 같은 국가들은 경쟁관계(rivalry)에 있는 국가들이다.[5] 반면,

---

4) 예를 들어, 왜 어떤 국가들은 대규모의 육군을 보유하고, 또 다른 국가들은 대규모의 해군을 유지하는지에 대해 다양한 가설을 세울 수 있을 것이다. 이때 위협, 지형, 무역활동 등의 다양한 변수들의 영향, 또는 이 변수들의 복합적인 작용의 영향들을 생각해볼 수 있을 것이다.

5) 경쟁관계(rivalry) 연구에 대해서는 다음 문헌을 참조하라. William R. Thompson and David Dreyer. *Handbook of Interstate Rivalries, 1494-2010*. Washington, D. C.: CQ Press, 2011.

〈표 4.1〉 선별된 국가들의 군 병력 구성[6)]

국가	육군(명)	공군(명)	해군(명)	육군/해군	공군/해군
시리아	220,000	40,000	5,000	**44.0**	8.0
예멘	60,000	3,000	1,700	**35.3**	1.8
베트남	412,000	30,000	3,000	**31.7**	2.3
파키스탄	550,000	45,000	22,000	**25.0**	2.0
미얀마	375,000	15,000	16,000	**23.4**	0.9
북한	950,000	110,000	46,000	**20.7**	2.4
이란	350,000	30,000	18,000	**19.4**	1.7
인도	1,129,900	127,200	58,350	**19.4**	2.2
이집트	340,000	30,000	18,500	**18.4**	1.6
UAE	44,000	4,500	2,500	**17.6**	1.8
이스라엘	133,000	34,000	9,500	**14.0**	3.6
한국	560,000	64,000	41,000	**13.7**	1.6
터키	402,000	60,000	48,600	**8.3**	1.2
스리랑카	117,900	28,000	15,000	**7.9**	1.9
방글라데시	126,153	14,000	16,900	**7.5**	0.8
독일	163,962	62,244	24,407	**6.7**	2.6
중국	1,600,000	330,000	255,000	**6.3**	1.3
루마니아	43,000	9,700	7,150	**6.0**	1.4
오만	25,000	5,000	4,200	**6.0**	1.2
폴란드	46,400	17,500	8,000	**5.8**	2.2
말레이시아	80,000	15,000	14,000	**5.7**	1.1
싱가포르	50,000	13,500	9,000	**5.6**	1.5
사우디아라비아	75,000	20,000	13,500	**5.6**	1.5
인도네시아	233,000	24,000	45,000	**5.2**	0.5
그리스	93,500	31,500	20,000	**4.7**	1.6
대만	200,000	45,000	45,000	**4.4**	1.0
스페인	79,736	21,606	17,943	**4.4**	1.2
필리핀	80,000	16,000	24,000	**3.3**	0.7
일본	138,400	34,760	42,400	**3.3**	0.8
이탈리아	108,300	42,935	34,000	**3.2**	1.3
캐나다	34,775	19,922	11,025	**3.2**	1.8
프랑스	134,000	57,600	43,995	**3.0**	1.3
영국	100,290	39,750	35,650	**2.8**	1.1
태국	190,000	46,000	69,860	**2.7**	0.7
러시아	360,000	160,000	142,000	**2.5**	1.1

국가	육군(명)	공군(명)	해군(명)	육군/해군	공군/해군
포르투갈	26,700	7,100	10,540	**2.5**	0.7
네덜란드	21,825	9,559	9,420	**2.3**	1.0
노르웨이	7,900	2,500	3,550	**2.2**	0.7
호주	27,461	14,056	13,230	**2.1**	1.1
미국	662,232	334,342	335,822	**2.0**	1.0

* 출처: The International Institute for strategic Studies. The Military Balance 2010.

주: 육군/해군 비율 및 공군/해군 비율에 나타나 있는 숫자들은 해군을 1로 보았을 때의 육군과 공군의 비율을 표현한 것이다.

미국, 영국, 일본 같은 해양국가들은 비교적 낮은 육군-해군 비율을 보이는데, 이는 이들 국가의 해군이 전체 군에서 차지하는 비율이 상대적으로 높다는 뜻이다. 이러한 기준들로 생각해보면, 한국은 극히 정상적인 군 구조를 유지하고 있다. 왜냐하면, 한국의 주된 군사 위협은 국경 너머 북한이고, 한국은 또한 두드러진 해양 세력도 아니기 때문이다. 한편, 바다로 둘러싸인 국가나 긴 해안을 갖는 캐나다, 호주, 노르웨이, 이탈리아 같은 국가들은 낮은 육군-해군 비율을 보인다. 이러한 현상은 말레이시아, 싱가포르, 인도네시아, 대만, 필리핀 같은 아시아 국가들에서도 나타난다. 한국이 반도국가라는 사실을 고려한다면, 비슷한 지형적 특징을 갖는 국가들에 비해 상대적으로 높은 육군-해군 비율을 보인다.

사실, 한국군에서 육군이 차지하는 비율이 높을 뿐 아니라, 제도적인 영향력도 타군에 비해 높다고 할 수 있다. 육군 출신의 고급 장교들이 핵심적인 국방 관련 기관의 리더로 진출하는 횟수가 타군 출신 장

6) 주요 재래식 병력의 수적 비교를 단순화하기 위해 해병대, 전략군, 특수부대 같은 병력은 제외했다.

교들보다 월등히 높은 것은 주목할 만한 사실이다. 예를 들어, 1948년부터 2012년까지 총 43명의 국방부 장관 중 33명이 예편한 육군 장성이었다. 특히, 이들 중 많은 경우가 육군참모총장을 역임한 경력이 있다. 유사한 예로, 1954년 한국군 합동참모본부가 창설된 이래, 2013년 최윤희 제독이 해군 최초 합참의장에 임명되기 전까지 37명의 합동참모의장 중 공군 장성 1명을 제외하고 모두가 육군 장성이었다. 이러한 리더십 위치뿐 아니라, 국방부에서 정책이나 자원 배분에 관련된 중요한 결정을 내리는 직위에 육군 장교들이 많이 보직되어 있는 것도 사실이다.[7] 이러한 한국군의 특징과 관련하여 이선호 교수는 육군 중심의 군 구조가 제도화되어 다른 군 간의 균형적인 발전을 힘들게 해왔다고 주장한다.[8]

이러한 육군의 영향으로 인해 관료조직 내에서 해군과 공군은 다소 힘든 경기를 해야 하는 측면이 있을 수도 있다. 특히, 해군과 공군은 국방 분야에서 그 역할과 입지가 더 축소되지는 않을까 우려하는 한편, 육군은 군에서 주도적인 위치를 유지하기를 원할 것이다. 이러한 역학관계는 지금까지 진행되어온 국방개혁 과정에서도 어렵지 않게 관찰할 수 있다. 1981년부터 한국 합참은 제한된 자원의 효율적 사용과 지휘통제의 효율성을 추구하기 위한 노력의 일환으로 3군 병립 구조를 통합군 구조로 바꾸기 위한 연구를 했다.[9] 이러한 통합군 체제를 향한 움직임은 1980년대 말, 평시 작전통제권 반환을 추구하면서 군사 대비

7) 이선호. 「21세기 한국 해군의 임무와 해군력」, 「제4회 함상토론회」(계룡: 해군본부, 1995). pp. 338-388.

8) 같은 글.

9) 군 구조 개혁에 대한 자세한 내용은 국가기록원 웹사이트 참조. http://contents.archives.go.kr/next/content/listSubjectDescription.do?id=006275.

태세 향상의 일환으로 노태우 대통령이 군 개혁의 필요성을 제기하면서 가속도가 붙게 된다.[10] 당시 군 개혁의 주된 테마는 다른 병종 간의 '합동성(jointness)'의 신장이었다.[11]

합동성(jointness)은 주로 1990년대부터 한국군에서 현대전 또는 미래전의 핵심 요소 중의 하나로 강조되어왔다. 이는 서방 국가, 특히 미국에서 강조되기 시작한 군사교리의 발전 추세이기도 했다. 예를 들어, 1996년 미 합참이 발간한 『합동비전 2010(*Joint Vision 2010*)』에서는 다른 능력들을 통합적으로 운용함으로써 중복되는 전력을 줄이고 더 적은 비용으로 미군의 목표를 효과적으로 성취할 수 있다고 기술하고 있다.[12] 또한, 미래의 지휘관들은 "즉시적 효과와 요망되는 결과를 이끌어내기 위해 필요한 가용 전력 중 어떤 전력들의 조합이 가장 적합할 것인가를 알아야 하고 제시할 수 있어야 한다"고 강조한다.[13] 여기서 주목해야 할 것은 합동작전에서 강조하는 것은 주어진 임무를 위해 다른 병종(육군, 해군, 공군 등)의 전력 중 두 개 또는 그 이상 병종의 전력을 함께 운용하는 술(術, art)이지, 결코 각기 다른 병종들을 하나의 통합구조로 만들어버리고 유지하는 것이 아니라는 것이다.[14] 미 공군의 뎁툴라 장군이 강조했듯이, 합동성은 "모든 전쟁이나 전투상황에서 다른 병종들의 전력을 공평히 또는 의무적으로 사용하는 것이 아니라, 주어진 상황에

---

10) 노태우 대통령과 평시 작전통제권 반환에 관련된 내용은 제3장 내용을 참조하라.

11) 합동(joint)이란 두 개 또는 그 이상의 다른 군이 함께 참여하는 활동, 작전, 조직 등을 의미한다. *Department of Defense Dictionary of Military and Associated Terms (Joint Publication 1-02)*. Joint Force Development (J-7), 8 November 2010 (Amended through 15 March 2012). p. 171.

12) Chairman of the Joint Chiefs of Staff. *Joint Vision 2010*. Washington, D. C., 1996. pp. 8-9.

13) 같은 글. p. 9.

14) 합동작전의 개념에 대해서는 다음 문헌을 참조하라. Joint Chiefs of Staff. *Joint Publication 3-0 Joint Operations*. Washington, D. C., 2011.

서 가장 효과적인 전력을 활용하는 것이다."[15]

하지만 한국에서는 합동성 개념이 부각된 초반에 통합군 체제를 수립하는 움직임이 동반되었다. 예를 들어, 노태우 대통령의 국방개혁 지시에 따라 합동참모본부가 수립한 '818 계획'의 초안에는 육·해·공 3군을 통합군으로 만드는 계획이 포함되어 있었다.[16] 해군이나 공군의 시각에서는 이러한 통합을 향한 움직임은 장차 자군의 입지가 더욱 약해질 것을 예고하는 것이나 다름없다고 볼 수 있다. 한국군에서 차지하는 육군의 규모를 고려한다면 통합군 체제에서는 육군이 전반적인 사안에 대해 타군에 많은 영향을 미칠 것은 어렵지 않게 예측할 수 있다. 따라서 해군과 공군은 '818 계획'을 반대하고 육군은 이를 지지했다는 것이다.[17] 결국, 1990년에 최종 결정된 것은 절충안이었다. 해군과 공군 측에서 원하는 대로 3군 병립 구조는 그대로 유지하는 대신, 합동성 향상을 위해 각 군의 군령을 통제할 권한은 합동참모의장(합참의장)에게 주어지게 되었다. 그 이후로 각 군의 참모총장은 군정(軍政)에 관련된 권한만 행사하게 되었다.

이후, 합참과 국방부 차원에서 군의 통합 운영을 위한 노력이 계속되었는데, 예를 들어 1997년과 1999년 합참은 『합동전장운영개념』을 발간했다. 하지만 이것이 공식적인 교리로 채택되지는 못했다.[18] 하경근 의원에 따르면, 당시 해군과 공군은 이 개념서가 육군 중심의 작

---

15) Brigadier General David A. Deptula. *Effects-Based Operations: Change in the Nature of Warfare.* Arlington, Virginia: Aerospace Education Foundation, 2001. p. 23.

16) 김동한.「한국군 구조개편 정책과 결정요인 분석」,「한국정치학회보」 제43집 제4호, 2009. pp. 351-377.

17) 같은 글. p. 368.

18) 합참 전력발전본부 합동전투발전과, "육해공 전력 통합 · 발전 전투력 발휘 극대화",「국방일보」, 2010년 3월 17일.

전 개념(해군과 공군은 육군을 위한 지원 역할에 불과하다는)을 담고 있다며 강한 비판을 했다고 한다.[19] 당시 군 구조 개혁과 함께 병력 감축도 논의되었는데, 박정훈 의원은 당시의 병력 감축 논의와 통합군 논의를 연계시켜 육군의 의도에 대해 우려를 표명하기도 했다. 다시 말해, 병력 감축을 하게 되면 군 구조상 가장 몸집이 큰 육군이 그 영향을 가장 많이 받을 것이고, 그 이후에도 기득권을 유지하기 위해 (통합구조로 바꿈으로써) 육·해·공 3군의 군령권을 모두 확보하려는 것이 아니냐는 것이었다.[20]

이러한 군 조직 간의 역학관계를 고려할 때, 해군은 의도적으로 새로운 무기체계의 필요성을 부각시키고 더 많은 정부의 재원을 확보함으로써 타군과 비교하여 상대적 입지 개선을 원했을 것이라는 가정을 세워볼 수 있을 것이다. 특히, 국방개혁에 대한 열띤 논의가 진행된 기간이 1988~1990년이고, 대양해군을 향한 노력이 형성되기 시작한 것이 1990년이라는 사실을 고려하면, 해군이 군 개혁 움직임을 호기로 삼아 제도적인 변화와 조직의 이익을 향상시키려 했을 수도 있다. 실제로, 대양해군 건설을 위한 해군의 움직임이 더 많은 국방예산을 확보하기 위한 전략이었다고 보는 시각도 존재한다.[21] 이러한 시각에 따르면, 궁극적으로 해군과 공군이 '대양해군'이나 '우주 공군' 같은 슬로건을 걸고 도약을 꾀한 것은 육군이 주도하는 군 구조에 변화를 가져오기 위한 노력이었다는 것이다.

물론 위와 같은 시나리오도 가능하지만, 저자는 대양해군을 향한 움직임이 해군의 조직 이기주의에 근거한 전략이었다고 이해하기는

---

19) 국회사무처, 「1997년도 국정감사 국방위원회 회의록(피감사기관: 해군본부)」, p. 13.

20) 국회사무처, 「1997년도 국정감사 국방위원회 회의록(피감사기관: 국방부, 합동참모본부)」(부록), p. 23.

21) 이러한 견해가 존재한다는 것은 저자가 전 정부 관료와의 인터뷰를 통해 파악한 내용이다.

힘들다는 입장이다. 무엇보다도 이러한 조직 이기주의에 근거한 주장을 뒷받침할 만한 증거를 찾기 힘들다. 만일, 중요한 정책 결정과정에서 관료주의 정치가 영향을 주었다면, 앞서 설명한 국방개혁의 경우에서 볼 수 있었듯이, 내부인 또는 외부 관찰자들이 어느 정도는 감지할 수 있었을 것이다. 특히, 대형 해군함정 같은 고가의 새로운 무기체계의 도입에 대한 배경이나 논리는 정부, 국회, 학계 또는 매체 등에 의해 많은 관심을 받고 논의될 것이기 때문에 외부로부터 관찰이 더욱 쉬울 것이다. 따라서 어떤 무기 도입사업이 조직 간의 경쟁이 결부된 것인지 아닌지를 식별할 가능성은 충분히 있다고 할 수 있다.

예를 들어, 이명박 정부 기간에 추진된 군 현대화 작업은 관료주의적 조직 경쟁을 어느 정도 포함하고 있음을 알 수 있다. 노무현 정부에서 수립한 '국방개혁 2020'은 지휘/통제, 컴퓨터, 통신, 정보, 감시 및 정찰(C4ISR) 능력과 해군, 공군 능력 개선을 강조했다. 노무현 정부 당시 국방부 장관 정책보좌관을 지낸 김종대(디앤디포커스) 편집장에 따르면, 2008년 이명박 정부로 교체되면서 국방부와 합참에서는 북한의 재래식 병력(지상군 보병)의 위협이 증대되고 있음을 강조하고, 해군이나 공군보다는 육군 무기체계 증강의 필요성을 강조하는 새로운 계획을 발전시켰다고 한다.[22] 이런 전력증강 계획에 대해 정부는 점차 탄도미사일이나 대량살상무기 같은 북한의 비대칭 전력이나 정권 붕괴 같은 불안정 사태로부터 오는 위협이 커지고 있는 시기에 전차나 자주포 같은 재래식 지상전을 위한 무기체계만을 강조하는 것은 시대착오적이라는 이유로 반대했다고 한다. 육군의 지속적인 계획추진으로 대통령의 재

22) 김종대, "육군 무기 도입 패권주의에 해공군 반발과 충돌 심화", 「주간동아」, 2012년 6월. pp. 20-21.

가를 받긴 했지만, 당시 대통령도 전력증강을 위한 예산이 어떻게 분배되어야 할지에 대해서는 모호한 입장이었으며, 이러한 모호성은 미래 무기체계 획득을 위한 육·해·공 3군 간의 경쟁을 더욱 치열하게 만들었다고 한다.[23)]

하지만 1990년대에 시작된 대양해군 건설을 위한 배경을 연구하는 과정에서 이러한 조직 이기주의의 특성을 발견하기는 힘들었다. 만일, 15년간 일관된 모토 아래 지속된 해군의 노력을 조직 이기주의로 이해하려 한다면, 그것은 곧 그 15년간 해군이라는 조직의 이익을 다르게 정의하고 다른 방식으로 추구하려 한 리더가 없었다는 뜻이 되며, 이는 사실과도 거리가 매우 멀다. 한국의 위상과 미래의 전략적 요구를 위해 대양해군전력이 필요하다고 주장하며, 송영무 전 해군참모총장(2006~2008년)은 해군이 대양해군 운동을 벌이지 않고 조용히 계획을 진행했었더라도 오히려 대양해군 건설이 보다 용이했을지도 모를 일이라고 회고한다.[24)] 대양해군 모토가 너무 많은 관심을 받았고, 따라서 타군으로부터 견제를 받는 부정적인 효과도 있었다는 것이다. 이렇듯 해군의 리더들은 대양작전 능력이 필요하다는 것에는 공감했을지 몰라도 무엇이 해군을 위해 가장 이익이 되는지에 대해서는 다른 생각을 갖고 있었다. 이런 상황에서 어떻게 15년 이상 꾸준히 지속된 해군의 대양해군 모토를 리더들마다 각기 다르게 정의되었을 수도 있는 해군의 '이익'에 근거하여 이해할 수 있겠는가?

저자가 인터뷰한 해군의 리더들은 대양해군 운동이 시작된 동기와 배경을 되돌아보며 해군 조직의 이익과는 거의 결부시키려 하지 않

23) 같은 글.

24) 저자의 송영무 제독과의 인터뷰(2011년 5월 23일).

왔다. 그들이 강조한 것은 국익과 국가 위상 등을 포함한 '국가'와 관련된 요소들이었다. 물론, 이들은 모두 해군을 대표하고 이끌던 입장이 있기 때문에 저자에게 공식적인 답만을 주었을 수도 있다. 이러한 입장들이 진정으로 국익을 위한 그들의 신념을 반영하는지 여부를 검증하기 위한 간접적인 방법으로, 당시 전략적 환경과 그에 따른 군사 독트린의 일반적인 추세를 살펴보는 것도 도움이 될 것이다. 만일, 당시 전략 환경이나 군사교리발전 추세가 해군의 중요성을 주장할 만한 근거가 되지 않는다면 국가를 위한 해군의 역할을 강조한 해군 리더들의 설명의 진실성은 퇴색되는 것으로 볼 수 있을 것이다.

실제로, 1990년대 국익을 위해 해군의 능력을 향상시킬 필요가 있다는 해군 리더들의 주장은 당시 군사교리의 발전 추세와 잘 맞아떨어지는 내용이었다. 현대 (미군) 군사교리에서 가장 주목할 만한 내용 중 하나로 군사력을 어떻게 사용하는지 그 방법에 대한 강조를 들 수 있는데, 그 대표적인 내용으로 효과기반작전(Effects-Based Operations 또는 EBO)과 신속결정작전(Rapid Decisive Operations 또는 RDO) 같은 개념들이 있다. 재래식 전쟁을 수행하는 전통적인 방법은 가장 중요한 표적을 공격하기 전에 이를 방어하는 적의 방어 전력들을 괴멸시키는 것으로부터 시작했다. 반면, 신속결정작전(RDO)은 이러한 소모적이고 순차적인 전쟁 방식을 지양하고 '평행적 전쟁' 방식을 추구한다. 평행적 전쟁 방식이란 적의 권력 유지나 전쟁 지속을 위한 핵심적인 시스템들을 동시다발적으로 공략하는 것을 의미한다.[25] 핵심적인 시스템들에는 지휘부, 전력 공급시설, 통신시설 및 기타 필수 산업시설 등이 포함된다. 이러한 평행적 방식에서 추구하는 목표는 적의 괴멸이 아니라 전력의 경제적인 사

25) Brigadier General Deptula. *Effects-Based Operations*. pp. 3-4.

용으로 긍정적인 정치적 결과를 창출하는 구체적인 효과를 거두는 것이다.

물론, 이 개념이 군사전략의 역사상 새로이 등장한 전쟁수행 개념은 아니지만, 해군 또는 공군전력에서 운용할 수 있는 정밀유도 미사일(Precision-Guided Missiles 또는 PGMs)의 발전은 그러한 신속하고, 결정적이며, 경제적인 전쟁을 수행하기 위한 매우 중요한 촉진제 역할을 한 측면이 있다.[26] 이러한 개념이 체계적으로 적용된 최초의 현대전은 1991년 걸프전이라고 할 수 있다. 미 공군 뎁툴라(Deptula) 장군의 설명에 따르면, 당시 걸프전은 1942년과 1943년 기간 동안 (베트남 전쟁에서) 미 8공군의 모든 전력이 공격한 표적의 총계보다 더 많은 표적을 단 하루에 공격하는 계획으로 시작되었다.[27] 전쟁 개시 단계에서 그러한 표적들을 공략한 것은 잠수함과 수상함에서 발사한 토마호크 지상공격용 미사일, 항공모함에서 발진한 항공기, F-117 같은 스텔스 폭격기, 특수전 전력 등이었다. 이러한 전쟁 수행 개념은 2003년 이라크 전쟁의 개시 단계에도 적용되었는데, 사담 후세인에 대한 기습 공격을 다름 아닌 해군 잠수함과 수상함에서 39발의 토마호크 미사일을 발사하면서 시작했

26) 예를 들어, 리델 하트(Liddell Hart)는 전쟁을 수행하는 데 "간접적 접근"이라는 개념을 통해 효과 측면을 강조했다. 그는 견고한 방어를 취하고 있는 적을 공격해서는 안 된다고 주장했다. 다시 말해, 직접 적과 교전하기 전에 적의 방어체계를 혼란시키고 느슨하게 하는 조치들을 먼저 취해야 한다고 강조했다. 자세한 내용은 다음 문헌을 참조하라. B. H. Liddell Hart. *Strategy*. London: Faber&Faber Ltd., 1954. 이와 비슷한 개념을 중국 고대 전략서인 『손자병법』에서도 찾을 수 있다. 『손자병법』에 따르면, 전투에서 최고의 기술은 싸우지 않고도 적을 굴복시키는 것이다. 『손자병법』에서 최고의 군사전략은 (적의) 전략을 공격하는 것이고, 다음은 동맹을 공격하고, 그다음은 군사를 공격, 그리고 가장 최하책으로 성벽으로 방어된 도시를 공격하는 것을 꼽는다. Sun-Tzu. *The Art of Warfare*. New York: Ballantine Books, 1993. Translated, with an introduction and commentary, by Roger T. Ames. p. 111.

27) Brigadier General Deptula. *Effects-Based Operations*. p. 2.

다.[28] 2003년 이라크 전쟁의 안정화 및 재건 단계를 제외하면, 1991년과 2003년 두 차례의 걸프전은 아군의 피해를 최소화하면서 효율적인 전쟁을 수행할 수 있는 예를 보여주었다고 할 수 있다. 만일, 미군이 당시 핵심 표적을 무력화시키지 않고 이라크 지상군의 방어망을 직접 돌파하는 방식을 선택했다면, 전쟁의 결과가 그렇게 단기간에 나오지 않았을 수도 있다.

이러한 교리 발전 내용은 한-미 연합사의 전쟁수행 방식에도 반영되었다. 1998년 이전에 수립된 계획의 기본 개념은 북한이 먼저 공격을 해왔을 경우, 북한군의 남하를 저지하고 군사분계선 북쪽으로 다시 밀고 올라가는 것이었다.[29] 이와 같은 시나리오에 따르면, 개전 초 한국은 북한의 선제공격으로 인한 피해를 어느 정도 감수하면서 미 증원전력이 도착할 때까지 전선을 유지해야 했다. 반면, 1998년 개정된 작전계획은 더욱 공세적인 개념을 반영하고 있다[30](사실, 한국 인구의 절반가량이 서울에 살고 있는 실정을 고려할 때, 한국은 북한이 물리적인 공격을 실제로 시작할 때까지 기다릴 여유가 없다). 이러한 전쟁개념에서 적의 핵심표적에 대한 공격은 잠수함, 대형 수상함, 항공모함, 공군전투기 등 정밀타격을 할 수 있는 작전요소들이 담당하게 된다.

---

28) Michael R. Gordon and General Bernard E. Trainor. *Cobra Ⅱ: The Inside Story of the Invasion and Occupation of Iraq.* New York: Pantheon Books, 2006. p. 175.

29) 자세한 내용은 다음 웹사이트를 참조하라. http://www.globalsecurity.org/military/ops/oplan-5027.htm.

30) 같은 글.

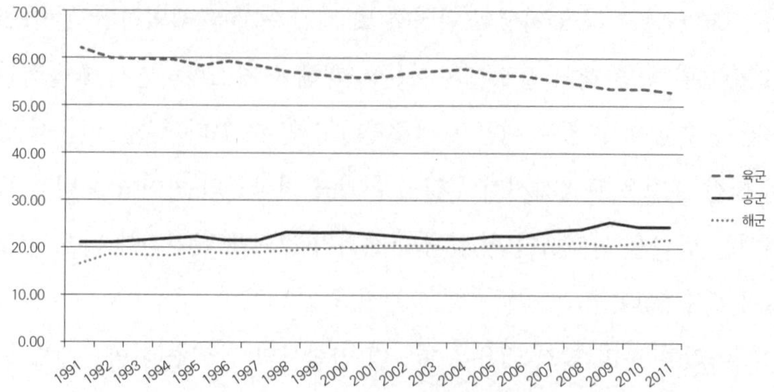

〈그림 4.1〉 육군, 공군, 해군 예산을 백분율로 표현한 비율(%)[1991~2011]

* 출처: Korea Defense Budget Statistics, the Korea Institute for Defense Analyses (KIDA)[다음 웹사이트 참조: http://kida.re/kr/ja_statistic/index.htm]

저자는 여기서 육군의 역할이 해군이나 공군의 그것에 비해 중요도가 떨어지게 되었다고 주장하는 것이 아니라는 것을 강조해둔다. 저자의 요지는 해군과 공군의 역할도 육군만큼 중요하며, 전쟁의 국면에 따라 다양한 군 전력이 서로 다른 강점으로 전략적 · 전술적 목표를 성취하는 데 도움이 될 수 있다는 것이다. 동시에, 한국의 해군력 성장을 순전히 조직 이기주의의 시각으로 보는 것도 무리가 있다는 것이다. 왜냐하면, 한반도의 안보 상황과 현대 군사교리의 발전 측면에서 보더라도 다양한 임무를 수행할 수 있는 대형 해군함정들을 건설해야 한다는 해군 장교들의 주장은 시기적절한 것이었기 때문이다.

그렇다면, 대형 함정 건설을 지속적으로 추진할 수 있었던 이유가 타군에 비해 해군의 조직적 영향력이 성장했기 때문일지도 모른다는 가설은 얼마나 타당성이 있는 것일까? 다른 조직과 비교하여 상대적인 조직적 영향력을 알 수 있는 척도의 하나로 얼마나 많은 재원이 그 조직에 할당되는가를 들 수 있다. 이러한 측면에서 저자는 지난 20년 동안 육군, 공군 그리고 해군의 예산 규모를 비교해보았다. 〈그림 4.1〉은 육·해·공 각 군의 예산을 3군 전체 예산의 합에 대한 백분율로 보여주고 있다.

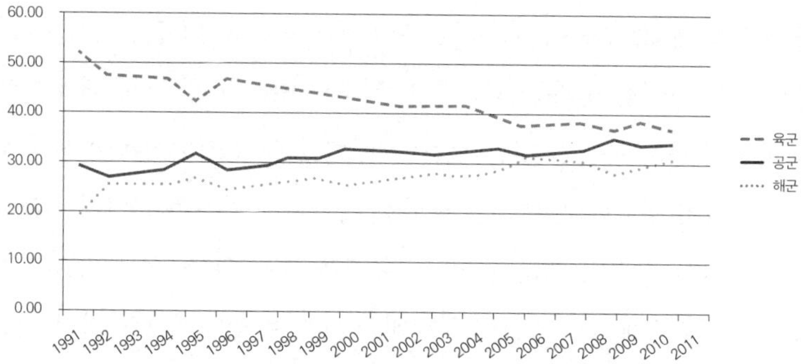

〈그림 4.2〉 육군, 공군, 해군의 전력투자비를 백분율로 표현한 비율(%)[1991~2011]

* 출처: Korea Defense Budget Statistics, the Korea Institute for Defense Analyses (KIDA)[다음 웹사이트 참조: http://kida.re/kr/ja_statistic/index.htm]

위 그림에서 가장 흥미로운 사실은 1990년대 초부터 거의 20년 동안 해군 예산의 확연한 증가는 없었다는 것이다. 게다가 해군은 항상 가장 적은 액수의 예산을 할당받아왔다. 육군의 예산 비율이 지속적으로 줄고, 공군과 해군의 예산 비율은 증가했지만, 육군은 여전히 3군 예산 중 절반이 넘는 가장 큰 비율을 차지해왔다. 유지해야 할 인원과 부대의 규모 등의 측면에서 육군이 가장 큰 조직이라는 사실을 고려하면, 육군의 예산이 가장 많은 것은 그리 특이한 현상이 아니다. 따라서 저자는 다시 3군의 전력 증강을 위한 예산만을 비교해보았고, 그 결과는 〈그림 4.2〉에서 확인할 수 있다. 해군의 전력 증강 예산도 기간 동안 주목할 만한 증가를 보이지는 않았다. 1991년(19.9%)과 1992년(25.75%) 사이에 비교적 눈에 띄는 증가를 보이긴 했지만, 해군이 대양해군을 향한 본격적인 움직임을 보이기 시작한 1995년부터는 그 정도의 예산 증가 현상은 없었다.

혹자는 〈그림 4.2〉에서 1991년의 육군과 해군의 전력투자비 차이가 2011년에 많이 줄어든 사실로부터 해군이 점차 더 많은 예산을 확보하는 데 상당한 성과를 올렸다고 볼 수도 있다. 물론, 해군에게 할당된 예산이 점차 증가한 것은 사실이고, 이는 균형 잡힌 전력건설을 위해 고무적인 발전이다. 하지만 이러한 예산의 증가가 해군이라는 조직의 영향력이 커졌기 때문이라고 결론지을 수는 없다. 첫째, 그림에서 보듯이 해군에게 할당된 전력투자비의 액수는 상대적으로 가장 적었다. 기간 동안 공군의 그것보다 많았던 경우가 전무하다. 둘째, 전력투자비의 점차적인 증가는 공군도 해당되는 사항으로, 이는 해군에게만 국한된 경우로 볼 수 없다. 이러한 공군과 해군의 점진적인 전력투자비 증가는 오히려 한국 국방 전문가들 사이에서 강조되어온 균형 잡힌 전력건설과 육군 중심 군 구조의 개선이라는 관점에서 보는 것이 더 적절할 것이다. 사실, 이러한 변화가 국회에서 얼마나 강력하게 또 얼마나 자주 강조되어왔는지를 고려하면, 위 표가 보여주는 변화는 매우 더디게 일어났다고 볼 수 있다. 예를 들어, 이 사안은 1990년대를 통해 국방부 국정감사에서 매년 이슈가 되었다. 조직의 성향과 제도(institutions)의 '고착성' 측면을 보여주는 단면이라고도 하겠다.

이렇듯 해군 예산의 증가율이 낮았다는 사실로부터 관료주의적 설명의 타당성이 크게 감소함을 알 수 있다. 위의 그래프에서 지난 20년 동안의 수치를 비교해서 보고 있기 때문에 그나마 증가하는 경향을 알 수 있지만, 당시 해군 리더들의 입장에서 보면 그 증가율은 더욱 작게 느껴졌을 것이다. 만일, '대양해군'을 향한 움직임이 해군의 예산을 더 할당받기 위한 조직 이기주의 차원에서 추진된 것이었다면, 해를 거듭해도 별다른 성과가 없는 정책을 어떻게 해군 리더들이 대대로 10년이 넘는 기간 동안 꾸준히 추진했을 수 있겠는가?

육군의 지속적인 제도적 영향(그리고 해군과 공군의 미미한 영향)은 각 군의 인원이 얼마나 많이 국방부나 합참의 주요 직책에 보직되어 있는지를 보더라도 미루어 짐작할 수 있다.[31] 다소 시간이 지난 관찰이기는 하지만, 1996년 국방부 국정감사에서 허대범 의원은 국방부와 합참의 대부분의 주요 직책이나 위원회가 육군 인원으로 구성되어 있기 때문에 3군의 균형 있는 발전을 이루기는 어려운 구조라고 주장했다. 그의 주장에 따르면, 당시 국방부의 "국장급 이상 19명 중 17명, 과장급 이상 74명 중 65명"이 육군 출신으로 구성되어 있었다.[32]

이와 같은 상황은 10년이 넘는 기간이 흘러도 큰 변함이 없었다. 2008년 기준, 국방부 국장급 22명 중 7명이 육군 장성이고 15명이 민간인이었다.[33] 이렇듯 민간인 보직 수가 증가한 것은 군에 대한 민간통제 원칙에 입각한 지속적인 개혁의 결과로 어느 정도는 이해할 수 있을 것이다. 하지만 민간인 15명 중 진정한 민간인은 8명뿐이었고, 나

31) 저자는 이 부분에서 조직/관료주의 정치 모델의 관점에서 서술하고 있기 때문에 조직 이기주의 성향을 강조하여 기술하고 있음을 밝혀둔다. 특정 군이나 조직 출신이 반드시 자신의 조직 발전만을 생각할 것이라고 주장하는 것은 아니다. 예를 들어, 해군이나 공군 출신이 안보상황을 고려하여 육군의 무기체계의 개선을 요구할 수도 있고, 육군이 해군이나 공군력의 개선을 필요하다고 생각할 수 있다는 것을 강조한다.

32) 국회사무처, 「1996년도 국정감사 국방위원회 회의록(피감사기관: 국방부)」, p. 37.

33) 조성식. "'이상희 국방' 리더십 & 정책", 「신동아」, 589권, 2008년 10월 1일. pp. 180-199.

머지 7명은 전역한 육군 장성들이었다.[34] 문희상 의원에 따르면, 국방부 국장으로 근무한 전역 육군 장성 중 많은 인원이 육군 전역과 거의 동시에 그 보직에 임명되었다고 한다.[35] 유삼남 의원이 주장한 것처럼 이러한 시스템이나 구조에서는 중요한 정책 결정 과정에 해군과 공군의 입장이 충분히 반영될 것이라고 보기는 힘들 것이다.[36]

지금까지 저자가 제시했듯이, 한국 해군이 1990년대부터 서서히, 하지만 일관성 있게 대양작전을 위한 함정들을 건조해올 수 있었던 것은 예산의 증가나 제도적인 영향력이 확대되어서가 아니었다. 이는 해군이 다른 형태의 무기체계보다 대양작전을 위한 전력 획득을 우선시 했기 때문이고, 또한 이러한 전력 우선순위가 국방 정책 결정과 관련된 커뮤니티에서 어느 정도 지지를 받았기 때문이다. 예를 들어, 해군은 대양작전 능력보다 기뢰제거 전력이나 해양 항공초계 능력을 신장시키기 위한 전력 획득에 더 많은 예산을 사용했을 수도 있다.

사실, 제한된 재원으로 인해 대양해군을 위한 전력건설계획은 매우 더딘 속도로 추진되었을 뿐 아니라, 지연된 경우도 적지 않았다. 이상득 의원의 주장에 따르면, 해군은 1999~2003년 국방 중기계획에 반영되어 있는 할당 예산의 79%만을 사용할 수 있었다고 한다.[37] 이는 부분적으로 해군 무기체계사업이 우선순위에서 다른 사업들에 밀렸기 때문이라는 것이다. 당시 주요 무기 사업으로는 (정부가 추진한) 러시아 무기 구매 프로그램, 공군의 T-50 훈련기 생산, 공중조기경보 및 통제기

---

34) 같은 글.

35) 국회사무처, 「2008년도 국정감사 국방위원회 회의록(피감사기관: 국방부)」(부록), pp. 33-34.

36) 국회사무처, 「2000년도 국정감사 국방위원회 회의록(피감사기관: 국방부)」, p. 2.

37) 국회사무처, 「2003년도 국정감사 국방위원회 회의록(피감사기관: 해군본부)」(부록), p. 9.

(AWACS) 연구 개발 등이 있었다.[38] 이러한 어려움으로 인해 이지스 구축함, 다목적 상륙함, 214급 잠수함이나 대잠 초계기 등 해군의 주요 전력 도입 계획이 조금씩 늦춰졌다는 것이다.[39] 하지만 문정일 전 해군참모총장에 따르면, 육군의 많은 장군들이 해군을 높이 평가하고 있는데, 이는 많은 어려움에도 불구하고 제한된 예산으로 효율적이고 생산적인 전력건설을 통해 확실한 결과물들을 만들어냈다는 것이다.[40] 이러한 시각은 저자가 인터뷰한 다른 고위 군 관계자들도 공감하는 내용이다.

요약 및 절충적 관점으로의 전환

제4장을 통해 저자는 조직/관료주의 정치 시각이 대양해군과 관련된 현상을 얼마나 잘 설명할 수 있는지를 검증했다. 먼저 저자는 한국군에서 육군의 영향력이 얼마나 큰지, 또 타군 조직 간에 어떠한 경쟁적 역학이 작용하는지 설명했다. 검증 결과, 무기 도입과정에서 3군 간에 관료주의 역학이 관련된 경우도 있었다. 하지만 1990년대부터 대양해군을 건설해야 한다는 해군의 움직임은 해군이 조직 이기주의를 추구했거나, 해군 조직이 과거에 비해 영향력이 신장된 결과로 설명할 수 없다는 결론을 내렸다. 첫째, 이러한 관점들을 뒷받침할 증거들이 발견되지 않았다. 더욱이, 해군 리더들이 대형 함정의 필요성을 강조한 것은 현대 군사전략이나 군사작전 수행방식 측면에서 매우 시기적절한 것이었다. 따라서 대형 함정을 건설하자는 해군의 주장을 단순히 조

38) 같은 자료, p. 34.

39) 같은 자료, pp. 29-30.

40) 국회사무처, 「2004년도 국정감사 국방위원회 회의록(피감사기관: 해군본부)」, p. 7.

직 이기주의 차원으로 보기는 어렵다. 둘째, 대양해군 운동이 계속되는 기간에도 해군의 전력증강을 위한 예산이 크게 증가하지 않았다. 마지막으로, 해당 시기에 국방부나 합참 같은 군의 최상위 조직에서 해군이 차지하는 비중이 크게 늘어나지는 않았다는 것이다.

예산이나 조직 차원의 이익이 아니라면, 해군의 리더들이 대양해군을 위한 전력건설을 지속적으로 추구할 수 있게 한 요인은 무엇이었을까? 제3장에서와 마찬가지로, 저자는 여기서 조직/관료주의 정치 모델과 관련되지만 약간은 다른 시각의 설명을 제시해본다. 조직의 구성원들이 항상 합리적인 계산과 이익에 근거한 행동을 하는 것은 아니다. 사실, 조직 구성원들은 조직의 특성에서 기인하는 역학에 어느 정도 영향을 받기 마련이다. 조직을 운영하기 위해서는 수많은 인원과 그들 간의 협조와 조정이 필요하다. 또한, 조직은 그 목표를 달성하기 위해 항상 불확실성으로부터 오는 문제를 해결해야 한다. 이러한 복잡한 현실을 다루기 위한 방편의 하나로 조직원들은 종종 일상적인 일 또는 절차(routines)를 따른다. 이러한 조직의 일상을 이해하기 위해 마치와 올슨(March and Olsen)의 설명이 매우 도움이 된다.

> "일상적인 절차들(routines)은 동시에 발생하는 많은 일들 간에 상호 일관성을 유지하면서 이들을 조정할 수 있도록 해준다. 일상은 또한 충돌을 피할 수 있도록 해준다. 이들은 모호한 세상을 해석하는 데 도움이 되는 의미의 코드(codes of meaning)를 제공한다. …… 일상 절차들에는 개인 또는 집단의 정체성, 이익, 가치, 세계관이 내포되어 있으며, 이에 따라 이 일상들은 관심의 방향, 평가 기준, 우선순위, 시각, 자원의 활용 등에 영향을 미치게 된다."[41]

41) James G. March and Johan P. Olsen. *Rediscovering Institutions: The Organizational Basis of Politics*. New York: The Free Press, 1989. p. 24.

다시 요약하면, 일상 절차들은 조직에 내재되어 있는 불확실성과 복잡성에 효과적으로 대처하기 위한 표준운용절차(Standard Operating Procedures)로서의 역할을 할 뿐 아니라, 조직 구성원들의 정체성(identity)도 정의해준다. 이러한 특성은 앨리슨과 젤리코(Allison and Zelikow)가 그들의 저서 『결정의 본질(*Essence of Decision*)』에서 조직 행동 모델(모델 2)의 핵심 요소로 강조하는 것이기도 하다.[42]

이러한 조직 행동 모델은 저자가 제6장과 제7장에서 제시하는 사회학적 제도주의 모델과 함께 활용될 수 있다. 무엇보다 두 모델 모두 행위자들에 대해 결과의 논리보다는 적절성의 논리를 따른다는 가정을 한다. 결과의 논리가 최상의 결과를 위해 합리적 또는 전략적인 계산을 하는 특성과 관련되는 반면, 적절성의 논리와 관련된 의사 결정 과정에서는 행위자들이 자신과 그들이 속한 단체의 정체성을 고려하고, 주어진 상황에 적절하다고 여겨지는 행동을 정의하는 규칙을 따른다.[43] 실제로 해군 지도자들은 해군의 조직 이익보다 특정한 시대적 배경에서 한국 해군의 정체성과 역할에 대한 믿음을 근거로 더 큰 해군의 필요성을 주장했을 수도 있다.

제2장에서 논의한 것처럼 앨리슨과 젤리코는 조직 이기주의 모델(Model Ⅲ)과 정체성 또는 기준 모델(Model Ⅱ)을 구분하여 설명한다. 이와 관련하여 저자의 입장은 이 두 모델이 서로 다른 조직 행동의 논리를 강조하긴 하지만, 이들을 반드시 상호 배타적인 모델로 볼 필요는 없다는 것이다. 오히려, 이들은 관료주의 또는 조직역학에서 공존하고 있는 다른 측면의 특성으로 이해해야 한다. 군 조직이 어떤 결정을 내릴 때,

42) Allison and Zelikow. *Essence of Decision*.

43) James G. March. *A Primer on Decision: How Decisions Happen*. New York: Free Press, 1994. p. 58.

그것은 타군의 이익과 비교하여 우리 군의 이익을 고려할 때도 있지만, 그 조직의 정체성과 그 조직이 대표하는 의미를 중요하게 생각할 때도 있다. 더욱 중요한 것은 조직의 이익 자체가 그 조직의 정체성을 바탕으로 정의될 수도 있다는 것이다. 예를 들어, 핼퍼린(Halperin)은 조직의 에센스를 조직 이익의 중요한 요소로 본다.[44)]

어떤 측면이 더 부각될 것인지를 묻는 것은 경험적인 문제다. 조직 이익은 특히 다른 조직들의 이익과의 관계에서 특히 중요하게 생각될 것이다. 이 장에서 자세히 설명했듯이, 대양해군을 향한 노력을 타군이나 다른 정부 조직들에 대한 해군의 조직 이기주의와 관련된다고 볼 만한 증거는 찾기 어렵다. 반면, 해군이 그러한 대양해군을 향한 목소리를 높일 때 즈음하여 해군이 과연 어떤 역할을 해야 하는지를 정의하기 위해 많은 노력을 기울인 사실을 발견할 수 있었다. 1980년대 말, 한 미국 학자가 한국 해군에 대한 흥미로운 관찰을 기록했다. 다음은 에드워드 올센(Edward Olsen) 박사가 미 해군참모총장에게 보고한 보고서 내용의 일부다.

"한국 해군들은 (국가에 대한 자부심 때문에) 인정하지 않겠지만, 한국 해군은 현재 일본 해상자위대의 전력과 능력, 그리고 일본이 마음만 먹으면 바로 개발할 수 있는 전력들에 대해 상당한 부러움을 갖고 있을 것이다. 간단히 말해, 해자대는 —전략적인 필요성이 그다지 많은 것도 아니고, 공식적으로 집단 안보 활동에 참여할 수 없는 상황임에도 불구하고— 한국 해군이 꿈에서나 가능한 일들을 할 수 있는 재원을 보유하고 있다. 더욱이, 일 해자대의 대잠 작전 능력과 잠수함 능력은 동북아시아의 해상교통로(SLOC) 방어를 위한 핵심적인 역할을

---

44) Morton H. Halperin. *Bureaucratic Politics and Foreign Policy.* Washington, D. C.: The Brookings Institution, 1974. With the assistance of Priscilla Clapp and Arnold Kanter.

하고 있는데, 이러한 역할은 한-미 동맹을 위해 필요한 것이기도 하지만 한국 해군이 기여하기를 원하는 부분이기도 하다."[45]

올센 박사의 관찰에는 자신들이 무엇을 할 수 있고, 또 어떤 역할을 해야 하는지에 대한 한국 해군 스스로의 고민이 잘 담겨져 있다. 또한 일본 해상자위대와 같이 앞선 해군들의 능력과 역할을 한국 해군이 닮고자 했음도 엿볼 수 있다. 이러한 관찰들을 고려할 때, 한국 해군이 대양해군의 기치를 올렸던 것을 해군이라는 전문 영역의 제도적 발전의 시각에서 볼 수 있을 뿐 아니라, 조직 정체성을 정의하기 위한 노력의 관점에서 볼 필요성이 대두된다. 저자는 이러한 주장과 관련된 논리를 제6장과 제7장에서 제시한다. 그전에, 다음 장에서는 국가를 단일한 행동의 주체로 이해하지 않는 또 다른 설명인 국내정치 모델을 소개한다.

45) Edward A. Olsen. *Prospects For an Increased Naval Role For the Republic of Korea In Northeast Asian Security*. Prepared for Chief of Naval Operations (Plans, Policy and Operations), Monterey, California: Naval Postgraduate School, March 1989. p. 46. MSDF stands for Maritime Self Defense Force of Japan.

제5장
국내정치적 설명

제5장은 대양해군을 향한 해군의 움직임이 사회(society) 또는 국내정치(domestic politics) 수준 변수의 영향에 의한 결과물인지 여부를 살펴본다. 국내정치 모델 가설에 따르면, 대양해군을 향한 기치는 실무 장교나 연구원들로부터의 개혁을 권장하는 한국사회의 특성이 만들어낸 결과물일 수도 있다. 또는 해군이나 정치인 또는 기업인 등 국내에서 이익을 추구하는 행위자들의 정치적 연합에 따른 결과물일 수도 있다. 첫 번째 가설은 에반젤리스타(Evangelista)의 연구에 근거한 것으로, 국가(정부)의 영향력과 비교하여 사회의 영향력 수준을 외교안보 정책 결정의 중요한 변수로 강조한다. 두 번째 가설은 국내 행위자들과 이들의 이익을 위한 연합 구도가 정부의 외교안보 정책에 영향을 줄 수 있다는 입장을 취한다. 이러한 관점으로 보면, 정부도 국가의 정책을 수립하기 위한 독자적 재량이 제한된다.

저자는 이 장에서 에반젤리스타의 모델은 한국 해군의 사례에 잘 적용되지 않음을 역설한다. 한국의 경우, 에반젤리스타의 이론과는 반대로, 해군력 건설에 필요한 기반 시설과 기술력은 정부의 강한 리더십이 작용하던 기간에 형성되었기 때문이다. 두 번째 가설인 연합형성 모델도 한국 해군력 건설에 대한 설명으로 적절하지 않다. 먼저, 해군-기업 간의 제휴 가능성에 대해 저자는 대기업 방산업체들이 해군(또는 군)에 대해 적극적인 로비를 할 만한 동기가 충분치 않다는 점에 주목하는데, 이는 무기획득 절차의 특성과 이 과정에서 해군이 미칠 수 있는 영향력이 제한되기 때문이다. 대기업으로서는 전체 사업 규모에서 방위산업이 차지하는 비율이 매우 낮기 때문에 경제적인 이익 측면에서도 인센티브가 크지 않다. 또한, 정부와 방산업체들 간의 관계도 흔히 군-산 복합체(military-industrial complex)라는 개념이 예견하는 것과는 매우 다른 역학을 생성한다. 무엇보다 저자는 해군과 정치인들과의 연합도 없었음을 보일 것이다.

에반젤리스타의 주장에 따르면, 미국이 소련에 비해 무기체계 혁신에 성공적이었던 것은 미국 정부에 비해 미국 사회의 역동성이 두드러지며, 이는 다시 실무자들이 주도적으로 업무를 끌어가고 정보를 자유롭게 교류하는 분위기를 형성했기 때문이라고 한다. 반면, 소련의 중앙집권적 무기 개발과정에서는 실무 장교들과 연구진들의 창의적 활동을 위한 동기부여가 되지 않았기 때문에 '혁신'이 힘들었다는 것이다.[1] 에반젤리스타의 모델은 사회와 정부의 특성을 바탕으로 무기 도입 결과에 대한 매우 신선한 시각을 제시해주지만, 이 모델을 한국 해군 사례에 적용하기는 힘들다. 무엇보다 한국의 해군력 건설 과정을 군사적인 "혁신"이라고 보는 것은 적절치 않다. 대양작전이 가능한 해군력을 건설하겠다는 계획은 당시 한국 해군에게 완전히 새로운 정책 방

1) Matthew Evangelista, *Innovation and the Arms Race: How the United States and the Soviet Union Develop New Military Technologies*, Ithaca and London: Cornell University Press, 1988.

향을 제시한 것은 틀림없지만, 혁신이라고 부를 만큼 군사적인 면에서 새로운 개념을 시험적으로 시행한 것은 아니었기 때문이다. 선진 국가들이 사용해왔고 성능이 입증된 무기체계들을 "도입"하자는 것으로 봐야 적절할 것이다. 따라서 논의의 초점은 그러한 무기체계들의 도입을 통한 선진 기술과 노하우를 배우고 축적하는 과정에 두어야 한다. 선진 기술을 배우는 방법에는 여러 가지가 있지만, 그중 하나는 절충교역(offset) 등을 포함한 외국 업체들과의 무기 구입 계약 방식을 통한 것이 있다.

절충교역은 "군사 관련 수출에서 판매의 조건으로 요구되는 다양한 방식의 산업 기술적 또는 상업적 보상"을 일컫는 무기 거래의 한 관행이다.[2)] 이러한 절충교역 조건은 가스 터빈, 대공 유도미사일, 추진 시스템, 그리고 전투 통제 시스템 등 해군함정의 다양한 구성장치들을 생산하는 데 포함되어왔다.[3)] 기술 축적을 위한 이러한 노력은 꽤 성공적이었다고 평가할 수 있는데, 그 결과로 한국도 자체적으로 어뢰, 함포, 수중 음향탐지기, 유도 미사일 등 정교한 무기들을 생산할 수 있게 되었다.

---

2) Stephanie Neuman. "Offsets in the International Arms Market." in *World Military Expenditures and Arms Transfers 1985*. Washington, D. C.: U. S. Arms Control and Disarmament Agency, 1985. p. 35. 절충교역이 널리 성행한 이유는 판매국가의 경제적 이익과 구매국가의 욕구를 모두 충족시켜주기 때문이다. 절충교역은 당사국 간 동의에 따라 다양한 형태를 취하는데, 그러한 형태의 예로는 공동 생산, 라이선스 생산, 하청 생산, 해외 투자, 연계무역(countertrade), 물물교환, 대응 구매(counter-purchase), 되사기(buy-back) 등이 있다. 절충교역에 대한 세부적인 내용은 다음 문헌을 참조하라. David J. Louscher and Anne Naylor Schwarz. "Patterns of Third World Military Technology Acquisition." In *The Dilemma of Third World Defense Industries: Supplier Control or Recipient Autonomy?*, by Kwang-Il Baek, Ronald D. McLaurin and Chung-in Moon, pp. 33-56. Inchon, South Korea: Center for International Studies, Inha University, 1989. pp. 40-41.

3) 국회사무처, 「1995년도 국정감사 국방위원회 회의록(피감사기관: 대우중공업)」, p. 21.

하지만 앞서 강조한 것처럼 이러한 노력이나 결과는 '따라잡기'에 더 가깝다고 볼 수 있고 기술적인 혁신을 이룩했다거나 선도한 경우로 볼 수는 없다. 더욱이, 대양해군이라는 기치 아래 건조된 수상 전투함이나 잠수함의 국산화율이 그다지 높은 것도 아니었다.[4] 해군과 국내 업체들의 공동 노력으로 대부분의 함정들을 설계하고 건조한 것은 사실이지만, 전투체계 같은 주요 부품들은 수입하거나 국내외 업체들이 함께 작업한 경우가 많았다. 예를 들어, 광개토대왕급 구축함(KDX-Ⅰ)과 충무공 이순신함급 구축함(KDX-Ⅱ)은 모두 MK 7 수상함 전투체계(Surface Ship Command System 또는 SSCS)를 탑재했는데, 이는 한국 방산업체인 삼성탈레스가 영국 비에이이시스템(BAE systems)의 기술을 도입하여 제작한 것이다.[5] 세종대왕함급(KDX-Ⅲ) 구축함은 미국 방산업체인 록히드마틴(Lockheed Martin)에서 제작한 이지스(Aegis) 전투체계를 탑재하고 있다. 방위사업청도 이러한 핵심적인 장비나 부품을 자체 생산할 능력이 없다는 것이 한국 방위산업이 갖고 있는 심각한 문제라고 지적했다.[6]

에반젤리스타의 모델을 한국 사례에 적용하는 데 또 다른 문제는 바로 한국 방위산업이 발전해온 양상에 관한 것이다. 사실, 한국은 에반젤리스타의 이론이 예측하는 정반대의 경우에 해당한다. 즉, 국가의 강한 리더십이 한국 방위산업 발전을 위한 핵심적인 요인이었다는 것이다.[7] 이는 한국이 정부의 강한 리더십으로 매우 빠른 경제발전을 이

4) 국산화율에 대한 자세한 논의는 제3장을 참조하라.

5) Stephen Saunders. *Jane's Fighting Ships 2008-2009*. Jane's Information Group: Cambridge University Press, 2008. pp. 452-454.

6) 방위사업청. 『방위사업개론』(서울: 대한민국 방위사업청, 2008), p. 357.

7) 문정인 교수도 다음 문헌에서 본 저자와 유사한 주장을 하고 있다. Chung-in Moon. "South Korea: Between Security and Vulnerability." In T*he Implications of Third World Military Industrialization: Sowing the Serpents' Teeth*, by James Everett Katz, pp. 241-266. Lexington: D.

룩한 것과 유사한 과정으로 이해하면 될 듯하다. 그도 그럴 것이 방위산업 육성은 1970년대 정부가 주도한 경제발전계획의 일부분이었다. 제3장에서 자세히 설명했듯이, 1960년대 후반 북한의 도발행위가 증가하는 가운데 미국이 한국의 안보를 책임지지 않을 것이라는 두려움이 고조됨에 따라 박정희 대통령은 방위산업을 포함하여 자주적인 국방 능력을 건설해야 한다는 절박한 필요성을 느꼈다. 이후 박 대통령의 지시에 따라 한국 경제개발계획을 작성한 당사자이기도 한 오원철 전(前) 대통령 경제수석비서관은 한국에서 방위산업을 양성시킬 계획을 수립한다.[8] 그 계획의 내용은 중공업과 방위산업을 동시에 건설하는 것이었다. 중공업을 양성함으로써 한국의 경제발전에 전반적으로 기여함은 물론, 필요 시 신속히 무기 생산량을 늘릴 수 있는 능력을 갖춘다는 것이다.[9] 실제로, 오원철 전 경제수석이 회고하는 것처럼 한국의 중공업 발전은 국가가 주도하는 방위산업 건설을 위한 하나의 방안으로 추진되었다고 해도 과언이 아니다.[10]

한국의 방위산업 건설 과정이 얼마나 중앙집권적으로 추진되었는지를 보면 매우 흥미롭다. 모든 주요 결정은 대통령과 비서실장, 경제수석 그리고 국방과학연구소장을 포함한 매우 적은 수의 정책결정자들 사이에서 이뤄졌다.[11] 대통령에게 직접 보고하는 중앙 연구개발 기관으로서 국방과학연구소(ADD)는 군, 기업, 학계 등으로부터 필요한 자

C. Heath and Company, 1986. p. 247.

8) 이에 관한 자세한 내용은 다음 문헌을 참조하라. 오원철.『한국형 경제건설: 엔지니어링 어프로치』(서울: 기아경제연구소, 1996).

9) 오원철.『한국형 경제건설』. p. 26.

10) 같은 책. p. 76.

11) Moon. "South Korea: Between Security and Vulnerability." p. 250. 이러한 사실은 위에서 제시한 오원철의 저서에서도 확인할 수 있다.

원과 지원을 총동원할 권한이 주어졌다. 정부 주도적인 계획의 일환으로, 정부가 생산 및 조립업체들을 지정했다. 정부는 또한 기업의 참여를 위한 인센티브도 제시했다. 그 예로서, 방위산업업체를 위한 저금리 대출 보장, 판매 계약 액수의 90%까지 선금 지급, 수입관세 면제, 공장부지 선정 우선권 부여, 방산업체에 고용된 기술자들은 군 복무를 면제시켜주는 등의 방식이 포함되었다.[12] 이러한 인센티브에 힘입어서인지 한국의 방산업체 수는 1972년 29개에서 1981년에는 92개로 급증하게 된다.[13] 한편, 이러한 방위산업에 대한 공공연한 논의는 국가안보를 이유로 금지되었다. 문정인 교수는 "부작용이 없었던 것은 아니지만, 중앙집권적인 결정과정과 사안에 대한 철저한 보안 유지로 인해 방위산업 부문은 여러 정치적 논의로부터 자유로울 수 있었고, 이로 인해 급속한 성장이 가능했다"고 주장한다.[14]

선박 건조산업에서도 핵심적인 원동력은 정부였다. 현대중공업도 정부의 지원으로 1973~1974년 기간 중 울산에 대형 조선소를 건설하면서 국제 수준의 선박건조업체를 향한 첫발을 내디뎠다.[15] 대우조선이나 삼성중공업 같은 업체들도 이와 비슷한 절차를 통해 선박건조업계에 뛰어들었다. 정부는 조선산업을 정책적으로 육성하기 위해 "계획조선제도"를 도입하기도 했는데, 이는 조선업체가 정부의 재정지원으로 선박을 건조하고, 건조된 선박들은 정부에서 이미 지정해놓은 수요업체들에게 판매하는 방식이었다.[16] 여기에 더해 방위사업에 참여하

12) Moon. "South Korea: Between Security and Vulnerability." p. 249.

13) 오원철. 『한국형 경제건설』. p. 189. Moon. "South Korea: Between Security and Vulnerability." p. 249.

14) Moon. "South Korea: Between Security and Vulnerability." p. 250.

15) 김효철. 『한국의 배』(서울: 지성사, 2006). p. 69.

16) 같은 책. p. 73.

는 업체에 대해서는 위 단락에서 설명한 인센티브까지 주어지게 되는 것이다. 문정인 교수가 강조하듯이, 아마도 가장 큰 인센티브는 정부가 생산품을 구입해주고 경제적으로 어려울 때 지원할 것이라는 약속을 통한 회사의 생존 보장이었을 것이다.[17] 예를 들어, 현대중공업이 1973년 오일쇼크에 따른 수출 감소현상을 겪고 있을 때, 박정희 정부는 해군함정(울산급 유도탄 호위함) 건조에 참여할 것을 유도하는 등 회사가 경제적 난국을 극복할 수 있도록 돕기도 했다.[18]

혹자는 이러한 강력한 정부 주도의 분위기가 변하면서 오히려 대양해군 건설에 도움이 될 만한 변화가 있었을 수도 있지 않느냐는 주장을 할 수도 있다. 민주화가 바로 그와 같은 변화 중에 하나일 수도 있을 것이다. 하지만 한국의 민주화 결과가 대양해군 건설에 영향을 미치기에는 너무 최근에 일어난 일이다. 한국의 민주화는 1980년대 말에 이뤄진 것으로 보는 것이 학계의 공통된 견해인데, 이는 헌팅턴(Samuel P. Huntington) 교수가 '제3의 물결(the third wave)'이라고 일컬었던 1974~1990년 기간 중 유럽, 라틴아메리카, 아시아에서 일어난 민주화에 속한다.[19] 잘 변화하려 하지 않는 제도(institutions)의 속성을 고려할 때, 1980년대 말에 이뤄진 한국의 민주화 과정이 바로 사회 분위기에 변화를 가져오고, 실무자들이 창조적으로 일하는 분위기를 창출하여 1990년대 선진 무기체계 건설로 이어졌을 것이라는 설명에는 다소 무리가 따른다.[20]

---

17) Moon. "South Korea: Between Security and Vulnerability." p. 249.

18) 오원철. 『한국형 경제건설』. p. 434.

19) Samuel P. Huntington. *The Third Wave: Democratization in the Late Twentieth Century*. Norman and London: University of Oklahoma Press, 1991.

20) 제도의 안정성과 변화의 속성에 대해서는 다음 문헌을 참조하라. James Mahoney and Kathleen Thelen. "A Theory of Gradual Institutional Change." In *Explaining Institutional Change: Ambiguity, Agency, and Power*, by James Mahoney and Kathleen Thelen, pp. 1-37.

사실, 1987년 대우에서 시작한 잠수함 건설도 정부의 재정 지원(약 9,000만 달러)으로 진행된 사업이었다.[21]

설령 1990년대부터라도 민주화된 한국이 다소 약해진 정부의 주도권과 활발한 사회 분위기로 특징지을 수 있다고 가정해보자. 그렇다고 하더라도 정부-사회관계 이론은 한국의 해군력 건설 사례를 설명하기에 적당하지 않다. 제3장에서 저자는 한국의 발달한 조선 기술과 산업 기반이 대양해군을 향한 전력건설을 위한 필요조건(necessary conditions) 중 하나로 작용했다고 주장했다. 다시 말해, 기술력과 산업기반 없이는 한국이 해군전력건설을 성공적으로 추진하지 못했을 것이라는 뜻이다. 여기서 우리가 주목해야 할 것은 그러한 한국의 기술력과 산업기반은 정부의 강력한 주도력이 존재하던 시기에 이뤄졌다는 것이다. 이런 사실이 바로 민주화된 한국의 완화된 정부의 성격으로 인해 대양해군을 위한 선진 군사력 건설에 유리한 사회적 조건이 조성되었을 것이라는 가정과는 정면으로 배치된다.

그렇다면, 대양해군 건설 움직임이 국내 행위자들 간의 연합정치(coalition politics)에서 나온 결과일 수도 있을까? 이런 시각에서 본다면, 한국 해군이 건설한 대양해군전력은 국제안보 상황에 근거한 전략적 고려의 산물이 아니다. 오히려, 대형 해군함정 건조에 관계되는 해군, 정치인, 사업가 같은 국내 행위자들 간 연합을 형성하여 자신들의 이익을 추구한 행동의 결과일 수도 있다고 보는 것이다.[22] 예를 들어, 군산복

New York: Cambridge University Press, 2010.

21) 정부의 지원은 주로 함정 건조 시설 공사 및 건조 인원 교육 등에 사용되었다. 관련 정보는 다음 문헌을 참조하라. 국회사무처, 「1993년도 국정감사 국방위원회 회의록(피감사기관: 대우중공업)」, p. 6.

22) 연합정치 모델의 국제정치학적 설명을 위해서는 다음 문헌을 참조하라. Jack Snyder. *Myth of Empire: Domestic Politics and International Ambition*. Ithaca, NY: Cornell University Press,

합체(military-industrial complex) 주장도 이러한 시각을 바탕에 깔고 있는 접근 중 하나다.

이러한 입장에서 국가안보에 필수적이지 않았던 해군전력이 건설되었다고 가정한다면, 가장 생각하기 쉬운 국내 행위자들의 연합은 해군과 조선업체일 것이다. 물론, 가능한 가설이기는 하지만, 이 모델은 한국 해군전력 발전 사례를 설명하기에 적절하지 않다. 이 모델의 기본적인 가정은 조선업체가 영향력을 행사하여 해군의 정책결정과 전력획득으로 이어졌다는 것이다. 하지만 조선업체들이 군의 무기획득 방향을 바꾸기 위해 해군(또는 정부나 군 전반)에 로비 등을 통해 영향을 미쳤다는 증거는 찾기 힘들었다. 물론, 전력획득 과정에 관계한 모든 업체들과 군 관계자들을 모두 철저히 조사하지 않는 이상 이런 종류의 증거가 실제로 존재하는지를 식별하는 것은 매우 힘든 작업이다. 저자는 그에 대한 대안으로서 한국의 무기획득 과정의 특성을 살펴봄으로써 이 과정이 어느 정도 외압에 취약한지, 그리고 과연 방산업체들이 해군 무기체계 계약을 따내기 위한 로비를 할 만한 인센티브들은 얼마나 있는지를 조사해보았다. 이와 관련하여 해군함정 설계 분야에서 실무를 하다가 전역한 정광원 전 대우조선해양 이사는 방위산업업체들이 무기체계 획득을 위한 결정과정에 영향을 줄 수 있는 여지가 거의 없다고 설명한다.[23] 또한, 김동진 전 국방장관(1996~1998)의 국회 진술을 보더라도 한국에서는 군산복합체 같은 것이 형성되어 있을 가능성이 거의 없다는 입장이다.[24]

1991.

23) 저자의 정광원 이사와의 인터뷰(부산, 2011년 5월 26일).

24) 국회사무처, 「1996년도 국정감사 국방위원회 회의록(피감사기관: 국방부)」, 대한민국 국회, 1996. p. 48.

첫째, 무기획득 절차의 관점에서 보면, 해군-업체 간 연합이 대양해군 현상 뒤의 메커니즘이 될 수 없다는 것은 어렵지 않게 이해할 수 있다. 이는 바로 무기획득 절차의 구조적인 특징, 특히 1990년대의 구조적인 특징 때문이다. 어떤 무기체계에 대한 소요는 각 군에서 제기하게 되어 있다. 하지만 각 군에서 제기한 소요는 합동참모본부(합참)에서 종합하고 조정하는 과정을 거치게 된다. 이러한 조정 결과를 근거로 합참은 「합동군사전략목표 기획서(Joint Strategic Objective Plan 또는 JSOP)」를 작성한다. JSOP은 군사 기획에서 가장 중요한 문서 중 하나이고, 여기에는 F(회계연도) + 3년부터 F + 7년 기간에 대한 무기체계 획득계획이 포함된다.[25] 이 문서를 바탕으로 국방부 수준의 계획인 「국방중기계획」이 발전된다. 따라서 하나의 무기체계 사업이 성공적으로 가기 위해서는 각 군은 무엇보다도 그 사업을 JSOP에 반영시키는 데 성공해야 한다. 여기가 바로 "끌고 당기기(pulling and hauling)"의 관료주의 조직역학이 두드러지는 부분일 것이다.

특히 관료주의 관점에서 보면, 문제는 합참이나 국방부 같은 정책을 결정하는 상위 제대에서 해군이나 공군보다 육군이 훨씬 더 많은 영향력이 있을 수 있다는 것이다. 제4장에서 저자는 육군에 비해 해군이나 공군의 입장이 정책결정 과정에 반영되기 힘든 구조를 설명했다. 더욱이 1990년대는 합참과 국방부가 한국에 대양해군보다 연안해군이 필요하다는 것을 지속적으로 강조하던 때였다. 이렇듯, 절차상의 특징과 무기획득 과정에서 각 군의 입장과 입지를 고려한다면, 방산업체로서 상대적으로 약한 관료조직 위치에 있는 해군에게 로비를 하는 것은 그다지 효과적인 전략이 아니었을 것이다. 업체들도 이러한 특성을

25) 방위사업청. 『방위사업개론』(서울: 대한민국 방위사업청, 2008). p. 60.

잘 알고 있었을 것이다.

둘째, 한국 해군의 무기획득 사업은 국내 방산업체들이 활발한 로비를 할 필요성이 있을 만큼 다양하게 추진된 것은 아니었다. 한국 해군은 1993년부터 2010년까지 24척의 대형 함정을 취역시켰다. 거의 1년에 1척 정도만 획득한 셈이다. 게다가 이 함정들은 3개 업체에 의해 생산되었다. 대우가 장보고-Ⅰ급 잠수함과 KDX-Ⅰ 구축함, 대우와 현대가 KDX-Ⅱ 및 KDX-Ⅲ 구축함, 장보고-Ⅱ급 잠수함을, 한진이 독도함급 다목적 상륙함을 생산했다.

이렇듯 수요자와 공급자의 수가 한정되어 있는데다가 무기체계 획득과정에서 정부가 전통적으로 유지해온 강한 리더십 때문에 업체들의 경쟁적인 로비에 의해 사업이 결정될 여지는 더욱 줄어든다. 사실, 1980년대와 1990년대 초까지만 하더라도 업체들 간의 자유로운 경쟁보다는 소수 핵심 업체들 간의 '기회 균등' 원칙이 관행이었던 것으로 보인다.[26] 예를 들어, 1980년대 대우와 삼성이 모두 전투기 생산에 관심이 있었지만, 이 사업은 결국 삼성이 가져가게 된다. 이로 인해 대우는 전두환 대통령에게 잠수함 사업(장보고-Ⅰ)을 요구할 수 있는 입장이 되었다.[27] 일단, 한 업체가 특정 사업을 맡게 되면, 다른 업체들이 이 사업이나 유사한 사업에 함께 뛰어들기가 쉽지 않다. 현대중공업은 잠수함 사업을 따내기 위해 오래전부터 정부, 국방부, 해군 등을 통해 노력해왔지만 잘 되지 않다가 2000년에야 비로소 대우와 공동으로 장

26) 현재 제도에서는 무기도입을 위한 최종 업체 선정은 업체 간의 열린 경쟁을 통해 결정된다. 자세한 정보는 다음 문헌을 참조하라. 『방위사업개론』. pp. 175-179.

27) 국회사무처, 「1993년도 국정감사 국방위원회 회의록(피감사기관: 대우중공업)」, 대한민국 국회, 1993. p. 8.

보고-Ⅱ급 사업을 맡게 되었다.[28)]

셋째, 조선소 같은 대기업들의 입장에서는 해군 사업을 꼭 따내야 할 경제적인 인센티브가 그다지 크지 않다. 상선 같은 다른 상업용 선박 생산에 비하면, 군함을 생산함으로써 얻는 소득은 매우 적기 때문이다. 예를 들어, 1997년 대우중공업의 총매출에서 군함은 단지 4.5%를 차지할 뿐이다.[29)] 이때는 대우가 KDX-Ⅰ 구축함 사업과 장보고-Ⅰ급 잠수함 등 해군함정 사업에 왕성하게 참가할 때였다. 마찬가지로, 현대중공업의 2005년 총매출에서 방위사업 전체가 차지하는 매출은 3.2%밖에 되지 않았다.[30)] 사실, 현대나 대우 같은 업체들이 대표적인 방산업체이기도 하지만, 이들은 동시에 국제적 수준의 선박수주를 자랑하는 회사들이다. 아마도 해군 사업을 맡기 위한 경제적인 인센티브가 있다면, 군함을 건조할 수 있다는 명성과 경험을 바탕으로 장차 국제 방산시장에서 계약을 따낼 수 있는 확률이 커진다는 것일 것이다.[31)] 예를 들어, 대우해양조선은 한국 잠수함 건조를 통해 축적한 기술과 노하우로 2011년 인도네시아와 잠수함 3척을 계약하게 되었다.[32)]

사실, 방위산업업체들이 정부의 정책결정에 미칠 수 있는 영향력은 군산복합체 가설이 예측하는 것처럼 크지 않다. 무엇보다 무기획득

28) 국회사무처, 「1997년도 국정감사 국방위원회 회의록(피감사기관: 현대중공업)」, 대한민국 국회, 1997. p. 10; 신진호, "현대중공업, 차기잠수함 건조업체로 결정", 「세계일보」, 2000년 11월 23일.

29) 국회사무처, 「1999년도 국정감사 국방위원회 회의록(피감사기관: 현대중공업)」(부록), 대한민국 국회, 1999. p. 8.

30) 총매출 10조 2,164억 원에서 방산 부문은 3,280억 원이었다. 국회사무처, 「2005년도 국정감사 국방위원회 회의록(피감사기관: 현대중공업)」, 대한민국 국회, 2005. p. 3.

31) 「1999년도 국정감사 국방위원회 회의록(피감사기관: 현대중공업)」(부록), p. 6.

32) 계획에 따르면 2018년까지 인도네시아에 잠수함 3척을 인도하기로 되어 있다. 유인호, "국산잠수함 첫 수출…대우조선, 인도네시아와 3척 11억불 계약", 「한국일보」, 2011년 12월 21일.

사업의 고유한 성격 때문에라도 정부가 업체들보다 훨씬 많은 영향력을 발휘할 수밖에 없는 측면이 있다. 수출을 제외하면, 정부가 유일한 소비자이며, 도입하는 무기의 종류, 수량, 생산 및 인도 시기 등도 많은 부분이 정부가 계획하는 대로 결정된다고 볼 수 있다. 따라서 이러한 무기도입 과정을 자유시장의 원리를 통해 이해하는 데는 다소 무리가 따른다는 뜻도 된다. 이런 면을 지칭하여 펙과 쉐레러(Peck and Scherer)는 "무기도입 과정의 비(非)시장적(nonmarket) 특성"이라고 표현하기도 했다.[33] 더욱이, 무기도입에 대한 결정내용들이 자주 변경되고, 또 그러한 정보들이 비밀로 취급되면, 업체들은 사업 전략을 세우기가 어려워지고 더 많은 어려움을 겪게 된다. 임복진 의원도 무기도입과 관련된 수요가 자주 바뀌기도 하고, 그 내용도 보안사항으로 공개되지 않기 때문에 방위산업에 종사하는 업체들이 미래를 위한 준비와 투자를 하는 데 어려운 측면이 있다고 지적한다.[34]

방위산업 분야는 정부가 유일한 소비자라는 측면 때문에라도 제한된 형태의 국내시장 특성을 갖게 된다. 예를 들어, 군의 규모가 급격하게 늘어나지 않는 이상 수요가 급증하는 일은 없을 것이다. 게다가 특정 무기체계가 군에 인도된 후에는 현대화나 성능개량 이전에는 그 무기에 대한 수요는 더 이상 존재하지 않을 것이다. 문정인 교수의 주장에 따르면, 한국이 1980년대 재래식 무기에 대한 자급 수준이 향상되면서 방산 국내시장은 이미 포화상태를 겪기 시작했다.[35] 사실, 방산

33) Merton J. Peck and Frederic M. Scherer. *The Weapons Acquisition Process: An Economic Analysis*. Boston: Graduate School of Business Administration, Harvard University, 1962. pp. 55-64.

34) 국회사무처, 「1999년도 국정감사 국방위원회 회의록(피감사기관: 현대중공업)」, 대한민국 국회, 1999. p. 6.

35) Moon. "South Korea: Between Security and Vulnerability." p. 255.

업체들의 생산시설들을 보면, 높은 가동률을 유지하지는 않는다. 예를 들어, 2005년을 기준으로 보았을 때, 현대중공업의 2005년까지 20년 동안 방산부문 평균 가동률은 —현대중공업은 한국에서 가장 크고 활발한 방산업체임에도 불구하고— 44.2%였다.[36] 미국의 방위산업체들도 냉전 이후 실적이 우수한 소수 회사에 의한 합병과 인수가 많았다. 돔브로프스키와 동료 학자들의 연구에 의하면, 애본데일(Avondale), 배스아이언워크(Bath Ironworks), 일렉트릭보트(Electric Boat), 잉갈스(Ingalls), 나스코(NASSCO), 뉴포트뉴스조선소(Newport News Shipyards) 등 미국의 대규모 조선소들은 1995년까지만 해도 6개의 다른 회사가 운영했지만, 현재 이들은 노스롭그루먼(Northrop Grumman)과 제너럴다이내믹스(General Dynamics)가 소유하고 있다.[37]

제한된 수요와 시장에 따른 문제들을 직면하고 있는 방위산업체들의 해결책은 외국 시장을 찾는 것이다. 방산업체들을 정상적으로 가동하도록 유지하는 것이 국가안보에도 중요한 만큼 종종 정부가 나서서 업체들이 외국에 수출할 수 있도록 촉진 역할을 하는 경우도 있다. 예를 들어, 베트남 전쟁 이후 미국 정부의 무기 수요는 급격히 감소했고, 따라서 미국의 방산업체들은 정부 상대가 아닌 다른 매출시장을 찾기 시작했다. 그 해결책의 일환으로 미 국방성(Department of Defense)은 방위업체들이 대외군사판매제도(Foreign Military Sales 또는 FMS)에 참여하도록 권장했다.[38] 그 결과, 미 국방성의 FMS 예산 지출은 1970년 15억 달러

36) 국회사무처, 「2005년도 국정감사 국방위원회 회의록(피감사기관: 현대중공업)」(부록), 대한민국 국회, 2005. p. 1.

37) Peter J. Dombrowski, Eugene Gholz, and Andrew L. Ross. *Military Transformation and the Defense Industry after Next: The Defense Industrial Implications of Network-Centric Warfare*. Newport: Naval War College, 2002. pp. 32-33.

38) Barry D. Watts. *The US Defense Industrial Base: Past, Present and Future: Strategy for the Long*

에서 1975년 120억 달러로 대폭 증가했다.[39)]

이와 유사하게 한국 정부도 한국의 무기들이 국제 방산시장에서 유리한 입지를 차지할 수 있도록 노동집약적인 한국 방위산업을 기술 집약적으로 개선하기 위한 지원 역할을 계속했다.[40)] 대표적인 사례가 바로 2006년 방위사업청의 설립이다. 방위사업청은 국방부로부터 독립된 정부 기관으로서, 국가안보를 위해 무기도입 과정을 더욱 투명하고, 효율적이며, 과학적으로 추진할 뿐 아니라, 국제시장에서 한국 방위산업의 경쟁력을 향상시키기 위한 관리 및 홍보 역할까지 맡기 위한 취지로 운영되기 시작했다.[41)]

이러한 정부와 방산업체들 간의 관계와 역학은 군산복합체 가설이 예측하는 것과는 확실히 다르다. 군산복합체 가설은 군 지도자들과 산업체들이 자신들의 이익을 보장하기 위해 연합을 형성하고, 이는 다시 공격적인 대외정책과 군사력 증강으로 이어질 것이라고 예측한다. 하지만 현대 국가들은 그렇게 맹목적으로 무기체계 도입을 하는 것 같지는 않아 보인다. 오히려 정부와 산업체들이 방위산업 자체를 국가 경제에 기여하는 하나의 사업 분야로 함께 인식하고 협력하고 있는 듯하

Haul. Washington, D. C.: Center for Strategic and Budgetary Assessment, 2008. p. 23.

39) 같은 책. 미 국방성 군사용어사전의 정의에 따르면, 대외군사판매(FMS)는 "1961년 제정된 대외지원법과 1976년 무기수출통제법이 허용하는 미국의 안보지원 프로그램의 일부다. FMS는 대외군사원조 프로그램이나 국제 군사교육훈련 프로그램과는 구별되는데, 이는 군 물품이나 서비스를 받은 수혜국이 반드시 그에 대한 비용을 지급해야 하기 때문이다." *Department of Defense Dictionary of Military and Associated Terms (Joint Publication 1-02)*. Joint Force Development (J-7), 8 November 2010 (Amended through 15 March 2012). p. 128.

40) 『방위사업개론』. p. 359.

41) Richard F. Grimmett and Paul K. Kerr. *Conventional Arms Transfers to Developing Nations, 2004-2011*. CRS Report for Congress (R42678), Congressional Research Service, August 24, 2012. p. 43.

다.[42] 이러한 관계로 인해 방위산업은 국제 자유무역의 영역 밖에 존재하는 유일한 분야가 된다. 흥미롭게도 방위사업체들은 국제무역기구(WTO) 체제에서도 안보예외조항에 따라 정부가 합법적으로 보조금을 지원할 수 있게 되어 있다.[43]

물론 과거에 한국군과 관련된 방산비리 사례가 없었던 것은 아니며, 이러한 비리는 방위산업체의 입김이 군에 미치는 사실을 보여주는 증거로 보일 수도 있다. 가장 대표적인 것이 1993년에 군 수뇌부 인사들이 법적인 처벌을 받은 사례인데, 이들은 당시 금전적인 대가를 받고 특정 업체를 공급업체로 선정해준 혐의가 있었다.[44] 하지만 엄격히 말하자면, 이때 사건들은 공직자와 무기 중간거래상들과의 거래가 문제가 된 것들이다. 더욱이, 이들은 해군이 대양작전 능력을 갖춘 함정을 도입해야 할지 말아야 할지 등에 대한 주요 정책결정과 관련이 있는 사건이 아니라, 이미 운용되고 있는 무기체계를 위한 부속품들을 어떤 업체가 납품할 것인가에 관한 것들이었다.[45] 이러한 사례를 근거로 방산업체가 군의 무기도입 정책 방향에 영향을 미칠 수 있을 것이라고 간주하기에는 다소 무리가 따른다.

업체들만이 무기도입 방향에 영향을 줄 수 있는 유일한 행위자는 아니다. 한국 해군이 해군의 성장에 공통된 이익을 갖는 정치인들과의

42) 물론, 이러한 정부와 사업체들 간의 역학도 국제적으로 재래식 무기를 확산시키는 메커니즘이 될 수 있을 것이다.

43) 1994년 관세와 무역에 관한 일반 협정(GATT) 21조에 따르면, 필수적인 국가안보이익을 위해 필요하다면 정부는 그에 대한 조치를 취할 수 있다. 세부 내용은 다음 원문내용을 참조하라. http://www.wto.org/english/res_e/booksp_e/analytic_index_e/gatt1994_08_e.htm#article21.

44) 김광덕, "율곡비리 고발 6인 혐의", 「한국일보」, 1993년 7월 10일.

45) 같은 글.

연합을 통해 대양해군을 건설하려 했을 수도 있다. 이와 관련하여 헤긴보섬(Heginbotham)은 중국, 인도네시아, 대만, 태국 그리고 한국 등에서 두드러졌던 해군 중시주의(navalism)는 개혁적인 진보성향의 정치인들의 지원에 의한 결과라고 주장한다.[46] 물론, 한국의 경우도 진보성향인 김대중 정부(1998~2003년)와 노무현 정부(2003~2008년) 기간 중 전례 없는 해군의 전력과 능력의 성장이 있었던 만큼 헤긴보섬의 가설도 꽤 그럴듯해 보인다.

또 다른 요인으로서 대양해군 움직임이 비교적 큰 반향을 일으켰던 것을 대통령의 성향 또는 선호에 따른 영향이라고 생각해볼 수도 있을 것이다. 물론, 이 변수는 외교정책결정과 관련된 개인 수준 분석(individual level analysis)에 해당하지만, 저자는 지금이 이 주제를 다루기에 적절한 시점이라고 판단했다. 아무래도 최고위 결정권자들이 많은 영향을 미칠 수밖에 없는 외교(안보) 정책결정에서 대통령의 정책 선호 같은 개인 수준 변수들은 잠재적으로 매우 큰 중요성을 갖는다. 특히, 개인 수준 변수의 역할은 국제관계와 외교정책 분석을 위한 다층분석(multilevel analysis)의 일부로 그 중요성이 강조되어왔다. 예를 들어, 저비스(Jervis) 교수는 다음과 같이 개인 수준 변수를 포함한 다층 분석 기법이 어떻게 활용될 수 있는지를 보여준다. "국내정치(domestic politics) 수준의 변수로 인해 정책 변화의 장이 마련되면 관료조직(bureaucracy) 내에서의 서로 다른 행위자들 간 협상에 의해, 즉 관료정치 역학에 따라 선택 가능한 방안들이 국가지도자에게 제시되고, 최종 결정자의 성향(개인 수준

46) Eric Heginbotham. "The Fall and Rise of Navies in East Asia: Military Organizations, Domestic Politics, and Grand Strategy." *International Security, Vol. 27, No. 2*, Autumn, 2002: pp. 86-125.

변수)이 왜 최종적으로 특정 방안이 선택되었는지를 설명할 수 있다."[47]

그러나 이러한 정치인들과의 연합을 증명할 수 있는 증거를 제시하기는 힘들다. 첫째, 진보성향 정치인들로부터의 지원에 관련된 헤긴보섬의 주장은 정확한 사실에 근거를 두고 있지 않다. 한국 해군은 노태우 정부(1988~1993년) 시기부터 대양해군의 필요성을 호소하기 시작했다. 공식적으로 대양해군의 기치를 든 것은 김영삼 정부(1993~1998년) 때였다. 이 두 정부 모두 보수성향에 속하는 정부였다. 따라서 한국의 대양해군 움직임이 진보성향 대통령의 역할과 관련지을 수는 없다. 둘째, 대통령의 개인적 선호와 관련하여 여기서 언급되는 대통령들이 두드러지게 해군 양성에 대해 개인적 관심을 보이고 그 중요성을 강조하지는 않은 듯하다. 사실, 정부 수준에서 해군을 키워야 한다고 강조한 사례는 없었다.[48] 결국, 한국의 대양해군 건설을 정치인과의 연합이나 대통령의 개인적 정책선호 등으로 설명하기는 어렵다.

혹자는 한국 해군이 노무현 정부의 해군 출신 윤광웅 전 국방부 장관이 재임한 2004~2006년 기간 동안 혜택을 보았을 것이라고 주장하기도 한다. 물론, 윤광웅 전 장관은 손원일 제독이 1953년 국방부 장관에 취임한 이후 최초의 해군 출신 국방장관으로서, 해군에게는 매우 고무적인 일이 아닐 수 없었을 것이다. 게다가, 2004년부터 2006년 사

---

47) Robert Jervis. *Perception and Misperception in International Politics*. Princeton: Princeton University Press, 1976. p. 17. 또 다른 예로, 리비와 톰슨도 국제관계, 외교정책 분석을 위한 다층분석의 일부로 개별 수준 분석의 중요성을 강조하는데, 이들이 말하는 다층분석에는 시스템 수준, 사회/국내정치 수준, 양자협상 수준, 그리고 개별 수준 분석 등이 포함된다. Jack S. Levy and William R. Thompson. *Causes of War*. West Sussex, UK: Wiley-Blackwell, 2010. pp. 205-214.

48) 저자의 김영삼 정부, 김대중 정부, 노무현 정부의 대통령 외교안보수석과의 인터뷰 내용을 근거로 기술했다. 3명의 외교안보수석은 차례대로 유종하 전 외교부 장관(2011년 5월 27일), 임성준 전 캐나다 대사(2011년 5월 31일), 이종석 전 통일부 장관(2011년 6월 2일).

이 한국 해군을 대양작전이 가능한 해군으로 발전시키기 위한 많은 사건들이 있었다. 예를 들어, 첫 번째 이지스 구축함 건조가 시작되었고, 최초의 다목적 상륙함인 독도함이 진수되었을 뿐 아니라 제주 해군기지에 대한 예산의 국회 승인이 이뤄진 기간이기도 했다.

하지만 앞서 이미 설명한 것처럼 무기획득계획은 그 계획을 집행하기보다 훨씬 이전에 수립된다. 위에서 언급한 대형 함정의 건설은 1990년대에 이미 계획되었고, 따라서 2004년에 발탁된 해군 출신 장관이 영향을 미칠 수 있는 일은 아니었다. 더욱이, 그 기간 동안 좋은 일들만 일어났던 것은 아니다. 사실, 윤광웅 장관의 재임 기간 중 3,000톤급 잠수함 계획이 6년 뒤로 밀려나기도 했는데, 이는 대양해군 움직임에 역행하는 사건이었다.[49] 저자의 윤광웅 전 장관과의 인터뷰 내용에 따르면, 해군 출신 장관으로 재임하던 기간 중 국방부 실무자들이 느낀 해군에게 유리했을 만한 점이 있긴 했다. 단지 해군 전력건설에 관련된 계획을 장관에게 결재받는 과정이 그전보다 다소 매끄러웠다는 것이다.[50] 이러한 실무자급에서 느끼는 분위기 외에 장관으로서 해군에게 혜택이 돌아가게 할 수 있는 일은 없었다는 것이다.

요약 및 절충적 관점으로의 전환

이 장에서 저자는 국내정치 모델이 한국 해군의 전력발전 사례를 설명하는 데 적절하지 않다는 것을 주장했다. 먼저, 대양해군전력의 건

49) 정충신, "3000t급 잠수함 사업 6년 연기", 「문화일보」, 2006년 12월 7일.

50) 저자의 윤광웅 전 국방부 장관과의 인터뷰(2011년 5월 24일).

설은 개방적이고 역동적인 사회분위기에 기인한 움직임이 아니었다. 대양해군력 건설을 위한 산업적 기반과 함정 건조 기술은 1970년대 정부 주도의 경제개발 기간 중에 획득된 만큼 그것은 오히려 강한 정부에 의한 리더십의 작용이었다고 볼 수 있다. 또한, 대양해군 움직임은 국내 다른 행위자들의 이익을 상호 보호해주기 위한 연합형성의 결과에서 나온 현상도 아니었다. 무기획득 절차의 특성으로 인해 방위산업 업체들이 그 정책적인 결정과정에 영향을 미치기는 매우 힘들다. 또한, 무기획득 과정에서 해군이 차지하는 위치를 고려하면, 어떤 종류의 해군을 건설할 것인가에 해당하는 성격의 정책적 방향에 영향을 주기 위해 조선업체들이 해군을 로비의 대상으로 삼을 이유도 없다. 게다가 조선업체 전체 매출에서 군과 관련된 매출액이 차지하는 비율이 워낙 낮기 때문에 방위산업을 따내기 위해 적극적인 로비를 할 경제적인 인센티브도 크지 않다. 마지막으로 저자는 대양해군 움직임이 해군과 정치인 간의 연합에 의한 결과도 아니라는 것을 주장했다.

다양한 모델로부터 유용한 설명을 끌어내려는 저자의 노력에서 국내정치 모델이 아마도 가장 기여도가 낮은 것 같다. 하지만 이 장의 국내정치 이론에 대한 논의를 통해서도 저자가 가고자 하는 방향으로 향하는 단서를 찾아낼 수 있다. 해군과 정치인들 간의 연합형성이 없었다고 하더라도 대양해군을 향한 움직임이 일관되게 지속될 수 있었던 것은 정치계에서 강한 반대는 없었다는 것을 의미할 수도 있다. 저자는 앞서 대양해군 모토는 보수와 진보를 거치는 다른 성향의 정부들이 들어서는 동안 지속되었음을 설명했다. 이는 대양해군이 어느 정도는 정치성향과 관계없이 받아들여졌다는 것을 시사한다.

그렇다면, 어떤 요인들로 인해 다른 정치성향의 정부가 대양해군 움직임을 그대로 받아들이게 된 것일까? 사실, 대양해군 건설 움직임이 태동하고 자리 잡았던 시기인 노태우, 김영삼, 김대중 정부를 통해 이어지던 하나의 테마가 있었다. 그것은 다름 아닌 "세계로"였다. 그전 정부들과 노태우 정부가 차별화된 것은 역사상 최초로 대통령 직선제를 통해 수립된 정부인만큼 한국 민주화의 발전을 대변한다는 것이다. 이러한 정치적 변화가 군사정책에 직접적인 영향을 미치지는 않았을지는 모르지만, 정치지도자들이나 국민이 자신들의 국가를 어떻게 바라보는지 그 시각에는 많은 변화를 가져왔을 수도 있다. 이러한 변화는 다시금 한국이 안보정책을 이행하는 방법에도 변화를 가져왔을 수 있다. 노태우 전 대통령의 회고록을 보면, 그의 전임자들은 한국이 어느 정도 부강한 나라로 발전하는 데 기여했다면, 자신은 한국을 세계에서 아니면 동북아에서라도 중요한 역할을 하는 선진국으로 만들고 싶은 강한 소망이 있었다고 한다.[51] "세계로"라는 테마와 이러한 국가지도자의 시각 등을 고려해볼 때, 다른 정치성향의 정치인들을 아우른 요인은 그들이 새롭게 인식하기 시작한 국가의 이미지였을 수도 있지 않을까? 다음 장에서는 앞 장에서의 논의들과 함께 이런 저자의 생각을 더욱 발전시키기 위해 사회학적 제도주의 입장을 소개한다.

---

51) 노태우, 『노태우 회고록: 상권—국가, 민주화, 나의 운명』(서울: 조선뉴스프레스, 2011), p. 5.

제6장

사회학적 제도주의(SI) 접근에 기반을 둔 절충적 설명: 대양해군 현상의 태동

저자는 제6장과 제7장에서 대양해군 현상의 시작과 지속에 대해 문화적 요인에 기반을 둔 설명을 제시한다. 문화적 설명의 가장 기본적인 특징은 인간의 행동을 '의미를 생성하는 행위'로 본다는 것이다. 또한 저자는 사회학적 제도주의(sociological institutionalist, 이후 SI 모델) 접근에 기반을 둔 조직 행동 모델(앨리슨 모델 II)을 분석의 틀로 활용하는 절충적 입장을 취한다. 이 두 가지 접근은 인간 행동에 대해 동일한 가정에서 출발하기 때문에 병행하여 활용이 가능하다. 이 두 가지 접근은 행위자의 행동을 단순히 효용 극대화(utility maximization)의 논리가 아닌 적절함의 논리(logic of appropriate ness)를 따른다고 본다. 다시 말해, 사회에서 행위자들은 정체성이나 기준(norms) 같은 문화·제도적 요인들을 따라 행동한다는 것이다.

한편, 이 두 가지 모델은 한국 해군전력 발전 사례를 설명하는 데 서로 다른 유용한 시각을 제공해준다. 조직 행동 모델에 의하면, 조직의 구성원들(예를 들어, 해군장교들)은 어떤 결정을 내릴 때 그들이 대변하는 조직의 정체성과 그들이 처한 상황을 고려한다.[1] 이러한 행동 논리에 따르면, 해군 장교들은 그들이 속한 조직(해군)의 정체성과 에센스를 정의하고 보존하는 측면을 중요하게 여긴다. 그런데 이들이 조직의 정체성을 생각할 때 아무런 근거 없이 하는 것이 아니다. SI 모델이 예측하듯이, 군 장교들은 현대 국제사회에서 각 정부가 주도하는 국가 발전의 목표를 지지하는 사회의 엘리트들이다.[2] 동시에, 이들은 물질적인 국가 이익뿐 아니라, 그 국가가 국제사회에서 차지하는 지위나 역할을 중시한다. 다시 말해, 군 장교들은 그들이 어떤 국가를 위해 일하고 있는지를 생각한다는 것이다. 따라서 그들이 속해 있는 조직 정체성을 어떻게 정의하는지는 그들 또는 사회의 다른 엘리트들이 믿고 있는 국가 정체성에 의해 영향을 받을 수 있다. 특히 그 역할과 상징성 측면에서 조직의 정체성이 국가 정체성과 잘 조화를 이룬다면 그 영향은 더 두드러질 것이다. 한편, 해군의 정체성은 국제적인 활동 속에서 형성되어왔는데, 그러한 국제적 활동들은 세계 해군들 간의 제도적 관행과 기준(norms)의 전파, 그리고 그 속에서 해군의 정체성 구현을 돕는 역할을 했다.

이 장에서는 과정추적 기법(process-tracing)을 활용하여 대양해군 움직임이 어떻게 시작되었는지, 그로 인해 어떤 현상이 발생했는지를 설명한다. 저자의 핵심 주장을 한마디로 표현하자면, 한국의 대양해군 움직임과 그와 관련된 해군력 증강을 설명하기 위해서는 한국이라는 국가의 정체성과 관련된 해군의 의미, 그리고 해군의 조직 에센스의 변화에 대한 이해가 필수적이라는 것이다. 저자는 이러한 변화가 한국이 국

---

1) James G. March. *A Primer on Decision: How Decisions Happen*. New York: Free Press, 1994. p. 58.

2) 물론, 관료조직 모델이 시사하듯, 국가발전의 목표와 조직의 정체성이 항상 일치하는 것은 아니다. 이 점을 지적해준 잭 리비(Jack S. Levy) 교수께 감사드린다.

제사회 속에서 역할을 하는 주권국가로서의 이미지가 부각되는 가운데 일어났다는 점에 주목한다. 또한, SI 모델이 예측하듯, 해군의 대양해군 전력건설에 대한 움직임은 선진 해군들과의 교류 속에서 더욱 강해진 측면도 있다. 왜냐하면 그러한 교류 속에서 해군장교들은 그들이 속한 전문 분야(대한민국 해군)의 발전을 향한 강한 열망을 경험했기 때문이다. 해군의 대양해군을 향한 기치는 새롭게 형성되고 있던 대한민국이라는 국가 정체성과 연관된 대형 군함들의 의미를 전파하는 데 도움을 주었고, 그것은 다시금 해군 무기체계 도입을 위한 긍정적인 효과를 창출했다. 요컨대, 해군의 대양해군 기치에는 당시 세계로 나아가는 대한민국에 대한 희망과 가능성을 상징하는 의미가 내포되어 있었다.

대양해군을 향한 움직임은 해군이라는 조직의 정체성과 이 조직이 국가를 위해 어떻게 기여할 것인가를 새롭게 정의하는 과정에서 생겨났다. 대양해군 기치가 시작되기 전, 해군의 최우선 임무는 주로 북한의 침투에 대한 대응과 관련된 것으로 한정되었다. 이는 북한이 한국 정부를 와해시키려는 시도로부터 한국을 방어하는 군 차원의 노력의 일부였다. 따라서 해군은 주로 영해 내에서 북한의 간첩선을 탐색해서 격멸하는 작전에 초점을 맞췄다. 근해에서의 작전을 주로 했기 때문에 대양작전능력을 갖춘 대형 군함의 필요성이 적었다. 오히려 민첩성을 가진 소형 함정들이 작전 목표 달성에 훨씬 유리했다. 노경수 교수에 따르면, 당시 한국 해군의 입지는 북한 간첩선을 상대하고, 육군 작전에 보조 역할을 하는 "고속정 해군"이었다.[3)]

이러한 한국 해군의 제한된 역할은 한국과 미국이 상호방위조약

---

3) 노경수. 「21세기 한국의 안보와 해군의 역할」, 「제4회 함상토론회」(계룡: 해군본부, 1995). pp. 231-273.

을 체결할 당시부터 발생한 한국군의 구조적인 제한과 어느 정도 관련이 있다. 1953년 상호방위조약을 체결할 때부터 미국 정부는 한국이 독자적인 군사행동으로 북한을 선제공격할 것에 대해 우려했다. 이승만 대통령은 한국전쟁 당시 연합군에 의한 한반도의 통일을 주장하면서 휴전에 강력히 반대했기 때문이다. 미국과의 입장 조율과정에서 이승만 대통령은 휴전협정의 조건으로 한-미 간 공식적인 군사동맹을 맺기 원했고, 아이젠하워 정부는 한국의 행동을 자제시키기 위한 방편으로 그러한 한국의 제의를 받아들였다. 다시 말해, 동맹을 한국이 북한에 대해 독자적인 군사행동을 하지 못하도록 제어하는(restrain) 장치로 활용했다는 것이다.[4)]

한미 정부는 상호방호조약과 함께 미국의 원조 내용을 명시한 「한국에 대한 군사 및 경제원조에 관한 대한민국과 미합중국 정부 간의 합의의사록」(이후 합의의사록)에 합의했는데, 이 내용을 보면 한국의 군사행동의 권한과 수단을 다소 제한하는 내용이 담겨 있다.[5)] 먼저, 한국군의 작전통제권을 미군 4성 장군인 유엔군 사령관이 행사하도록 명시했다. 둘째, 한국군의 규모를 총 72만 명으로 하고 육군은 66만 1,000명인 반면, 해군과 공군은 각각 1만 5,000명, 1만 6,500명으로 소규모 편

4) 이러한 동맹의 제어기능을 강조한 견해를 위해서는 다음 문헌을 참조하라. Jeremy Pressman. *Warring Friends: Alliance Restraint in International Politics*. Ithaca: Cornell University Press, 2008.

5) 다음은 합의의사록의 원문 제목이다. 「Agreed Minutes Between the Governments of the United States and the Republic of Korea Based on the Conferences Held Between President Eisenhower and President Rhee and Their Advisers in Washington, July 27-30, 1954 and Subsequent Discussions in Washington Between Representatives of the Two Governments」. 다음 자료 참조: Office of the Historian, U. S. Department of State. *The Department of the Army to the Commander in Chief United Nations Command(Hull)*, Washington, September 15, 1954; Foreign Relations of the United States, 1952-1954, Volume XV, Part 2, Korea(in two parts), Document 942.

성을 했다. 해군함정의 경우도 고작 79척을 목표(1955년 기준)로 했는데, 이 함정들은 미 해군으로부터 임대한 함정으로 충당하기로 했다. 하지만 이것마저 양국의 국익에 도움이 되지 않는다면 미국이 이 함정들을 회수할 수 있다는 단서를 달아놓았다.[6] 예를 들어, 군함을 이용하여 한국이 지역안정에 위배되는 행동(북한에 대한 선제공격 등)을 한다면 이 전력들마저 유지하지 못하게 된다는 것이다. 당시 군의 규모 및 구조를 결정할 때, 한국의 경제능력에 무리가 가지 않는 범위를 고려하여 단가가 높은 해군이나 공군 전력의 경우는 미군의 지원전력에 의존하는 개념일 수밖에 없었다는 것은 충분히 이해가 가는 부분이다. 하지만 이때 정해진 군 규모는 지속적인 구조적 제한요인이 되어버린 것은 물론, 지상 작전을 보조하는 해군, 그리고 미군의 도움에 의존하는 해군이라는 조직의 역할 정체성과 이미지에도 제한적인 요인이었음은 부정할 수 없다.

냉전이 종료될 즈음, 국민이 대한민국을 바라보는 시각에 영향을 주었을법한 변화들이 있었다. 이 변화들은 당시 한창 가속화되고 있던 세계화(globalization)의 움직임과 어느 정도 관련이 있었는데, 이에 관해 외교정책 측면과 국내정치 측면에서 생각해볼 수 있다. 먼저, 외교정책 측면에서 보면, 한국은 1980년대 말, 1990년대 초에 좀 더 경쟁력 있고 정당한 국제사회의 일원이 되기 위한 활발한 노력을 시작했다. 예를 들어, 1988년 국제 올림픽 경기를 개최했는데, 이는 매우 상징적인 의미가 있는 이벤트로서, 21세기 한국의 도약을 위한 매우 성공적인 단계로 평가되기도 했다. 한국은 또한 1991년 국제연합(UN)의 공식적인 회원국이 되었다. 거기에 더해, 공산권에 속하던 국가들과 외교관계를

6) 같은 글.

시작한 노태우 정부의 '북방정치(Nordpolitik)'와 같이 세계로 뻗어나가려는 적극적인 노력을 시작했다. 그 결과, 1990년 한국의 공식 수교 국가는 140개국이었는데, 1999년에는 183개국으로 늘어나게 된다.[7] 특히, 1990년에는 러시아, 1992년에는 중국과의 외교관계를 시작한 것은 한국에게는 매우 중대한 외교적 성과였다. 한편, 북한 입장에서는 냉전시대의 든든한 우방이었던 두 강대국이 한국과 수교를 맺은 것은 커다란 타격이 아닐 수 없었다.

국제관계학에서 논의되는 '위상' 또는 '사회적 지위(status)'에 관한 연구에서 주목하듯이, 어떤 국가가 외교적인 관계를 통해 인정받거나 국제 경기를 개최하는 등의 이벤트는 그 국가의 국제적 위상을 보여주는 '위상지표(status marker)'로 볼 수 있다.[8] 라슨(Larson)과 동료 학자들의 정의에 따르면, 위상(status)이란 "국가에 중요하다고 여겨지는 특성들, 즉 경제력, 강제적 능력, 문화, 인구, 사회정치적 조직, 외교적 영향력 등의 측면에서 어떤 국가가 차지하는 순위(ranking)에 대한 집단적 믿음(collective beliefs)"이다.[9] 저자들은 이 집단적 믿음이 현실에서의 실제 지위 또는 자신에 대한 이미지와는 상이할 수도 있다고 강조한다. 더욱이, 국제관계에서 '위상'에 대해 논할 때는 다른 국가들이 그 국가에 대해 갖는 인식이나 이미지가 더 의미 있는 것일 수도 있는데, 국가들은 다른 국가들이 자신들을 어떻게 보느냐에 더 관심이 있을 수 있기 때문이다.[10]

---

7) 대한민국 외무부. 『외교백서 1990』(서울: 외무부, 1990). 대한민국 외교통상부. 『외교백서 2000』(서울: 외교통상부, 2000).

8) Deborah Larson, T. V. Paul and William Wohlforth. "Status and World Order," In *Status in World Politics*, Edited by T. V. Paul, Deborah Welch Larson, and William C. Wohlforth (New York: Cambridge University Press, 2014).

9) 같은 책. p. 7.

10) 잭 리비 교수도 강대국의 특성에 대해 논의하면서 다른 국가들이 갖는 인식과 이미

그렇다고 해서 자신에 대한 이미지와 객관적인 지위 간에 있을 수 있는 차이로 인해 본 연구에 큰 지장이 있는 것은 아니다. 왜냐하면, 저자가 본 연구에서 초점을 맞추는 것은 자신에 대한 이미지이기 때문이다. 게다가 '위상지표'의 역할로 인해 다른 국가들이 자국을 다르게 바라볼 것을 기대하면서 동시에 스스로 자국을 보는 시각도 달라질 수 있다. 실제로 본 연구를 하면서 저자는 정치인들의 연설내용이나 보도매체 속에서 확장된 외교관계나 국제 스포츠게임의 주최 같은 위상지표들이 이를 통해 대한민국 국민이 자국을 새롭게 보기 시작하는 이벤트였다는 것을 확인할 수 있었다.

국내정치 측면에서도 큰 변화가 있었다. 1993년 김영삼 대통령이 선출되었는데, 이는 1963년부터 유지되어온 박정희 정부 이후 약 30년 만에 처음으로 민간인 출신의 대통령이 선출된 것으로 한국 정치사에서 의미 있는 사건이었다. 한국의 민주화 과정의 커다란 발전이자, 한국전쟁의 폐허 속에서 딛고 일어나 경제개발의 기적을 일으킨 이래 또한 번 정부와 국민이 함께 이룬 성과였다. 국방정책에서의 자주성 문제도 대두되었는데, 그 예로 1994년에는 한국전쟁 초기부터 미국 장성이 가지고 있던 한국군에 대한 작전통제권을 평시에 한해 한국 합동참모의장이 행사하게 되었다.[11] 이러한 변화와 함께, 김영삼 정부는 모든 가능한 자원을 동원하여 "신한국"을 창조해야 한다고 강조했다.[12]

지의 중요성을 강조한다. Jack S. Levy. *War in the Modern Great Power System 1495-1975.* Lexington, Kentucky: The University Press of Kentucky, 1983. p. 17.

11) 김재철.「전시 작전 통제권의 한국군 환원과 한반도 평화」,「한국 동북아 논총」, 제38권, 2006. p. 165.

12) Young Sam Kim. "Let Us All Look Outward and Forward (New Year's Message to the Nation, January 1, 1995)." In *Korea's Quest for Reform and Globalization: Selected Speeches of President Kim Young Sam*, by The Presidential Secretariat. Seoul: The Presidential Secretariat, The Republic of Korea, 1995.

이러한 국가적 열망의 정점은 1995년 시작된 김영삼 대통령의 "세계화" 추진으로 대표될 수 있다. 김영삼 정부가 추진한 세계화는 단순히 경제적인 의미의 좀 더 폭넓은 국제 교역을 의미하는 것이 아니었다. 그것은 정치, 경제, 문화 등 사회 전반의 모든 분야에서 선진국 수준으로 발전하고자 하는 대한민국의 국가적 결의를 내포하는 표현이었다.[13] 사무엘 김(Samuel S. Kim) 교수의 해석에 따르면, 세계화는 "(지금까지) 한반도에서의 남북한 경쟁에만 몰두하던 것에서 벗어나 대한민국이라는 국가 행동의 초점을 아시아-태평양 지역, 나아가 국제사회 전체로 옮아가도록 하는 국가 정체성과 역할 개념을 새롭게 깨우면서 동시에 그것을 알리는 김영삼만의 방식"이었다.[14] 당시 정부는 '세계화'라는 한국 표현을 영어로 번역하지 않고 'segehwa'로 그대로 사용했는데, 이는 의도적으로 한국 자체를 있는 그대로 세계에 보여주고자 하는 상징적인 제스처였다. 물론, 세계화 정책으로 인해 실제로 한국의 세계화 수준이나 능력이 신장되었는지 여부는 논란의 여지가 있다. 하지만 그것은 우리의 논의에서 그다지 중요하지 않다. 왜냐하면, 국가 정체성(national identity)은 객관적인 상태가 아닌, 국가지도자들과 국민이 그 국가를 어떻게 바라보느냐에 관련된 것이기 때문이다. 요컨대, 1980년대 말부터 1990년대까지의 한국사회에서 떠올랐던 주제는 '세계로의 진출'이었다.

이러한 배경에서, 한국 해군은 해군의 새로운 정체성을 강조하기 시작했는데, 그것은 북한의 도발로부터 국가를 보위하는 것뿐 아니라, 더욱 폭넓은 국익을 보호하는 조직이라는 것이었다.[15] 보조적인 역할

---

13) Samuel S. Kim. *Korea's Globalization*. New York: Cambridge University Press, 2000. p. 3.

14) 같은 책. p. 244.

15) 여기서 저자가 사용하고 있는 (조직의) 정체성(identity)은 역할 정체성과 관련이 있는

만이 아니라, 다가올 시대에 국익과 국가 목표를 이룩하는 데 적극적으로 기여하고, 주도적인 역할을 할 조직임을 강조하기 시작했다. 여기서 주의할 것은 저자가 북한의 위협과 관련된 해군의 전통적인 임무가 국익과 관련이 없다고 주장하는 것이 아니라는 것이다. 북한 위협과 관련된 임무는 한국의 안보를 위해 가장 중요한 임무인 만큼 가장 중요한 국익도 된다. 저자가 여기서 전달하고자 하는 것은 새롭게 강조되기 시작한 해군의 정체성은 북한의 군사위협으로부터 국가안보를 지키는 것뿐 아니라, 해상 교역 보호나 외국과의 군사협력 등 다양한 임무를 통해 국제사회에서 국익과 국가 위상을 보호하고 대변하는 역할도 포함한다는 것이다. 다시 말해, 국제적인 작전 및 활동도 대한민국 해군의 "에센스"의 일부가 되었다. 1992년부터 해군이 사용하기 시작한 "바다로, 세계로(to the sea, to the world)"라는 유명한 구호는 이러한 해군의 새로운 정체성을 잘 보여준다.[16] 사실, 대북관련 임무와 새롭게 정의되어가던 정체성에 관련된 임무 모두 결국은 한국의 국익 신장을 위한 것이기 때문에 국익을 위해 일한다는 것에는 변함이 없었다. 하지만 당시 변화되고 있던 것은 '어떻게, 그리고 어떤 수단(전력)을 통해 해군이 국익에 기여할 것인가'의 문제였다.

1970년대 말까지 한국 해군이 선호한 주 전력은 북한의 은밀한 침투에 대응할 수 있는 소형 함정이었다. 예를 들어, 울산급 호위함(당시는

"구성적 기준(constitutive norms)"으로 개념화할 수 있다. 압델랄과 동료 학자들에 따르면, 이 개념에서는 어떤 정체성과 연관된 기준(norms)은 "행동의 목적을 구체화"하는 것이 아니라, "집단적 기대와 개별 책임을 설정함으로써 사회적 의미를 정의하도록 돕는다." Abdelal et al. "Identity as a Variable." In *Measuring Identity: A Guide For Social Scientists*, by Rawi Abdelal, Yoshiko M. Merrera, Alastair Iain Johnston and Rose McDermott. New York: Cambridge University Press, 2009. p. 21.

16) 제20대 해군참모총장 안병태 제독과 저자의 인터뷰 내용(2011년 5월 25일).

한국형 구축함) 건조와 관련하여 당시만 해도 해군의 입장은 좀 더 작은 함정들을 건조해야 한다는 입장이었다고 한다. 박정희 정부 때 방위산업을 포함한 경제정책을 직접 보좌하던 오원철 전 대통령 경제수석의 회고에 따르면, 당시 해군참모총장의 입장도 소수의 대형 함정보다는 다수의 소형 함정을 보유하는 것이 유리하다는 것이었으며, 그 이유로는 한국이 긴 해안선을 가진 지형적 특성 때문이라는 것이었다.[17] 이와 같은 배경으로, 한국 해군의 연안작전을 위한 핵심전력 역할을 해온 약 1,000톤급의 초계함(corvette) 획득이 시작되었다. 이것이 당시 해군이 조직 정체성을 정의한 분위기였다.

해군이 새로운 조직 정체성에 대해 적극적으로 목소리를 높인 것은 1990년대 초부터였지만, 이러한 변화는 하루아침에 발생한 것이 아니라 1980년대부터 점진적인 형성과정을 거쳐왔다. 해군이 최초로 기본 정책지침에서 "해군의 목표"를 명시한 것은 1980년이었다. 그때 목표는 강한 해군력을 유지하고 해상에서 제해권을 확보함으로써 국익에 영향을 미치는 바다를 보호하는 것이었다. 1983년에는 여기에 많은 수정이 이뤄진다. 새로운 버전의 내용은 다음과 같다. "대한민국 해군은 국가보위의 해양 전력으로서 자주적인 해군력을 구축하여 전쟁을 억제하고, 유사시 해상통제권을 확보하여 전승을 보장하며, 해양자원을 보호하여 국익을 증진하고, 국력을 현시하여 국위를 선양함에 있다."[18] 그 뒤로 1993년에는 표현상 약간의 수정이 있었는데, 내용에는 많은 변화가 없었다. 이렇듯, 국제관계에서 국익과 국가 위상을 높이는 일은 일찍부터 해군의 핵심 임무로 정의해왔다. 하지만 1980년대에 해

17) 오원철, 『한국형 경제건설: 엔지니어링 어프로치』(서울: 기아경제연구소, 1996), p. 441.
18) "국위 선양"이 한 국가 조직의 공식적인 목표에 포함되어 있는 점이 흥미롭다. 해군의 목표는 해군 홈페이지를 참조하라.

군은 이런 임무와 관련된 역할에 대해 그다지 목소리를 내지 않았다. 전 해군교육사령관 강영오 제독의 설명에 따르면, 당시에 해군이 실제로 수행하던 임무는 국가 목표나 국익과 직접적인 관련이 있는 수준의 것이 아니었으며, 특히 미국이나 영국 같은 선진국 해군들이 하는 임무와 비교하면 많은 차이가 있었다고 한다.[19]

1990년 전후로 국가를 보위하고 대표하는 데 해군이 핵심적인 역할을 하겠다고 목소리를 높인 것은 해군이 국가를 위한 적절한 역할을 정의해가는 과정과 노력의 일부였다. 특히, 국가지도자들과 국민이 21세기에는 국제무대에서 더욱 당당한 주권국가로 거듭날 것이라고 보았던 대한민국의 새로운 국가 정체성의 형성과 발을 맞춘 것이었다. 앞서 언급한 것처럼 당시 범국가적으로 떠오르던 주제는 '세계로'였다. 북한은 여전히 한국 외교안보정책의 최우선 의제였지만, 한국은 더 많은 국가들과 교류하고 국제무대에서의 역할을 확대해나갈 것이라는 기대가 있었다. 국민은 한국이라는 국가를 세계의 다양한 국가들과 폭넓은 관계 속에서 바라보기 시작한 것이다. 예를 들어, 노태우 대통령이 1990년 러시아와 관계정상화를 추진한 북방정책은 한국의 새롭게 형성된 국가 정체성을 보여줄 수 있는 단적인 사례다. 왜냐하면, 냉전 기간 동안에는 서방 또는 민주주의 국가들에 한정된 반쪽 외교였다면, 북방정책은 한국의 전방위 외교의 시작이었기 때문이다.[20] 국가를 위해 해군이 어떤 쓰임을 받을 수 있는지에 대해 잘 알고 있는 해군 장교들로서는 당시 그렇게 새롭게 정의되어가던 해군의 필수적인 역할을 수행할 수 있게 해줄 전력의 필요성에 대해 호소해야 할 당위성이 있었다.

19) 강영오. 「한국 해군의 역할정의」, 「Strategy 21」 제1권, 여름호. 1998. pp. 36-58.

20) 북방정책의 중심에 있었던 박철언 전 정무제1장관(노태우 정부)의 TV 다큐멘터리 진술 내용을 참조했음. 「한국 현대사 증언 TV 자서전」. KBS 1 TV(2012년 4월 1일 방송).

헬퍼린(Halperin)은 조직의 에센스를 "조직이 어떤 임무와 능력을 갖춰야 하는지에 대해 그 조직의 지배적인 집단이 갖는 견해"라고 정의한다.[21] 저자는 조직의 에센스는 한 번 정립되면 쉽게 변하지 않는다는 점에서 헬퍼린과 입장을 같이한다. 하지만 헬퍼린은 행위자들이 국익보다 자신들이 속한 조직의 에센스를 더욱 중요하게 생각하는 관료조직정치 측면을 강조한다. 이러한 점에서 저자의 입장은 헬퍼린과 달라진다. 저자는 본 연구를 통해 해군 장교들이 해군의 조직 에센스와 국익을 거의 동일시했음을 발견할 수 있었다. 리비(Levy) 교수와 톰슨(Thompson) 교수도 강조하듯이, 어떤 행위자의 행동이 그가 속한 조직의 이익에 대한 고려를 반영한 것일 수도 있지만, 국가를 위해서는 자기 조직의 발전 또한 필요하다는 진정한 믿음을 반영할 수도 있다.[22] 해군 지도층은 대양해군 능력이 새롭게 형성되어가던 해군의 조직 에센스의 일부였기 때문에도 필요했지만, 새롭게 태어나는 한국의 위상과 국익을 위한 적절한 역할 수행을 위해 필수적이라는 것을 진심으로 믿었다. 대양해군의 필요성과 함께 그들이 강조한 것은 바로 지금까지 한국에서 해양력의 중요성이 부각되지는 않았지만, 이제부터라도 해군은 새로운 대한민국의 안보, 경제활동, 그리고 외교정책을 위해 유용한 수단으로 취급되어야 한다는 것이었으며, 그 필요성은 세계화되어가는 국제사회에서 자원으로서 그리고 교통로로서 점차 커져가는 해양의 중요성을 생각하면 더욱더 절실한 것이었다.[23]

---

21) Morton H. Halperin. *Bureaucratic Politics and Foreign Policy*. Washington, D. C.: The Brookings Institution, 1974. With the Assistance of Priscilla Clapp and Arnold Kanter. p. 28.

22) Jack S. Levy and William R. Thompson. *Causes of War*. West Sussex, UK: Wiley-Blackwell, 2010. p. 164.

23) 정호섭.「한국 해군과 대양해군을 둘러싼 제 논쟁의 분석과 새로운 해석」,「해양연구논총」제17권, 1996. p. 325.

사회학적 제도주의(SI) 입장에서 보면, 해군이 시작한 대양해군 필요성에 대한 주장은 현대국가체제의 국제사회에서 국가 주도의 경쟁적 발전 목표를 뒷받침하는 사회 엘리트의 지원 또는 지지로 이해할 수도 있다.[24] 국가 주도의 발전 노력이 국제적인 수준에서 다른 국가 간 경쟁적인 역학을 창출함에 따라 자신들이 속한 국가를 위한 지원 노력이 국내 행위자들로부터 형성되기 마련이다. 저자는 본 연구를 통해 해군 장교들과 정치인들이 대양해군을 건설해야 한다는 논리의 근거로 다른 국가들이 각자의 해양 이익을 보호하기 위해 얼마나 경쟁적으로 해군력을 건설하고 있는지에 대해 언급하는 경우를 많이 확인할 수 있었다.[25] 국가목표를 뒷받침하려는 해군 장교들의 이러한 생각은 1995년에 대양해군을 향한 노력을 공식화한 전 해군참모총장 안병태 제독의 증언에서도 엿볼 수 있다. "당시에 대한민국은 선진국이 되겠다는 목표를 향해 가고 있었다. 이런 국가의 비전을 어떻게 고속정만 잔뜩 만들어서 지원할 수 있겠는가?"[26] 당시 많은 이들이 공감했듯이, 1990년대 제기된 한국 해군의 전력구조 변화를 위한 움직임은 대한민국의 세계화를 향한 장기적 목표와 맞물려 상호 조화를 이루는 것이었다.[27]

비판적인 시각에서 보면, 해군의 대양해군 기치가 단순히 해군의 임무가 연안 중심에서 국제적인 임무로 바뀌었기 때문에 나온 결과가 아니냐는 반론을 제기할 수도 있을 것이다. 하지만 만약 임무의 변경이

24) 이에 대한 이론적인 논의는 제2장을 참조하라.

25) 이에 대한 구체적인 예는 다음 장(제7장)에서 제시한다.

26) 제20대 해군참모총장 안병태 제독과 저자의 인터뷰 내용(2011년 5월 25일).

27) 이런 내용의 주장을 위해서는 다음 문헌을 참조하라. 정호섭. 「한국 해군과 대양해군을 둘러싼 제 논쟁의 분석과 새로운 해석」, p. 307; 이춘근. 「한국 해군력 증강의 논리」, 「Strategy 21」 제1권, 1998. p. 61.

국방부, 합참 등 상급 제대나 정부에서 주어졌다면 이런 주장이 더욱 설득력 있을 것이다. 다음 장에서 자세히 설명하겠지만, 해군의 대양해군 움직임은 상위 제대에서 공식적인 정책으로 인식되거나 정착되지 않았다. 게다가 새로운 임무수행을 위해 필요한 전력도 없고, 상부에서 그런 전력을 획득할 계획도 보유하지 않은 상황에서 해군에게 임무를 부여할 가능성은 거의 없다. 아무것도 없는 상태에서 대형 해군함정을 건조해야 한다는 목소리를 낸 것은 해군의 입장에서는 관료조직의 특성에서 기인하는 수많은 반대와 부딪히며 나아가야 할 길고 힘든 고난의 과정을 감수할 것이라는 엄청난 각오가 필요한 일이었다. 더욱이 당시 상황은 해군의 이런 노력이 소기의 성과를 가져올 것이라는 보장도 없었다. 해군의 이러한 각오는 해군이라는 조직 에센스의 이해에 대한 근본적인 변화 없이는 힘든 일이었다.

이선호 교수가 설명하듯이, 조직의 정체성을 정의하는 것이 해군에게 매우 중요했다.[28] 대양해군 기치를 올리기 전에도 해군은 대형 함정을 건조할 계획을 갖고 있었다. 안병태 제독에 따르면, 안 제독이 전력건설계획 관련 업무를 담당하고 있던 1980년대에도 한국형 구축함인 KDX-Ⅰ, Ⅱ, Ⅲ 같은 대형 함정 건조에 대한 계획이 있었다고 한다.[29] 하지만 당시에는 해군의 누구도 그런 전력건설을 "대양해군"이라는 비전과 연결시켜 생각하지는 못했다는 것이다. 그 계획은 1974년부터 자주국방 차원에서 추진되어오던 율곡사업의 일부였다.[30] 특히, KDX-Ⅰ 계획(광개토대왕함급 구축함)은 1960년대 미 해군으로부터 인도받

28) 이선호.「21세기 한국 해군의 임무와 해군력」,「제4회 함상토론회」(계룡: 해군본부, 1995). pp. 338-388.

29) 제20대 해군참모총장 안병태 제독과 저자의 인터뷰 내용(2011년 5월 25일).

30) 율곡사업에 대한 자세한 내용은 제3장을 참조하라.

아 운용하고 있던 낡은 구축함을 교체하기 위한 전력 현대화의 일환으로 추진되었다. 당시, KDX-Ⅱ는 KDX-Ⅰ보다 대형의 구축함으로 계획했고, KDX-Ⅲ에 대해서는 구체적인 방안이 없었다고 한다. 어떻게 보면, KDX-Ⅰ, Ⅱ, Ⅲ 등 도입 전력들을 전체적으로 아우르는 주제 또는 방향이 부족했다고도 볼 수 있을 것이다. 이런 맥락에서인지 1994년 국정감사에서 정대철 의원은 "합동군사전략목표기획서(JSOP)에는 어떤 해군을 건설할 것이라는 계획이 잘 반영되어 있지 않다"고 지적하기도 했다.[31] 이와 관련하여 국방대학교 황병무 교수의 주장에 따르면, "무기체계 현대화에 앞서 해군의 역할을 정의하는 것이 선행되어야 하는데, 해군은 그동안 이 순서를 거꾸로 하려고 해왔다."[32]

1980년대 말, 1990년대 초부터 대한민국 해군은 어떤 해군이 되어야 한다는 것을 해군 안팎에 알리려는 활발한 노력을 시작했다. 해군의 새로운 정체성과 과거의 것을 나누는 대략의 분기점은 1990년이라고 볼 수 있다. 이때가 바로 해군과 국회의원들 간의 논의에서 해군의 미래를 묘사하는 표현으로 "대양해군"이라는 단어가 처음 등장한 때다. 또한, 이때부터 해군의 지도층이 해군의 역할을 미래 한국의 번영이나 국익 증진과 더욱 연관 짓기 시작했다. 1990년 전후에 해군이 스스로를 어떻게 보았는지를 국회 국정감사에서의 인사말을 통해 엿볼 수 있다. 예를 들어, 1988년과 1989년, 당시 참모총장 김종호 제독의 인사말은 (북한의 군사도발에 대한) 완벽한 전비태세 유지와 국민이 군을 신

31) 국회사무처, 「1994년도 국정감사 국방위원회 회의록(피감사기관: 해군본부)」, 대한민국 국회, 1994. p. 23.

32) 다음 문헌에서 인용. 이홍환, "한국 해군 '방향타'는 있는가", 「시사저널」, 1995년 2월 16일.

뢰할 수 있는 분위기 창출에 초점을 맞추고 있다.[33] 이와 비교되는 모습으로 1990년 인사말의 핵심은 "해군은 국익을 보호하고 해양활동의 자유를 보장하며, 21세기 국가 번영을 위한 주도적인 역할을 할 대양해군의 기반을 다져나가고 있다"는 것이었다.[34] 이렇듯, 1990년대 이전에는 북한군과 관련된 임무나 국내 안정을 강조했다면, 1990년대 이후에는 국가의 번영과 같이 관심의 범위가 확대되었음을 알 수 있다.

1990년과 관련된 또 하나의 중요한 요인은 한국 해군의 다국적 연합훈련인 림팩(the Rim of Pacific 또는 RIMPAC) 참가였다. 당시 참모총장이던 김종호 제독은 국회의원들 앞에서 우리 해군이 최초로 선진국 해군들과 함께 림팩 훈련에 참가했으며, 여러 국가를 대표하여 훈련에 참가한 해군들 앞에서 한국 해군의 능력을 성공적으로 보여주고 돌아왔다는 자랑스러운 모습을 강조했다.[35] 림팩은 태평양 지역에서 개최되는 가장 큰 다국적 해군 훈련이다. 미 3함대가 주관하고 있으며, 1971년부터 시작하여 격년제로 하와이 주변 해역에서 실시해오고 있다.[36] 2014년 림팩 훈련에는 중국을 포함한 22개국으로부터 다양한 전력과 약 2만 5,000명에 달하는 해군 및 해병대 병력이 참가했다.[37] 한국 해군은 최초 1982년 10월에 있었던 해군대 해군 회의에서 당시 미 해군참모총장 제임스 왓킨스(James D. Watkins) 제독으로부터 훈련참가를 위한 초청

---

33) 국회사무처, 「1988년도 국정감사 국방위원회 회의록(피감사기관: 해군본부)」, 대한민국 국회, 1988. pp. 1-2; 국회사무처, 「1989년도 국정감사 국방위원회 회의록(피감사기관: 해군본부)」, 대한민국 국회, 1989. pp. 1-2.

34) 국회사무처, 「1990년도 국정감사 국방위원회 회의록(피감사기관: 해군본부)」, 대한민국 국회, 1990. pp. 1-2.

35) 같은 자료.

36) 림팩 관련 자세한 정보는 다음 웹사이트 및 문헌을 참조하라. http://www.globalsecurity.org/military/ops/rimpac.htm. *Naval Operations Concept 2010*, The United States Navy.

37) 자세한 사항은 미 태평양사령부 웹사이트 참조. http://www.cpf.navy.mil/rimpac/2014/

을 받았다.[38] 5년간의 검토기간을 거친 후, 국방부는 1988년 림팩 훈련에 한국 해군 선임 관찰관 두 명을 파견했다. 그해 11월 국방부는 한국 해군의 훈련 참가를 승인했는데, 이는 해군이 강조해온 해상교통로(Sea Lines of Communication 또는 SLOC) 보호와 태평양 지역 선진국들과의 군사교류의 중요성을 인정했기 때문이다.[39]

훈련에 참가함으로써 한국 해군이 얻을 수 있는 가장 큰 이점은 연안작전 이상의 폭넓은 해군 작전과 전술을 습득하고 숙달하는 측면이었을 것이다. 앞서 설명한 것처럼 당시 한국 해군은 세계를 무대로 국익을 지키고 대변하는 군이 될 것이라는 강조를 하고 있던 시기였다. 여기에는 필연적으로 공해상에서의 해상 무역로를 보호하는 등의 임무가 포함된다. 림팩 훈련의 핵심 목표 중의 하나가 태평양 지역 해상교통로(SLOC) 방어 능력 신장이므로 이러한 측면에서 연습 내용이 한국 해군이 실질적으로 필요한 부분을 충족시켜준 것은 사실이다.

하지만 국제적으로 형성되는 전문 분야에서의 제도적 관행과 기준(norms)의 확산현상을 강조하는 사회학적 제도주의(SI) 관점에서 보면, 림팩 참가를 통한 한국 해군의 국제사회 참여는 더욱 중요하고 깊은 의미를 갖는데, 그것은 바로 대한민국 해군의 새로운 정체성 형성과정을 촉진했다는 것이다. 웬트(Wendt)가 주장하듯이, 정체성(identity)은 다른 이들과의 관계 속에서 사회적 상호작용을 통해 인식된다.[40] 참가 인원

38) 박광주, "대양해군 성장 밑거름/해군, 환태평양 훈련 참가 의미", 「세계일보」, 1990년 3월 25일.

39) 같은 글.

40) Alexander Wendt. "Collective Identity Formation and the International State." *The American Politcial Science Review, Vol. 88, No. 2,* Jun 1994: pp. 384-396. 정체성의 이러한 측면은 "상관적 비교(relational comparisons)" 개념으로 생각할 수 있는데, 이는 행위자가 다른 사람들과 갖는 관계나 상호작용에서 정의되는 사회적이고 상관적인 측면을 강조하는 개념이다. 다음 문헌 참조: Abdelal et al. "Identity as a Variable" In *Measuring Identity*. p. 23.

들은 해군의 일원으로서, 림팩 같은 국제 이벤트를 경험하면서 한국 해군과 국가의 위상을 생각하게 된다. 이때, 복합적인 생각이 들 수 있다. 한편으론 한국 해군이 선진해군들에 비해 뒤져 있는 부분을 보면서 자극을 받을 것이다. 1990년 림팩 훈련에는 서울함과 마산함 두 척이 참가했다. 당시에 이 함정들은 한국형 구축함으로 불리긴 했지만, 실상은 1,500톤 정도밖에 되지 않는 연안작전에 적합한 함정들이었다. 이들은 4,000톤에서 9,000톤 정도에 이르는 선진국들의 대형 전투함에 비하면 대양에서의 작전능력이 매우 제한적이었다. 이와 관련해서, 당시 훈련에 참가하여 관찰한 이들은 한국 함정들이 외국 함정들과 함께 작전을 전개할 수 없을 정도의 제한된 능력에 대해 많은 우려를 표명했으며, 대양작전 능력을 갖춘 함정 건설의 필요성을 강조하기도 했다.[41]

다른 한편으로, 림팩에 참가한 함정들의 승조원들은 자신들을 국제 해군사회에서 한국을 대표하는 사람들로 인식하게 된다. 사실, 그런 국제 훈련에 참가하는 것 자체가 한국 해군이 국제사회의 일원임을 의미하는 것이다. 또한, 한국 해군 승조원들은 세계의 해군 문화에 노출되어 최신 해군 전술이나 장비는 물론 친목 행사들을 통해 세계 여러 나라 해군들 간의 공통적인 관행을 보게 된다. 그뿐만 아니라, 해군들이 국제적으로 함께 고민하는 사안에 대해 자연스럽게 논의하게 되고 서로 다른 생각을 교환하게 될 것이다. 특히, 당시 대한민국에서 한참 떠오르고 있던 '세계로'라는 주제에 대해 잘 알고 있었던 해군 장교들에게 선진국들을 대표하는 대형 해군함정들은 일종의 국제적인 기준(norms) 같은 —다시 말해, '선진해군이라면 이런 함정들을 운용하는

41) 국회사무처, 「1989년도 국정감사 국방위원회 회의록(피감사기관: 해군본부)」. 대한민국 국회, 1989. p. 20.

것이 관행이다'라는— 것으로 보였을 수도 있다. 이런 의미에서, 선진 해군들의 대형 함정들과 행동방식은 한국 해군 승조원들에게 행동방식의 레퍼토리로 생각해볼 수도 있을 것이다.[42] 이렇듯, 상대적인 뒤처짐을 느끼게도 하고, 동시에 국제사회의 일원으로 고무적인 느낌도 주면서 림팩 같은 국제 해군사회로의 노출은 한국 해군의 정체성 형성과 대양해군력을 향한 전력건설 방향에 영향을 준 한 요인이었다.

1990년부터 1994년 어간 이후부터 한국 해군의 정체성과 전력구조 개선의 방향은 더욱 뚜렷해졌다. "대양해군"이라는 표현이 처음으로 공식 연설에 등장하기 시작했다. 제18대 해군참모총장 김철우 제독은 1991년 취임식에서 한국 해군은 이제 북한 관련 임무들에만 집중하지 말아야 하며, 잠재적인 위협으로부터 자유로운 해양활동들을 보호할 수 있는 대양해군이 되어야 한다고 주장했다.[43] 이후에도 김철우 총장은 공식 행사나 정책 논의에서 "대양해군"이라는 표현을 자주 사용했다.[44] 후임 참모총장이던 김홍렬 제독은 해군의 역할을 국가 정책과 좀 더 긴밀히 연결시켰는데, 예를 들어 "우리 시대에 요구되는 해군의 역할," "국가 정책을 위한 수단으로서의 해군," 그리고 "세계로 뻗어나가는 대양해군" 등의 표현을 사용했다.[45]

해군이 대양해군을 향한 기치를 공식적으로 올리기 전, 이 기간에

---

42) Ann Swidler. "Culture in Action: Symbols and Strategies." *American Sociological Review, Vol. 51, No. 2*, Apr., 1986: pp. 273-286.

43) 「서울신문」, "해참총장 이취임식", 1991년 9월 6일. 2면.

44) "해사생 순항훈련 첫 세계일주", 「동아일보」, 1992년 9월 14일; 국회사무처, 「1992년도 국정감사 국방위원회 회의록(피감사기관: 해군본부)」, 대한민국 국회, 1992. pp. 1-2.

45) 국회사무처, 「1993년도 국정감사 국방위원회 회의록(피감사기관: 해군본부)」, 대한민국 국회, 1993. p. 2; 국회사무처, 「1994년도 국정감사 국방위원회 회의록(피감사기관: 해군본부)」, 대한민국 국회, 1994. pp. 2-3.

몇 가지 중요한 일들이 있었다. 먼저, 해군은 장차 대한민국 해군의 적절한 역할과 전력구조에 대한 사회적 논의를 활성화시키려는 노력을 시작했다. 그 일환으로, 해군은 학계로부터 전문적인 견해를 구했다. 국방대학교의 한용섭 교수에 따르면, 당시 해군이 학계에 의존한 것은 매우 현명하고 성공적인 움직임이었다고 평가한다. 왜냐하면, 해군력에 대한 논의를 권위 있는 통로를 통해 사회에 소개한 것이었기 때문이다. 또한, 학계에서 이런 주제에 대한 논의를 시작함으로써 이를 해군의 조직 이기주의로 인한 움직임으로 오해받을 가능성도 최소화할 수 있었다.[46]

이러한 해군의 노력은 좀 더 체계적이고 정기적인 활동으로 발전했다. 그 예로는 1989년 개최하기 시작한 국제해양력 심포지엄과 1992년 시작된 해군 함상토론회가 있다. 특히, 함상토론회는 해상에서 기동하는 함정에서 개최된다는 점에서 매우 독특한 성격을 가진 행사였다. 여기에는 국내외 대학의 석학뿐 아니라 세계 각국 해군의 대표에 이르기까지 많은 발표자와 토론자들이 참석했다. 예를 들어, 1995년 "국제화 시대 해양력과 한국의 미래"라는 주제로 열린 국제해양력 심포지엄에는 당시 7함대 사령관 클레민스(Archie R. Clemins) 제독이 참석했는데, 마한의 이론과 미 해군의 성장에 대한 역사를 인용하여 한국과 한국 해군의 미래에 대해 고무적인 내용을 발표하기도 했다.[47] 첫 함상토론회를 비롯해 많은 해군 관련 회의에 참석해온 이춘근 박사에 따르면, 당시 수많은 학자들과 기자들이 한국도 대양작전 능력을 갖춘 해군이 필요하다는 입장을 지지하고 표현한 것이 매우 흥미로웠다고 한

46) 저자의 한용섭 교수와의 인터뷰(2011년 5월 20일).

47) 김당, "한국 해군 '대양'으로 나가라", 「시사저널」, 1995년 8월 17일.

다.[48] 결국, 해군의 노력으로 시작된 이러한 활동들은 한국 해군 발전의 필요성에 대한 사회적 공감대를 형성하는 근간이 되었으며, 서로의 생각을 교환하는 장이 되었다.

또 다른 중요한 움직임은 해군의 국제 활동 참여가 늘어갔다는 것이다. 먼저, 1992년 한국 해군사관생도들이 최초의 세계일주 항해를 통한 순항훈련을 실시했다. 1954년부터 해군은 매년 졸업하는 생도들을 대상으로 원양항해 훈련을 해왔다. 이 훈련들은 통상 방문하는 항구라든지 항해하는 해역 측면에서 일부 지역에 한정되는 경우가 많았다. 하지만 1992년 순항훈련은 태평양, 대서양, 지중해, 인도양 등 세계 전역을 항해하여 14개국을 방문한 가장 광범위한 훈련이었다.[49] 첫 세계일주 항해는 당시 세계로 뻗어나가고자 하는 한국의 의지를 상징하는 획기적인 사건으로 여겨지기도 했다.[50]

둘째, 1993년 9월 22일, 한국 해군함정이 러시아 블라디보스토크 항을 최초로 방문했다. 이는 같은 해 8월, 러시아 해군함정들이 부산항을 먼저 방문한 것에 대한 답방이었는데, 이러한 항구방문 교환은 1990년에 있었던 한국과 러시아 수교를 기념하기 위해 이뤄졌다. 이때 러시아 방문을 위한 항해가 흥미로웠던 점은 해군 측에서 초청한 학자들과 기자단이 함께했다는 점이다. 따라서 그런 오피니언 리더들도 러시아 해군함정과 기지 시설 등 한국 해군보다 앞선 해군의 모습을 직접 보고 느끼는 기회가 되었다. 이는 또한 대양해군의 중요성과 필요성에 대한 논의를 촉진하는 기회가 되기도 했다.[51] 사실, (다음 장에서 자세히 설

48) 저자의 이춘근 박사와의 인터뷰(2011년 5월 21일).

49) 해군 홈페이지 참조. http://www.navy.mil.kr/html/web1/001006004002001.html

50) 김영삼. 해군사관학교 제47기 졸업 및 임관식 연설(1993년 3월 12일).

51) 하준우, "우리군함 처음 러시아 간다", 「동아일보」, 1993년 9월 20일, 2면.

명하겠지만) 이 시기는 한국 해군을 대양해군으로 발전시켜야 한다는 의견들이 몇몇 국회의원에 의해 표현되기 시작하던 때이기도 하다.[52] 하지만 무엇보다 중요한 것은 세계일주 항해를 통해 가지 않던 외국 항을 방문했는데, 해군은 대양해군의 필요성을 주장하면서부터 강조한 그런 종류의 임무를 직접 수행하고 있었다. 다시 말해, 확장된 군사외교를 통한 한국의 외교관계에 직접 기여하고 있었다는 것이다. 당시 그러한 임무를 수행한 가장 큰 함정이 국내에서 건조한 고작 1,500톤급 호위함이었음에도 불구하고 —어쩌면 작지만 우리가 직접 만든 함정으로 당당히 한국을 대표했다는 바로 그 사실 때문에— 1990년대 초의 이러한 성과를 바탕으로 해군은 국가를 위해 어떤 방향으로 나아가야 하며, 그런 임무를 위해 어떤 무기체계를 갖춰야 하는지에 대한 의지도 굳어져갔다.[53]

대양해군에 대한 아이디어들이 나오기 시작한 것은 1980년대 말이지만, 해군은 1995년을 대양해군의 기치를 공식적으로 올린 시점으로 보고 있다.[54] 먼저, 해군은 1995년 3월, 『21세기를 향한 해군』이라는 책자를 통해 전력구조 변화의 필요성에 대한 공식입장을 내놓는다.[55] 둘째, 해군사관학교 졸업 및 임관식에서 김영삼 대통령은 이제 해군이 대양해군의 시대를 열어야 하는 시기임을 강조했다.[56] 사실, 대

52) 국회사무처, 「1993년도 국정감사 국방위원회 회의록(피감사기관: 해군본부)」, 대한민국 국회, 1993.

53) 1992년 최초 세계일주 항해를 실시한 함정은 충남함(FF-953)과 마산함(FF-955)이며, 러시아에 최초로 입항한 함정은 전남함(FF-957)과 울산함(FF-951)이었다.

54) 국회사무처, 「1997년도 국정감사 국방위원회 회의록(피감사기관: 해군본부)」(부록), 대한민국 국회, 1997. p. 27.

55) 김성걸, "해군 '대양해군론' 공식 제기", 「한겨레」, 1995년 3월 7일, 2면.

56) 김영삼. 해군사관학교 제49기 졸업 및 임관식 연설: 세계평화에 기여하는 대양해군(1995년 3월 24일).

통령이 '대양해군'이라는 표현을 언급한 것은 이것이 최초는 아니었다. 노태우 대통령이 이미 1991년 해군사관학교 졸업 및 임관식에서 언급한 적이 있었다. 하지만 1995년 김영삼 대통령의 언급내용이 더욱 중요한 의미를 갖는 것은 바로 해군 측에서 이 연설내용을 대양해군전력건설을 추진하기 위한 근거로 삼았다는 것이다.[57] 게다가, 1995년을 기점으로 2008년까지(1998년을 제외하고) 대양해군은 모든 해군사관학교 졸업 및 임관식의 대통령 연설에서 강조되었는데, 이는 해군의 대양해군을 향한 노력이 어느 정도의 추진력을 얻었던 시기로 볼 수 있다는 점이다.

해군의 대양해군전력건설을 위해 더욱 중요한 사건은 바로 1995년 4월 안병태 제독이 해군참모총장에 임명된 것이다. 안병태 제독은 대양해군을 위한 노력을 해군 정책목표에 포함시키고 이것을 공식적으로 발표한 최초의 해군참모총장이었다. 다음 장에서 자세히 설명하겠지만, 이러한 정책발표가 있은 후 대양해군 정책에 대한 엄청난 언론보도들이 쏟아졌다. 당시, 안병태 제독은 대양해군의 목표를 구체적이고도 달성 가능한 형태로 제시했다. 예를 들어, 해군의 시대적 사명 중 하나로서 "미래 전략환경에 대처할 수 있는 '대양해군' 건설 준비"로 명시했다.[58] 그 이전에는 대양해군이라는 표현이 실제 정책을 의미하는 것인지 아니면 (현실적으로 실현이 어려울 수도 있는) 순수한 슬로건인지 명확하지 않았다. 또 다른 해군의 정책목표로 강조한 항목은 "대북한 군사대비태세 유지"였으므로 대양해군의 목표 때문에 한국 해군이 전통

57) 이러한 해군의 입장을 확인하기 위해서는 다음 자료를 참조하라. 1997년도 국정감사 국방위원회 회의록(피감사기관: 해군본부) 부록. 1997. p. 27.

58) 국회사무처, 「1995년도 국정감사 국방위원회 회의록(피감사기관: 해군본부)」, 대한민국 국회, 1995. pp. 1-2.

적으로 수행해오던 대북한 임무를 간과한 것도 아니었다. 사실, 대북한 임무를 해군의 에센스로서 강조하지 않은 해군참모총장은 한 명도 없었다.[59]

그렇다면, 안병태 제독이 이토록 과감한 정책을 추진하게 된 배경은 무엇일까? 그 결정을 위한 여건을 조성한 몇 가지 요인이 있다. 첫째, 안병태 제독은 해군의 조직 정체성을 국가와의 관계 속에서 잘 이해하고 있었다. 그가 역설하기를, 어떤 해군을 건설할 것인지는 그 해군이 지켜야 할 국익이 어떤 것인지에 달려 있다고 한다.[60] 물론, 그는 한국 해군이 미국 해군이나 러시아 해군 같은 강대국이 보유하고 있는 해군의 규모와 형태를 추구할 수도 없고, 해서도 안 된다는 것을 인정한다. 하지만 안 제독이 강조하는 것은 장차 세계화 현상이 더욱 심해지는 국제무대에서 한국은 다른 선진국들과 협력할 일도 많고, 동시에 그들과 경쟁할 일도 많을 텐데 그러한 세계에서 한국의 국가 위상을 지키기 위해 한국 해군은 연안이나 지역만을 위한 해군으로 남을 수는 없다는 것이다.[61] 이러한 주장은 그가 생각하는 해군과 국가의 이미지를 고스란히 담고 있다. 예를 들어, 그는 한국의 위상을 다른 선진국의 그것과 비교하여 떨어지는 것으로 생각하지 않는다. 동시에, 해군을 한국의 국가 위상을 유지하는 주요 수단으로 이해하고 있다.[62] 이 시점에서 흥미로운 일화를 소개하는 것이 도움이 될 듯하다. 안병태 제독

59) 이 점은 나중에 제9장에서 논의할 대양해군 가치의 종료와 많은 관련이 있다.

60) 이 내용은 다음 참고문헌에 인용되어 있음. 강영오. 『나라와 바다의 전략』(서울: 해양전략연구소, 2007). p. 323.

61) 같은 책.

62) 여기서 안병태 제독이 대양해군을 건설해야 하는 이유로 국가 위상 같은 무형적인 것만을 강조한 것은 아님에 주목해야 한다. 안병태 제독은 국가 이익과 위상을 동시에 강조하고 있다.

이 참모총장으로 재직할 당시, 김영삼 대통령이 주관하는 식사자리에서 건배 제의를 할 기회가 있었는데, 건배 제의는 다음과 같은 내용이었다. "우리 정부의 목표 중 하나가 세계로 뻗어나가는 선진 조국 창조인 만큼 해군이 바로 한국을 세계로 싣고 나아가는 수단이 되겠습니다. 제가 '바다로'라고 선창하면, 여러분은 '세계로'라고 답해주시면 되겠습니다." 이 건배사는 그 자리에서 너무도 좋은 반응을 얻었고, 이때부터 "바다로, 세계로"는 해군의 거의 모든 공식·비공식 행사에서 누구나 사용하는 유명한 건배구호가 되었다.[63)]

둘째, 안병태 제독이 참모총장이 되기 전부터 대양해군을 해군의 나아갈 방향으로 만들기 위한 사전 작업을 포함하여 직접 전력건설계획에 관여한 것도 중요한 요인 중의 하나다. 이런 과거 경력 및 경험, 그리고 해군력에 대한 개인적인 신념 등을 고려할 때, 그가 대양해군의 기치를 과감히 올린 것이 그리 놀라운 일은 아니었다. 또한 안병태 제독은 국가의 발전을 위해 해군과 바다가 중요하다는 것을 알리기 위한 한 방편으로서 해군 함상토론회 개최를 제안한 것으로도 잘 알려져 있다. 1993년 제2회 함상토론회에서 그는 한국 해군도 항공모함과 핵추진 잠수함 같은 전략무기를 도입해야 한다고 주장하기도 했다.[64)] 작전사령관으로 재임 중에도 이미 대양해군 계획 준비와 한국 해군의 세계화를 위한 핵심적인 역할을 했다고 알려져 있다.[65)] 그러고 보면, 안병태 제독은 이미 서서히 형성되어가던 해군의 대양해군을 향한 움직임의 중심에 있었다고 볼 수 있다.

---

63) 저자의 안병태 제독과의 인터뷰 내용(2011년 5월 25일).

64) 홍성일, "중일 해군력증강 대응 우리도 항공모함 필요", 「세계일보」, 1993년 5월 24일, 22면.

65) 이중근, "대장승진 인사배경", 「경향신문」, 1995년 3월 26일, 2면.

그의 개인적인 경험 또한 한국 해군에게 대양작전 능력이 필요하다는 신념을 굳힌 역할을 했다. 사회학적 제도주의(SI) 관점에서 보면, 해군 장교들은 해군이라는 전문 분야에서 자국 해군의 발전을 위한 열망을 가장 강하게 느끼는 행위자들일 것이고, 이런 경험은 종종 국제적인 접촉을 계기로 이뤄진다. 일화 하나를 소개하자면, 1991년 안병태 제독이 2함대 사령관으로 재직 중이었을 때, 서해 공해상의 시추작업 구역으로 중국 군함이 접근하고 있다는 보고를 받은 사례가 있었다. 한국 정부가 고용한 외국회사가 그 시추작업을 하고 있었기에 작업의 안전을 확보하는 것은 한국 해군의 책임이었다. 안병태 제독의 회고에 따르면, 당시 중국 군함은 4,000톤가량 되었는데, 함대사령관으로서 그 지역으로 보낼 수 있는 최선의 전력은 고작 1,500톤 호위함뿐이었다. 당시 중국 군함이 적대의도를 보이지는 않았기 때문에 이는 한국과 중국 두 해군 간의 적대적 교전 상황은 물론 아니었다. 게다가, 공해상에서 선박들은 국제법에 따라 무해 통항권(the right of innocent passage)을 보장받기 때문에 중국 군함은 그 구역에서 항해할 권리가 있는 상황이었다. 하지만 분명한 것은 한국 해군도 그 지역에서 존재를 현시해야 하는 상황이었다. 안병태 제독은 당시에 중국 군함에 필적할 만한 군함이 우리에게도 있었으면 하는 마음이 간절했다고 회고한다.[66] 이것은 한국 해군의 일원으로서 자존심이 걸린 문제였다고 강조했다. 당시 안병태 제독이 선택한 방안은 함정 대신에 S-2 항공기를 보내는 것이었다. 그럼으로써 중국 함정과 한국 함정 간의 직접적인 조우를 피하고, 두 국가의 함정이 비교되는 것을 피할 수 있었다고 한다.

이 일화를 통해 해군 지휘관이 자신이 속한 해군과 국가를 어떻게

66) 저자의 안병태 제독과의 인터뷰 내용(2011년 5월 25일).

바라보는지가 얼마나 중요한 것인지 알 수 있다. 예를 들어, 안병태 제독이 한국을 강대국인 중국과는 비교할 수도 없는 작고 열등한 국가라는 이미지를 갖고 있었다고 가정하자. 또한, 한국 해군의 주요 임무가 북한의 간첩선 침투 방지에 국한되고, 따라서 고속정 같은 소형 함정들을 다수 보유하는 것이 적절한 전력구조라고 생각했다고 가정해보자. 그랬다면, 당시 그의 행동은 달라졌을 것이다. 그가 당시에 수치심을 느꼈던 것은 바로 한국이 중국과 마찬가지로 동등한 주권 국가이고, 해군이라는 조직은 그러한 국제적인 공간에서 국가를 당당히 대표할 수 있어야 한다고 믿었기 때문이다. 다시 한 번 강조하지만, 정체성은 사회적 —여기서는 국제사회에서의— 상호작용을 통해 더욱 뚜렷해지게 마련이다.

마지막으로, 안병태 제독은 한국 해군이 더욱 발전된 형태의 함정을 건조하고 운용할 수 있다는 자신감을 가지고 있었다. 그는 "한국 해군이 그때까지 축적해온 능력과 경험을 고려했을 때, 대양해군을 향한 전력구조의 변화는 충분히 추진해볼 만한 것이었다"고 주장한다.[67] 사실, 그때까지 한국 해군의 주전력은 연안작전에 적합한 소형 전투함들이었지만, 한국 해군과 국내 조선업체의 능력으로 설계하고 건조한 자랑스러운 함정들이었다. 그 과정에서 해군은 자체적인 함정 설계와 건조를 위한 조직이나 기술 등의 노하우들을 쌓아온 것이다. 게다가, 때마침 당시는 한국 해군의 면모에 많은 변화가 일어나고 있던 시기였다. 예를 들어, 1990년대 초에는 장보고급 잠수함을, 1995년에는 록히드 마틴(Lockheed Martin)사로부터 도입한 해상초계기인 P-3C를 운용하기 시작했다. 이런 수중 및 항공 작전 능력을 갖추면서 실제로 현대 해군다

67) 같은 자료.

운 능력을 갖춰가기 시작했다.

1995년 대양해군 기치를 공식적으로 올리면서 한국 해군은 그때까지 다소 모호한 대양해군의 개념을 정의해나갔다. 한국 해군이 지향하는 대양해군이란 "지역해(地域海)를 벗어난 대양에서도 국가이익을 수호하고 국가정책을 지지할 수 있는 작전능력을 갖춘 해군"을 의미했다.[68] 좀 더 구체적으로, 한국 해군은 지역 국가 간 해군력 균형에 영향을 미칠 수 있어야 하고, 독립국가로서 자주성을 지킬 수 있는 대외 억제력을 보유해야 하며, 그 밖에도 해상교통로 보호, 해양자원 개발 보호, 다국적 안보 협력 참여 및 유엔 평화유지 작전 지원 등의 능력을 갖춘 해군이 되어야 한다는 것이었다.[69]

이 정의에서 요구되는 능력들을 보면, 한국 해군이 대형 함정들을 건조하려고 한 것이 현실주의 관점에서 예측하듯이 특정한 또는 시급한 군사 위협만으로 시작했다고 보기는 다소 힘들다는 것을 알 수 있다. 오히려, 당시 한국 해군은 국익과 자주성을 보호할 수 있는 "보통 해군"이 되려고 했다는 것이 더 적절한 해석일 것 같다. 더욱이, 다자간 군사협력과 국제 평화유지 활동 참여를 한국 해군의 핵심 능력의 일부분으로 보았다는 것은 커다란 중요성을 갖는다. 제21대 해군참모총장이자 해양수산부 장관을 역임한 유삼남 장관에 따르면, 당시 예비역 해군 장성들 사이에서 한국도 이제 어느 정도의 경제력과 국제적 위상이 상승했고, 그에 걸맞게 국제사회 활동에 참여하고 기여해야 한다는 의견이 형성되었다고 한다.[70] 또한, 당시 일본에 전개해 있는 미 7함대 전력들과의 잦은 연합작전을 경험하면서 한국 해군도 미국이나 일본 같

68) 정호섭.「한국 해군과 대양해군을 둘러싼 제 논쟁의 분석과 새로운 해석」, p. 312.

69) 같은 글.

70) 저자의 유삼남 장관과의 인터뷰 내용(2011년 5월 31일).

은 선진화된 해군과의 연합작전을 할 수 있을 정도의 능력을 갖춰야 한다는 생각이 강해졌다는 것이다. 이러한 예비역 장성들의 생각은 (각종 자문기회를 통해) 해군에 전달되었고, 그것은 다시 대양해군전력건설 개념에 반영되었다.[71] 이렇듯 해군 장교들이 그들이 가지고 있던 국가 정체성 또는 국가 이미지를 바탕으로 해군의 적절한(appropriate) 역할을 고심한 과정은 바로 대양해군 기치를 이끌어낸 메커니즘이었다. 동시에, 사회학적 제도주의 관점에서 예측하듯이, 국제적인 접촉이 전문 분야(여기서는 해군)의 발전에 중요한 영향을 미쳤다는 것도 알 수 있다.

공식적으로 대양해군의 기치를 올리면서, 새로운 함정들에 대한 구체적인 구상도 함께 이뤄졌다. KDX-Ⅱ는 스텔스(stealth)가 가능한 다목적 구축함으로서 KDX-Ⅰ에 비해 현격히 향상된 함대지 타격능력과 대공방어 능력을 반영시켰다. KDX-Ⅲ 계획으로 해군은 7,000여 톤급 이지스(Aegis) 구축함 건조를 결정했는데, 이는 3차원 레이더와 스탠더드 미사일을 이용한 전역방공(theater air defense) 능력을 갖추도록 구상했다. 3,000톤급 잠수함의 건조도 전력건설계획에 포함되었다. 특히, (헬기 등) 항공기의 수직 이착륙 지원이 가능한 대형 비행갑판을 갖춘 상륙함 건조도 계획했는데, 이 함정은 인도적 지원이나 재난 구호 같은 전쟁외 작전(Operations Other Than War) 등 다목적 역할을 수행할 수 있도록 했다. 이러한 전력이 결국 한국 해군의 대양작전 능력의 근간이 될 기동전단을 구성하게 되었다.[72]

그렇다면, 1995년 공식적으로 대양해군 기치를 올림으로써 어떠한 변화들을 가져오게 되었는가? 달리 표현하면, 공식적인 대양해

71) 같은 자료.

72) 정호섭.「한국 해군과 대양해군을 둘러싼 제 논쟁의 분석과 새로운 해석」, p. 320.

군 건설을 위한 방향 제시로 인해 새로운 전력건설이나 전력구조 변화를 유도할 수 있는 어떤 유리한 변화들이 있었는가? 가장 중요한 것은 바로 대양해군 기치로 인해 한국의 국익과 미래 국제사회에서의 지위와 연관된 해군전력의 의미들(meanings)을 일깨우고 부각시켰다는 것이다. 대양해군 슬로건을 사용하면서 해군의 지도층 장성들은 당시 한국 해군이 건조하기 시작한 대양작전이 가능한 함정들에 특별한 '의미(meaning)'를 부여했다. 그 의미들은 국가의 발전과 강한 관련성이 있었으므로 해군 밖의 국민도 쉽게 공감할 수 있었다. 다시 말해, 대양해군 슬로건은 해군의 조직 정체성을 공식적으로 선언한 행위였지만, 이를 통해 (정치인들을 포함한) 국민에게 대형 해군함정의 상징성 있는 의미를 전달했다는 것이다. 사회학적 제도주의(SI) 관점에서 주장하듯이, 현대 민족국가는 국민으로부터 집단 정체성과 문화적 동질성을 공식적이고 정당하게 동원할 수 있는 유일한 권한체다.[73] 국가와 해군 간 의미의 연결고리가 형성됨으로써 해군의 발전은 국가의 발전에 필수적인 한 부분이 되었다. 특히, 군사 외교나 다국적 협력을 포함한 해군의 국제적 임무는 당시 국가 차원에서 강조하고 있던 국제사회와의 교류나 국제 위상 등 세계화 정책과 완벽한 조화를 이루는 것이었다.

여기서 또 한 가지 중요한 것은 해군전력들과 관련된 이러한 의미들이 결코 한국 해군이 만들어낸 것이라고 보기는 힘들다는 것이다. 국가의 위상과 결부되는 대형 해군함정들이 대표하는 의미는 전 세계의 문화적 수준에서 형성되어온 제도(institutions)의 일부이기 때문이다. 제2장에서 자세히 설명했듯이, 역사 속에서 이러한 예를 어렵지 않게 찾

---

73) Connie L. McNeely. *Constructing the Nation-State: International Organization and Prescriptive Action*. Westport, CT: Greenwood Press, 1995. p. 19.

아볼 수 있다. 여기서 저자가 주장하는 내용은 다른 방법으로도 설명이 가능하다. 국가와 관련된 해군함정의 의미가 자연스럽게 형성되고 국민에게 전파되는 이러한 효과는 만일 탱크나 트럭, 소총 등 다른 무기체계였다면 기대하기 힘들었을 것이다. 아이어와 서치맨(Eyre and Suchman)이 주장하듯이, "주권, 현대성 그리고 독립성 등이 민족국가의 핵심적인 특징으로 여겨지는" 근대 국제체제에서 어떤 무기체계는 고도로 제도화(institutionalized)되어 있는 반면, 그렇지 않은 무기체계도 있다.[74] 예를 들어, 해군함정들이 외국 항구에 입항하는 것은 국가 간 우호적인 외교관계를 상징한다. 하지만 우호적인 외교관계를 상징하는 행위로서 전투기나 육군 전차의 외국 방문은 해군함정보다 자주 있는 경우는 아니다. 결국, 한국 해군은 대양해군 기치를 올림으로써 국제적으로 형성되어 있던 문화적 도구를 (의도적으로든 비의도적으로든) 잘 활용하게 되었다.

어떤 차원에서 보면, '대양해군'이라는 표현은 대한민국의 국가적 위상과 자부심을 대표하는 상징적 의미를 띠기도 했다. 여기서 저자가 말하는 '상징' 요소는 오닐(O'Neill)의 "가치 상징(value symbols)"의 개념으로 이해할 수 있다.[75] 오닐에 따르면, 가치 상징의 특징은 감정(affect)과 의미의 다양성을 들 수 있다.[76] 먼저, 감정 측면에서, 사람들이 어떤 상징이 대표하는 아이디어에 대해 강한 입장이나 심정을 갖는다면 그것은 가치 상징이라고 할 수 있다.[77] 의미의 다양성에 대해 오닐은 다음과

---

74) Dana P. Eyre and Mark C. Suchman. "Status, Norms, and the Proliferation of Conventional Weapons: An Institutional Theory Approach." In *The Culture of National Security: Norms and Identity in the World Politics*, by Peter J. Katzenstein, pp. 79-113. New York: Columbia University Press, 1996. p. 96.

75) Barry O'Neill. *Honor, Symbols, and War*. Ann Arbor: University of Michigan Press, 1999. p. 7.

76) 같은 책.

77) 같은 책.

같이 설명한다.

"가치 상징은 우리가 인지할 수 있는 어떤 사물 또는 존재물로서 다양한 생각(ideas)을 한데 묶고, 각각의 생각에 연관된 감정들 간 시너지를 만들어낸다. 국기는 한 국가를 나타내는데, 사람들은 이 국기를 볼 때 지리적인 의미의 국가도 생각하지만, 역사적, 문화적 그리고 제도적 의미도 함께 생각하게 된다. 이러한 여러 가지 생각이 국기라는 매체로 하나가 된다는 것은 그중 어떤 한 가지 요소에 대해 긍정적인 심정을 가진 사람들과 또 다른 요소들에 대해 긍정적인 심정을 가진 사람들이 하나가 된다는 것이다."[78]

실제로, 정치인들을 포함하여 한국 국민, 심지어 해군 장교들도 '대양해군' 슬로건과 새로운 대형 함정들에 다양한 생각과 감정을 결부시키는 것을 보여주는 자료를 많이 찾아볼 수 있다. 어떤 신문 사설에서는 (해군이) 세계로 뻗어나가 국제무대에서 한국의 이미지를 대표하는 대양해군 슬로건은 국민의 가슴에 깊은 감동을 새겨주었다는 평을 했다.[79] 그도 그럴 것이 당시 대양해군 기치(initiative)는 국가안보와 국익뿐 아니라 한국의 자주성, 국가적 자부심, 그리고 국제 위상과 미래를 향한 희망 등과 결부된 생각과 감정을 대변했다. 만일, 한국 해군이 선진화된 해군함정들을 단순히 외국 업체로부터 구입했다면, 이러한 강한 감정들이 관련되지 않았을 수도 있다. 예를 들어, 1996년 한국 최초로 건조한 구축함인 광개토대왕함(KDX-Ⅰ)이 진수했을 때, 이는 한국의 기술과 지식으로 설계 및 건조한 함정이며, 광개토대왕함의 진수는 대

78) 같은 책.

79) 박성진, "군 슬로건과 '화이팅'", 「경향신문」, 2007년 3월 2일, 29면.

양해군으로 가는 첫걸음이라는 자랑스러운 발표가 있었다.[80] 사실, 광개토대왕함급 신형 구축함들이 건조되기 전에 한국 해군이 운용하고 있던 미 해군 구축함들도 상당히 신뢰성 있고 견고한 함정들이었다. 물론, 근접무기체계(Close-In Weapon Systems)나 수직발사체계(Vertical Launching Systems) 같은 현대적인 능력은 없었지만, 한국 해군이 약 30년간 운용해 온 성능이 매우 뛰어난 구축함들이었다. 게다가, 광개토대왕함급 구축함의 크기나 배수톤수가 구형 미 해군 구축함들과 비교하여 큰 차이가 있는 것도 아니었다.[81] 하지만 그러한 미 구축함들은 대양해군 기치가 대표한 의미들과 연관지어 생각된 적이 없었다.

여기서 중요한 것은 본 연구에서 해군전력이 갖는 '상징적 의미'를 강조하고 있지만, 절대로 그들이 갖는 실질적인 기능이나 실용성이 무시되었다는 뜻은 아니라는 것이다. 지금까지 저자가 논의해왔듯이, 한국 해군이 대양해군 기치를 올린 가장 중요한 동기는 매우 현실적인 이유인 국익 증진을 위함이었다. 상징적인 측면을 말하자면, 해군 리더들이나 정치인들을 포함한 국민이 국가와 관련된 생각이나 감정들을 대양해군전력에 연관시켰던 만큼 상징성이 작용했다는 것이다. 본 연구를 위한 자료조사를 통해 저자는 몇몇 국회의원이 한국은 적어도 그 국력과 위상에 맞는 해군력을 갖춰야 한다고 주장한 사례들을 확인할 수 있었다.[82] 또한 이러한 전력건설의 필요성에 대한 주장에는 한국과

---

80) 문철, "우리 기술로 설계제작/구축함 광개토대왕함 진수의 의미", 「동아일보」, 1996년 10월 29일.

81) 예를 들어, 한국 해군이 운용한 미 해군 기어링급 구축함은 2,425톤(만재톤수 3,470톤)이다. 한편, 광개토대왕함의 배수톤수는 3,200톤으로 알려져 있다. Captain Richard Sharpe ed. Jane's Fighting Ships. Frome and London: Butler & Tanner Ltd., 1991-92. 해군 웹사이트 참조: http://www.navy.mil.kr/html/web1/001006003001001.html.

82) 이 점에 대해서는 다음 장에서 구체적인 예를 들어 설명한다.

비슷하거나 낮은 수준의 경제력을 갖고 있지만 종종 더 큰 해군전력을 보유한 국가들과의 비교가 따랐음을 알 수 있었다. 이러한 주장들은 해군의 규모 또는 해군함정의 규모를 한 국가의 국력이나 국제 위상을 나타내는 척도로 삼고 있는 만큼 상징적인 요소가 포함되어 있다고 볼 수 있다.

또 한 가지 강조해야 할 것으로, 저자가 본 연구에서 국회의원들이나 언론 기고자들의 주장에 '상징성'이 포함되어 있다는 것을 논할 때, 그것이 결코 그들이 갖고 있는 국가안보사안에 대한 전문적인 의견이나 통찰력 부분을 간과하는 것이 아니라는 것이다. 배리 오닐(Barry O'Neill)이 주장하듯이, 상징성의 정치는 실제 국제관계에서 매우 중요한 요소다.[83] 오닐은 1980년대 미국이 서독에 중거리 핵탄두미사일을 배치한 것은 소련이 유럽에 SS-20(중거리 핵탄두미사일)을 배치한 데 대한 대응으로서 국가적 명예(honor)를 지키기 위한 상징적 조치였다고 주장한다. 오닐의 정의에 따르면, 명예와 관련된 요소 중에는 자신이 명예를 중요시한다는 평판 자체를 중요시하는 것과 "나를(또는 내 것을) 건드리지 말라"는 것을 확실히 표현하는 요소 등이 포함된다.[84] 미국은 서독에 핵미사일을 배치함으로써 유럽의 동맹국들(내 울타리 안에 있는)을 방어하기 위한 비용을 기꺼이 지급할 의사가 있음을 공공연히 보여주었다. 오닐은 또한 미국과 소련 간의 핵 무장 경쟁도 핵무기가 실제로 가져올 수 있는 효과만이 아닌 두 강대국 간의 상징적인 의미의 경쟁 요소도 분명히 있었다고 주장한다.

비슷한 맥락에서, 정치지도자나 군 지도자들이나 국민이 국가의

83) O'Neill. *Honor, Symbols, and War*.

84) 같은 책. pp. 86-92.

'위상'을 고려하는 것을 외교안보정책을 위한 논의에서 덜 중요한 요소로 치부하는 것은 적절치 않다. 르보(Lebow)는 위상을 "위계질서 상 하나의 행위자가 차지하는 위치"라고 정의한다.[85] 상대적인 관계를 나타내는 개념인 만큼 위상에 대한 고려는 행위자들 간의 경쟁으로 이어질 수도 있다. 위상은 또한 사회적 행위자들의 가장 중요한 목표 중의 하나인 "자부심(self-esteem)"을 성취하는 하나의 수단으로 이해되기도 한다.[86] 르보는 자부심에 대한 도전은 역사적으로 "물질적 풍요나 안보에 대한 위협만큼이나 중요한 전쟁의 원인"이었다고 설명한다.[87] 이와 관련하여 라슨(Larson)과 동료 학자들도 강대국들의 위상을 추구하는 행위들은 국제관계에서 전쟁과 평화에 관계된 중대한 함의를 갖는다는 연구결과를 내놓기도 했다.[88] 요컨대, 르보가 강조했듯이, 사회적 행위자들의 자부심과 위상에 대한 고려는 국제관계에서 물질적 이익과 안보에 대한 고려만큼이나 중요한 요소임을 기억해야 한다.[89]

대양해군 기치가 가져온 또 한 가지 중요한 결과로서, 비교적 오랜 기간 동안 지도부의 교체에도 불구하고 다양한 무기체계 도입에 대한 포괄적인 개념 또는 테마(theme)를 제공했다는 것이다. 해군의 입장에서 보면, 대양해군이라는 테마는 무기체계 도입을 위한 일관성 있고 축적되는 효과를 제공했다. 또한, 해군과 정치지도자들 간의 대화를 촉진시켜 성공적인 무기체계 도입으로 연결되는 데 도움을 주기도 했다. 그레이(Gray) 박사의 설명에 따르면, 특정 무기체계 도입의 성공을 위

85) Richard Ned Lebow. *A Cultural Theory of International Relations*. Cambridge and New York: Cambridge University Press, 2008. p. 66.

86) 같은 책. p. 64.

87) 같은 책. p. 131.

88) Larson et al. "Status and World Order."

89) Lebow. *A Cultural Theory of International Relations*. p. 16.

해서는 두 가지 차원에서 매우 간명하면서도 사실에 입각한 설명이 이뤄져야 한다. 첫째는 누구에게나 쉽게 연상될 수 있는 간판 같은 사업 성격에 대한 설명(예: 억제를 위한 B-2 사업, 평화를 지키는 MX 사업 등)이 있어야 하고, 둘째는 국회 차원의 심층적인 감사에서 통과할 수 있는 설명 —예를 들어, 15대가 아닌 20대의 폭격기가 국가 정책을 지원할 수 있는 질적·양적인 전략적 효과를 제공할 수 있다는 등— 이 필요하다는 것이다.[90] 이런 측면에서 볼 때, 한국 해군의 경우에는 대양해군이라는 테마가 전력건설에 대한 명확한 방향이자 필요성에 대한 설명을 제공했다고 볼 수 있다. 대양해군 건설이 공식적인 모토로 사용된 기간 중 해군은 KDX-Ⅱ, Ⅲ, 그리고 다목적 대형 상륙함까지 다른 전력들을 도입할 때마다 새로운 설명이 필요하지 않았다. 이들 모두가 '대양해군'을 건설하기 위한 필요 전력이자 과정으로 이해되었다.

공식적인 대양해군 기치를 통해 발전된 부분이 비단 무기체계 획득 분야만은 아니었다. 예를 들어, 해군이 인적자원과 교육훈련에 관련된 정책 분야를 포함한 다른 분야에서의 발전을 꾀할 수 있는 환경 조성에 도움이 되기도 했다. 대양해군 건설 준비가 해군의 공식적인 정책 방향으로 결정될 무렵, 운용인력 부족으로 인해 해군의 많은 함정들이 부두에 묶여 있어야 하는 상황이었다.[91] 이러한 사실도 당시 국가안보를 위한 해군의 위치를 보여주는 단면이라고 볼 수 있을 것이다. 이러한 해군의 인력부족 문제는 1995년 김영삼 대통령이 장교 및 부사관

90) Colin S. Gray. *Weapons Don't Make War: Policy, Strategy, and Military Technology*. Lawrence: University Press of Kansas, 1993. p. 73.

91) 국회사무처, 「1995년도 국정감사 국방위원회 회의록(피감사기관: 해군본부)」, 대한민국 국회, 1995. p. 14.

편제를 2,500명 늘리는 방안에 승인하면서 조금이나마 개선되었다.[92] 이러한 개선을 이끌어내기까지 해군참모총장이던 안병태 제독은 상부에 인력충원에 대한 필요성을 지속적으로 제기했고, 때마침 해군의 커져가는 중요성을 잘 인식하고 있던 유종하 당시 청와대 외교안보수석은 대통령과 다른 군 지도자들 간에 해군 인력증원에 대한 공감대를 형성하는 데 큰 역할을 했다.[93] 하지만 안병태 제독의 설명에 따르면, 가장 기본적으로 중요한 요소는 바로 대양해군 기치였다는 것이다. 대양해군 건설이라는 논리와 정당성이 없었다면 인력충원에 대해 상부에 효과적으로 건의할 수 없었을 것이라는 것이다.[94] 실제 예를 보더라도 다음 장에서 상세히 다룰 내용이지만, 해군본부에 대한 국정감사에서 많은 국회의원들이 전력건설 분야뿐 아니라 교육, 군수지원, 근무환경 등 많은 다른 분야의 사안들도 대양해군과 연결시키는 것을 어렵지 않게 관찰할 수 있다.

마지막으로, '대양해군, 바다로! 세계로!'는 해군의 구성원들이 과거의 사고방식으로부터 벗어나는 과정에서 새로운 캐치프레이즈가 되었다. 앞서 논의했듯이, 육군의 비율이 상대적으로 큰 군의 구조와 (전시) 해군 작전 영역에 대해 미군에 많은 부분을 의존해야 하는 상황이

92) 같은 자료. 여기서 주목해야 할 것은 간부(장교 및 부사관)를 2,500명 증편하는 대신, 일반 병사의 수를 2,500명 감편했다는 것이다. 이는 해군 전체의 병력을 동일하게 유지하기 위한 조치였다. 세부적인 내용은 다음 문헌을 참조하라. 1995년도 국정감사 국방위원회 회의록(피감사기관: 해군본부). p. 33.

93) 저자의 안병태 제독과의 인터뷰 내용(2011년 5월 25일) 및 유종하 전 외교부장관/청와대 안보수석과의 인터뷰 내용(2011년 5월 27일). 유종하 전 안보수석의 설명에 따르면, 당시 그는 해군이 더 많은 자원을 할당받아야 한다는 논리가 아니라 국민의 세금으로 건조한 해군함정을 부둣가에 계류시켜놓기만 한다면 이는 국가 자원의 당비라는 점을 강조했다고 한다.

94) 저자의 안병태 제독과의 인터뷰 내용(2011년 5월 25일).

한국 해군의 임무와 전력구조를 결정하는 기본 가정이었고, 이는 해군 안팎에 일반적으로 형성되어 있던 시각이었다. 대양해군 정책의 공식 선언은 해군 지도층의 해군에 대한 우려와 비전을 해군의 전체 구성원들과 공유할 수 있는 계기였던 동시에 추진력이 되었다. 다시 말해, 해군 장병들이 국제사회에서 국가를 대표하는 역할 등 더 큰 포부와 비전을 가질 수 있는 계기가 되었다는 것이다. 안병태 제독은 대양해군 정책 추진에 따른 가장 값진 결과 중 하나는 바로 병사로부터 사관생도, 그리고 해군의 지도층까지 공유할 수 있는 비전(vision)이었다고 강조한다.[95] 실제로, 대양해군을 향한 해군의 기치가 어느 정도 자리를 잡았을 즈음, 해군사관학교를 졸업하고 새로이 임관하는 많은 장교들이 언론과의 인터뷰에서 21세기 국가의 발전에 기여하는 대양해군의 일원이 되고 싶어서 해군에 지원했다는 포부를 밝혔다.[96] 김혁수 제독이 한 논평에서 정확히 표현했듯이, 대양해군 기치의 가장 중요한 영향은 바로 당시 대한민국 해군이 눈을 뜨는 데 도움이 되었다는 것이다.[97]

지금까지 저자는 대양해군을 향한 해군의 움직임이 어떻게 형성되었고 공식화되었는지에 대해 논했다. 요약하면, 그러한 변화는 1990년대보다 정당하고 자주적인 국제사회의 구성국가로서 한국의 국가 정체성이 점차 두드러질 당시, 그러한 국가를 위해 어떤 역할을 해야 할지를 정의내리는 가운데 그 결과로 나타난 현상이었다. 저자는 또한 한국 전력구조 변화에 미친 대양해군 움직임의 영향을 상세히 논했다.

---

95) 같은 자료.

96) 김정호, "해사 첫 여장교, 신고합니다", 「한국일보」, 2003년 3월 12일, 26면. 박성진, "해사 '오누이 생도' 오빠가 수석 졸업", 「경향신문」, 2003년 3월 12일, 12면.

97) 김혁수, "대양해군 허세 부린 적 없다", 「조선일보」, 2010년 3월 7일.

하지만 한때 공식화된 대양해군 정책의 이행은 순탄하지만은 않았다. 다음 장에서는 어려움 속에서도 대양해군을 향한 해군의 움직임이 어떻게 지속되었는지, 또 어떤 다양한 요소들이 이행과정에서 영향을 주었는지를 설명한다.

제7장

사회학적 제도주의(SI) 접근에 기반을 둔 절충적 설명: 대양해군 현상의 지속과 전개

앞 장에 이어 제7장에서는 해군의 대양해군 기치가 공식적인 정책으로 자리매김하지 못했음에도 불구하고 어떻게 오랜 기간 동안 지속되었는지를 설명한다. 이 장의 전개는 해군, 정치 리더, 일반국민을 포함한 3가지 사회 행위자 집단을 대상으로 한 분석 내용을 차례로 소개하는 방식으로 한다. 저자의 핵심 주장은 다음과 같다. 해군은 대양해군의 특성을 조직의 에센스로 정착시켜나갔고, 따라서 자연스럽게 대양해군 기치를 이어나갈 수 있었다. 또한 해군의 대양해군을 향한 움직임이 정치지도자들과 국민 사이에서 긍정적인 반향을 일으킬 수 있었던 것은 바로 그들 간에 국가 정체성에 대한 공감대가 형성되었고, 그것이 다시금 대양해군이 나타내는 의미(meanings)와 연관되었기 때문이다. 이 장은 3개의 절로 나뉘며, 각 절에서 저자는 위에서 언급한 해군, 정치지도자, 일반국민 등 3개 사회 행위자 집단과 관련된 분석을 하게 된다. 정치지도자를 다룬 절은 다시 두 부분으로 나뉘는데, 각각 대통령과 국회의원에 대한 분석을 포함한다.

저자는 제6장에서 그랬던 것처럼 제7장에서도 절충적인(eclectic) 입장을 취한다. 무엇보다 저자는 사회학적 제도주의를 이론적 전제로 하면서 조직 행동 모델의 영향을 강조한다. 또한 사회학적 제도주의 요소들은 현실주의 요소들(외부위협이나 경제적 이익 등)이 대양해군 현상의 전개에서 역할을 하게 되는 환경을 제공한다. 다시 말해, 현실주의 요소들이 영향을 미친다고 하더라도 그것은 문화적 요소들의 작용을 통해 이뤄진다는 것이다. 외부위협의 영향도 그 위협이 새롭게 형성되어가던 정체성과 얼마나 관련되는가에 따라 달라진다. 예를 들어, 일본의 독도에 대한 영유권 주장은 대양해군을 향한 움직임을 더욱 강하게 만들 것이다. 왜냐하면, 이 사안은 국가의 주권과 영토를 지키는 데 관련될 뿐 아니라, 한국의 자주적인 국가 정체성(대양해군의 이미지와 관련된)에 대한 도전이기 때문이다. 반면, 남북 간의 충돌은 전력건설 방향에 즉시적인 영향이 있지 않을 수도 있는데, 이는 한국의 국가 정체성이 더 이상 남북 간 경쟁관계의 틀이 아닌 더 넓은 국제적인 관계 속에서 정의되어가는 경향이 있었기 때문이다. 비슷한 맥락에서, 해상교통로(SLOCs) 보호 등 경제적인 이익에 대한 관심도 증대되었는데, 이는 경제적인 이익도 중요하지만 국민과 정치지도자들이 자주 국가로서 자국의 해상교통로에 대한 보호 등의 활동은 스스로 해야 한다는 인식이 결정적인 요인으로 작용했다.

1. 해군 수준 분석

1995년 대양해군 기치를 야심차게 올리긴 했지만, 그에 대한 실질적인 노력을 시행에 옮기는 일은 그리 순탄하게 진행된 것은 아니었다. 안병태 제독에 따르면, 대양해군 정책은 특히 국방부 차원에서도 환영받지 못했다.[1] 대양해군을 향한 해군의 방향을 명확히 밝힘으로써 좋지 않은 영향도 동반되었는데, 그것은 해군과 대양해군 정책이 외부(타군 등)로부터의 비판 —심지어는 조롱 섞인 비판— 의 확실한 대상이 되었다는 것이다. 송영무 제독의 회고에 따르면, 합참 등 타군이 함께 근무하는 부대에서는 해군이 대양해군으로 탈바꿈하겠다는 원대한 꿈이 비현실적으로 받아들여지기도 했다고 한다.[2] 사실, 당시 한국 해군의 현실은 국내에서 건조한 1,500톤급 호위함이 가장 큰 군함이었고, 림팩(RIMPAC) 등 다국적 연합훈련에서 외국군들이 한국 해군을 보고 '귀여운 해군(cute navy)'이라고 부르곤 하는 형편이었다.[3]

일본의 독도 영유권 주장은 한국의 대양해군 계획과 관련된 전력 건설을 촉진시킨 계기가 되었다. 특히, 1996년 2월 9일, 이케다 유키히코 당시 일본 외무상이 기자회견에서 독도가 일본 땅이라고 주장함으로써 한국에서의 반일감정은 최고조에 달하게 되었다.[4] 당시 독도문제는 일본 의회가(1982년 12월에 채택되고 1994년 11월에 발효된) UN 해양법협약(the United Nations Convention on the Law of the Sea)을 비준하는 과정에서 이슈화되

1) 저자의 안병태 제독과의 인터뷰(2011년 5월 25일).

2) 저자의 송영무 제독과의 인터뷰(2011년 5월 23일).

3) 한영택, "함대 퍼레이드", 「세계일보」, 1996년 8월 16일, 5면.

4) 민경택, "독도망언 단호대처", 「국민일보」, 1996년 2월 10일, 1면.

었다.[5] 특히, 해양법협약 56조는 국가가 연안에서부터 200해리에 이르는 배타적 경제수역(EEZ) 안에 있는 수중, 해저, 하층토의 모든 생물 및 무생물 자원을 이용, 개발 및 보존할 수 있는 고유 권한을 인정하고 있다.[6] 독도가 일본 영토인 경우, 독도로부터 설정할 수 있는 배타적 경제수역과 그에 따른 해저 자원이 막대하게 증가되는 결과를 가져오므로 이러한 조항이 일본의 행동에 영향을 미치게 되었다.

일본이 독도에 대한 영유권을 주장하는 것은 독립적이고 자주적인 국가로서의 한국의 정체성에 정면으로 도전하는 것이다. 과거 일본의 혹독한 식민통치를 당한 한국 국민에게 이러한 영유권 주장은 당시의 악몽을 일깨우는 것과 다름없기 때문이다. 독도는 일본이 1905년 자신들의 영토로 편입시켰으며, 이러한 일본의 제국주의적 영토 확장은 1910년 한반도 전체의 식민지화로 이어졌다. 일본은 러일전쟁(1904~1905년) 동안 독도를 해군 기지와 관측 기지로 사용하기도 했다.[7] 하지만 일본이 연합군에 무조건적 항복을 선언하면서 독도는 한국에 반환되었다. 일본 제국 정부에 시달된 연합군사령관 지침(Supreme Commander for the Allied Powers Instruction) 677호에 따르면, 리앙쿠르암(독도)은 일본 영토로부터 분명히 제외되어 있다.[8] 따라서 일본이 오늘날 독도

---

5) 해양법협약에 대한 자세한 배경은 유엔 웹사이트를 참조하라. http://www.un.org/Depts/los/convention _agreements/convention_historical_perspective.htm#The United Nations. 또는 다음 문헌을 참조하라. 김현수. 『해양법총론』(서울: 청목, 2010). p. 24.

6) Article 56, Part V in Division for Ocean Affairs and the Law of the Sea. *United Nations Convention on the Law of the Sea*. The United Nations, 10 December 1982.

7) Henry Shinn. "Overview." In *Insight into Dokdo: Historical, Political and Legal Perspective on Korea's Sovereignty*, by the Korea Herald and Hyun-jin Park. Seoul: Jimoondang, 2009. pp. 29-31.

8) General Headquarters of Supreme Commander for Allied Powers. "Governmental and Administrative Separation of Certain Outlying Areas from Japan." SCAPIN-677, 29 January 1946.

에 대한 영유권을 주장하는 것은 일본 제국주의로부터의 한국 독립의 역사와 관련된 사실을 완전히 부정하는 것이거나, 조지 힉스(George Hicks)의 표현을 빌리자면, "역사에 대한 기억상실증"이라고 볼 수 있다.[9] 헨리 신(Henry Shinn)이 주장하듯, 한국인에게 "독도는 국가 정체성의 핵심이자 과거 일본의 억압에 대한 저항의 상징"이기도 한 것이다.[10]

일본의 독도 영유권 주장에 대해 한국 국민은 격한 반응을 보였는데, 정부 차원에서는 이를 외교적 문제로 만들지 않으려는 듯했다. 예를 들어, 1965년 한국 정부는 일본과 외교정상화를 했는데, 이는 경제적 이익을 고려한 조치이기도 했지만, 냉전구도에서 기인한 미국의 한일 관계개선 노력 때문이기도 했다.[11] 문제는 「대한민국과 일본국 간의 기본관계에 관한 조약」이 체결될 때, 독도와 관련된 영토문제를 명확히 언급하지 않았다는 것이다. 국민은 이에 대한 시위를 하기 위해 거리로 나섰고, 당시 정부는 국민의 시위를 신속히 진압하는 조치를 취했으며, 그 과정에서 많은 대학생들이 체포되기도 했다.[12] 정몽준 의원의 주장에 따르면, 한국 외교부는 1980년대 말에도 일본이 독도 주변에서 벌인 무력시위에 확실한 대응을 하지 못했다고 한다.[13]

1996년 있었던 일본의 독도 주장에 대해 김영삼 정부는 이전 정부들보다 강한 입장을 취했다. 주권 문제에 대해 단호한 입장을 유지할 것이라는 공식 성명을 발표하기도 했다. 동시에, 계획되어 있던 일

---

9) George L. Hicks. *Japan's War Memories: Amnesia or Concealment?* Aldershot: Ashgate, 1997.

10) Shinn. "Overview." In *Insight into Dokdo*. p. 36.

11) Samuel S. Kim. *The Two Koreas and the Great Powers*. New York: Cambridge University Press, 2006. p. 188.

12) Shinn. "Overview." In *Insight into Dokdo*. p. 33.

13) 국회사무처, 「1992년도 국정감사 국방위원회 회의록(피감사기관: 해군본부)」, 대한민국 국회, 1992. p. 11.

본 정치인들의 대통령 예방을 취소해버리고, 독도에 군수지원을 향상시키기 위해 항구시설을 건설하는 등 강력한 조치를 취했다.[14] 김영삼 대통령은 심지어 "일본의 버르장머리를 고쳐주겠다"는 표현을 쓰기도 할 정도였다.[15] 당시 한국 정부가 이런 강한 입장을 취한 것은 일본과의 외교적·경제적 관계를 간과해서가 아니었다. 이는 한국이라는 — "세계화되어가는 국제무대의 중심에 당당히 서고자 새 한국(New Korea)"으로 거듭나려고 하는— 현대 민족국가를 위한 리더십의 중요한 요소로서 주권과 국가 정체성의 중요성이 대두되었기 때문이다.[16] 김영삼 정부가 구상한 5가지 국제화 목표 중 하나가 "한국화(Koreanization)"였는데, 이는 "우리가 국가 정체성을 유지하고 고유의 민족정신을 보존할 수 있을 때 비로소 성공적인 세계화가 가능하다"는 것을 의미했다.[17]

이러한 배경에서 1996년 2월, 김영삼 대통령은 국방부에 "해군전력을 확실히 증강시킬 수 있는" 구체적인 계획을 수립하라는 지시를 내렸다.[18] 마침 해군은 대양해군 건설 준비를 위해 전력건설계획을 수립해놓은 상황이었고, 이와 같은 국군통수권자의 지시는 그동안 국방부와 합참에서 환영받지 못하던 대양작전을 위한 전력건설계획을 승인받을 수 있는 좋은 기회가 되었다. 1996년 4월, 당시 안병태 해군참

14) 민경택, 「독도망언 단호대처」, 「국민일보」, 1996년 2월 10일. p. 1.

15) 저자의 유종하 전 청와대 외교안보수석과의 인터뷰 내용(2011년 5월 27일).

16) Kim Young Sam. "Together on the Road to a New Korea (Inaugural Address delivered on February 25, 1993)." In *Korea's Quest for Reform and Globalization: Selected Speeches of President Kim Young Sam*, by the Presidential Secretariat. Seoul: The Presidential Secretariat, the Republic of Korea, 1995. p. 6.

17) Kim Young Sam. "Outlining the Blueprint for Globalization (Remarks at a Meeting with Members of the Committee for Globalization Policy, January 25, 1995)." In *Korea's Quest for Reform and Globalization*. p. 273.

18) 유용원, "대양해군 10여년 앞당겨…해군전력증강계획", 「조선일보」, 1996년 5월 23일.

모총장은 이지스(Aegis) 구축함, 대형 상륙함, 3,000톤급 잠수함 등이 포함된 「해군전력증강계획」을 대통령에게 직접 보고했고, 대통령의 재가(裁可)를 받았다. 이후, 한국 해군전력구조 변화는 급진적으로 속도를 내게 되었다. 최초에 대양해군 전력건설은 빨라도 2002~2005년 이후에야 집행될까 말까 한 장기계획에 포함되어 있던 내용이었다고 한다.[19] 대통령의 승인으로 인해 전력건설계획을 즉시 집행되게 되었고, 이는 결국 전력건설 시기를 10년 정도 앞당기게 되었다는 것이다.[20]

계획을 앞당겨 시행하는 등의 조치에도 불구하고 대양해군 계획은 국방부가 인정하는 해군의 공식 정책으로 자리매김하지 못했다. 이러한 사실은 국방백서를 살펴보면 누구나 쉽게 알 수 있다. "대양해군"이라는 표현이 담겨 있는 것은 1995년 발간된 국방백서가 유일하고, 그 이전이나 이후 백서에는 언급조차 되지 않았다.[21] 앞서 설명했듯이, 국방부나 합참 같은 국가안보를 책임지는 상급 기관과 부대에서는 해군의 대양해군 기치를 그리 환영한 편은 아니었다. 종종 그러한 해군의 움직임에 문제점을 제기하기도 했다. 예를 들어, 김동진 전 국방장관은 1997년 3월, TV 인터뷰에서 "한국 해군은 (김영삼 대통령이 재가한 대형 상륙함을 일컬어) 항공모함이 필요 없다"는 언급을 했다.[22] 같은 달, 합참은 대양해군 논리에 기초한 새로운 해군 전력건설계획을 축소하기로 결정했다는 공식 발표를 했는데, 합참이 이와 같은 조치를 취한 가장 중요한 이유는 바로 대양해군 정책이 주변국과 외교적 마찰을 일으킬 수 있다는

19) 같은 글.

20) 같은 글. 유용원 기자의 기사에 따르면, 당시 대통령의 재가로 진행된 해군전력증강계획은 정상적인 무기획득절차를 거치지 않았다는 문제점을 제기하는 시각도 있다고 한다.

21) 국방부. 『국방백서 1995~1996』(서울: 대한민국 국방부, 1995). p. 95.

22) 황유성, "대양해군 막는 세력 누구냐/안 해참총장 이임사 파장", 「동아일보」, 1997년 4월 3일.

것이었다. 다음으로 중요한 이유로는 1996년 9월에 있었던 북한 잠수함 침투사건에서 보듯이, 한국 해군작전의 초점은 대양해군작전이 아닌 연안작전이 되어야 한다는 것이었다.[23)]

국방 관련 상위권한으로부터의 강한 반대에 대해 안병태 총장은 1997년 4월 해군참모총장으로서의 임무를 다하고 떠나는 이임사에서 국방부와 합참에서 작용하는 자군 이기주의에 대한 개탄을 강하게 표현했다.[24)] 이임사에서 그는 대양해군력 건설은 "국가의 의지와 국민적 합의"로 이미 공감대가 형성되었다고 주장했다. 국가안보의 최종 책임을 맡고 있는 국방부와 합참 차원에서 북한의 직접적인 위협을 우려하는 것은 충분히 이해할 수 있다. 하지만 주변국들이 자국의 해양이익을 보호하기 위해 대형 함정들을 운용하는 추세를 외면하고, '귀여운 해군'을 유지하는 것이 경쟁적인 국제관계 속에서 자주적인 한 국가의 바람직한 정책이었는지는 다시 한 번 생각해볼 가치가 있는 부분이다.[25)] 저자가 곧 자료를 제시하겠지만, 정치 리더들과 보도 매체, 그리고 국민의 의견을 조사하는 과정에서 이러한 합참의 입장과 같이하는 시각은 매우 찾기 어려웠다.

국가안보 지도층에서 대양해군을 공식 정책으로 인정하지 않고, 해군전력건설 방향을 다시 연안해군으로 회귀시키려는 분위기에도 불구하고 대양해군을 향해 전력구조를 변환하려는 해군의 노력은 계속되었다. 해군의 입장에서는 대양해군을 공식적인 해군의 정책으로 정착시키지는 못했지만, 해군은 대양해군전력을 반드시 건설해야 할 필연성이 있었다. 왜냐하면, 대양해군을 향한 해군의 움직임은 외부의 반

23) 이종훈, "대양해군 전략 재검토", 「문화일보」, 1997년 3월 26일.

24) 이정훈, "안병태 전 해군참모총장 '분노의 전역사'", 「시사저널」, 1997년 4월 17일.

25) 세계일보, 「대양해군 건설 어디갔나(사설)」, 「세계일보」, 1997년 4월 5일. p. 3.

대의견이 있다고 해서 방향을 바꿀 수 있는 단순한 '정책'이 아니었다. 대양해군은 조직의 정체성이 되어가고 있었다. 그것이 해군이 어떤 조직인지, 무엇을 하는 조직인지, 또 어떤 조직이어야 하는지를 말해주는 표현이 되어버린 것이다. 다시 말해, 대양해군의 특성은 이제 해군의 에센스가 되었다. 이러한 근본적인 변화가 아니었다면, 그토록 강한 외부의 반대에 부딪혔을 때, 해군전력건설의 방향이 연안 중심으로 바뀌지 않았을 것이라고 확신하기는 어렵다.

대양해군이 공식 정책이 되진 못했지만, 한국 해군의 에센스로 자리 잡았던 것은 부인하기 힘든 사실이다. 대양해군이 당시 한국 해군이라는 조직의 '지배적인 집단'이 생각하는 가장 두드러진 핵심적 본질이었다는 것을 보여주는 많은 사례들이 있다.[26] 예를 들어, 1995년 실시한 한 조사에 의하면, 해군사관학교를 졸업하고 새롭게 임관하는 장교들 중 44%가 해군이 가장 시급히 해결해야 할 문제는 대양해군에 적합한 대형 함정들을 획득하는 것이라고 답했다. 또한, 졸업생의 90%가 육·해·공군 중 21세기에 성장할 수 있는 잠재력이 가장 큰 군이 해군이라고 답했다.[27]

안병태 제독 이후 역대 해군참모총장들이 모두 (안 제독이 한 것처럼) 대양해군 건설을 정책목표로 책정하진 않았지만, 대양해군과 관련된 임무와 능력들은 분명히 그들이 생각하는 한국 해군의 에센스였다. 안병태 제독의 후임 해군참모총장이던 유삼남 제독(1997~1999년)은 아시아

26) 에센스의 정의에 대해서는 다음 문헌을 참조하라. Morton H. Halperin. *Bureaucratic Politics and Foreign Policy* (Washington, D. C.: The Brookings Institution, 1974). With the Assistance of Priscilla Clapp and Arnold Kanter. p. 28.

27) 강정훈, "해군 태평양시대 대형 함정 보유 시급 44%/해사 졸업생 설문", 「동아일보」, 1995년 3월 25일, 29면.

경제위기로 국가의 경제 상황이 매우 악화되었음에도 불구하고 대양해군 기치를 계속 유지했다. 사실, 국가적인 경제위기 상황에서는 대형 함정을 만드는 것보다 중소기업을 구제하기 위한 지원이 더 시급했을 수도 있다. 이러한 상황에서 유삼남 총장은 김대중 대통령으로부터 충무공이순신함급 구축함(KDX-Ⅱ)과 다목적 대형 상륙함(LPX) 같은 전력 획득을 위한 최종 승인을 성공적으로 받아냈다.[28] 13개국으로부터 다양한 해군함정들이 참가하고, 김대중 대통령이 이들의 해상사열을 받았던 국제관함식을 한국 해군이 주최한 것도 바로 이 시기였다. 당시, 광개토대왕함(DDH-971)이 한국 해군의 유일한 현대적 개념의 대형 전투함이었을 정도로 국제무대에서 자랑할 만한 해군력을 갖춘 것은 아니었지만, 국제관함식 같은 대규모 국제행사를 개최한 것은 대한민국이 해양 시대를 엶과 동시에, 국제 안보협력의 일원이 될 것이라는 의지를 보여주는 매우 상징성 있는 결정이었다.[29]

이수용 참모총장(1999~2001년) 시기에는 이지스 구축함을 포함한 전략기동전단 전력이 2001~2005년 국방중기계획에 반영되었다.[30] 항공모함의 형상을 기본으로 만든 한국 해군의 심벌(또는 로고)이 탄생한 것도 이때였다. 이러한 해군의 로고를 제작해서 사용한 것은 한국군에서 CI(Corporate Image) 개념을 최초로 사용한 사례로도 알려진다.[31] 그 이후로 항공모함 형상의 로고는 한국 해군의 상징으로 사용되고 있다. 실제

28) 유삼남 제독에 따르면, 당시 김대중 대통령은 해군의 대양해군 기치에 많은 공감을 가지고 있었다고 한다. 저자의 유삼남 전 해양수산부 장관과의 인터뷰(2011년 5월 31일).

29) 정덕상, "국제관함식 주관하는 유삼남 해군참모총장(인터뷰)", 「한국일보」, 1998년 10월 10일, 6면.

30) 유용원, "국방 중기 계획 주변국 위협까지 대비 첨단전력 증강", 「조선일보」, 2000년 10월 3일.

31) 노주석, "해군 심볼/로고 나왔다", 「서울신문」, 2000년 12월 8일, 28면.

로는 꿈에 그리던 초대형 항공모함이 아닌 제한된 수의 헬기를 탑재하고 인도주의 작전을 수행할 수 있는 다목적 상륙함을 획득하기로 결정하게 된다. 이러한 결정은 한 척의 항공모함을 운용하는 데 필요한 예산과 인력의 규모를 고려하면 현명한 것이었을 수도 있다. 예를 들어, 중국이 항공모함을 건조하고 운용하려는 노력을 보면서, 로버트 로스(Robert S. Ross)는 이런 대규모 해군전력 증강이 오히려 국경 주변을 포함한 지상의 안보문제에 대응하는 중국의 능력을 제한할 수도 있다고 주장한다.[32] 반면, 그는 일본의 휴가급(DDH-161) 헬기 상륙함을 "효과적이고 비교적 저렴한 해상 헬기 플랫폼"이라고 언급하면서 이런 획득은 "합리적" 결정이라고 했다.[33] 한국 해군도 당시 실제로 선택한 것은 항공모함보다 규모가 작은 다목적 상륙함이었지만, 항모를 본뜬 해군 로고는 해군 내의 일치감을 형성하고 국민에게 해군의 일관된 이미지를 알리는 데 도움이 될 것이라는 것이 해군의 입장이었다.[34] 다시 말해, 해군 로고의 항공모함 이미지는 한국 해군이 대내외적으로 갖고 있던 조직 정체성과 대양해군을 향한 비전을 상징적으로 나타냈다.

다음 참모총장이었던 장정길 제독(2001~2003년)도 대양해군 건설을 핵심적인 해군의 과제로 생각했다. 2001년 국정감사에서 장정길 총장은 "해군은 국가안보에 대한 잠재적인 위협을 억제하고 대양에서 국익을 증진할 대양해군을 건설하기 위해 모든 자원과 노력을 동원하고 있다"고 밝혔다.[35] 그의 재임기간에 많은 발전이 가시화되었다. 예를 들

32) Robert S. Ross. "China's Naval Nationalism Sources, Prospects, and the U.S. Response." *International Security, Vol. 34. No. 2*, Fall 2009: pp. 46-81. p. 58.

33) Michael A. Glosny, Philip C. Saunders, and Robert S. Ross. "Debating China's Naval Nationalism." *International Security, Vol. 35. No. 2*, Fall 2010: pp. 161-175. p. 173.

34) 노주석. "해군 심볼/로고 나왔다", 「서울신문」, 2000년 12월 8일, 28면.

35) 국회사무처, 「2001년도 국정감사 국방위원회 회의록(피감사기관: 해군본부)」, 대한민국

어, 2002년 5월에는 광개토대왕함급(KDX-Ⅰ) 구축함보다 대공능력과 대양작전 능력이 월등히 향상되고 스텔스 개념 설계를 적용한 충무공 이순신함(KDX-Ⅱ)이 진수되었다. 같은 해 7월, KDX-Ⅲ에 대한 제원이 구체화됨에 따라 국방부는 이지스 체계 도입을 위한 업체로 미국의 록히드마틴을 선정했다.

문정일 참모총장(2003~2005년) 시기에는 대양해군 기치를 계속 이어나갔을 뿐 아니라, 한국 해군이 지향해야 할 대양해군의 구체적인 규모를 구체화했다. 당시 그러한 작업의 중심에 있던 기획관리참모부장 송영무 제독에 따르면, 당시 대양해군의 규모로 해군이 내린 결정은 대형상륙함, 이지스 구축함, KDX-Ⅱ급 구축함 등으로 구성된 기동전단을 적어도 3개 건설한다는 것이었다.[36] 이러한 결정은 "대북 공세적 해상작전 수행, 대주변국 국지도발 및 분쟁 시 신속대응, 해상교통로 보호 등" 주요 임무를 고려한 장기계획이었다.[37] 2004년 국정감사 자료에는 문정일 총장 당시 한국 해군이 대양해군에 대해 어떤 입장을 취했는지 잘 나타나 있다. 대양해군 계획에 대해 묻는 임종인 국방위원의 서면 질의에 대해 해군은 대양해군은 지역 해군을 대양해군으로 발전시키겠다는 실질적인 계획임과 동시에 "상징적인 구호"이기도 하다고 답변했다.[38]

다음 참모총장인 남해일 제독(2005~2006년)도 대양해군 기치를 이어갔다. 그는 국회의원들 앞에서 대양해군이 바로 한국 해군이 목표로 삼

국회, 2001. p. 2.

36) 저자의 송영무 제독과의 인터뷰(2011년 5월 23일).

37) 국회사무처, 「2005년도 국정감사 국방위원회 회의록(피감사기관: 해군본부)」(부록), 대한민국 국회, 2005. p. 42.

38) 국회사무처, 「2004년도 국정감사 국방위원회 회의록(피감사기관: 해군본부)」(부록), 대한민국 국회, 2004. p. 19.

아야 할 형태의 해군이라고 명확히 밝혔다.[39] 그의 재임기간에도 몇 가지 중요한 발전이 있었다. 다목적 대형 상륙함인 독도함이 2005년 7월 진수했다. 같은 해, 제주도 해군기지 건설 사업 예산이 국회에서 승인되는 등 사업에 의미 있는 진척이 있었다. 제주 해군기지 건설은 최초 1993년 해군이 소요제기를 하고 합참에서 승인한 것으로, 1996년 안병태 참모총장이 보고하고, 김영삼 대통령이 재가한 「해군전력증강계획」의 일부였다. 그 후, 제주 기지 건설계획은 2004년에 국방중기계획(2006~2010)에 반영되었고, 2005년부터 해군은 실질적인 준비 작업에 들어갔다. 당시 대양해군을 향한 전진만 있었던 것은 아니다. 2005년 9월, 국방부와 합참은 「국방개혁 2020」을 발표했는데, 여기에는 해군이 이전에 제안한 3개의 기동전단이 아닌 2개의 기동전단만을 건설한다는 내용이 반영되었다. 이러한 축소에 대해 해군은 2005년 국정감사에서 제한된 예산을 기반으로 2020년까지 가능한 건설계획을 명시한 것이었고, 궁극적으로는 3개의 기동전단 건설을 추진할 것이라고 밝혔다.[40]

대양해군은 다음 총장인 송영무 제독(2006~2008년) 임기 중에도 가장 중요한 해군의 과제 중 하나였다. 송영무 제독이 2007년 국정감사에서 증언했듯이, 한국 해군은 그해에 독도함을 인수하고, 이지스 구축함인 세종대왕함, 정지함(214급 잠수함), 윤영하함(유도탄 고속함)을 진수시켰을 뿐 아니라 제주 해군기지 건설을 착공하는 등 대양해군을 향한 의

39) 국회사무처, 「2005년도 국정감사 국방위원회 회의록(피감사기관: 해군본부)」, 대한민국 국회, 2005. pp. 10-11.

40) 국회사무처, 「2005년도 국정감사 국방위원회 회의록(피감사기관: 해군본부)」(부록), 대한민국 국회, 2005. p. 42.

미 있는 진전이 있었다.[41] 같은 해, 해군은 또한 장보고-Ⅲ(3,000톤급 잠수함) 건조 계획을 국방계획에 성공적으로 반영시키기도 했다.[42]

역대 참모총장들도 그랬지만, 송영무 제독도 대양해군을 향한 해군의 발전에 중요한 기여를 했다. 그는 소말리아 근해의 대해적 작전을 위한 국제협력에 동참하기 위한 노력의 일환으로 해군함정 파견을 계획하기 시작했다.[43] 또한, "한국을 해양국가로 세우고, 선진 해양력을 보유한 국가 간 협력을 증진시키기 위한 목적으로" (1998년에 이어) 또 한 번의 국제관함식 주최를 계획했다.[44] 이러한 노력은 다음 정옥근(2008~2010년) 참모총장 임기 중에 결실을 맺었다. 해군은 소말리아 근해에서의 국제적인 해적소탕 노력에 동참해야 하는 필요성을 검토하여 국방부와 합참에 보고했고, 이 계획은 2008년에 승인되어 2009년 3월부터 한국 해군은 소말리아 해역에 실제로 전투함을 파견하기 시작했다. 2008년 10월에는 한국 해군이 주최한 두 번째 국제관함식이 열렸고, 여기에는 한국 해군의 첫 이지스 구축함인 7,600톤급 세종대왕함이 기함으로 참가했다.[45] 10년 전 해군이 주최한 국제관함식에서는 3,000톤급 광개토대왕함이 가장 큰 해군함정이었던 것을 고려하면, 세종대왕함을 비롯하여 비교적 다양한 대양작전 능력을 갖춘 함정들이 한국을 대표한 2008년 국제관함식은 대양해군 정체성에 대한 해군의 강한 신념과 전력구조 개혁을 위한 일관된 해군의 노력에 대한 성과를

41) 국회사무처, 「2007년도 국정감사 국방위원회 회의록(피감사기관: 해군본부)」, 대한민국 국회, 2007. p. 2.

42) 윤상호, "3,000t급 중잠수함 전과정 독자 개발", 「동아일보」, 2007년 5월 17일.

43) 저자의 송영무 제독과의 인터뷰(2011년 5월 23일).

44) 「2007년도 국정감사 국방위원회 회의록(피감사기관: 해군본부)」. p. 4.

45) 육정수, "관함식 군사외교", 「동아일보」, 2008년 10월 9일.

보여준 의미 있는 행사였다.

해군은 전력구조 개혁을 위한 꾸준하고 집중된 노력과 함께 대양해군이 대외정책의 유용한 수단임과 국제사회에서의 국가위상을 대표한다는 이미지를 지속적으로 전파하는 노력을 했다. 가장 흥미 있는 노력 중 하나가 바로 해군이 문화적인 요소를 활용했다는 것이다. 예를 들어, 한국 역사에서 장보고 대사의 업적을 발굴하여 바람직한 해군의 역할을 알리는 데 활용했다. 장보고 대사는 고대 신라 시대에 이웃 나라였던 중국(당조), 일본과 무역을 활발히 했을 뿐 아니라 아랍 세계에까지 신라의 경제관계를 확장시킨 것으로 알려졌다. 특히, 신라의 해군력을 양성하여 중국, 일본과의 무역에서 해상교통로와 무역소를 해적의 공격으로부터 보호하기도 했다. 또한 그는 당시 매우 영향력 있는 외교관으로도 명성을 떨쳤다. 한국 해군이 대양해군 기치를 올릴 무렵, 장보고의 업적을 이해하고 이를 해군 정신의 상징으로 삼으려는 노력이 본격적으로 시작되었다. 예를 들어, 해군은 1993년 진수된 최초의 209급 잠수함을 '장보고함'으로 명명했다. 또한 해군은 1996년부터 해군 안팎에서 "장보고 바로 알기 운동"을 추진하기도 했다.

흥미로운 것은 해군이 전통적으로 해군을 상징하던 인물에 더해 새롭게 형성되고 있던 해군의 정체성을 상징할 수 있는 역사적 인물을 새로 발굴했다는 것이다. 충무공 이순신 제독은 세계 최초의 철갑선인 거북선을 운용하여 16세기 일본의 조선 침략을 막는 데 핵심적인 역할을 한, 해군이라면 누구나 가장 존경하고 닮기를 원하는 상징적 중요성이 매우 큰 인물이다. 해군이 대양해군으로서의 정체성을 강조하던 1990년대부터는 이순신 제독과 장보고 대사가 모두 정책 논의나 지도자들의 연설 또는 글에 등장하기 시작했다. 예를 들어, 1993년까지 해군사관학교 졸업식에서의 대통령 연설을 살펴보면, 이순신 제독만이 상징적인 인물로 언급되었다. 흥미롭게도 1994년부터의 대통령 연설에는 이순신 제독과 장보고 대사가 모두 등장한다. 예를 들어, 1999년 국정감사에서 해군본부 기획관리참모부장이던 문정일 제독은 이 충무공의 호국정신과 장보고 대사의 해양개척정신을 접목하여 해군의 2대 정신으로 계승하고 있다고 밝혔다.[46] 충무공 이순신 제독이 외국의 침략으로부터 나라를 지킨 민족주의적 성격이 강하다면, 장보고 대사는 해군력과 외교를 통해 국익을 증진시킨 개척정신이 강한 국제주의적 특징으로 해군의 정신을 대표한다고 볼 수 있다.[47]

대양해군을 향한 해군의 움직임은 국민에게 다양한 방식으로 전달되었다. 예를 들어, 해군본부는 1995년과 1998년 『21세기를 향한 해군』 같은 누구나 읽기 쉬운 책자를 발행했는데, 이 책자의 주요 내용은 국가안보와 외교정책 수단으로서의 해군력의 가치에 대한 설명이었다.[48] 이 책자는 또한 다른 선진국들의 해군함정과 무기체계들의 멋진 이미지를 담고 있기도 했다. 또 다른 예로, 2003년 해군의 날(11월 11일) 해군교향악단은 서해교전 전사자들을 추모하는 「황해」라는 제목의 환상곡을 연주했는데, 해군 대변인은 이 환상곡이 대양해군의 원대한 뜻과 함께 전사 장병들에 대한 추모의 의미가 있다고 설명했다.[49] 여기서 엿볼 수 있는 것은 '대양해군'이 해군 전반에 조직 정체성으로 자리잡고 있었다는 것이다. 그렇지 않았다면, 해군뿐 아니라 국민에게 크나

46) 국회사무처, 「1999년도 국정감사 국방위원회 회의록(피감사기관: 해군본부)」, 대한민국 국회, 1999. p. 2.

47) 함영준, "장보고 바로 알기", 「조선일보」, 1996년 5월 21일, 6면.

48) 해군본부, 『21세기를 향한 해군』(논산: 해군본부, 1998).

49) 이철희, "서해교전 전사자 추모 해군환상곡 '황해' 초연", 「중앙일보」, 2003년 11월 11일.

큰 상처를 입힌 사건인 연평해전의 전사자들을 추모하는 작품에 대양 해군의 메시지를 담으려 하진 않았을 것이다. 이렇듯, 이제 대양해군은 해군의 모든 장병들이 꿈꾸고, 훈련하며, 싸울 때도 근간이 되는 정체성이 되었다.

대양해군 기치가 계속 이어져간 현상과 관련하여 저자의 조직 정체성 설명을 보충하는 입장으로 '학습이론(learning theory)'을 생각해볼 수 있다.[50] 잭 리비(Jack Levy)는 학습을 "어떤 경험에 대한 관찰과 해석에 따라 믿음(또는 그 믿음을 확신하는 정도)의 변화 또는 새로운 믿음, 기술, 절차 등이 발전되는 것"으로 정의하고 있다.[51] '학습'은 개인수준(individual level)에서 일어나는 인식 변화를 위한 분석개념이지만, 개인수준의 학습이 조직의 학습이라는 결과를 가져올 수도 있다. 다시 말해, "환경적인 영향이 개인수준의 학습을 가져와 그 개인으로 하여금 조직의 절차를 바꾸게 하고, 결국은 그러한 변화가 조직수준의 행동 변화를 가져오게 하는 것이다.[52] 관련된 가정(hypothesis)으로서, 조직의 학습은 성공보다는 실패의 경험으로부터 발생한다는 것이다.[53] 따라서 리비 교수가 주장했듯이, 과거의 실패 경험은 정책변화로 이어질 가능성이 큰 반면, 성공적인 경험은 정책을 지속시키는 데 기여할 가능성이 크다.[54] 이와 관련하여 포젠(Posen) 교수도 군사교리에 변화를 가져오는 중요한 요인 중 하

50) 이 점을 지적해주신 잭 리비(Jack Levy) 교수께 감사드린다.

51) Jack S. Levy. "Learning and Foreign Policy: Sweeping a Conceptual Minefield." *International Organization, Vol. 48, No. 2.*, Spring 1994. p. 283.

52) 같은 책. p. 288.

53) 이러한 조직수준의 학습에 관련된 논의는 다음 문헌을 참조하라. Bo Hedberg. "How Organizations Learn and unlearn." In *Handbook of Organizational Design, vol. 1*, by Paul C. Nystrom and William H. Starbuck. Oxford: Oxford University Press, 1981.

54) Levy. "Learning and Foreign Policy: Sweeping a Conceptual Minefield." p. 304.

나는 과거 작전에 실패한 경험이라고 주장하기도 했다.[55]

이러한 관점에서 보면, 해군의 대양해군 기치가 지속된 것을 조직의 '학습'에 따른 결과라고도 볼 수 있을 것이다. 안병태 제독이 대양해군 기치를 공식적으로 올리면서 해군의 역할과 이미지를 국민에게 적극적으로 알리기 시작하면서부터 장차 지휘관이 될 장교들을 비롯하여 해군 장병들은 사회로부터의 해군에 대한 지원이 점점 더 늘어가는 것을 관찰할 수 있었을지도 모른다. 이런 긍정적인 사회의 반향은 다시금 해군의 지도부에서는 성공적인 정책으로 여겨지고, 이것이 (리비 교수가 예측했듯이) 대양해군 기치가 지속되는 데 영향을 주었을 수도 있다. 또는, 이러한 조직 차원의 "학습" 효과가 조직 행동 특성(조직 정체성에 대한 고려) 같은 다른 영향과 함께 작용했을 수도 있다. 이런 면에서 리비 교수는 "학습" 과정을 독립적으로 진행되는 별도의 모델로 보지 말고, 포괄적인 외교안보정책 이론에 통합될 수 있는 한 부분으로 이해할 것을 강조한다.[56] 위에서 언급한 가설을 증명하려면, 대양해군 기치가 공식적으로 시작되기 전후에 해군 지도층 장교들의 개인적인 견해 또는 신념에 변화가 실제로 있었는지 여부를 분석해야 할 것이다.

하지만 학습 이론을 이용하여 대양해군 기치가 지속된 현상을 설명하기 위해서는 중요한 문제점이 하나 있다. 제3장에서 설명했고 다음 절에서 다시 설명하겠지만, 한국 해군이 북한의 도발에 대한 대응에서 성공적인 사례도 많이 있었지만, 북한이 한국 해역을 침투하는 것을 막지 못한 사례도 있었다. 그럼에도 불구하고 한국 해군의 전력건설 방향은 대양해군에서 크게 바뀌지 않았다. 그렇다면, 문제는 왜 성공

55) Barry R. Posen. *The Sources of Military Doctrine: France, Britain, and Germany Between the World Wars*. Ithaca, NY: Cornell University Press, 1984. p. 57.

56) Levy. "Learning and Foreign Policy: Sweeping a Conceptual Minefield." p. 312.

적인 사례(대양해군의 긍정적인 반응)로부터는 해군 지도부의 '학습'이 이뤄진 반면, 실패(북한 침투 방지)한 사례로부터는 그렇지 못했는가 하는 것이다. 이러한 의문은 사실 북한의 도발이 한국의 안보에 주는 위협의 정도와 북한의 도발에 대한 대응작전에 실패했을 때 발생하는 정치적 여파를 고려해보면 더욱 강해진다. 물론, 좀 더 심층적인 분석을 필요로 하는 문제이긴 하지만 이러한 비정상적인(실패한 경우로부터 학습이 이뤄진다는 가설에서 벗어나는) 사례를 설명하기 힘들다는 사실 자체가 대양해군 기치의 지속 현상을 학습 이론으로 설명하기에 많은 제한이 따른다는 것을 보여준다.

2. 정치 리더 수준 분석

저자의 조사에 따르면, 대통령들과 국회의원들을 포함한 정치 리더들도 한국이 대양해군이 필요하다는 점에 일반적으로 공감했다. 이들이 물론 좀 더 큰 규모의 해군을 건설하는 것을 가장 중요한 국가안보 사안으로 꼽았던 것은 아니었지만, 해군의 대양해군 기치를 지원하고 격려한 것은 확실하다. 게다가, 대양해군에 대한 정치 리더들로부터의 두드러진 반대도 없었다. 이렇듯 대양해군을 건설해야 한다는 공감대가 정치 리더들 사이에 형성된 이유는 그들이 대양해군을 국가 정체성과 한국의 국제적 지위와 결부시켜 생각했기 때문이라는 것이 저자의 가설이다. 다시 말해, 만일 정치 리더들이 한국의 정체성이나 국제사회에서의 지위에 대한 다른 시각을 갖고 있었다면, 대양해군 건설 필요성에 대해 좀 더 다양한 이견이 나왔을 것이다. 또한, 그들이 국가와 연관된 해군의 역할이나 이미지에 대해 다른 견해들을 갖고 있었다면, 해군의 대양해군 기치를 지지하지 않았을 수도 있다. 이 절에서는 저자의 가설을 검증하기 위해 역대 대통령의 연설문과 국회의원들의 발언에 대한 내용분석 결과를 살펴본다.

1) 대통령

대양해군 현상은 3대의 정부에 걸쳐 약 15년 동안 지속되었고, 이들 정부가 추구한 공통된 정책 중 하나는 한국의 국제적인 진출이었다. 제6장에서 설명했듯이, 김영삼 정부의 세계화 정책은 바로 북한과의 관계에만 국한되지 않고 국제사회와의 관계에서 새롭게 정의되는 한국의 정체성을 단적으로 보여주는 것이었다. 새롭게 탄생할 "신한국"은 국제 평화와 인류 발전에 핵심적인 공헌을 할 뿐 아니라, 세계 국가들과 자신 있게 협력하고 효과적으로 경쟁해야 하며, 그러기 위해서는 사회의 모든 면에서 국제화를 적극적으로 추진하고 국가 경쟁력을 높여야 한다는 것이 당시 정부의 강한 신념이자 입장이었다.[57]

국제사회에서 자주적이고 존중받는 선진국의 일원이 되고자 하는 국가적 열망은 다음 정부인 김대중 정부(1998~2003년)와 노무현 정부(2003~2008년)에서도 이어졌다. 김대중 정부는 김영삼 정부로부터 물려

57) Young Sam Kim. "Reforms to Propel the Nation into Globalization (Remarks at the Beginning of the New Year's Press Conference, January 6, 1994)." In *Korea's Quest for Reform and Globalization: Selected Speeches of President Kim Young Sam*, by The Presidential Secretariat. Seoul: The Presidential Secretariat, The Republic of Korea, 1995. p. 131; Young Sam Kim. "Together on the Road to a New Korea (Inaugural Address delivered on February 25, 1993)." In *Korea's Quest for Reform and Globalization*. p. 6.

받은 정치적·경제적 관행을 개선하기 위해 노력했지만, 국제화를 위한 노력은 오히려 추진력을 더해 이어갔다. 김대중 정부는 "세계는 정보기술을 이용해 더욱더 가깝게 연결되고 있으며, 한국은 이런 국제화된 세계에서 다른 국가들과 더 많은 교류를 하고 국제무대로 나아가야 함"을 강조했다.[58] 노무현 정부 때는 한국이 동북아시아에서 평화와 번영을 지키기 위한 균형자 역할을 할 수 있을 정도로 충분한 국력과 영향력을 갖추는 것을 목표로 제시했다.[59] 노무현 대통령은 이러한 국가목표를 위해 외국과의 협력과 한국의 자주성을 동시에 강조했다. 동맹국이나 다른 국가들과 생산적인 관계를 유지하기 위해서는 스스로를 지키고 지탱할 수 있는 능력을 갖춰야 한다는 것이다. 이런 차원에서 노무현 대통령은 미군이 보유하고 있는 한국군에 대한 전시 작전통제권(wartime operational control)을 환수할 것을 요청했는데, 이에 따라 부시(Bush) 정부는 2006년 전시 작통권을 한국으로 반환할 것을 결정하기도 했다. 위에서 언급한 세 정부의 정책이 동일한 것은 아니었지만, 세 정부 모두 한국이 국제사회에서 더 존중받고 동등한 일원으로서 역할을 할 수 있을 정도의 역량을 갖출 것을 강조한 것은 확실하다.

사관학교 졸업식 연설에는 이러한 국가지도자들의 시각이 잘 나타나 있다. 대통령의 사관학교 졸업식 연설은 본 연구를 위해 매우 가치 있는 자료로 활용되었는데, 그것은 바로 국가안보를 위해 실제 일하는 각 군에게 국민과 국가지도자들이 바라는 이미지와 역할 정체성을 엿볼 수 있는 단어와 표현들이 많이 담겨 있게 마련이기 때문이다. 또한, 각 군 사관학교 졸업식에서의 대통령 연설은 각 군으로부터 검토를

58) 김대중, 1999년 새해 신년사, 1999년 1월 1일.

59) 노무현, 육군 3사관학교 제40회 졸업식 연설, 2005년 3월 22일.

거치게 마련이므로 이는 각 군에서 자군을 바라보는 정체성은 물론, 대통령이 그 군에게 바라는 역할 정체성을 모두 확인할 수 있는 공식적인 자료로 생각해도 될 것이다. 여기에 더해, 연설은 장차 국가안보를 책임질 미래의 군 리더들을 대상으로 하는 것이니만큼 중요한 외교안보 사안이나 대통령의 국가에 대한 관점이나 비전 등의 내용도 포함하게 마련이다.

〈그림 7.1〉에서 볼 수 있듯이 한국의 국제적 이미지와 관련된 단어와 표현들은 1980년대 말부터 현저히 증가했다. 그래프에서 막대의 길이는 대통령들의 해군사관학교 졸업식 연설 내용에서 '세계' 또는 '국제사회'와 관련된 한국의 이미지를 언급한 단어와 표현의 빈도를 보여준다.[60] 이러한 단어나 표현의 예로서 세계 속의 한국의 위상이나 활동, 그리고 (북한을 제외한) 다른 국가들과의 관계를 언급한 표현들이 포함된다. 물론, 이러한 단어나 표현의 횟수를 측정하는 방법이 대통령들의 국가에 대한 시각을 완벽히 반영할 수는 없겠지만, 1988년 전후를 비교하면 대통령들이 한국과 세계를 연관 짓는 정도가 확실히 높아졌다는 것을 알 수 있다.

1988년 이전과 이후 대통령 연설의 중점적 내용의 차이는 매우 뚜렷하다. 1988년 이전에는 한국과 북한의 관계를 특히 강조했다. 물론, 국가적인 안정이나 성장도 많이 등장한 주제인데, 이것도 주로 북한과의 경쟁관계 차원에서 언급되었다. 예를 들어, 다음과 같은 전두환 대통령의 1982년 해군사관학교 졸업식 연설에서도 이러한 점을 명확히

---

60) 내용분석을 위해 저자는 랠프 화이트(Ralph K. White)의 가치 분석기법을 사용했다. Ralph K. White. "Value Analysis: A Quantitative Method for describing Qualitative Data." *Journal of Social Psychology, 19: 2*, May 1944. 저자의 분석방법에 대한 상세한 방법론은 부록을 참고한다.

알 수 있다. "국력의 형성은 국민적 합의에 바탕을 둔 견실하고 근대화된 정치역량의 축적, 튼튼한 경제력, 그리고 전쟁억지를 확실하게 보장하는 군사력 등에 의해 좌우된다고 본인은 생각하는 바입니다. (중략)

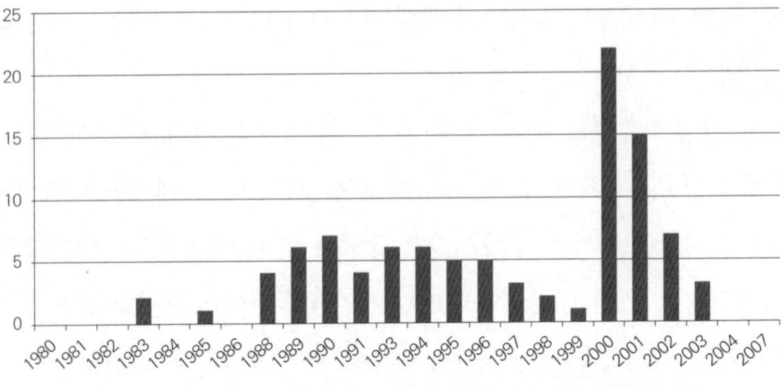

〈그림 7.1〉 대통령의 해군사관학교 졸업식 연설에 포함된 한국의 세계 또는 국제사회와 연관된 이미지(1980~2007)[61]

이러한 국력배양의 노력이 더욱 우렁차게 계속되는 한 남북한 간의 힘의 격차는 더욱 벌어지게 될 것이며, 궁극적으로 북한도 모험주의와 대결주의를 포기하지 않을 수 없으리라고 본인은 확신하는 바입니다."[62] 이러한 강조점과 연설의 기조는 1980년대를 통해 일관되게 유지되었다.

대조적으로, 1988년 이후부터 대통령들은 한국의 상승된 세계 위상이나 국제관계에 대해 점점 더 많은 강조를 했다. 예를 들어, 노태우 대통령은 1989년 졸업식에서 "한국은 한국전쟁의 잿더미 속에서 일

---

61) 1987년, 1992년, 2005년, 2006년 연설문은 자료습득의 어려움으로 인해 분석에서 제외했다.

62) 전두환, 해군사관학교 제36기 유시, 1982년 4월 9일.

어나 1988년 국제 올림픽 경기를 개최했을 뿐 아니라 선진국의 대열에 들고 있다"는 것을 역설했다.[63] 김영삼 대통령은 1993년 졸업식에서 "이제 한국은 세계로 뻗어가는 대양을 통해 전 세계 12위의 무역량을 자랑하는 국가가 되었으며, 한국 국기를 게양한 선박들이 세계를 누비고 있다"고 강조했다.[64] 김대중 대통령의 연설에서도 이러한 특징은 뚜렷하다. "우리 한국은 21세기에 세계의 중심국가로 우뚝 설 수 있습니다. (중략) 우리는 미국과 일본, 중국, 러시아라는 세계의 4대 강대국에 둘러싸여 있습니다. 이러한 지정학적 위치가 과거에는 불리하게 작용했습니다. (중략) 하지만 이제는 아닙니다. 제국주의 시대는 갔습니다. 대국도 소국도 없는, 자유로운 경쟁과 협력의 시대에 들어선 것입니다. 우리 한국은 4대 강국을 지근거리에 두고 큰 배후시장으로 활용할 수 있게 되었습니다."[65] 이러한 내용 외에도 이 기간 중 한국의 이미지와 정체성에 관련된 표현으로 세계의 주목을 받은 국가, 태평양을 통해 전 세계로 뻗어나가는 국가, 동북아 또는 태평양 시대의 중심 국가 등이 등장했다. 물론, 북한에 대한 국가안보태세에 대한 강조의 기조는 유지했지만, 이 시기 대통령들의 연설은 세계와의 관계에 대해 좀 더 많은 지면과 시간을 할애했다.

대통령들의 연설에 담긴 해군의 이미지가 어떻게 변해왔는지 관찰하는 것도 매우 흥미롭다. 〈그림 7.2〉가 보여주듯이, 1980년 말 이전 해군의 역할은 거의 북한과 관련된 임무, 즉 연안작전과 관련된 역

63) 노태우, 해군사관학교 제43기 졸업 및 임관식 치사, 1989년 4월 7일.

64) 김영삼, 해군사관학교 제47기 졸업 및 임관식 연설(깨끗한 정부, 강력한 국군), 1993년 3월 12일.

65) 김대중, 해군사관학교 제54기 졸업 및 임관식 연설(이순신의 후예가 가야 할 길), 2000년 3월 16일.

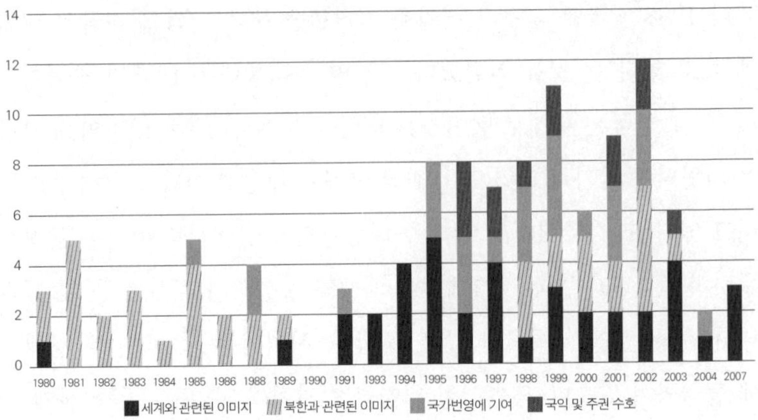

〈그림 7.2〉 대통령의 해군사관학교 졸업식 연설에 담긴 해군의 이미지(1980~2007)[66)]

할에 많이 결부되었다. 반면, 1990년대와 2000년대에 들어서면서 해군의 역할 또는 해군의 이미지를 묘사하는 단어나 표현들은 더욱 다양해지고 풍부해졌다. 대통령들은 해군을 외교 안보정책과 관련된 임무와 연관지었을 뿐 아니라, 해군을 미래에 국가 번영을 보장해줄 조직으로 여겼음을 알 수 있다. 특히, 1996년에는 해군을 한국의 주권수호의 임무와 처음으로 결부시켰다. 이때 주권수호 문제는 제6장에서 설명한 것처럼 1995~96년 기간에 일본이 독도에 대한 주권을 주장하면서 특히 대두되었다.

국제관계나 광범위한 국익과 관련된 해군에 대한 대통령들의 시각은 '북한' 요소가 대두된다고 해도 영향을 받지 않았다. 〈그림 7.2〉에서 1998~2003년 기간에 북한 관련 이미지가 늘어난 것은 이 기간 동안 있었던 북한의 도발들에서 그 원인을 찾을 수 있다. 예를 들어, 1998

66) 2005년, 2006년 연설문은 자료습득의 어려움으로 인해 분석에서 누락되었다. 내용분석의 세부적인 방법론은 부록을 참고한다.

년 6월 속초 근해에서 북한 유고급 잠수함이 어망에 걸려 나포된 사건이 있었고, 같은 해 12월에는 여수 근해에서 발견된 북한 반잠수정이 우리 해군의 공격을 받고 침몰한 사례도 있었다. 1999년 6월에는 서해 북방한계선(NLL)을 넘어온 북한 어뢰정과 경비함이 우리 해군의 강력한 대응으로 격파 및 침몰된 제1 연평해전이 있었다. 이에 대한 보복으로 북한은 2002년 6월 같은 해역 NLL 부근에서 기습공격으로 한국해군의 고속정을 격침시켰다(제2 연평해전). 이토록 북한과 관련된 엄청난 사건들이 있었음에도 불구하고 〈그림 7.2〉에서 보듯이, 같은 시기에 국제관계, 국가번영 그리고 주권 등과 관련된 해군의 이미지에 대한 대통령들의 강조는 계속되었다.

1980년대 초반과 중반까지의 대통령 연설에서는 북한 관련 작전이 한국 해군의 거의 유일한 주요 임무로 언급되었다. 물론, 해저 자원이나 해상 무역의 중요성 등 바다의 가치도 언급되었지만, 그와는 별개로 북한 관련된 해군의 역할 이미지가 특히 강조되었다. 아래에 인용한 전두환 대통령의 연설은 1980년대 초·중반 해군의 전형적 임무와 이미지를 보여준다.

> "이제 여러분이 몸과 마음을 바쳐 일하게 될 바다는 군사 면에서는 물론 원유 등의 수송을 위한 해군항로의 확보와 해양자원의 개발 등 경제적 측면에서도 갈수록 그 중요성이 증대되고 있습니다. 그리하여 세계 각국은 다투어 영해를 확장하고 경제수역을 설정하는 등 해양 분할 시대의 양상을 보이고 있는 가운데 해군력을 증강하고 있는 것이 오늘의 추세입니다. **이 같은 추세 속에서 우리나라 해군이 당면한 과제는 철저한 연안 방어에 놓여 있습니다.** 북한공산집단의 해상침투 저지는 물론 영해의 수호는 우리의 생명선을 지키는 일이라고 해도 조금도 지나친 말이 아니기 때문인 것입니다."[67]

"뿐만 아니라 국제간의 교류확대로 해운수요도 급격히 늘어남으로써 오늘날 바다가 갖는 의미는 더욱 커지고 있습니다. **특히 3면이 바다로 둘러싸인 우리로서는 북한공산집단의 끊임없는 해상침투기도를 분쇄하는 일이 대단히 중요**하며, 따라서 해군의 임무와 사명은 실로 막중하다고 하겠습니다."[68]

위 인용문들에서 볼 수 있듯이, 한국 해군의 주요 임무는 북한 침투로부터 연안을 방어하는 것 말고는 거의 언급되지 않는다. 국제무역이나 해양자원을 지키는 것이 중요하다는 인식은 되고 있지만, 이것이 연안작전에 초점을 맞춘 해군의 임무로부터 확장으로는 연결되지 않는다. 예를 들어, 위 첫째 인용문에서 분명히 세계 다른 국가들이 해양경제활동과 관련되어 해군력을 증강시키고 있음을 강조하고 있지만, '이 같은 추세 속에서' 한국 해군은 북한 침투에 따른 연안 방어에 집중해야 한다고 결론을 짓고 있다. 다시 말해, 과거 한국 해군은 한반도 밖에서 발생하는 일과는 크게 관련이 없는 조직으로 여겨졌다고 생각할 수 있다. 아마도 이러한 해군에 대한 인식이 있었기 때문에 전두환 정부 시기 마지막에는 KDX 건조계획을 재검토하라는 지시 등 원대한 전력건설계획이 모두 취소될 위기까지 간 것일 수도 있다.[69]

1980년대 말부터 대통령의 졸업식 연설에 반영된 해군의 이미지는 이전의 것과 극명한 대조를 보여준다. 이 시기에 대통령들은 단순히 해군의 국제적인 함의만을 언급한 것이 아니다. 당시 연설들은 해군을 한국의 국익과 국제위상을 높이는 데 핵심적인 역할을 하는 요소로 묘

67) 전두환, 해군사관학교 제35기 졸업식 유시, 1981년 4월 6일. 저자가 볼드체 강조 추가함.
68) 전두환, 해군사관학교 제37기 졸업식 유시, 1983년 4월 2일. 저자가 볼드체 강조 추가함.
69) 국회사무처, 「1995년도 국정감사 국방위원회 회의록(피감사기관: 해군본부)」, 대한민국 국회, 1995. p. 52.

사하면서 국가와 해군에 대한 희망과 격려의 뜻을 담은 표현들로 가득 채워져 있다.

> "여러분의 활동무대는 더욱 넓어지고 있습니다. 여러분에게 더 큰 포부와 뛰어난 역량이 요구되고 있습니다. 여러분에게 주어진 해양수호의 임무가 더욱 중요해지고 있습니다. 이웃 나라와의 친선교류가 더욱 긴밀해질 것입니다. 함대 교환방문 같은 군사외교 활동이 빈번해질 것입니다. 공해상에서의 해난구조 활동 등 합동작전의 기회도 더욱 늘어나게 될 것입니다. 이 지역의 공동안보를 위한 해군의 역할도 커지게 될 것입니다. 여러분이 해군의 주역이 되는 21세기에는 여러분의 무대는 태평양이 될 것입니다. 여러분은 시야를 더욱 넓혀야 합니다. 선진해군을 만들겠다는 높은 이상을 지녀야 합니다. 그리고 이를 실현하려는 부단한 노력이 있어야 할 것입니다."[70]

> "조국의 바다를 지키는 방패로서, 바다를 통해 민족을 세계의 중심으로 이끄는 향도로서, 여러분은 세계 최고의 해군이 되어야 합니다."[71]

> "세계 1위의 조선대국이자 7위의 해운국가인 우리나라가 세계 5대양을 자유롭게 누비고 발전함으로써 이순신 제독과 장보고 장군의 영광을 다시 이룩하도록 우리 해군이 적극 지원해야 합니다."[72]

위에 인용된 연설문의 내용을 보면, 대통령들이 해군을 국가 외교

---

70) 김영삼, 해군사관학교 졸업 및 임관식 연설(21세기 해군의 무대는 드넓은 태평양), 1994년 3월 4일.

71) 김영삼, 해군사관학교 제49기 졸업 및 임관식 연설(세계평화에 기여하는 대양해군), 1995년 3월 24일.

72) 김대중, 해군사관학교 제54기 졸업 및 임관식 연설(이순신의 후예가 가야 할 길), 2000년 3월 16일.

안보정책의 중요한 수단으로 여기고 있고, 그러한 역할의 중요성이 더 커져가고 있다는 것을 확실히 인식하고 있음을 알 수 있다. 특히, 위 두 번째 인용에서 보듯이, 해군함정들이 대양을 통해 세계로 힘차게 항해해나가는 이미지는 당시 한국이 세계화하려는 또는 세계로 뻗어나가려는 국가적 의지와 매우 잘 조화를 이뤘다는 것도 알 수 있다. 이러한 대통령들의 '세계로'에 대한 강조는 대양해군 건설을 지지하는 차원에서 이뤄졌음은 물론이다. 세계와 더욱 활발하게 교류해야 하는 국가적 당위성과 해군이 갖고 있는 고유의 이미지로 인해 전력구조 변혁의 필요성을 강하게 호소할 수 있었다. 만약 당시 국가지도자들이 새롭게 형성되어가던 한국의 국가 정체성에 공감하지 못하고, 해군전력의 고유한 이미지가 아니었다면, 대양해군을 건설해야 하는 당위성에 대해 이토록 강하게 주장하기는 힘들었을 것이다.

그렇다면, 대통령들이 대양해군을 지지한 현상이 과연 어느 정도 해군의 특성에 기인하는 것일까? 이 질문에 대한 답을 얻기 위해 저자는 해군사관학교뿐 아니라 육군사관학교와 공군사관학교 졸업 및 임관식에서의 대통령 연설들을 분석해보았다. 이때, 세계로 나아가는 국제적인 한국의 이미지를 모든 군에 적용되는 공통 요소로 최대한 적용시키기 위해 분석기간은 1993년 이후로 선정했다.[73] 흥미로운 점으로 해군·육군·공군 사관학교에서의 대통령 연설들은 각 군의 특성을 바탕으로 특징적인 이미지를 잘 반영하고 있음을 알 수 있다. 또한, 이들은 각 군이 강조하는 핵심적인 능력들을 잘 반영하고 있다.

73) 여기에서 몇 가지 가용하지 않은 연설들이 있었음을 미리 알려둔다. 해군은 1993년부터 2007년까지, 육군은 1993년부터 2006년까지, 공군은 1993년부터 2005년까지 기간의 연설들을 분석했다.

〈표 7.1〉 대통령 연설에 표현된 해군의 이미지(1993~2007)[74]

분류	가치 단어/표현(Value Words/phrases)	점수
1	세계로 뻗어나가는(세계를 활동무대로), 해군의 세계화, 세계와 교류/경쟁	35
2	해군의 발전 인식(국산함정, 입체전력 보유)	25
3	영해 수호, 국가보위(호국)	24
4-1	대양해군, 기동함대(전략적 기동전력)	22
4-2	국가번영, 영광, 국위선양에 기여	22
5-1	북한 관련 임무	16
5-2	한반도 (주변) 평화에 기여, 평화번영의 동북아 시대 뒷받침	16
6	국익 및 주권 수호	13
7	현대화, 과학화, 정보화, 첨단화	11
8	국제협력 증진, 세계 각국 방문(군사외교), 국제안보협력	7
9-1	국가목표(선진과 통일의 신한국)	3
9-2	강한 해군, 무적해군, 정예해군, 정예강군의 주체(군의 위상을 높이는)	3
10	국력의 상징	1

〈표 7.2〉 대통령 연설에 표현된 육군의 이미지(1993~2006)[75]

분류	가치 단어/표현(Value Words/phrases)	점수
1	국민의 존중과 사랑의 대상, 국민의 군대, 국민의 신뢰, 자유/평화를 지키는 군	31
2	정보, 과학, 기술(의 시대), 정보화, 첨단화, 과학화, 미래전장, 정예 디지털 육군	25
3	정예 강군/국군, 강력한 육군, 필승 육군, 국군의 중추/핵심전력, 우리 군의 주력	23
4-1	나라를 지키는 주역, 조국 수호, 국토수호	19
4-2	세계의 평화와 번영에 기여(유엔 평화유지군)	19
5	조국의 간성/중추/대들보, 나라의 안정/재건, 통일한국 건설의 역군	14
6	세계 최고의 군대, 군의 세계화, 세계적 일류 군대, 일류군인	11
7	북한도발 억제, 도발 시 즉응전력/태세, 도발 시 격퇴	4
8-1	전쟁에서 육군의 중요성(지상전의 중요성), 마지막 승패 좌우	3
8-2	국방운영체계 합리화, 경영 혁신	3
8-3	자주국방	3
8-4	조국의 미래를 수호하는, 대한민국의 영광과 발전, 나라발전의 견인차	3
9-1	국익 수호	1
9-2	우방과의 협력 발전	1

74) 2005년과 2006년 연설은 가용하지 않았기 때문에 분석에서 제외했음을 알려둔다. 표는 13년 동안의 연설문을 분석한 결과다.

분류	가치 단어/표현(Value Words/phrases)	점수
9-3	통합된 전투력	1

〈표 7.3〉 대통령 연설에 표현된 공군의 이미지(1993~2005)[76]

분류	가치 단어/표현(Value Words/phrases)	점수
1	북한 관련 임무(억제, 국가안보와 직결), 즉각 대응/초기 대응	26
2	과학의 군(정보/기술전쟁), 정보화, 과학화의 선도적 역할, 공군의 첨단/현대화	23
3	국군의 핵심전력, 선봉 군사력, 무적 공군, 필승의 군	17
4	영공 수호, 제공권 확보	15
5	첨단의 항공 우주 기술, 우주 항공산업 발전, "항공우주군" 건설	13
6-1	국산화 항공기 관련, 초음속 항공기 개발 국가에 진입	12
6-2	국민의 신뢰, 문민 시대의 군 위상, 도덕성, 자기혁신, 민주주의와 시장경제를 보호	12
7	현대전의 핵심요소, 전쟁을 승리로 이끄는, 현대전의 승패를 좌우	11
8-1	세계 최고수준의 막강한 전투역량, 세계 일류 공군, 공군의 세계화	9
8-2	국력 배양에 기여(항공산업으로), 겨레의 발전, 국가발전	9
9	최소의 비용으로 최대의 전력을 발휘하는 경제의 군(체계운영 과학화, 효율화)	6
10-1	전략형 공군력 건설, 정보능력, 전략임무 수행능력(조기경보기, 공중급유기)	5
10-2	국제안보협력 기여(대테러 전쟁 관련)	5
11	조국 수호, 국토방위	2
12-1	국익 수호	1
12-2	자주국방의 선봉	1

위 표를 보면 어렵지 않게 알 수 있는 몇 가지 중요한 점이 있다. 무엇보다도 국제 관계나 세계로의 진출과 관련되는 이미지는 눈에 띌 정도로 해군과 연관되어 있음을 알 수 있다. 〈표 7.1〉에서 보듯이 해군 연설에서는 세계와 관련되는 1번 항목이 35점을 기록해서 가장 높은

75) 2005년과 2007년 연설은 가용하지 않았기 때문에 분석에서 제외했음을 알려둔다. 표는 13년 동안의 연설문을 분석한 결과다.

76) 2004년, 2006년, 2007년 연설은 가용하지 않았기 때문에 분석에서 제외했음을 알려둔다. 표는 12년 동안의 연설문을 분석한 결과다.

점수를 얻었다. 〈표 7.2〉와 〈표 7.3〉을 보면, 대통령들이 해군사관학교에서처럼 육군이나 공군의 국제화에 대해 많은 강조를 하지 않았다. 예를 들어, 육군은 세계화와 관련된 6번 항목이 11점을, 공군은 8-1번이 9점을 각각 기록했다. 타군과 확연한 차이를 보이는 또 다른 해군의 이미지는 국익과 주권을 수호하는 것이다(6번 항목). 국익과 주권을 수호하는 이미지는 해군에서 13점을 얻은 반면, 육군과 공군은 각각 1점을 기록했다. 해군의 이미지는 또한 국가의 번영과 한국의 세계 위상(4-2항)과 자주 연관되었다. 해군에서는 이 항목이 22점을 기록한 반면, 육군(8-4항)과 공군(8-2항)에서는 각각 3점과 9점에 그쳤다.

제6장에서 저자는 해군의 대양해군 추진과 함께 대형 해군함정들이 "국가"와 밀접한 관련이 있는 의미를 띠게 되었다고 역설했다. 국가안보나 국익뿐 아니라 대양해군 기치는 국가의 주권, 자부심, 국제위상, 그리고 미래를 향한 희망 같은 "한국다움"과 관련된 감정이나 생각들과도 결부되었다. 저자는 또한, 대양해군이 정부의 성향이 바뀌더라도 무기체계 획득을 위한 방향성과 일관성을 제시해준 테마 역할을 했다고 강조했다. 〈표 7.1〉은 이러한 저자의 주장을 잘 보여준다. 7번 항목을 제외하고 1번부터 8번까지 모두 대양해군 기치와 연관된 항목들로 이해할 수 있다. 대양해군 건설 준비가 시작되면서 새롭게 강조된 해군의 이미지만으로 한정하더라도 다시 말해 3번 항목(영해 수호)이나 5-1번(북한 관련 임무) 같은 전통적인 해군의 이미지를 제외하더라도 여전히 7개의 항목이 대양해군 추진과 관련된다.

실제로 이 기간 동안 대통령 연설들을 보면, 대형 해군함정 건설을 정부적인 차원에서 지원하는 것으로 보일 만한 명확한 표현들이 지속적으로 나오고 있다. 〈표 7.1〉에서 2번 항목과 4-1번 항목은 모두 전력건설에 관련된 항목들인데, 이들 모두 높은 점수를 기록했다. 사실, 2번 항목(해군력 개선)과 4-1번 항목(대양해군)의 내용을 자세히 살펴보면, "입체전력건설" 같은 2번 항목은 대양해군 건설이 추구하던 전력건설 내용이기 때문에 하나의 항목으로 합쳐서 생각할 수도 있었다. 하지만 "대양해군"이라는 표현 자체가 얼마나 자주 등장했는지를 확인하는 차원에서 저자는 이 두 가지 항목을 분리하여 집계했다. 다른 항목들, 예를 들어 1번 항목(국제 활동), 4-2번(국가의 미래에 기여), 5-2번(국제안보 관계에 기여), 6번(주권 수호), 8번(군사 외교) 항목 등도 대양해군 기치 아래 해군이 필수적인 임무로 간주한 요소들이다. 이들은 또한 국제무대에서 당당히 주권을 행사하고 존중받으며 경쟁력을 갖춘 한국의 이미지를 그리는 정치지도자들에게 대형 해군함정들이 주는 의미로도 이해할 수 있을 것이다. 사실상, 이런 해군의 이미지들은 한국이 왜 대형 해군함정들을 도입해야 하는지에 대한 논리로 사용되기도 했다.

대통령들의 연설에는 각 군의 특징을 나타내는 데 사용된 일반적인 표현들이 있다. "무적해군", "정예 공군", "강한 육군" 등의 표현들을 그 예로 들 수 있다. 사실 이런 표현들은 엄격히 말해 실제 그 군의 이미지를 상징적으로 표현하기보다 부대원들의 사기와 자부심을 고취시키고 단합을 조성하기 위해 군 조직에 사용될 수 있는 일반적인 표현으로 볼 수 있다. 또한, "무적, 정예, 강한" 등의 표현은 어떤 군에도 사용될 수 있는 일반적인 수식어다. 반면, "대양해군", "디지털 육군", "우주 공군" 같은 표현들은 그 군의 중요한 정체성을 담아내는 표현들이다. 다시 말해, 이들은 각 군과 대통령들이 가장 중요하게 생각하는 그 조직의 현재와 미래 특징들을 대변하는 표현들이다. 흥미로운 것은 해군은 육군과 공군보다 일반적인 수식어를 사용한 횟수가 적었다는 것이다. 해군은 일반적인 수식어(표 7.1의 9-2번 항목)가 3점을 얻은 반면, 육군(표 7.2의 3번 항목)은 23점, 공군(표 7.3의 3번 항목)은 17점을 기록했다. 이는 해군의 경우, 대통령들의 연설에서 대양해군 관련 수식어들이 일관된 해군의 이미지로서 자리매김함으로써 일반적인 수식어를 사용할 공간이 적어졌다는 것을 뜻한다.

물론, 육군사관학교와 공군사관학교 졸업식 대통령 연설에도 이 기간에 육군과 공군이 추구하던 조직 정체성을 대변하는 표현들이 담겨 있다. 육군의 경우, "정예 디지털 육군", 미래 지향적 "첨단 육군" 등이 육군의 전력건설과 연관된 이미지들이었다. 이러한 첨단 미래 지향적 육군의 이미지는 당시 대통령들이 강조하던 정보기술(IT) 발전이나 선진 한국을 건설하는 측면과 일치하긴 하지만, "대양해군"이라는 이미지가 전달하는 국민적·국가적 차원의 정서와 비교할 때, 그 느낌이 그다지 크지 않았다. 다시 말해, "첨단 육군"은 육군과 정치 리더 또는 육군과 국민 사이를 이어주어 열망적인 감정을 느끼게 해줄 공통적인 요소를 제공해주기에는 다소 약했다는 것이다.

이와 유사하게, 이러한 효과를 주는 요소는 공군에서도 찾아보기 힘들다. 공군력의 두드러진 특징은 북한 관련 임무(표 7.3의 1번 항목)와 가장 자주 연관된다는 것이다. 이는 북한의 군사위협에 직면하고 있기 때문에 무력도발의 경우 공군력을 이용한 신속한 대응이 요구되는 한국의 안보상황을 잘 나타내고 있다. 따라서 이러한 이미지는 전통적인 국방 개념의 차원에서 이해할 수 있다. 공군의 경우, 해군의 대양해군과 필적하는 핵심적인 조직 정체성을 나타내는 표현으로 "우주 공군"(표 7.3의 5번 항목) 건설을 들 수 있다. 하지만 "우주 공군"이라는 표현은 그것이 어떤 의미를 내포하고 있는지를 효과적으로 전달해주지는 않는다.

더욱이 "우주"는 당시 한국에서 "바다"보다는 풍부한 의미를 갖지 않는 공간이었다. 대통령들의 연설에서 "바다"는 해저자원이나 해상교통로 같은 실질적인 가치의 공간임과 동시에 한국을 세계와 이어주는 상징적인 매체로 명확히 인식되고 있다. 하지만 이러한 의미들은 공군 연설의 "우주"에서는 상대적으로 찾아보기 힘들다. 아마도 세계로도 나아가지 못한 한국이 우주를 향한다는 것이 좀 소원하게 느껴졌을 수도 있다.

결론적으로 육군과 공군의 이미지들은 해군에게 있었던 국가 정체성과 연관되는 요소들이 비교적 두드러지지 않았다. 저자는 여기서 국가 정체성과 연관된 의미들이 모든 군의 무기획득을 위한 필요조건이라는 주장을 하고 있는 것이 아니다. 저자가 보여주려고 하는 것은 바로 당시 대통령들이 대양해군 기치를 올린 시기의 해군에 대해 육군이나 공군과는 확실히 구별되는 군의 이미지와 가치를 인식했고, 그러한 해군 이미지에 대한 인식은 정부가 바뀌어도 꽤 오랜 기간 동안 유지되었다는 것이다. 국가지도자들의 이러한 지속적인 지지가 해군 입장에서는 대형 함정들을 건설하려는 노력에 직접적 또는 간접적으로 도움이 되었을 수도 있다.

물론, 대통령 연설을 통해 해군의 대형 함정 건설을 지지하는 입장을 보였지만, 그렇다고 해서 이러한 해군력 건설을 정부에서 시작한 것도 아니었고, 국가 차원에서 해군력 증강을 위해 특별한 조치를 취한 것도 아니었다. 예를 들어, 미국의 경우는 루스벨트 대통령이 1900년대 델라웨어함(USS Delaware)으로 대표되는 전함 건조 등 미 해군력 발전에 직접적인 역할을 했다.[77] 하지만 한국의 대양해군 기치는 이러한 예

77) Harold Sprout and Margaret Sprout, *The Rise of American Naval Power 1776-1918.*

와는 달랐다는 것이다.

김영삼 정부시절이 대통령의 지시로 대형 함정 건조 과정을 빠르게 앞당긴 유일한 경우로 볼 수 있다. 제6장에서 설명했듯이, 1996년 일본의 독도 영유권 주장으로 한국의 주권에 도전했을 때, 김영삼 대통령은 해군력을 증강시키기 위한 구체적인 계획을 수립하라고 국방부에 지시했다. 이러한 대통령의 직접적인 조치로 인해 대양해군 기치 아래 수립된 전력건설이 계획보다 조기에 착수되었다. 물론, 이 경우도 순수하게 상부 지시에 따라 전력건설이 시작된 것으로 볼 수는 없다. 왜냐하면 해군은 이미 1980년대부터 전력구조를 변화시키기 위한 노력을 시작했기 때문이다. 대통령의 그러한 지시가 있기 수년 전부터 해군은 대양해군을 건설할 것이라는 계획에 대해 보고했을 것이고, 대통령도 그러한 계획을 모르지는 않았을 것이다. 왜냐하면, 김 대통령은 이미 1995년 해군사관학교 졸업식에서 대양해군 건설에 대해 언급을 했기 때문이다.[78] 유종하 당시 청와대 안보수석에 따르면, 당시 분위기는 일본의 독도 영유권 주장, 중국 어선의 영해 내 조업 등의 문제가 대두되었고, 좀 더 큰 전력을 건설해야 한다는 해군의 입장에는 공감했다. 그럼에도 불구하고 정부 차원에서 해군을 증강시켜야 한다는 공식적인 정책은 없었다는 것이다.[79]

정부가 주도한 해군 증강 모델은 김대중 정부(1998~2003)에도 적용되지 않는다. 캐나다 대사를 역임한 임성준 당시 청와대 안보수석에 따

Princeton: Princeton University Press, 1939. pp. 250-280.

78) 물론, 대통령의 연설 내용에 대양해군이 포함되어 있었다고 하더라도 해군이 실제로 구체적인 전력건설계획이 수립되어 있는지 여부에 대해서는 잘 알지 못하고 있었을 수도 있다.

79) 저자의 유종하 전 청와대 안보수석(전 외교부장관)과의 인터뷰(2011년 5월 27일).

르면, 김대중 대통령은 해군이 대형 함정을 건조하는 것을 지원하는 입장이었다. 당시 중국이나 일본 같은 주변국들과 비교하여 한국의 해군력은 너무나 미약하다는 견해가 많았던 것은 사실이나, 그럼에도 불구하고 정부 차원에서 해군력 증강을 주도하거나 그러한 계획을 수립한 적은 없었다고 한다.[80] 노무현 정부(2003~2008) 시기에도 정부가 주도했다고 보기는 힘들다. 통일부 장관을 역임한 당시 이종석 청와대 안보수석에 따르면, 대양해군이라는 움직임에 대해 정부 차원에서 특별한 반대나 지원은 없었다고 한다.[81] 다만, 해군이 대형 함정들을 건조하려는 노력을 긍정적으로 보는 시각은 있었는데, 그 이유는 다음과 같다. 먼저 노무현 정부는 한국이 동북아에서 균형자 역할을 할 수 있기를 원했다. 또한, 북한에 대해 그리고 미래의 예기치 못한 위협에 대해 어느 정도의 억제능력을 갖춰야 한다고 생각했다. 해상교통로(SLOC)를 보호해야 한다는 필요성도 있었다. 무엇보다 중요한 것은 한국이 당당한 주권국가로서 이러한 능력을 갖춰야 한다는 것이었다.[82]

여기서 우리가 주목해야 할 것은 위에서 언급한 정부들이 대형 해군함정들을 건조하려는 해군의 노력을 승인 또는 적어도 반대하지 않은 이유는 바로 그들이 생각하는 국가의 정체성에 비추어 그것이(대형 함정들을 갖추는 것이) 적절한(appropriate) 행동이라고 보았기 때문이라는 것이다. 일본의 독도 영유권 주장은 한국이 일본으로부터 독립한 후 얼마 있지 않아서 시작되었다. 한국의 해군력은 주변국에 비해 항상 심각한 열세였다. 해상교통로는 반도국가인 한국에게 있어 항상 중요했고, 특

80) 저자의 임성준 전 청와대 안보수석(전 캐나다 대사)과의 인터뷰(2011년 5월 31일).

81) 저자의 이종석 전 청와대 안보수석(전 통일부 장관)과의 인터뷰(2011년 6월 2일).

82) 흥미롭게도 여기서 제시되는 대양해군의 필요성들은 해군이 1995년 대양해군 정책을 시작할 당시 정의한 해군조직의 정체성과 관련된 내용들과 일치한다.

히 1960년대 수출지향적인 경제구조가 형성되면서부터는 더욱 중요했다. 그럼에도 불구하고 한국은 대양해군 없이도 잘 발전해왔다. 그렇다면, 어떤 이유로 인해 국가지도자들이 대양해군을 건설해야 한다는 해군의 제안을 무시하거나 불허하지 않았던 것일까? 그것은 바로 해군이 제안한 대양해군 건설이 그 지도자들이 원하는 현대 주권국가 그리고 국제무대에서 존중받는 국가로서 해야 할 적절한(appropriate) 행동이라고 보았기 때문이다. 다시 말해, 국가지도자들이 자신들의 국가를 어떻게 바라보느냐(그들이 생각하는 국가 정체성)가 그들이 대양해군 건설을 지지하는 입장을 취하게 된 가장 근본적인 요인이었다는 것이다.

이러한 점을 단적으로 보여주는 일화가 있다. 국가안전보장회의(NSC) 구성원을 포함한 주요 인사들과 해군 대표들이 참석하고 노무현 대통령이 KDX-Ⅲ(이지스 구축함) 도입에 대한 마지막 재가를 하는 자리였다. 대통령은 "과연 이렇게 고가의 함정을 도입하는 것이 좋은 것이냐, 차라리 같은 값으로 작은 배를 여러 척 건조하는 것이 더 현명한 것이 아니냐는 의견이 있다"는 점을 언급했다. 이에 당시 해본 기획관리참모부장이던 송영무 제독이 의견을 개진했다. "한 척에 1조 원이 넘는 군함이기 때문에 비싸다고 평가되는 것은 인정합니다. 하지만 보유할 가치가 있는 무기체계입니다. 이것은 우리의 해군력을 증강시켜주는 무기일 뿐 아니라 세계에서 우리의 위상과 국격을 높여주는 무기체계입니다. 역사를 통해 한국은 주변 강대국들로부터 강압을 당해오기만 했습니다. 하지만 오늘날 한국의 위상은 다릅니다. 선진국으로서 우리는 이제 이에 걸맞은 해군을 건설해야 합니다. 또한, 북한에 대해서도 작은 규모의 함정 여러 척보다 이지스함 한 척이 훨씬 효과적인 억제를 가져올 수 있을 것입니다. 각하께서는 역사적인 결정을 내리시고 계십니다."[83)]

여기서 송영무 제독은 외부위협에 대한 억제 등 그 무기체계가 가져올 효과 또는 효용성에 대해 언급하고 있다. 노 대통령의 질문도 소수의 대형 함정과 다수의 소형 함정의 비용 대비 효과를 고려하는 합리주의적인 입장을 취하고 있다. 하지만 송 제독의 논리를 뒷받침하는 것은 '한국이 이전과는 다른 국가'라는 생각(idea)이다. 다시 말해, 변화한 한국의 정체성을 고려할 때, 한국이 어떤 무기체계를 도입해야 하는가를 말하고 있다. 그가 강조한 것은 바로 한국이 당당한 주권국가이자 선진국으로 여겨지고 싶다면 그렇게 행동해야 한다는 점이다. 무엇보다 중요한 것은 대통령은 국가 정체성에 근거한 이러한 논리에 확신을 갖고 재가를 했다는 것이다. 만일, 대화가 무기체계의 기능적인 면에 대해 찬성 또는 반대하는 의견들로만 이뤄졌다면, 참석한 다른 고위 인사들도 소수 대형 함정과 다수 소형 함정의 효과에 대한 다른 의견들을 개진함으로써 결정이 어려워졌을 수도 있다. 국가 고위 정책결정자들이 함께 공감하고 결정을 내릴 수 있게 해준 근본적인 요인은 바로 그들이 공유한 국가의 이미지와 정체성이었다.

이 절에서 저자는 국가지도자들이 어느 정도 그리고 무엇 때문에 해군이 주도하는 대양해군 움직임을 지지했는지를 보여주었다. 그들이 비록 대양해군을 최우선의 국방정책 사안으로 다룰 정도는 아니었지만, 해군의 입장에 대한 선호도는 꽤 높은 편이었다. 군 통수권자들이 그러한 입장을 취하게 한 가장 중요한 요인은 바로 그들이 갖고 있는 국가의 이미지와 정체성이었다. 그렇다면, 대통령 외의 다른 정치지도자들은 해군의 대양해군을 향한 움직임을 어떻게 바라보았을까? 예

83) 저자의 송영무 제독과의 인터뷰(2011년 5월 23일).

산의 승인을 맡고 있다는 기능을 고려해서라도 국회(국회의원)에서 어떤 시각으로 해군의 움직임을 바라보았는지에 대해 살펴보는 것이 중요하다. 다음 절에서는 국회의원들이 어느 정도로 해군의 대양해군 기치를 지원했는지, 만일 지지하는 입장이었다면 왜 그랬는지에 대해 알아보기로 한다.

2) 국회의원

이 절에서는 1995년부터 2009년까지 국회에서 해군의 대양해군 메시지가 어느 정도 반향을 얻었는지, 또 왜 그랬는지에 대해 살펴본다. 연구를 위해 저자는 해군에 대한 국정감사 국방위원회 회의록들에 대한 심도 깊은 분석을 했다. 국정감사 회의록은 본 연구를 위해 매우 유용한 자료인데, 이는 다른 정당 의원들로 구성된 국방위원회에서 해군 정책에서부터 군수지원까지 전반적인 분야에 대한 그들의 의견을 강조하거나 질문한 내용들이 모두 담겨 있기 때문이다. 더욱 중요한 것은 이러한 질문에 대한 해군의 공식 답변도 포함되어 있다는 것이다. 따라서 국정감사 회의록은 정책 결정과 관련된 사실뿐만 아니라 그 결정 뒤에 숨어 있는 과정 또는 메커니즘도 엿볼 수 있는 정치역학 연구를 위한 유용한 자료가 된다. 내용분석(content analysis) 기법을 활용한 연구를 바탕으로, 이 절에서 저자는 국회의원들이 기간 중 대양해군에 대해 꽤 적극적인 지원을 했으며, 그러한 입장은 그들이 함께 보유하고 있던 국가에 대한 이미지에 기인했다는 것을 보여줄 것이다. 또한, 정치 행위자들이 다른 국가들의 예를 듦으로써 자신의 주장을 정당화하는 사회학적 제도주의 요소들도 조명할 것이다.

해군이 '대양해군'이라는 주제를 들고 나오기 전까지는 국회의원들 사이에서 대형 함정들을 건조해야 한다는 필요성에 대한 관심이 많이 있던 것 같지는 않다. 해군의 대양해군을 시작하기 전의 국정감사 내용과 국회의원들의 어조는 대양해군 기간의 그것들과는 확연히 다르다.[84] 먼저, 대양해군이 나오기 전 국회의원들의 감사내용을 보면 해군의 역할을 북한과 연관된 임무에 한정지으려 한 경향이 있다. 당시만 해도 국가안보를 논의할 때 냉전의 역학이 기본 전제가 되었다.[85] 해군이 새로운 함정 건조 계획을 보고하더라도 그 함정들을 북한의 위협에 대응하는 데 얼마나 유용한지의 관점에서 바라보려는 성향이 강했다. 예를 들어, 1991년 국정감사에서 정대철 의원은 해군의 새로운 구축함(KDX) 건조계획에 대해 다음과 같은 질문을 한다. "한국형 구축함 사업 KDX 계획이 북한 해군력의 정확한 평가하에서 추진되고 있는 것인지? 즉 북한의 전투함이 대개 소형 쾌속정인데, 저는 잘 몰라서 그렇습니다만 과연 대규모 해상전 수행을 위한 이러한 구축함 사업이 맞는 것인지 구체적으로 밝혀주시기 바랍니다."[86] 주된 군사 위협을 고려하여 무기체계의 효용성을 평가하려는 의원의 입장은 매우 합리적이고, 또 그래야 한다는 것을 인정한다. 하지만 여기서 저자는 단지 당시 국회의원들 사이에서 한국 해군의 역할이 얼마나 제한적으로 인식되고

84) 저자는 대양해군 이전 자료로서 1988년부터 1994년까지의 국방위원회 회의록을 참고했다.

85) 예를 들어, 정웅 의원의 질의내용을 보면, 소련과 중국의 해군전력과 공군전력의 배치에 대해 언급하면서 이런 전력들을 이용해 북한을 지원하는 상황이 포함되어 있다. 국회사무처, 「1988년도 국정감사 국방위원회 회의록(피감사기관: 해군본부)」, 대한민국 국회, 1988. p. 6.

86) 국회사무처, 「1991년도 국정감사 국방위원회 회의록(피감사기관: 해군본부)」, 대한민국 국회, 1991. p. 12.

있었는지를 예시하는 것이다.

당시의 특징이 해군 역할의 제한적 인식뿐만은 아니다. 일반적으로 해군을 위한 장기적인 전력건설계획에 대한 논의도 활발하지는 않았던 것으로 보인다. 논의의 중점은 율곡사업의 일환으로 추진된 무기획득 과정의 투명성 등 절차상의 문제에 있었다. 물론, 과거 율곡사업을 추진하는 과정에서 드러난 문제점 등을 고려하면 그러한 국회의원들의 강조점도 이해가 가는 부분이기도 하다.

해군전력건설에 관한 논의가 있긴 했지만, 그것도 전력건설을 위해 어떻게 재원을 확보할 것인가가 아니라 오히려 제한된 재원을 고려하여 전력건설을 해야 한다는 입장이 강했던 것으로 보인다. 예를 들어, 1988년 국정감사에서 조윤형 의원은 잠수함 획득 사업이 실제로 한국 해군력의 증강을 위한 것인지 아니면 허영심에서 "해군의 체면"을 채우기 위함인지를 묻는다.[87] 여기에 더해, 잠수함 획득에 쓸 예산을 오히려 해군의 복지 또는 전군의 복지를 위해 사용하는 것이 더 타당하다는 주장을 한다.[88] 다른 예로, 1992년 국정감사에서 윤태균 의원은 대양해군 전력건설계획에 대해 부정적인 반응을 보인다. "원해라 하더라도 소위 전력 기동함대 정도는 만들 수 없고 우리의 여건에 맞는 함대를 만든다고 생각하는 것 같은데, 내가 생각하기에는 2000년대까지 얼마만큼 투자해야 하겠느냐 생각할 때는 천문학적 숫자입니다. 그래서 제 생각은 원해보다는 근해 쪽으로 전력증강을 더 기울여서 대북관계에 대해 대비하는 것이 어떻겠느냐, 돈을 더 투자했으면 어떻겠느냐, 다시 말씀드려서 여기 숫자적인 문제도 나오고 톤수 문제도 나왔

---

87) 국회사무처, 「1988년도 국정감사 국방위원회 회의록(피감사기관: 해군본부)」, 대한민국 국회, 1988. p. 8.

88) 같은 자료.

습니다만 북측은 월등히 척수가 많습니다."[89] 아이러니하게도, 잠수함 사업이나 기동함대 등 이때 이렇듯 국회에서 부정적인 시각으로 비쳤던 해군전력증강사업은 두드러진 예산 증강 없이도 2000년대까지 모두 현실로 이뤄졌다. 당시 대양해군은 한국에게 아직은 사치스런 것으로 생각된 듯하다.

새로운 대형 함정을 건조하는 해군의 계획에 대한 의원들의 부정적인 입장은 비단 예산 문제 때문만은 아니었다. 더욱 중요한 것은 그들이 생각하는 국가에 대한 시각을 고려한 해군의 전력구조에 대한 입장을 표현하고 있다는 것이다. 대표적인 것이 바로 한국은 강대국에 둘러싸여 있는 약소국이라는 입장이다. 몇몇 기술 내용들을 보면, 외교관계에서 강대국의 영향력에 대해 너무 많이 의식하고 있다는 것을 알 수 있다. 예를 들어, 한국 해군이 1990년 림팩(RIMPAC) 훈련에 참가한다는 것이 결정되었을 때, 어떤 의원들은 이러한 훈련참가가 러시아와 중국과의 외교정상화에 악영향을 미칠 수 있다는 우려도 했다. 러시아와 중국은 미 해군이 주관하는 다국적 해군훈련인 림팩 훈련을 자신들에 대한 봉쇄의 일환이라고 비난하고 있다.[90] 물론, 한국이 정부 차원에서 추진하고 있던 러시아와 중국과의 정상화의 외교적 중요성을 고려하면 이러한 신중한 입장을 취하는 것이 잘못된 것은 아니다. 하지만 국방부 차원에서 한국 해군을 림팩 훈련에 참가시키기로 결정한 것은 선진 해군전술을 익히고 대양작전 능력을 배양하는 등 예상되는 성과가

89) 국회사무처, 「1992년도 국정감사 국방위원회 회의록(피감사기관: 해군본부)」, 대한민국 국회, 1992. p. 18.

90) 국회사무처, 「1988년도 국정감사 국방위원회 회의록(피감사기관: 해군본부)」, 대한민국 국회, 1988. p. 4; 김원홍, "연안해군 탈피, 대양방위 첫발/환태평양 합동훈련 참가의 의미", 「서울신문」, 1990년 3월 25일, 3면.

있기 때문이다. 더욱이, 한국이 전통적인 군사동맹국인 미국과의 연합 훈련을 위한 결정을 내리는 데 러시아 또는 중국의 입장을 염려할 이유는 없다. 이러한 약소국 정신을 가지고 있었기 때문에 해군이 대형 함정 필요성에 대한 언급을 수년간 해왔음에도 불구하고 그것을 실현 가능성 있는 계획이라고 생각하기 힘들었을 것이다.

1990년도 국정감사에서부터 해군은 국익을 보호하는 중심적인 역할을 하는 군으로서 "대양해군"으로 거듭나겠다는 각오를 보였지만, 수년 동안 대양해군이라는 표현이 국회에서 큰 관심을 끌진 못했다. 1993년까지는 국회의원들이 대양해군이라는 표현을 사용하지 않았고, 심지어는 그 표현이 무엇을 의미하는지 묻지도 않았다. 1993년 국정감사부터 서서히 "대양해군"이라는 표현과 해군에게 그것이 왜 필요한지에 대한 논의가 조금씩 시작되었다. 예를 들어, 이한동 의원은 대양해군을 향한 비전 보고에 대해 높게 평가했으며, 해군 지도자들에게 장차 다가올 태평양 시대에 중심적인 역할을 할 한국에 맞는 해군으로 탈바꿈하기 위한 모든 노력을 기울여야 한다고 강조했다.[91] 미래 한국 해군의 모습을 일컬어 "대양해군"이라는 표현을 처음으로 사용한 것은 1993년 국정감사에서 황명수 의원이었는데, 그 내용은 한국 해군함정들이 러시아를 방문하는 중요성에 대한 언급이었다.[92] 그는 해군의 입장에 공감하면서, 해군은 그때까지 주로 해온 임무(북한에 대한 대침투작전)보다 더 나아가야 하고 좀 더 폭넓은 국익과 주권에 관련된 임무를 맡

91) 국회사무처, 「1993년도 국정감사 국방위원회 회의록(피감사기관: 해군본부)」, 대한민국 국회, 1993. p. 12.

92) 황명수 의원의 발언을 직접 인용하면, "최근 한국 초유의 국산함정을 이끌고 러시아의 블라디보스토크에 입항한 해군은 군사외교의 중요한 몫을 담당하고 있다고 보고 있을 뿐만 아니라 대양해군을 위한 발돋움이며, 북한에 대한 효과적인 견제기능이라고 하겠습니다." 「1993년도 국정감사 국방위원회 회의록(피감사기관: 해군본부)」. p. 11.

아줘야 한다는 것이다. 따라서 해군의 목소리에 귀를 기울이게 된 출발점은 (전술적 수준의) 전투임무 수행 측면보다는 국제관계에서 더 큰 역할을 하는 자주적이고 번영하는 국가로서 한국이라는 국가의 역할을 강조한 측면이었다고 볼 수 있겠다.

대양해군 시기 이전에도 해군의 변화에 대한 필요성이나 고가의 대형 함정을 도입해야 한다는 해군 지도층의 입장을 이해하는 국회의원들이 있었다. 흥미롭게도 이들은 모두 국가 수준의 예상되는 변화에 대해 특별히 목소리를 높이던 이들이다. 권노갑 의원은 1988년 국정감사에서 해군 장성들에게 당시 한국에 일어나고 있던 변화, 즉 1988년 국제 올림픽 경기의 성공적 개최, 한국의 외교·경제 차원에서 국제관계를 확장하려는 노태우 정부의 외교 정책의 함의 등에 대해 잘 생각해볼 것을 강력히 제안한다.[93] 김중곤 의원은 해군의 한국형 구축함 (KDX) 계획에 대해 다음과 같이 평가한다. "본 위원은 국제화에 대비한 우리 대한민국이 1990년대를 거쳐 2000년대를 바라보는 국가발전과 더불어 우리 해군의 발전계획이 정말 변천을 가져오는 전환기적 시점이라고 느끼고 있습니다."[94] 이러한 긍정적인 시각들이 앞서 언급한 대양해군에 대한 부정적인 시각들과 가장 다른 면은 바로 이러한 시각들을 가진 이들은 한국이 어떤 국가인가, 또는 어떤 국가여야 하는가에 대한 생각을 근간으로 한국이 어떤 해군을 가져야 하는가에 대한 고려가 선행되었다는 것이다.

1995년부터 국정감사의 분위기는 눈에 띄게 달라진다. 국방위원

93) 국회사무처, 「1988년도 국정감사 국방위원회 회의록(피감사기관: 해군본부)」, 대한민국 국회, 1988. p. 7.

94) 국회사무처, 「1989년도 국정감사 국방위원회 회의록(피감사기관: 해군본부)」, 대한민국 국회, 1989. p. 9.

회의 많은 위원들이 해군의 대양해군 기치에 대해 언급하기 시작했다. 이들은 심지어 대양해군 건설을 서두를 것을 요구하기도 했다. 다시 말해, 의원들이 이제는 대양해군의 적극적인 후원자가 되어버린 것이다. 해군참모총장을 역임하고, 16대 국회의원을 지낸 유삼남 전 해양수산부 장관의 회고에 따르면, 당시 국회의원들 사이에서 대양해군을 향한 해군의 움직임에 대해 일반적으로 지지하는 분위기가 형성되었다고 한다.[95] 당시 대양해군이 의원들에게 어느 정도의 관심사항이었는지는 이들이 얼마나 빈번하게 그 주제에 대해 논의했는지를 보면 대략 가늠할 수 있을 것이다. 〈표 7.4〉는 1995~2009년 기간에 국정감사에서 의원들이 어떤 질문을 했는지, 또 얼마나 자주 그 주제에 대해 언급했는지를 요약한 내용을 보여준다. 저자는 모든 질문내용을 검토한 후에 이들을 서로 관련이 있는 범주로 분류했다.[96] 〈표 7.4〉의 2번 항목에서 보듯이, "대양해군"이나 그와 동일한 개념의 표현, 즉 "대양작전능력"이나 "기동전단" 등을 직접 언급한 질문은 이 연구 기간 중 두 번째로 자주 등장한 내용으로, 총 1,397개의 국정감사 질문 중 179개의 질문(12.8%)이 여기에 해당되었다.

한편, 대양해군을 반대하는 내용의 질문(11-1번 항목)은 31회로 전체 질문의 2.2%밖에 되지 않았다. 게다가 이 31개의 질문 중 26개의 질문은 2005년 한 해에 한 명의 의원이 질문한 것으로, 당시 다른 의원들로부터 할당된 시간을 지나치게 초과하는 것에 대해 많은 질타를 받았다. 통틀어 1회 나온 질문으로, 해군의 대양해군 기치에는 찬성하지만 "대양해군"이 아닌 다소 완화된 표현을 쓰는 것은 어떤지에 대한 해군의

95) 저자의 유삼남 장관과의 인터뷰(2011년 5월 31일).

96) 좀 더 자세한 분석기법은 부록의 2절을 참조하라.

의도를 묻는 경우(28번 항목)도 있었다.

〈표 7.4〉 국정감사 질문 주제별 분류(1995~2009)

분류	주제	빈도	백분율(%)
1	무기획득/전력증강사업 관련	188	13.5
2	**대양해군/원해작전능력/기동함대 언급**	**179**	**12.8**
3	북한 도발 관련 대비 태세	142	10.2
4	인사정책 및 인력 운용/관리	114	8.2
5	군 복지 및 사기 진작(Welfare)	79	5.7
6	해병대 관련	72	5.2
7	기타 정책 관련	71	5.1
8	군 기지/시설/부대 운영 관련	58	4.2
9-1	**국가위상/국위선양/다자협력(해군의 상징적/외교적 역할)**	**44**	**3.1**
9-2	대민지원(국민과 함께하는 해군) 관련	44	3.1
10-1	**주권(국익) 관련**	**32**	**2.3**
10-2	(대양해군 개념과 연계하지 않은) 해군력 증강 필요	32	2.3
11-1	**대양해군 우선 정책 반대**	**31**	**2.2**
11-2	무기체계 현대화 필요 강조	31	2.2
12	**SLOC 보호, 해상무역로 보호**	**30**	**2.1**
13-1	교육/훈련 강조	21	1.5
13-2	사고 관련	21	1.5
13-3	군 기강 관련	21	1.5
14-1	전력 운용 관련	17	1.2
14-2	대잠능력/수중침투 대비책 보강 필요성	17	1.2
14-3	군수관리/지원	17	1.2
15	해상경계/연안 방어 작전 관련	15	1.1
16	전시 대비 태세 관련	14	1.0
17	C4I 관련(지휘통신체계)	13	0.9
18-1	전력건설 개념	12	0.9
18-2	군사 보안 관련	12	0.9
19	수리/정비 관련	11	0.8
20	독자적 정보력 필요(정보력 관련)	10	0.7
21	해군 건설 방향/비전 관련 언급	9	0.6

분류	주제	빈도	백분율(%)
22-1	국제관계(외교문제) 관련	8	0.6
22-2	해군의 중요성 강조	8	0.6
23	의무지원(의무발전계획)	7	0.5
24	작전 개념/절차 관련	6	0.4
25	정훈 관련	5	0.4
26	군 정보화 관련	3	0.2
27	자주적 국방활동 강조	2	0.1
28	**대양해군이라는 표현 반대**	**1**	**0.1**
계		**1,397**	**100**

위 표에서 "대양해군"이 높은 점수를 얻는 데 기여한 요소 중 하나는 의원들이 전력건설과 직접 관련이 있는 주제뿐 아니라 인력운용, 군수지원, 교육 등 기타 사안들까지 대양해군과 연결시켜 논의했다는 것이다. 대양해군 건설은 전면적인 전력구조의 혁신을 뜻하기 때문에 위와 같이 조직운영 측면의 전반적인 변화가 따를 것을 고려한다면, 위와 같이 산출된 통계는 어떻게 보면 자연스런 결과다. 예를 들어, 더 복잡한 장비들과 무기체계가 도입될 것이기 때문에 새로운 교육훈련 체계가 필요할 것이다. 또한, 해군이 대형 함정들을 운영하려다 보면, 좀 더 큰 규모의 정비시설도 필요하게 될 것이다.

하지만 흥미로운 것은 의원들이 "대양해군"이라는 표현을 사용한 예를 살펴보면, 이들이 대양해군을 단순한 능력 측면이 아닌, 더욱 광범위한 의미로 해석했음을 알 수 있다. 다시 말해, 의원들은 대양해군이라는 기치 아래 한국 해군이 모든 측면에서 더욱 합리적이고 근대화된 해군이 되기를 기대했다. 예를 들어, 박진 의원은 진정한 대양해군이 되려면, 사관학교 출신이 아닌 사관후보생(OCS)이나 ROTC 출신 장교들에게도 공평한 진급기회가 주어져야 한다고 주장했다.[97] 여기서 박 의원은 서로 다른 전문성을 가진 다양한 인적 자원의 중요성을 강조하면서 대양해군의 인력운용 측면을 말하고 있는 것일 수 있다. 하지만 그 내용만을 본다면, 해군의 진급정책의 공정성과 투명성을 논하고 있고, 이는 사실 대양해군 기치와는 직접적인 연관이 없는 —대양해군이라는 주제 없이도 언제든지 논의될 수 있는— 주제다. 이러한 해군의 변화에 대한 기대가 있었다는 것은 바로 대양해군 기치가 해군 조직의 핵심적인 특성의 변화나 혁신을 위한 진지한 움직임으로 인식되었다는 뜻으로도 볼 수 있다.[98]

여기서 우리가 유념해야 할 것은 의원들이 "대양해군"이라는 표현을 직접적으로 쓰지 않으면서도 대양해군이 추구하는 내용을 다루는 질문이나 주장도 있다는 것이다. 예를 들어, 어떤 의원이 해상교통로(SLOC)나 우리 주권을 지킬 수 있는 해군을 건설해야 한다고 주장하는 것은 "대양해군"이라는 표현을 쓰지 않았지만 내용상으로는 해군이 제시한 대양해군 건설과 입장을 같이하는 것임은 자명하다. 〈표 7.4〉에서 2번 항목을 비롯하여 9-1항목, 10-1항목, 12항목들이 이러한 함축적인 의미의 대양해군 항목들로 볼 수 있다. 이 항목들이 하나의 항목으로 통합된다면, 기간 중 가장 많은 점수를 기록하는 단일 항목이 된다. 이러한 항목들을 통합한 새로운 통계를 〈표 7.5〉에 제시했다.

예측한 대로 대양해군과 관련된 내용이 가장 지배적인 항목(표 7.5의 1번 항목)이 되었고, 기간 중 전체 질문의 20.4%를 차지했다. 다음

97) 국회사무처, 「2005년도 국정감사 국방위원회 회의록(피감사기관: 해군본부)」(부록), 대한민국 국회, 2005. p. 7.

98) 이와 관련하여 저자는 앞서 해군의 대양해군 기치는 해군 조직의 정체성에 관련된 변화라고 주장했다.

으로 빈번하게 등장한 질문 내용 중 하나는 북한과 관련된 내용으로, 13.5%(표 7.5의 2-2번 항목)를 기록했다. 저자는 항목 간의 공정한 비교를 위해 〈표 7.4〉의 북한 관련된 내용도 통합하여 〈표 7.5〉에 포함시켰다. 다시 말해, 〈표 7.5〉의 2-2번 항목은 〈표 7.4〉의 3번 항목과 14-3번 항목, 15번 항목, 16번 항목의 내용을 포함하고 있다. 이렇듯 많은 내용들을 모두 더했음에도 불구하고 기간 중 북한 관련 내용에 비해 대양해군 관련 내용이 거의 100번은 더 국정감사에서 다뤄졌다는 것을 알 수 있다. 또 한 가지 고려해야 할 것은 〈표 7.5〉의 2-1번 항목(무기획득/전력증강사업)은 KDX-Ⅱ, Ⅲ, 전략잠수함, LPX 등 대양해군 계획의 일부로 등장한 전력의 획득에 대한 세부적인 많은 질문을 포함하고 있다. 이들을 모두 대양해군 항목에 포함시킨다면, 대양해군과 북한 관련 항목의 차이는 더 커질 것이다. 〈표 7.4〉에서 대양해군에 반대하는 입장도 모두 통합해서 〈표 7.5〉에 반영했는데, 그렇다고 하더라도 총 빈도는 32회(2.3%)밖에 되지 않았다. 한국 입장에서 북한은 가장 심각한 군사적 위협이라는 점을 고려하면, 대양해군 내용이 우월하게 많았다는 것, 그리고 대양해군 건설에 대한 반대가 매우 적었던 사실은 당시 대양해군이라는 테마가 국회의원들 간에 어느 정도로 잘 받아들여졌는지를 보여준다.

국회의원들의 대양해군에 대한 긍정적인 입장은 몇 가지 부정적인 영향을 미칠 수 있었을법한 사건이 있었음에도 지속되었다. 예를 들어, 1997년 아시아 경제위기는 국회의원들이 비용 대비 효과 측면을 다시 고려해야 하며, 여러 가지 주요 전력건설의 우선순위를 조정해야 한다는 입장을 취할 만한 사건이었다. 하지만 당시 국회에서 이런 입장을 표명한 사례는 없었다.

〈표 7.5〉 표 7.4의 항목 간 통합 결과

분류	주제	빈도	백분율(%)
1	**대양해군/원해작전능력/기동함대 언급** 국가위상/국위선양/다자협력(해군의 상징적/외교적 역할), 주권(국익) 관련, SLOC 보호, 해상무역로 보호	**285**	**20.4**
2-1	무기획득/전력증강사업 관련	188	13.5
2-2	**북한 도발 관련 대비 태세** 대잠능력/수중침투 대비책 보강 필요성, 해상경계/연안 방어 작전 관련, 전시 대비 태세 관련	**188**	**13.5**
3	인사정책 및 인력 운용/관리	114	8.2
4	군 복지 및 사기 진작(Welfare)	79	5.7
5	해병대 관련	72	5.2
6	기타 정책 관련	71	5.1
7	군 기지/시설/부대 운영 관련	58	4.2
8	대민지원(국민과 함께하는 해군) 관련	44	3.1
9-1	(대양해군 개념과 연계하지 않은) 해군력 증강 필요	32	2.3
9-2	**대양해군 우선 정책 반대, 대양해군이라는 표현 반대**	**32**	**2.3**
10	무기체계 현대화 필요 강조	31	2.2
11-1	교육/훈련 강조	21	1.5
11-2	사고 관련	21	1.5
11-3	군 기강 관련	21	1.5
12-1	전력 운용 관련	17	1.2
12-2	군수관리/지원	17	1.2
13	C4I 관련(지휘통신체계)	13	0.9
14-1	전력건설 개념	12	0.9
14-2	군사 보안 관련	12	0.9
15	수리/정비 관련	11	0.8
16	독자적 정보력 필요(정보력 관련)	10	0.7
17	해군 건설 방향/비전 관련 언급	9	0.6
18-1	국제관계(외교문제) 관련	8	0.6
18-2	해군의 중요성 강조	8	0.6
19	의무지원(의무발전계획)	7	0.5
20	작전 개념/절차 관련	6	0.4
21	정훈 관련	5	0.4
22	군 정보화 관련	3	0.2
23	자주적 국방활동 강조	2	0.1
계		**1,397**	**100**

이와 유사하게, 북한의 도발은 또한 국회의원들이 대양해군 전력건설계획을 재고하게 만들 만한 요소다. 앞서 설명했듯이, 1990년과 2000년대에 북한의 도발은 여러 차례 있었다. 앞서 설명한 1998년, 1999년 그리고 2002년 건에 더해, 1996년에는 북한 특작부대 요원들이 상어급 잠수함을 이용해 동해안으로 침투한 심각한 사건도 있었다. 당시 육상으로 침투한 북한 특작부대 요원들을 모두 소탕하는 데 49일이라는 시간이 소요되었다.[99] 이러한 북한의 도발에 대한 대응으로 국방부와 합참이 강조한 것은 (대양해군이 아닌) 연안 방어 능력이었다. 1996년 북한 잠수함 침투사건 이후 합참은 대양작전이 아닌 연안 방어에 집중할 것이라고 밝혔다.[100] 1998년 북한 반잠수정을 격퇴시킨 성공적인 작전 이후에도 합참은 우리 해군의 연안 방어 능력 향상의 중요성을 재강조하면서 특히 우리나라와 같이 북한과 대치하고 있는 상황에서는 더욱 그렇다고 덧붙였다.[101] 이러한 상황들로 인해 국정감사에서도 북한의 도발을 앞으로 어떻게 막아야 하고, 효과적으로 탐지할 것인가에 대한 활발한 논의가 있었던 것은 사실이다. 하지만 이에 따라 대양해군을 향한 전력건설 방향에 대한 반대의견이나 그 방향을 수정해야 한다는 의견들이 특별히 형성되지는 않았다. 〈그림 7.3〉은 국정감사에서 매년 국회의원들이 대양해군에 대한 긍정적인 질문 또는 의견을 표현한 횟수를 집계한 것으로, 기간 동안 의원들이 지속적으로 대양해군을 지지했음을 알 수 있다.

---

99) 「국민일보」. "공비침투가 남긴 것/사설", 1996년 11월 6일.

100) 이종훈, "대양해군 전략 재검토", 「문화일보」, 1997년 3월 26일.

101) 정덕상, "북 반잠수정 격침/국방부, 합참 표정", 「한국일보」, 1998년 12월 19일.

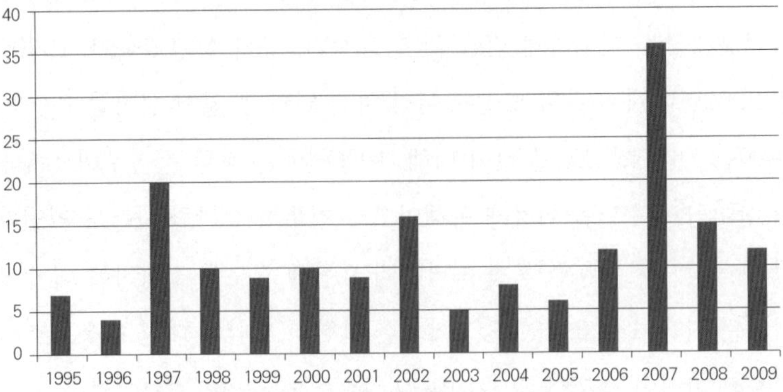

〈그림 7.3〉 표 7.4의 2번 항목 내용의 연간 횟수

그렇다면, 국회의원들이 해군의 대양해군 기치를 지지한 근본적인 이유는 무엇이었을까? 이와 관련하여 저자는 국회의원들의 질문이나 진술에서 대양해군을 지지한 원인, 즉 왜 그들이 대양해군이 필요하다고 생각하고, 지지했는지를 분석해보았다. 이를 위해 〈표 7.4〉의 2번 항목에 해당하는 내용에서 대양해군을 지지하는 설명 또는 질문에 사용된 논거들을 분석했다. 저자는 여기서 서로 다른 논거들을 뒷받침하기 위해 사용된 문장의 수를 세어 서로 다른 논거 간에 총 문장 수를 비교할 수 있도록 했다.[102] 물론, 이런 방법으로 국회의원들이 대양해군을 지지한 근본적인 많은 이유들을 비교하여 어떤 것이 더 중요한지 정확히 선별하는 것은 다소 무리가 따른다. 하지만 국회의원들은 국정감사에서 항상 제한된 시간 안에 발언해야 하고, 그만큼 어떤 특정 주장을 뒷받침하기 위해 얼마나 많은 시간과 지면을 할애할 것인가를 고민하는 입장이다. 따라서 대양해군으로 가야 한다는 어떤 논거 또는 논

102) 세부적인 분석방법은 부록의 2절을 참조하라.

리를 위해 사용된 문장의 수를 세어봄으로써 그 의원이 그에 대해 얼마나 많은 애착을 갖고 중요하게 생각했는지를 대략적이나마 가늠할 수 있을 것이다. 〈표 7.6〉은 의원들이 대양해군을 지지한 다양한 논거 또는 논리들을 유사한 범주별로 목록화한 것이다.

〈표 7.6〉 대양해군으로 가야 한다는 논거(논리)[1995~2009]

논거	대양해군으로 가야 한다는 논거(논리)	문장 수
1	국제적(타국, 주변국) 추세: 해군력 강화로 국익 보호	101
2	우리 국익보호를 위한 해군 필요성(SLOC, 해양의 경제적 가치, 국가 번영)	85
3	주권 보호, 해양 권익, 자국민 보호	56
4	외교적 활동 뒷받침, 국가의 대외활동 보장(억제, 군사외교, 안보협력)	31
5	주변국 위협, 강대국 패권 추구, 일제 침탈	22
6	국가 정체성(과거에 비해 향상된 국가 위상 및 경제력, 그에 걸맞은 해군력)	20
7	북한 위협 대응을 위한 해군력	17
8	해군의 역할/정체성(대북한 임무보다 넓은 영역의 역할을 해야 함)	6
9	미래 전쟁에서 승리할 수 있는 필수요건	5
10	3면이 바다인 반도국가라는 우리나라 지형적 특성	3
11	상징성(symbolism)/상징적 인물 인용(이순신 제독, 장보고 대사 등)	1

위의 표에 대한 설명을 위해 저자는 국가 정체성에 근거한 주장(6번 논거)에서 시작하려 한다. 이를 뒷받침하기 위해 사용된 문장 수가 비교적 많진 않았지만(20회), 이러한 주장이 바로 1995년 이전 국정감사와의 근본적 차이점을 구성하는 요인이 되고 있다. 1995년 이전 국정감사들에서 이뤄진 질의 및 응답 내용들을 보면 국가 정체성에 관한 묘사나 인식과 관련된 내용들이 많지 않았다. 사실, 국정감사라는 특성상 국방위원회에서 다뤄진 내용들은 거의 국방 관련 "사실"에 대한 설명

과 묘사로 구성되어 있었다. 다시 말해, 국가 정체성이나 국가에 대한 자부심 등을 불러일으킬 만한 상징성 같은 무형적인 요소에 대한 언급 자체가 힘든 분위기라는 것이다. 이러한 점을 고려하면, 국가 정체성에 호소하는 주장을 뒷받침하는 문장으로서 20회가 등장했다는 사실은 관심 있게 봐야 할 부분이다.

국가 정체성에 근거한 논리가 내포하는 한국의 이미지들을 보면, 당시 국회의원들이 우리나라에 대해 국제사회에서 존중받는 선진국으로서 강한 신념과 긍정적인 자세를 견지하고 있음을 알 수 있다. 대통령 연설문들에서와 같이 "세계로(to the world)"는 당시 국회의원들의 질문이나 언급 내용의 핵심 테마가 되고 있다. 이들이 한국을 묘사하는 표현에는 "태평양 시대의 중심 국가", "동북아 균형자 역할", "21세기 선진 국가" 그리고 "인류 역사 발전에 기여하는 국가" 등이 있다. 이러한 국가를 위해 해군은 주도적인 역할을 하는 조직으로 인식되고 있다. 예를 들어, 임복진 의원은 1998년 국정감사에서 해군을 "제2의 건국을 위해 중추적 역할을 하는" 군으로 칭하고 있다.[103] 이는 당시 임 의원이 국가를 어떻게 바라보고, 또 그 국가를 위해 해군의 역할은 무엇인가에 대한 신념을 보여주는 표현으로 매우 큰 중요성을 갖는다. "제2의 건국"이라는 표현으로부터 임 의원의 국가에 대한 인식에 커다란 변화가 일어나고 있음을 알 수 있다. 동시에 그는 해군과 국가의 발전을 연결시키고 있다. 다시 말해, 새롭게 태어나는 한국을 위해 좀 더 큰 해군이 필요하다는 것이다. 여기서 중요한 것은 이러한 발언에서 국가 정체성(또는 그 변화)에 대한 인식이 없었다면, 대양해군의 필요성에 대한 논리도

103) 국회사무처, 「1998년도 국정감사 국방위원회 회의록(피감사기관: 해군본부)」, 대한민국 국회, 1998. p. 8.

있을 수 없다는 것이다.

〈표 7.6〉에서 보듯이, 국회의원들이 대형 함정들을 건조해야 한다는 필요성을 주장할 때 기반으로 삼은 논리 중 가장 자주 등장한 것은 국제적 추세였다. 실제로, 많은 의원들이 자신들에게 할당된 시간을 다른 국가들의 예를 설명하는 데 사용했는데, 다른 국가들은 큰 규모의 발달한 해군전력을 운용하고 있다는 점, 그리고 그 국가들이 그러한 전력을 지속적으로 확보해나가고 있다는 점 등을 강조했다. 때론 중국, 러시아, 일본 같은 주변국 해군의 수적 우위에 초점을 맞춘 경우도 있었고, 그 함정들의 종류(type)를 강조한 경우도 있었다. 또한, 다른 국가들은 모두 대양해군으로 발전하고 있는데, 한국 해군만 연안해군으로 남아 있게 되는 것이 아니냐는 많은 우려를 했다. 예를 들어, 1997년 국방부가 한국은 항공모함이 필요 없다는 공식 입장을 밝혔을 때, 임복진 의원은 몇 년 후에 한국은 동북아시아에서 항공모함을 보유하고 있지 않은 유일한 국가가 되지 않을까 하는 우려를 표현했다.[104]

중요한 것은 이런 주변국 해군들의 예시를 통해 의원들이 보여주려 한 핵심은 그 해군력으로부터 오는 군사적 위협이 아니었다는 것이다. 〈표 7.6〉을 보면, "위협"과 관련되는 논리가 상대적으로 많이 등장하진 않았다. 예를 들어, 5번 항목(주변국으로부터의 위협)은 22점, 7번 항목(북한의 위협)은 17점을 기록하는 데 그쳤다. 대부분 의원들이 강조하려 한 것은 다른 국가들이 자국의 국익을 신장시키기 위해 어떻게 해군력을 활용하는지에 관련된 내용이었다.[105] 이러한 논리는 사회학적 제도

---

104) 국회사무처, 「1997년도 국정감사 국방위원회 회의록(피감사기관: 해군본부)」, 대한민국 국회, 1997. p. 8.

105) 이는 저자만의 생각이 아니라 당시 언론 등에서도 유사한 분석을 내놓았다. 다음 자료를 참조하라. 김재홍, "해군 대양으로 눈돌린다/21세기 신국방정책 추진", 「동아일보」,

주의(SI) 시각에서 보면, 현대 민족국가의 사회 엘리트들이 국제 경쟁에서 자국의 발전을 지지하는 측면으로 이해할 수 있다.[106] 또한, 이는 슬로터 교수가 주장한 것처럼 한국 해군을 더욱 광범위한 세계 해군 커뮤니티(community)와 연결시킴으로써 정당성을 확보하려는 노력의 예로 볼 수 있다.[107]

사실, '대양해군'이라는 표현은 당시 국회의원들에게 국제적 수준이나 트렌드와 함께 가는 해군이라는 의미로도 사용되었다. 1995년부터 2009년까지 국정감사 1,397개의 질의 및 발언 중 99개(7%)가 한국 해군이 배워야 할 예로서 다른 선진국들이 어떻게 하고 있다는 내용을 포함하고 있다. 여기에는 무기체계 획득, 지휘통제체계, 정보 능력, 군수 지원, 전력구조 및 인력 운영 등 해군과 관련된 다양한 정책에 대한 의원들의 주장이 담겨 있다. 예를 들어, 이희숙 의원은 해군에서 더 많은 여군을 선발해야 한다는 주장을 하며 다른 나라 해군의 예를 들기도 했다.[108] 이러한 주장들로부터 사회학적 제도주의(SI)에서 예측하는 국제적 동일성을 만들어내는 메커니즘을 엿볼 수 있다.

국제적 트렌드 관련 주장들은 적지 않게 국가 정체성 주장과 연계되어 등장했다. 이러한 주장들은 의원들이 해군의 특성과 그들이 속한 국가의 특성을 연관지음으로써 해군의 상징적 의미를 내포한다고 볼

1992년 9월 16일.

106) John W. Meyer. "The World Polity and the Authority of the Nation-State." In *Institutional Structure: Constituting State, Society, and the Individual*, by M. George Thomas, John W. Meyer, Francisco O. Ramirez and John Boli. Beveryly Hills, California: Sage Publication, 1987. p. 59.

107) Anne-Marie Slaughter. "The Real New World Order." *Foreign Affairs*, Vol. 76, No. 5, Sep.-Oct., 1997: pp. 183-197.

108) 국회사무처, 「2003년도 국정감사 국방위원회 회의록(피감사기관: 해군본부)」(부록), 대한민국 국회, 2003. p. 10.

수 있다. 이와 관련하여 해군의 규모가 국력이나 국가 위상을 나타내는 지표처럼 언급되기도 했는데, 예를 들어 많은 의원들은 한국의 경제력이나 다른 해양산업의 규모 같은 국가의 일반적인 규모와는 걸맞지 않은 해군력을 보유하고 있다고 지적했다. 아래의 이인제 의원의 주장은 그러한 좋은 예를 보여준다.

> "현재 우리나라는 조선수주량 세계 1위, 무역량 세계 12위, 선박 보유량 세계 9위, 어획량 세계 8위 등 세계 해양강국으로 자리 잡고 있으나 해군의 전력 수준은 유사한 경제 규모를 가진 국가 및 주변국과 비교 시 턱없이 부족하며 해상교통로 보호가 곤란한 전력수준이라고 본 위원은 판단하고 있습니다."[109]

위 주장에서 화자(話者)는 불완전한 또는 불균형한 한국의 이미지를 언급하고 있다. "우리나라"는 다양한 산업이나 상업적인 측면에서 번성하고 있지만, 그에 비해 해군력은 매우 뒤떨어진다는 점을 강조하고 있다. 여기에는 국가의 전반적인 능력 측면에 걸맞게 더 큰 해군을 보유한다면 화자가 기대하는 바람직한 국가상에 좀 더 가까워진다는 뜻이 함축되어 있다. 다시 말해, "대양해군"은 화자가 갖고 있는 국가 정체성을 이루는 중요한 하나의 요소다.

〈표 7.6〉에서 대양해군을 지지하는 논리로서 두 번째로 자주 등장한 내용은 해양자원의 보고(寶庫)로서의 바다, 그리고 국가 번영을 위한 무역로의 중요성의 인식을 바탕으로 하는 국익에 대한 강조다. 특히, 해상교통로(SLOC) 보호는 대양해군을 건설해야 하는 가장 중요한 이유로 강조되었다. 세 번째로 많이 등장한 논리는 한국과 국민의 자주성

---

109) 국회사무처, 「2001년도 국정감사 국방위원회 회의록(피감사기관: 해군본부)」(부록), 대한민국 국회, 2001. p. 6.

및 주권 보호와 연관되었다. 사실, 이 두 가지 논리는 보호해야 할 대상은 다르지만(이익과 주권), 한국이 주권을 보유한 현대 민족국가로서 적절성의 논리(logic of appropriateness)에 따라 어떻게 행동해야 하는지를 나타내는 것으로서 공통점이 있다고 볼 수 있다.

해상교통로(SLOC)를 보호할 필요가 있다는 논리(표 7.6의 2번 항목)는 현실주의 패러다임에서 강조하는 물질적 이익의 지배적인 영향으로 보일 수 있다. 하지만 이와 관련하여 제3장에서 저자는 한국 무역량의 증가와 대양해군 건설을 위한 기치 간에는 상관관계가 없음을 보였다. 만일, 수출 위주로 한국 경제가 발전한 1970년대에 이러한 해상교통로 보호가 강조되었다면, 이러한 논리를 물질적 이익을 위한 고려사항으로 해석할 수도 있었을 것이다.

사실, 해상교통로 보호 필요성에 대한 주장은 한국이 주권 국가로서 어떻게 행동해야 하는가에 관련된 내용에 가깝다. 예를 들어, 김복동 의원은 지금까지 무역로 보호를 위해 미국에게 의존해왔지만, 이제는 주권국가로서 자국의 경제적 이익은 스스로 보호할 수 있도록 대양해군을 건설해야 한다고 주장했다.[110] 이러한 주장은 당시까지 한국이 주권국가로서 해야 할 일을 하지 못하고 있었다는 의미를 함축한다. 만일, 미국의 방위공약이 감소되는 등의 배경에서 이러한 주장이 이뤄졌다면, 그것은 자국의 경제적 이익을 보호하려는 독립적인 군사력을 강조하는 현실주의 시각의 주장으로 볼 수도 있었을 것이다. 하지만 제3장에서 이미 설명했듯이, 당시 한국이나 일본 같은 동아시아의 동맹국에 대한 미국의 방어노력이 특히 감소한 측면은 없었다. 사실, 현실주

110) 국회사무처, 「1995년도 국정감사 국방위원회 회의록(피감사기관: 해군본부)」, 대한민국 국회, 1995. p. 54.

의적 입장에서 군사력의 경제성을 고려했다면, 한국은 해상교통로 보호는 미국에게 의존하고, 연안 방어에만 집중하는 편이 훨씬 효과적이었을 것이다. 요컨대, 해상교통로 보호에 대한 주장은 한국이 국제사회에서 존중받는 동등한 주권국가로서 어떻게 행동해야 하는지에 대한 고려가 핵심이었다. 대양작전이 가능한 해군을 보유하는 것은 당시 국회 국방위원회 위원들이 갖고 있던 국가 정체성을 고려할 때, '적절한(appropriate) 행동'이었다.

주권국가로서의 정체성에 대한 강조는 한국과 국민의 주권을 보호해야 한다는 논리(표 7.6의 3번 항목)에도 적용된다. 주권보호 논리는 종종 '외교안보정책의 도구로서 해군'을 인식하는(표 7.6의 4번 항목) 내용과 연계하여 등장했다. 주권보호 논리는 많은 경우 일본의 독도 영유권 주장과 한국 영해를 침범하는 중국 어선단과 관련되었다. 외국의 침략과 압제를 경험한 국가의 국회의원들로서 이러한 주권침해 문제는 매우 심각한 사안이 아닐 수 없다. 적지 않은 의원들이 한국은 당시까지 약소국의 입장으로 다른 국가(특히 강대국)와의 외교관계에서 한국의 입장을 강력히 관철시키지 못해왔다고 생각했다. 예를 들어, 정몽준 의원에 따르면, 외교부는 1980년대 말 독도 주변에서 일본의 의도적인 무력시위에도 강력한 항의 등을 하지 못했다.[111] 이철 의원은 1983년 소련이 대한항공 007기를 격추시키고 모든 탑승자들이 사망했을 때도 한국은 그에 대해 뚜렷한 조치를 취할 수 없었음을 개탄했다.[112] 하지만 (의원들이 생각하는) 한국은 이제 그런 약소국이 아니며, 그렇게 취급받아서는 안

---

111) 국회사무처, 「1992년도 국정감사 국방위원회 회의록(피감사기관: 해군본부)」, 대한민국 국회, 1992. p. 11.

112) 국회사무처, 「1995년도 국정감사 국방위원회 회의록(피감사기관: 해군본부)」, 대한민국 국회, 1995. p. 50.

된다. 여기서 의원들에게 대양해군은 국제관계에서 한국의 주권을 대표하고, 한국을 약소국 지위에서 벗어나도록 돕는 한 가지 요소가 된다. 다시 말해, 다른 군들도 있지만, 그중에 해군은 특히 국제무대에서 한국인을 당당히 설 수 있게 도와줄 수 있는 요소라는 것이다.[113] 국가의 주권과 연계되어 국회의원들이 이렇듯 강한 애착을 갖는 '대양해군'은 어떤 의미에서 보면 가치 상징(value symbol)의 특징을 가졌다고도 볼 수 있다.[114]

〈표 7.6〉의 4번 항목에 속하는 논리들로부터 당시 한국이 국제사회의 일원이 되는 것을 의원들이 얼마나 중요하게 생각했는지를 알 수 있다. 또한, 해군전력은 국제사회의 일원이 되기 위한 매우 중요한 요소로 인식되고 있다. 의원들의 논리 속에서 한국 해군이 국제 활동에 참여해야 하는 이유는 두 가지로 요약된다. 첫째, 한국 해군의 국제 활동 참여는 국제사회에 기여하는 것이므로 장려할 사항이다. 한국의 국가 정체성을 고려하여 국제 활동 참여는 적절한 행동이다. 예를 들어, 김기배 의원은 한국이 21세기 선진국이 되면서 국제적 역할이 증가할 것이기 때문에 어느 수준 이상의 해군력을 갖춰야 한다고 주장했다.[115] 홍준표 의원은 소말리아 해역의 해적퇴치를 위해 미국, 프랑스, 러시아 등 선진국들은 이미 참여하고 있다는 사실을 강조하면서 한국 해군도 이러한 다국적 안보노력에 해군함정을 보내야 한다고 주장했다.[116] 물론, 홍 의원의 주장에서 해군함정을 파견해야 하는 실리적인 이유는 국

---

113) 같은 자료. p. 51.

114) Barry O'Neill. *Honor, Symbols, and War*. Ann Arbor: University of Michigan Press, 1999. p. 7.

115) 국회사무처, 「1998년도 국정감사 국방위원회 회의록(피감사기관: 해군본부)」, 대한민국 국회, 1998. p. 9.

116) 국회사무처, 「2008년도 국정감사 국방위원회 회의록(피감사기관: 해군본부)」(부록), 대한민국 국회, 2008. p. 7.

제해역 또는 공해에서 한국의 해운이나 국민을 보호하는 것이었다. 이에 더해 여기서 강조되고 있는 것은 다른 선진국들이 행동하는 것처럼 한국도 선진국으로서 국제안보에 기여하는 등 적절한 방식으로, 다시 말해 선진국답게 행동해야 한다는 것이다.

둘째, 한국 해군이 국제 활동에 참여해야 하는 또 다른 이유는 국제 활동에 참여함으로써 국제사회에서 한국을 대표함은 물론, 한국의 위상을 제고(提高)할 수 있다. 허대범 의원은 한국 해군이 림팩(RIMPAC) 훈련에 더 많은 전력을 참가시켜야 한다고 주장했는데, 그 이유는 바로 훈련 자체가 유익한 것도 있지만, 더 많은 함정과 항공기를 국제적인 훈련에 파견함으로써 한국의 국제적 위상을 높일 수 있다는 것이다.[117] 조금씩 차이점은 있지만, 이러한 주장들로부터 당시 국회의원들이 대양해군을 응원하고 지지한 것은 그들이 갖고 있던 국가의 이미지나 정체성이 기반이 되었다는 것을 엿볼 수 있다.

이 절에서 저자는 국회의원들(국방위원회 위원들) 사이에서 대양해군 건설에 대한 공감대뿐 아니라 심지어는 강력한 지지 분위기가 형성되었다는 것을 보였다. 사실, 거의 모든 사안에 대해 진보와 보수 성향의 정당 간에 뚜렷한 입장 차이를 보이는 것이 한국 정치의 특징인데, 이렇듯 국회에서 대양해군에 대한 초당적인 공감대가 형성되었다는 것은 무척 드문 현상이다. 대양해군으로 가야 한다는 것에 대해서는 서로 다른 정당 간에 입장 차이가 존재하지 않았다. 물론, 국회의원들이 대양해군 건설을 지지한 이유는 그 기능적인 필요성이 컸을 것이다. 하지만 순수하게 기능적인 측면에서였다면 이러한 반응을 기대할 수는 없

117) 국회사무처, 「1997년도 국정감사 국방위원회 회의록(피감사기관: 해군본부)」, 대한민국 국회, 1997. p. 8.

었을 것이다. 무엇보다도 해군의 대양해군 기치가 정치인들에게 받아들여진 것은 그들이 생각하는 한국은 어떤 국가이고, 또 어떤 나라여야 하는지에 대한 생각과 이미지를 공통적으로 가졌기 때문이다. 국회의원들 사이에 세계와 관련된 한국의 국가 정체성 또는 '세계로' 나아가야 한다는 당위성이 없었다면, 더 큰 함정들을 건조해야 한다는 해군의 주장이 이렇듯 우호적으로 받아들여지진 않았을 것이다. 대양해군 건설이 한국의 경제적·외교안보적 이익을 보호함에 있었지만, 한국 정계에서 지지를 받을 수 있었던 근본적인 요인은 바로 현대 주권 국가로서의 적절한 행동을 정의하는 믿음(belief)과 기준(norms)이었다.

결국, 대양해군 기치에 대한 지지는 단순한 기능이나 이익을 고려한 결과라기보다 (정치인들에게) 대양해군이 갖는 '의미(meanings)'가 핵심적인 추가 요인이었다고 봐야 한다. 많은 의원들이 한국의 국제위상, 국가로서의 자주성, 자부심 등 "대양해군"이 함축하고 있는 '한국인다움'과 연관된 느낌이나 생각들에 공감했기 때문에 해군의 대양해군 기치가 의원들 사이에서 호응을 얻을 수 있었다. 2009년 국정감사에서 많은 의원들이 문무대왕함이 한국 해군 최초로 소말리아 해역에 파견되어 다국적 대해적(anti-piracy) 작전 임무를 성공적으로 실시한 것에 대해 얼마나 자랑스럽게 느끼는지를 역설했다.[118] 이 작전 임무는 해적의 공격으로부터 많은 선박들, 특히 한국 상선들을 구조했기 때문에 찬사를 받았다. 이러한 활동이 자랑스러운 이유는 이것이 바로 그 국회의원들이 생각한 국가가 국민을 위해 해야 할 그런 종류의 일이었기 때문이다. 동시에, 한국 해군함정이 이러한 다국적 작전에 참여함으로써 해적

118) 2009년 국방위원회 안규백 의원, 이진삼 의원, 김장수 의원, 문희상 의원의 발언을 참조하라. 국회사무처, 「2009년도 국정감사 국방위원회 회의록(피감사기관: 해군본부)」, 대한민국 국회, 2009. p. 17, p. 25, p. 28, p. 31.

퇴치를 위한 국제사회의 노력에서 한국을 대표했기 때문이다.

2009년 국정감사에서 김장수 의원을 비롯한 몇몇 의원은 해군에게 더 많은 대형 전투함 건조 계획을 수립할 것을 강력히 촉구했다. 대해적 작전 같은 국제 활동에 전력을 파견하게 되면서 다른 작전(한국 주변 해역의 안보를 위한 다른 해군작전)을 위한 전력이 부족해지는 현상을 우려했기 때문이다.[119] 이는 한국이 이러한 국제적인 안보협력에 지속적으로 기여할 것이고, 그에 따라 자연히 영해에서 발생할 수 있는 직접적인 안보위협에 대응하기 위한 해군전력이 부족해질 것이라는 사실을 전제한 것이다. 당시 이와 반대되는 입장을 가정해보면, 한국 영해에서의 직접적인 안보위협에 대한 대응을 위한 전력도 부족한데 해적퇴치 같은 국제 안보협력은 다른 국가들에 맡기고 한국은 거기에서 오는 혜택을 꾀하자는 주장이 나올 수도 있었다. 하지만 당시 단 한 명의 의원도 이와 유사한 입장을 취하지 않았다.[120] 국제안보협력에 대한 이러한 강한 입장은 국회의원들이 생각한 한국의 정체성, 즉 국제관계에서 자주적이고 정당한 선진 국가로서 어떻게 행동해야 하는지에 대한 신념을 보여주고 있다. 송영선 의원이 주장했듯이, 대양해군은 단순히 해군만의 프로젝트가 아니었다. 당시 국방위 국회의원들에게 대양해군은 한국이 세계로 뻗어나가는 사안에 관련된 프로젝트였다.[121]

---

119) 국회사무처, 「2009년도 국정감사 국방위원회 회의록(피감사기관: 해군본부)」(부록), 대한민국 국회, 2009. p. 4.

120) 유승민 의원이 유일하게 한국 영해방어 전력의 부족현상에 대한 우려를 표명했지만, 그것도 해적퇴치 같은 국제노력을 중단하자는 의미는 아니었다. 2009년도 국정감사 국방위원회 회의록(피감사기관: 해군본부). 대한민국 국회, 2009. p. 23.

121) 국회사무처, 「2007년도 국정감사 국방위원회 회의록(피감사기관: 해군본부)」(부록), 대한민국 국회, 2007. p. 9.

3) 일반국민(the public) 수준

이 절에서는 해군의 대양해군 기치가 한국사회의 일반 대중으로부터 얼마나 많은 호응을 얻었는지에 대해 논의한다. 저자의 조사결과에 따르면, 한국사회의 분위기도 대양해군이라는 개념에 대해 일반적으로 우호적이었다. 이 절의 핵심 논지는 두 가지다. 먼저, 일반적인 국민 수준에서 대양해군이라는 표현을 전파하는 데 언론매체가 중요한 역할을 했다. 둘째, 국민이 해군의 위상과 한국의 국가 정체성, 국제위상과 결부시키면서 대양해군에 대한 긍정적인 의견들이 표출되었다. 동시에 저자는 대양해군에 대한 의견이 형성될 초기 단계에서는 웅장한 해군함정들의 이미지도 대중의 지지를 얻는 데 중요한 한 가지 요인이었다는 점도 설명한다.

대중 차원의 분석을 위해 저자는 먼저 주요 일간지와 인터뷰 자료를 활용했다. 특히 신문은 '대양해군 기치'가 어떻게 전파되고 국민으로부터 호응을 얻어갔는지 그 과정 추적에 도움이 되는 전후 사정 또는 맥락을 파악하는 데("establishing context") 매우 유용하다.[122] 신문자료에는 또한 대양해군이라는 변화에 대해 오피니언 리더들이나 국민이 갖고 있던 다양한 시각이 담겨 있다. 추가적인 분석도구로서 설문조사도 실시했다. 자주국방네트워크라는 일반 시민단체의 대표를 통해 저자가 작성한 설문지를 웹사이트에 게시했고, 회원들이 자발적으로 참여할 수 있는 방식으로 진행했다.

---

122) Deborah Welch Larson. "Sources and Methods in Cold War History: The Need for a New Theory-Based Archival Approach." In *Bridges and Boundaries: Historians, Political Scientists, and the Study of International Relations*, by Colin Elman and Miriam Fendius Elman eds, pp. 327-350. Cambridge and London: The MIT Press, 2001. p. 345.

사실, 이러한 설문조사 방법은 몇 가지 제한점을 내포하고 있다. 제2장에서 설명했듯이, 자주국방네트워크 웹사이트에서 회원들을 대상으로 한 설문의 표본(sample), 즉 설문의 대상은 한국 국민 전체를 대표할 수 없다. 설문지를 작성한 대상자들이 자주국방네트워크 회원들이고, 게다가 이들 중 일부가 자발적으로 참여했기 때문에 설문의 표본(대상자)들이 임의로 추출되었다고 볼 수 없다. 자주국방네트워크는 회원들이 안보문제에 특별한 관심을 갖고 있는 시민단체다. 저자가 이러한 자주국방네트워크를 설문대상으로 선정한 데는 두 가지 이유가 있다. 첫째, 실제로 완벽히 임의적으로 대상(표본)을 선정했을 경우(예를 들어, 거리에서 마주칠 수 있는 일반 시민에게 국방 관련된 사안에 대한 설문을 부탁했을 경우), 의미있는 답변을 얻을 수 있다는 보장이 없다. 왜냐하면, 국방과 관련된 사안들은 사회의 누구나가 알 수 있는 일반적인 지식이 아니며, 이에 대해 의견이 있으려면 주제에 대한 최소한의 지식과 관심은 있어야 하기 때문이다. 둘째, 자주국방네트워크 회원들을 대상으로 한 설문조사는 오히려 저자가 주장하고 있는 문화적 요소를 기반으로 한 군 전력발전 설명에 대한 강력한 테스트가 될 수 있다. 신인균 대표에 따르면, 자주국방네트워크는 군사 문제나 무기체계에 대해 어느 정도의 지식과 식견이 있는 회원들로 구성된 단체다. 물론, 군사 안보문제만을 다루기 때문에 정치적인 편향성은 없다고 한다.[123] 회원들이 군사 무기체계에 대한 지식이 풍부하다면, 무기체계 획득을 그 무기체계가 가져다주는 전략적 · 전술적 이점과 기능적인 측면에서 이해하려는 성향이 강할 것이다. 따라서 이들은 국가 정체성이나 자부심 같은 물질적인 요인이 아

123) 저자의 신인균 대표와의 인터뷰(2011년 5월 24일). 신인균 대표는 추가적으로 자주국방네트워크의 정치적 색깔을 꼭 정의해야 한다면, 중립에서 약간 보수 성향에 가깝다는 의견을 주었다.

닌 문화적인 요인들이 중요한 역할을 했다는 것을 느꼈다 하더라도 오히려 자신들이 그러한 문화적인 요인들의 역할을 인정하는 의견을 표현하려 하지 않을 가능성이 높다. 따라서 이 회원들의 설문에서 문화적 요인들의 영향을 발견할 수 있다면, 이로써 사회학적 제도주의(SI) 설명의 타당성은 높아지게 된다고 볼 수 있다.

물론, 반대로 생각하면, 자주국방네트워크 회원들이 보통 국민보다 훨씬 더 강한 민족주의나 애국주의 성향을 갖고 있을 경우도 고려해볼 수 있다. 이러한 경우, 오히려 이들이 국가와 관련된 상징적이고 감성적인 요인들의 영향을 더 쉽게 받을 수도 있을 것이며, 따라서 설문조사는 편향된 의견을 반영하는 결과를 가져올 수도 있다.

대중에 대한 분석에서 또 한 가지 제한점이 있다. 연구과정에서 저자는 한반도에서 남북 간의 신뢰 구축을 목적으로 군축을 지지하거나 군사력 건설을 반대하는 국민의 의견을 직접 접할 기회가 없었다는 것이다. 이러한 제한점을 극복하기 위해 저자는 정치적 성향이 다른 다양한 일간지를 활용했다. 구체적으로, 12개 일간지에서 "대양해군"이라는 표현을 포함한 기사를 모두 조사했다.[124] 만일, 군사력 감축을 강하게 지지하는 국민의 목소리가 있었다면, 저자가 조사한 12개 일간지에서 어느 정도 드러났을 것이다.

다양한 매체의 보도를 분석한 결과, 해군이 대양해군의 목소리를 최초로 내기 시작했다는 사실과 그 이전에는 한국사회에서 대양해군을 건설하자는 의견이 존재하지 않았다는 사실을 재확인할 수 있었다. 매체에 "대양해군"이라는 표현이 최초로 등장하는 것은 1990년이

---

124) 12가지 일간지는 다음과 같다. 한국일보, 중앙일보, 경향신문, 문화일보, 세계일보, 서울신문, 동아일보, 한겨레신문, 조선일보, 내일신문, 국민일보, 아시아투데이. 군이나 해군 측의 입장이 반영되었을 가능성이 큰 국방일보는 의도적으로 배제했다.

었고, 이는 해군이 새로운 조직 정체성을 활발히 표출하기 시작한 시기와 일치한다. 최초 등장 후 그 빈도는 해마다 조금씩 바뀌었지만, 대양해군이라는 표현은 매년 꾸준히 매체에 등장했다. 꾸준히 매체에 등장했다는 것은 "대양해군"이 어느 정도 사회에서 관심을 끄는 주제로 자리 잡았다는 것을 의미한다. 1990년부터 2010년까지 12개의 일간지에 "대양해군"이라는 표현을 담은 기사(보도 및 오피니언 포함)는 총 641개였다.

대양해군 현상의 가장 흥미로운 점 중의 하나는 이에 대해 심각한 반대의견이 존재하지 않았다는 것이다. 이는 사실 국방 분야에 관심을 가진 많은 이들이 ―왜 그랬는지 정확히 설명할 수 없지만― 공통적으로 느끼는 점이다. 군사 전문기자인 유용원 기자에 따르면, 심지어 1조원이 넘는 고가 무기체계인 이지스함 건조가 결정되었을 때도 반군단체나 평화주의 단체 등으로부터 반대의 목소리가 없었다고 한다.[125] 그의 회고에 따르면, 당시 대양해군 움직임에 대한 긍정적인 반응과 분위기는 이례적이었다. 언론 기자들도 그러한 해군의 변화에 대해 매우 공감하고 찬성하는 입장을 보였는데, 당시 기자들의 지원이 없었다면 대양해군을 향한 성공적인 변화가 있을 수 없었다는 말이 나올 정도였다고 한다. 이춘근 박사도 이와 유사한 회고를 하고 있다. 해군이 대양해군의 기치를 올린 것은 맞지만, 교수나 평론가들 같은 오피니언 리더들의 강력한 지지를 표현한 글들을 한국사회에 보도해준 기자들과 매체의 역할이 매우 컸다는 것이다.[126] 실제로 〈그림 7.4〉에서 저자가 제시하는 자료를 보면, 유용원 기자나 이춘근 박사가 느낀 인상들이 근거가 없는 것이 아니라는 것을 알 수 있다.

125) 저자의 유용원 기자와의 인터뷰(2011년 5월 29일).

126) 저자의 이춘근 박사와의 인터뷰(2011년 5월 21일).

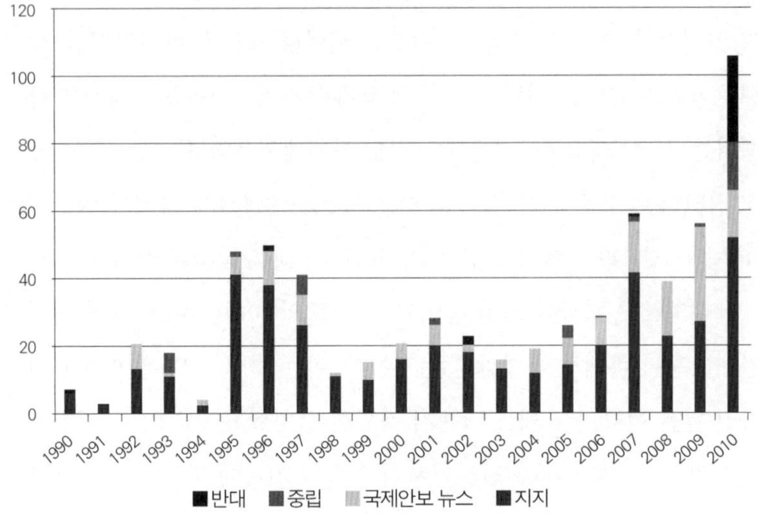

〈그림 7.4〉 "대양해군"을 포함한 매체 기사

위 그래프로부터 한국사회에서 대양해군 가치가 어떻게 퍼져나갔는지에 대한 몇 가지 사실을 관찰할 수 있다. 각각의 막대는 매년 '대양해군'이라는 표현을 포함하는 기사의 수를 나타낸다. 그래프가 보여주듯이, 2010년 천안함이 북한 잠수함의 기습적인 어뢰공격을 당하기 전까지는 반대의견을 포함한 기사들이 많지 않았다.[127] 1995년과 1996년 대양해군을 지지하는 기사의 수가 증가한 것은 안병태 총장이 공식적으로 대양해군 정책을 시작한 시기와 일치한다. 또 한 가지 주목할 만한 사실은 매체들이 한국의 대양해군 가치에 대해 관심을 가지면서 외국 해군의 움직임에 대해 눈을 돌리기 시작했다는 것이다. 특히, 매체들은 중국, 일본 등 주변국들의 해군전력에 관심을 가졌으며, 주변국들의 해군전력 증강도 대양해군전력건설로 표현했다. 이러한 내용이 바

127) 저자는 대양해군에 대한 약간의 부정적인 내용이라도 있으면, '반대'로 분류하여 집계했다.

로 위 그래프에서 '국제안보 뉴스'가 나타내는 것이다.

위 그래프에서 보듯이, 주변 강대국들은 오래전부터 한국보다 훨씬 규모가 크고 선진적인 해군전력을 유지해왔다는 사실을 고려하면, 외국 해군에 대한 기사가 1992년부터 우리 매체에 등장했다는 것은 꽤 흥미로운 현상이다. 왜 이런 현상이 발생했는지에 대한 체계적인 분석은 본 연구의 범위 밖에 있지만, 몇 가지 가설을 생각해볼 수는 있을 것이다. 첫째, 한국 해군이든 아니면 외국 해군이든 간에 한국사회에서 그때까지 해군전력이나 발전 현황에 대해 일반적으로 관심이 없었다는 것을 보여주는 단서일 수 있다. 둘째, 이는 사회학적 제도주의(SI) 관점에서 예견하는 정당성(legitimacy)이나 적절성(appropriateness)을 찾으려는 노력의 일환으로 볼 수도 있을 것이다. 저자는 앞 절에서 국회의원들이 외국의 경우를 예로 드는 것을 한국과 국제사회를 연결시킴으로써 정당성을 찾는 노력으로 해석했다. 마찬가지로, 언론 매체에서 대양해군에 우호적인 입장을 가진 기자들도 다른 나라 해군들을 관찰하면서 이것을 한국 해군이 대양해군으로 나아가는 정당성으로 제시하기 위한 노력이었을 수도 있다. 또는, 해군의 대양해군 가치가 실제로 해군 일반적인 내용에 대한 기자들의 관심에 영향을 미쳐 다른 나라 해군에도 주의를 돌리게 된 경우일 수도 있다. 어떤 요인이 인과관계에 영향을 미친 정확한 메커니즘에 영향을 주었는지는 알 수 없지만, 무엇보다 중요한 것은 이러한 현상을 보더라도 한국 해군의 대양해군 움직임은 순수하게 주변국 위협에 따른 현실주의 관점으로만 설명할 수 없다는 것이다. 만일, 훨씬 오래전부터 커다란 해군전력을 유지하고 있던 주변국과 다른 나라 해군들이 한국사회에서 위협으로 인식되었다면, 대양해군 움직임이 시작되기 전에도 기자들이나 평론가들이 언급했을 가능성이 높다. 하지만 저자가 조사한 바에 따르면, 대양해군 기치가 시작되기 전에 한국 매체에서 주변국 해군전력 발전에 대한 기사를 발견하기 힘들었다.

〈표 7.7〉 주제별 언론기사(1990~2009)

순번	주제별 언론기사	기사 횟수(%)
1	평론, 사설	99(25%)
2	무기체계 획득 계획	46(12%)
3	새로운 함정의 진수/취역	44(11%)
4	해군 관련 일반 기사	42(11%)
5	해외 훈련/작전	26(7%)
6	국방 일반	24(6%)
7	대통령 연설	23(6%)
8	해군 지휘관 관련 기사(지휘관 임명 등)	20(5%)
9	기타	19(5%)
10	해군 부대 관련(시설, 기지 등)	15(4%)
10	국정감사	15(4%)
11	해군 행사(학술 등)	12(3%)
12	국제협력/행사	6(2%)
13	기념일	4(1%)
총계		395(100%)

언론매체 기사들의 내용을 좀 더 심층적으로 이해하기 위해 1990년부터 2009년 사이에 대양해군을 포함한 기사내용을 살펴보았다.[128] 〈표 7.7〉은 일간지에 보도된 다양한 기사내용과 그 종류별 횟수를 집계한 것이다. 표에 따르면, 평론이나 사설이 가장 자주 등장한 형태이

128) 저자가 2010년 자료를 제외한 이유는 본 연구의 목적상 2010년 천안함 폭침사건이 있기 전까지 어떻게 대양해군 기치가 전파되고 유지되었는지를 관찰하기 위함이다. 〈그림 7.4〉에서 알 수 있듯이, 2010년 천안함 사건 이후, 대양해군에 대한 많은 찬성과 반대 의견이 언론을 통해 표출되었다.

고, 다음은 무기체계 획득 계획에 대한 기사, 새로운 함정의 진수나 취역에 관계되는 기사, 해군에 대한 일반 기사, 그리고 해외 훈련 및 작전의 순으로 그 빈도가 집계되었음을 알 수 있다. 이 자료를 바탕으로, 기간 중에 가장 자주 등장한 5가지 종류의 기사 분포 —해군 일반 기사는 제외— 를 살펴보았다.[129] 그 결과는 〈그림 7.5〉를 통해 종합했다.

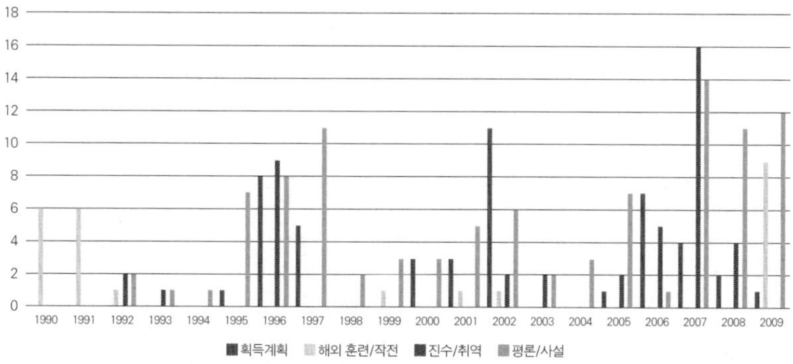

〈그림 7.5〉 빈도 높은 주제를 포함한 기사의 보도 현황(1990~2009)

위의 그래프로부터 읽을 수 있는 몇 가지 중요한 점이 있다. 여기서 가장 먼저 알 수 있는 사실 중 하나는 바로 '대양해군'이 최초 언론에 등장한 것은 1990년대 초 해외훈련에 대한 보도를 하는 과정에서였다는 것이다. 구체적으로 언급하자면, 그 기사들은 한국 해군이 림팩(RIMPAC) 훈련에 참가하는 내용을 다뤘다. 2009년 해외 훈련/작전 관련 기사의 횟수가 급격히 증가한 것은 소말리아 해역으로 해군함정을 파견하는 데 대한 보도 때문이었다. 당시 언론들은 한국 해군이 대양해군

129) 해군에 대한 일반 기사를 제외한 이유는 이러한 기사들은 빈도는 높지만 무기체계 획득, 진수나 취역 관련, 해외 훈련 및 작전 같은 기사들보다 주제와 관련된 유용한 정보를 제공해주지 않기 때문이다.

임무를 수행하기 시작했음을 자랑스럽게 보도했다.

저자는 앞서 한국 해군이 다른 선진국들과 함께 연합훈련에 참가하게 됨을 자랑스럽게 여겼으며, 그러한 국제협력은 해군의 새로운 조직 정체성이 형성되어가는 과정에서 해군이 국제적으로 교류하게 되는, 또는 사회화(socialization)되는 계기로 작용했음을 역설했다. 마찬가지로, 언론 보도내용에서도 해군의 해외 훈련 및 작전 참가는 국제사회와 함께하기 시작한 역사적인 사건으로 보고 있다. 자그마치 6개의 일간지에서 1990년 림팩 훈련 참가의 의미(meanings)에 대한 기사를 썼다. 기사들은 국제협력을 통해 얻을 수 있는 직접적인 이익인 선진 해군전술 습득 등도 언급했으나, 그들이 중요하게 언급한 내용 중에는 한국 해군이 대양해군으로 거듭남과 한국의 국제 위상 등 국제 활동에 관련된 좀 더 광범위한 함의도 있었다. 예를 들어, 한 언론 기사에 따르면, "환태평양훈련 참가는 공동목적을 추구하는 동반자적 위치로 한국의 위상을 부각시키고, '태평양 시대'를 여는 데 일익을 담당할 수 있는 외교적 기반을 마련하는 의미도 있다."[130] 또 다른 기사에서는 "우리 해군이 창군 이래 처음으로 미국, 일본, 호주, 캐나다 등 우방국가의 해군들과 함께 1만 마일의 환태평양훈련(RIMPAC)에 참가함으로써 본격적인 태평양해군의 일원으로 발돋움하고 있다"는 내용을 담았다.[131] 여기 인용한 기사들에서는 확실히 이들이 한국을 과거와는 달리 보며, 국제관계에서 더욱 활발한 역할을 하는 정당한 국제사회의 구성원이 되기 바라는 국가로 인식하고 있음을 알 수 있다. 또한, 이러한 한국의 변화에 해군

---

130) 박광주, "대양해군 성장 밑거름/해군, 환태평양 훈련 참가 의미", 「세계일보」, 1990년 3월 25일. p. 13.

131) 김원홍, "연안해군 탈피, 대양방위에 첫발/환태평양 합동훈련 참가의 의미", 「서울신문」, 1990년 3월 25일. p. 3.

의 기여를 인식하고 있다.

〈그림 7.5〉에서 보듯이, 대양해군과 관련하여 언론에서 자주 다룬 주요 이벤트는 함정 획득과 새로운 함정의 진수 및 취역이었다. 특히, 새로운 대형 함정의 진수 및 취역은 눈에 잘 띄는 행사들로 그 효과가 매우 컸다. 사실, 여기에 참석하는 대상만 보더라도 그 중요성을 짐작할 수 있는데, 예를 들어 대통령, 국방부 장관을 비롯하여 민군의 고위급 인사들이 포함되었다. 언론들은 이러한 행사가 있을 때마다 한국 해군이 대양해군으로 한 걸음 더 다가가는 순간이라고 자랑스럽게 보도했다. 예를 들어, 첫 한국형 구축함(KDX)인 광개토대왕함이 진수되었을 때(그림 7.5의 1996년 진수/취역 그래프), 한국은 최초로 3,000톤이 넘는 전투함을 보유하게 되었고, 국내에서 독자적으로 설계하고 건조한 것으로 더욱 의미 있는 사건으로 기록하고 있다. 또한, 대양해군으로 나아가는 첫걸음으로 묘사되고 있다.[132] 2007년 한국의 첫 이지스(Aegis) 구축함인 세종대왕함이 진수되었을 때(그림 7.5의 2007년 진수/취역 그래프), 한국 해군은 세계의 바다에서 국가의 자주성과 이익을 보호할 수 있는 대양해군으로서의 역할을 시작했다는 내용들이 보도되었다. 특히, 많은 매체에서 "이로써 한국은 미국과 일본에 이어 세 번째로 7,000톤이 넘는 이지스 군함을 갖게 되었음"을 강조했다.[133]

이 기사들은 단순히 진수 행사에 대한 사실만을 보도하고 있는 것이 아니다. 이 기사들에는 분명히 국가의 지위와 관련된 '애착' 또는 '감정(affect)' 요소가 포함되어 있다. 뤼거(Rüger)가 정확히 표현했듯이, 웅장한 해군함정의 진수식은 국민이 자국의 위대함을 실감하고, 그 국

132) 송용회, "3,000톤급 국산 구축함 시대 열렸다", 「한국일보」, 1996년 10월 25일, 6면.

133) 이러한 보도의 예는 다음 기사를 참조하라. 정충신, "세종대왕함 진수…내년 실전배치", 「문화일보」, 2007년 5월 26일, 2면.

가의 정체성이 국제적으로 알려지는 상징성 있는 행사다.[134] 실제로, 1950년대에 미국의 원조로 중고 해군함정들로 시작한 한국에게는 자국의 기술로 국제수준의 신형 해군 전투함을 건조했다는 것은 비단 물질적인 측면의 성취나 발전만을 의미하는 것은 아니었을 것이다.

〈그림 7.5〉에서 보듯이, 평론이나 사설들은 새로운 해군함정들이 진수하거나 획득 계획이 발표된 때와 유사한 시기에 나왔다. 이러한 글들을 보면, 오피니언 리더들이나 국민으로부터 대양해군 가치에 대한 상당한 지지가 있었음을 알 수 있다. 99개의 평론/사설에서 대양해군에 대해 부정적이거나 조심스런 입장을 취한 것은 단지 3개의 기사에 불과했다. 2개는 다른 주제에 대해 논의한 내용이면서 단지 '대양해군'이라는 표현이 포함되어 있기 때문에 중립적인 입장으로 보았다. 부정적이거나 다소 조심스러운 입장은 북한 도발에 대한 방어태세를 강조하거나 한국의 제한된 재원을 고려하여 좀 더 현실적인 국방계획을 수립해야 한다는 주장을 하는 과정에서 표현된 것이다. 이들을 제외하면, 나머지 94개의 기사는 한국 해군을 대양해군으로 발전시켜야 한다는 데 매우 강한 지지의사를 표현하고 있다.

대양해군을 지지하는 기사들 중에서 가장 강한 입장을 표명한 사례 중 하나는 아마도 1997년 국방부와 합참에서 주변국들과의 외교관계 악화를 우려해 대양해군 정책을 재검토하고 연안작전으로 초점을 바꾼다는 결정에 대한 반응이었을 것이다. 이때 기사들은 대양해군이 장기적으로 한국의 국익과 자주성을 지키기 위한 당위성으로 국민이 받아들인 사안이라고 주장했다. 또한, 대양해군은 해군력 발전의 국제

134) Jan Rüger. "The Last Word in Outward Splendour': The Cult of the Navy and the Imperial Age." In *The Navy and the Nation: The Influence of the Navy on Modern Australia*, by David Stevens and John Reeve, Crows Nest NSW: Allen & Unwin, 2005. pp. 48-65.

적인 추세라는 점도 강조했다. 다음 인용은 그러한 주장들을 담은 기사의 한 예다.

> "'주변국과의 외교적 마찰을 우려하여' 대양해군계획의 축소를 검토하고 있다는 것은 웃지 못할 난센스다. 중국은 4년 안에 자체 건조한 항모를 주축으로 하는 원양함대건설을 추진하고 있고, 일본 역시 이미 유사시 경항모로 전용하기 위한 8,900t급의 대형 수송선을 진수시켰다. 태국마저 곧 경항모를 보유할 예정이다. 주변국의 해군력 증강을 못 본 체 외면하는 것만이 자주국가가 주변국과의 마찰을 피하는 현명한 방책인지 묻고 싶다."[135)]

대양해군을 지지하는 입장은 연합작전과 관련되는 해군의 활동에 대한 평론 등을 통해서도 잘 드러난다. 특히, 2009년 소말리아 근해 대해적 작전을 위해 한국 해군함정을 파견한 내용을 다룬 평론이나 사설들은 국가적 자부심을 격앙된 논조로 매우 강하게 표현하고 있다. 정종섭 교수는 한 칼럼에서 해군함정의 소말리아 파견은 한국이 최초로 자국민 보호를 위해 외국에 전투함을 파견한 사례이고, 국제사회에서 자국민 보호는 자주 국가로서 당연히 해야 할 책임이라는 점을 강조하면서 그동안 이러한 책임을 다하지 못했음을 시사했다.[136)] 정 교수는 또한 한국 해군이 국제안보협력에 기여하고 있음도 강조했다. 한 사설에서는 이러한 국제 해역에서의 자국민 보호와 국제안보협력에 기여하는 활동들은 "한국 브랜드"의 가치를 높이는 것이라고 주장하기도 했

---

135) 세계일보, "대양해군 건설 어디갔나(사설)", 「세계일보」, 1997년 4월 5일, 3면.

136) 정종섭, "정종섭의 논형: 소말리아 파견과 국민 보호", 「한국일보」, 2009년 3월 16일, 34면.

다.[137]

저자가 언급하고 있는 기사들이 격앙된 입장을 취하게 된 이유는 해군이 무엇인가를 이뤘기 때문이 아니라 바로 해군이 (국제사회에서) 대표하는 대상, 즉 국가에 대한 것이었다. 이들이 자랑스러워한 것은 해군 자체가 아니라 대한민국이라는 국가가 현대 민족국가로서 해야 할 일을 하고 있다는 사실이었다. 동시에, 한국이 국제사회의 한 일원으로서의 책임을 다하고 있다는 사실이었다.[138] 기사들의 내용에서 알 수 있는 흥미로운 사실 중 하나는 한국의 대해적 작전 참여를 한국의 (개선된) 위상을 고려하여 매우 적절한 행동으로 여기고 있다는 것이다. 이명박 대통령이 언급한 것처럼 한국은 받는 나라에서 주는 나라로, 또 따라가는 나라에서 이끌어가는 나라로 성장한 것을 공감하고 있었다.[139] 물론, 한국의 대해적 작전 참가로 한 척의 해군함정을 보내는 것이 다른 서방국가나 선진국들이 기여하는 것보다는 상대적으로 작은 것일 수도 있다. 하지만 한국 국민에게 이는 자신들이 생각하는 한국의 국가 정체성을 상징적으로 표현할 수 있는 중요한 이벤트였다.

한국 국민이 대양작전 능력을 가진 대형 해군함정들을 건조하는 데 대해 적지 않은 성원을 보냈음을 보여주는 자료들도 많이 있다. 국방부에서 경항공모함 설계를 위한 예산을 삭감한다는 계획이 발표되자, 한 독자는 대양해군 건설과 해상교통로(SLOC) 보호를 위해 반드시 경항모를 건설해야 한다는 의견을 일간지에 내기도 했다.[140] 또 다른

137) 문화일보, "사설: 코리아 브랜드 가치 높일 청해부대 출항", 「문화일보」, 2009년 3월 14일, 23면.

138) 박상은, "기고/문무대왕함 파병 환송식에 가서", 「한국일보」, 2009년 3월 28일.

139) 정충신, "청해부대 소말리아 출항", 「문화일보」, 2009년 3월 13일, 9면.

140) 조활, "조선일보를 읽고", 「조선일보」, 1999년 8월 21일.

독자는 유도탄과 대형 함포로 무장될 현대적인 개념의 고속정을 건조한다는 해군의 계획에 대해 이러한 함정의 기동성 등 제한적인 성격을 언급하면서 이러한 예산으로 구축함이나 경항모 같은 대형 함정을 건조하여 해상교통로 보호 등의 임무에 투입되어야 한다고 주장했다.[141)]

대양해군에 대한 일반 국민의 지지는 다른 자료들을 통해서도 확인할 수 있다. 예를 들어, 국회 국방위원회 김학송 의원은 2007년 국정감사에서 자주국방네트워크라는 시민단체가 제출한 청원서를 소개했다.[142)] 청원서의 주요 내용은 이지스 구축함을 한 척 더 건조하자는 것이었다. 청원서에 따르면, 최초에 이지스 구축함을 6척 계획했는데, 이 계획이 노무현 정부 기간에 절반으로 줄었다는 것이다. 따라서 이를 조금이나마 보상하기 위해 한 척의 이지스 구축함이라도 당시 계획(3척)에 추가하여 건조해야 한다는 것이었다. 이지스 구축함을 충분히 가져야 하는 이유로, 한국은 자주 국가인 만큼 다른 국가들이 무시하지 못할 최소한의 억제력은 가져야 하며, 이러한 목적으로 이지스 구축함이 매우 효과적이라는 것이었다. 또한, 북한의 미사일 위협에 대응할 수 있는 효과적인 무기체계라는 점도 강조했다. 자주국방네트워크가 이러한 의견 청원서와 함께 동봉한 것은 이지스 구축함 추가 건조를 지지하는 5만 시민의 서명이었다.[143)]

일반 국민으로부터의 이러한 지지와 관심을 보면서 해군의 대양해군 기치가 어느 정도는 대중에게도 도달했음을 알 수 있다. 일반적인 국민의 생활에서 해군에 대해 생각하고 그에 대한 대화를 나눌 기회는

141) 김수곤, "의견", 「조선일보」, 2002년 8월 8일.

142) 국회사무처, 「2007년도 국정감사 국방위원회 회의록(피감사기관: 해군본부)」, 대한민국 국회, 2007. p. 32.

143) 같은 자료.

많이 없다. 또 해군에 대한 어떤 의견이 형성되기 위해서는 어느 정도 그 주제에 대해 알게 되는 계기가 있다거나 아니면 남다른 관심이 있어야 한다. 앞서 설명했듯이, 과거부터 한국사회 전반에 해군력에 대한 특별한 관심이 형성되어 있는 편은 아니었다. 이런 측면에서 보면, 해군의 대양해군 기치는 (위에서 언급한) 독자들의 의견이나 국회로 제출한 청원서 등에서 볼 수 있듯이, 한국 국민 사이에서 국가를 위한 해군의 역할에 대한 논의를 시작하게 한 만큼 효과가 있었다고 볼 수 있다. 돌아보면, 대형 해군함정에 대한 긍정적인 의견은 대양해군과 관련된 전력들이 한 척, 두 척 실제로 건조되면서 더욱 많이 표출되었다. 다시 말해, 2000년대에 새로운 대형 함정들이 건조되고, 국민이 이러한 함정들을 실제로 보게 되면서 국민의 지지는 더욱 커졌다. 저자가 실시한 설문조사 결과에 따르면, 240명 중 199명이 한국 해군의 발전상에 대해 2000년대가 되어서야 비로소 알 수 있었다고 답했다. 그중 188명은 새로운 함정의 진수 등의 행사에 대해 알게 된 이후부터 해군력 발전에 대한 보도내용에 더욱 관심을 갖게 되었다고 한다.

국민이 해군함정에 관심을 갖게 된 것을 보여주는 단서 중 하나는 해군 발전을 응원하는 온라인 커뮤니티의 형성이다. 1990년대 말부터 국방 관련 주제에 개인적인 관심을 갖고 있던 일반인이 웹사이트를 만들기 시작했는데, 이러한 웹사이트들은 자연스럽게 공통된 주제에 대해 관심을 가진 국민이 정보를 공유하고 관심 분야에 대한 논의가 이뤄지는 공간으로 활용되었다. 국방정책에 대한 논의와 군사 뉴스를 다루는 여러 가지 웹사이트 중 결국 두 개의 가장 영향력 있는 웹사이트가 떠올랐는데, 그것은 '유용원의 군사세계(2001년)'와 '파워 코리아(2003년)'였다. 가장 영향력 있는 군사전문기자로 알려진 유용원 기자에 따르면, 정확한 통계자료는 보유하고 있지 않지만, 자신의 군사세계 웹사이트에서 해군 섹션이 가장 많은 조회 수를 기록한 것을 기억한다고 한다.[144] 파워 코리아는 후에 자주국방네트워크로 개칭했으며, (2012년 현재) 한국에서 다섯 번째로 많은 회원을 보유한 공식 시민단체로 발전했다.[145]

2000년대 사회적으로 웹사이트 서비스가 확장됨에 따라 일반인도 최신 군 관련 뉴스와 멋진 무기체계 사진들을 동원하여 자신만의 블로그를 만들 수 있게 되었다.[146] 자주국방네트워크의 신인균 대표에 따르면, 해군함정들의 사진이 일반 시민에게 공개되고 온라인 커뮤니티에서 그 사진들이 확산되면서 국민의 해군 무기체계에 대한 관심이 확실히 높아졌다고 한다.[147] 마침 사진 전문가로서의 경력을 갖고 있던 신인균 대표는 자주국방네트워크 활동의 일환으로 해군 기지를 방문하면서 좋은 화질의 신형 함정 사진을 찍어서 웹사이트에 게시하게 되었다. 웅장한 대형 해군함정들의 사진이 과거에는 보기 힘든 것이었는데, 그것은 첫째, 과거에 한국은 그런 대형 함정을 보유하고 있지 않았

144) 저자의 유용원 기자와의 인터뷰(2011년 5월 29일).

145) 자주국방네트워크는 해군과 국민 간에 가교 역할을 함으로써 해군의 대양해군 노력을 돕기도 했는데, 예를 들어 2005년 해군의 제주기지 건설 계획에 대한 반대시위가 제주도에서 있었을 때, 자주국방네트워크 회원들의 노력으로 일부 시위인원이 제주 해군기지가 장차 국익을 위해 얼마나 중요한지를 이해하고 문제가 해결된 사례가 있다. 이러한 내용은 저자가 실시한 신인균 대표와 김성찬 의원(당시 해군본부 기획관리참모부장)과의 인터뷰를 통해 확인했다. 자주국방네트워크의 시민단체로서의 순위는 다음 웹사이트를 참조했다. http://www.rankey.com/rank/rank_site_cate.php?cat1_id=9&cat2_id=104&cat3_id=608.

146) 정확한 통계자료로 증명할 순 없지만, 신인균 대표에 따르면 2008년 당시 군사 내용을 다룬 블로그는 250개에 달했다고 한다. 저자의 신인균 대표와의 인터뷰(2011년 5월 24일).

147) 저자의 신인균 대표와의 인터뷰(2011년 5월 24일).

고, 둘째, 군함을 민간인이 사진 찍는 것은 보안상의 이유로 금지되어 있었기 때문이다. 게다가, 과거에는 자주국방네트워크 같은 온라인 커뮤니티가 형성되어 있지도 않았다. 온라인 커뮤니티에서 신형 함정들의 사진이 많은 관심을 끌고 있다는 것을 알게 되면서 오히려 해군 측에서 초청하여 함정들의 사진을 찍을 수 있는 기회를 제공하기도 했다고 한다.[148] 신인균 대표의 회고에 따르면, 블로거들과 웹사이트 방문객으로부터 폭발적인 반응을 이끌어낸 결정적인 사건은 바로 2005년 해군이 KDX-Ⅱ급 구축함의 1번함인 충무공이순신함을 대중에게 공개했을 때라고 한다.[149] 당시 충무공이순신함을 견학한 국민은 함정의 멋진 외관에 매료되었을 뿐 아니라, 한국이 곧 이지스 능력을 가진 KDX-Ⅲ 같은 훨씬 우수한 성능의 구축함을 갖게 된다는 사실에도 무척 벅찬 감정을 표현했다고 한다.[150]

대형 해군함정에 대한 국민의 벅찬 감정은 어느 정도 해군함정이 일반적으로 나타내는 상징적 의미와 관련이 있다. 국민은 선진화된 해군함정과 자신들의 국가 이미지를 연관지어 생각한다. 자국이 그러한 신형 해군 전투함을 보유하고 있다는 사실을 뿌듯하게 여긴다는 것이다. 저자가 실시한 설문조사에서 이러한 내용을 어느 정도 확인할 수 있다. 240명 중 175명이 해군함정을 견학하거나 매체를 통해 해군함정을 보았을 때, 한국이 그러한 선진 해군함정을 보유하고 있다는 사실에 대해 자랑스럽게 느꼈다고 답했다.

일반적으로 해군함정에 국가와 관련된 의미를 부여하는 것은 문화적인 레퍼토리의 일부이기도 하다. 아이어와 서치맨(Eyre and Suchman)

---

148) 같은 자료.

149) 같은 자료.

150) 같은 자료.

이 역설하듯이, 민족국가의 필수요소가 자주성, 현대성, 독립성 등으로 특징지어지는 현대 국제체계에서 어떤 무기체계는 제도화되어 이러한 가치들을 대변하는 반면 또 그렇지 않은 무기체계들도 있다.[151] 다시 말해, 국민이 해군함정을 볼 때와 육군 전차나 공군 전투기 같은 무기체계와는 다른 방식으로 인식할 수 있다는 것이다. 본 연구의 설문조사에서 대부분의 응답자들(240명 중 232명)이 해군함정들에는 타군 무기체계가 가지고 있지 않은 상징적인 의미가 있다고 답했다. 왜 그렇게 생각하느냐는 질문에 대해 148명은 해군이 수행하는 임무의 특성 때문에 그렇다고 답했고, 136명은 해군함정의 상징적 의미는 물리적인 국경이 없는 세계의 바다를 항진하는 해군함정의 이미지 때문이라고 응답했다. 다른 이유로는 해군함정들의 함명(艦名) 때문이라는 것(132명)과 한국이 그렇듯 선진화된 해군함정을 건조할 수 있다는 사실과 연관된다고(88명) 답했다. 마지막으로, 그리고 가장 흥미롭게도 55명이나 되는 응답자가 해군함정의 상징적 의미는 큰 규모와 웅장한 외관으로부터 나온다고 생각했다. 요컨대, 이러한 응답들은 해군함정이 국민에게 전투를 위한 장비 이상의 의미가 있다는 것을 분명히 보여준다.

흥미로운 점은 현실주의적인 접근에서 예측하는 만큼 국민이 해군함정들을 직접적인 군사위협과 연관지어 생각하는 것만은 아니라는 것이다. 저자가 실시한 설문조사에서 —한국 해군의 소말리아 파견임무와 관련하여— 한국이 다른 선진국처럼 이러한 선진 해군자산을 유지해야 한다고 생각하는지를 묻는 질문에 대해 놀랍게도 응답자 240

151) Eyre, Dana P., and Mark C. Suchman. "Status, Norms, and Proliferation of Conventional Weapon: An Institutional Theory Approach." In *The Culture of National Security: Norms and Identity in the World Politics*, by Peter J. Katzenstein, pp. 79-113. New York: Columbia University Press, 1996. p. 96.

명 모두 다른 국가와 함께 연합작전을 할 수 있는 해군전력을 유지해야 한다고 응답했으며, 그중 어느 누구도 세금 낭비라고 생각하지 않았다. 그중 209명은 주변국들의 해군력과 유사한 해군력을 유지해야 하는 이유로, 미래에 발생할지도 모를 잠재적인 분쟁에 대비하여 국가의 자주성과 안보를 지킬 수 있어야 한다고 답했다. 162명은 한국이 바다로부터 얻을 수 있는 해양자원과 무역의 양을 고려하면, 강한 해군력이 필요한 이유는 국가의 경제적 이익과 생존에 직결되기 때문이라고 응답했다. 99명은 한국의 향상된 국력과 국제적 위상에 어울리는 선진화된 해군전력을 갖는 것이 적절한 행위라고 답했다. 응답자 총원 중 북한의 해군력을 고려하여 이에 필적하는 해군을 갖게 된다면 충분하다고 답한 것은 단 한 명뿐이었다.

이러한 결과를 보고 생각할 수 있는 한 가지 해석은 국민이 대형함정들로 구성된 해군을 지지한 이유 중 북한의 군사적 위협은 그다지 큰 부분을 차지하지는 않는다는 것이다. 이는 아마도 한국의 국가 정체성이 더 이상 북한과의 관계에만 한정된 것이 아닌, 더욱 폭넓은 국제관계의 틀에서 정의되었기 때문인 요인도 있었을 것이다. 다시 말해, 국민은 자신들이 속한 국가가 국제무대에서 북한만이 아닌 선진국들과 경쟁하고 국제 활동에 참여하는 모습을 원한 것이다. 이런 의미에서 선진 해군전력은 국민이 원하는 자랑스러운 국가 정체성을 구성하는 하나의 요소이자 그런 국가 정체성을 세계에 투사하는 수단이다.

이렇듯, 대양해군은 한국 해군에게 군사적인 의미에서의 해군전략 그 이상의 의미가 있었다. 국민에게 대양해군은 한국의 자주성, 현대성, 독립, 그리고 국가 자존심이자 미래를 위한 비전이었다. 자주국방네트워크 신인균 대표는 대양해군 기치가 성공적이었던 것은 "대

(大)" 자의 역할이 컸다고 믿는다. 국민은 "크다, 훌륭하다"(또는 그렇게 되기 원하는 희망)는 특성과 자신들이 속한 국가를 연관시키면서 자신들의 국가가 대단하다는 사실에 매료되었다.[152] 여기서 저자는 대양작전이 가능한 대형 함정들이 한국을 대표하는 유일한 아이콘이 되었다는 것을 주장하는 것이 아니다. 대양해군 현상은 한국이 현대화되는 과정에서 여러 전문 분야의 제도적 발전 중 한 단면에 불과하며, 특별한 관심을 갖지 않는 이들은 잘 알지 못하는 분야일 것이다. 하지만 대양해군이 한국사회에서 어느 정도의 관심을 모은 중요한 사회현상의 하나가 된 것은 확실하다. 예를 들어, 2005년 새해 첫날, 한국의 3대 주요 방송매체 중 2개 매체가 해군함정과 해군 부대에서 새해 기념 뉴스를 보도했다.[153] 이는 한국사회에서 대양해군의 발전상이 희망, 비전, 새해 결심 등과 같은 새해 첫날 국민에게 주는 의미를 나타낼 수 있는 현상으로 인식되었다는 것을 시사한다. 안병태 참모총장이 의도했듯이, 비전(vision)은 대양해군 기치의 가장 중요한 요소였고, 이러한 측면에서 대양해군 기치는 꽤나 큰 결과물을 만들어 낸 성공적인 노력이었다.

제7장의 주요 내용을 요약하면 다음과 같다. 해군은 타군과 상급제대의 반대 속에서도 오랜 기간 동안 대양해군 기치를 유지했는데, 이것이 가능했던 주요 원인 중 하나는 바로 대양해군 관련 임무와 능력이 해군 내에서 조직의 에센스로 자리매김했기 때문이다. 해군의 대양해군 움직임에 대해 대통령이나 국회의원 같은 정치 리더뿐 아니라 방송 매체나 국민으로부터의 많은 지지가 있었으며, 저자는 이것이 국가의 이미지 또는 정체성, 그리고 국가 정체성과 결부되는 대형 함정들의

152) 저자의 신인균 대표와의 인터뷰(2011년 5월 24일).

153) 모규엽, "새해 첫날 방송 3사 메인 뉴스...하늘과 바다서 새해인사", 「국민일보」, 2004년 12월 31일.

의미 때문이었다는 설명을 제시했다. 이런 대양해군 기치는 2010년 3월, 북한 잠수함의 은밀한 어뢰 공격으로 천안함이 폭침되었을 때 함께 좌초될 위기를 맞는다. 이와 관련된 현상을 저자의 이론적 틀로 어떻게 설명할 수 있는지는 에필로그에 담았다.

제8장
결론

본 연구를 통해 저자는 한국 해군전력구조에 큰 변화를 가져온 대양해군 기치가 어떻게 시작되었으며, 그것이 장기간(1995~2010년) 지속될 수 있었던 요인은 무엇인지를 물었다. 이에 대한 답을 찾기 위해 각 장에서는 현실주의(realist) 모델, 조직/관료주의 정치(bureaucratic/organizational politics) 모델, 국내정치(domestic politics) 모델, 사회학적 제도주의(sociological institutionalist) 모델을 포함한 다양한 이론적 틀을 이용한 설명들의 타당성을 검증했다. 저자는 사회학적 제도주의 모델을 주된 분석의 틀로 삼았고, 이에 따른 설명을 제시했다. 동시에 저자는 이론적으로 절충적 입장을 취했는데, 이는 대양해군 기치의 시작과 지속이라는 현상을 설명하는 데 어떤 한 가지 요인만이 아닌 여러 가지 요인이 인과관계의 메커니즘 속에서 복합적으로 작용했을 것이라는 가정으로 연구의 답을 찾는 노력을 했다. 마지막 장인 제8장에서는 앞서 다룬 각 장의 주요 내용과 주장을 요약하고, 본 연구가 다른 사례의 연구를 위해 갖는 함의와 장차 연구 방향에 대해 간단히 논의한다.

저자의 연구 결과, 현실주의 접근에 입각한 변수들만으로 대양해군 현상을 설명할 수 없다는 결론을 내렸다. 경험적인 측면에서 인과관계를 뒷받침할 근거들이 부족하다. 본 연구에서 검증한 현실주의 가정은 다음과 같다. 대양해군 현상은 국가가 주도한 변화로서 ① 북한이나 주변국들(중국, 일본) 같은 외부로부터의 군사 위협에 대한 반응이거나 ② 한국에 대한 미국의 방위공약이나 미국의 영향력 변화에 대한 반응 ③ 한국의 경제이익이나 경제/기술적 능력의 변화에 따른 결과였을 것이다.

첫째, 북한 해군의 무기체계 도입 추세나 북한 해군의 전력구조 등을 볼 때, 대양해군전력을 건설하는 것이 한국으로서 결코 전략적 당위성은 아니었다. 1990년대 북한은 경제난과 과거 강대국 동맹인 러시아나 중국과의 관계 악화로 인해 (약간의 잠수함 전력건설을 제외하고는) 이렇다 할 해군의 재래식 무기체계 도입이 부재했다. 게다가, 1960년대부터 1980년대까지 증강한 북한의 주요 해군전력은 다수의 잠수함과 고속정 같은 접근거부 전력이라는 특징을 갖고 있어 한국 해군이 대양작전 능력을 갖춘 해군전력을 건설하기 위한 자극이 되었다고 보기는 힘들다. 물론, 북한의 미사일이나 잠수함 같은 비대칭 위협이 증가했다는 점이 대양해군 전력건설의 필요성 중 하나였으므로 북한의 위협이 대양해군을 향한 해군의 변화에 영향을 미친 한 가지 요소인 것은 확실하다. 하지만 북한의 위협이 대양해군 현상의 시작과 지속을 설명해주는 메커니즘으로 보기에는 충분치 않다.

당시 중국과 일본의 해군력이 계속 증강되는 추세였고, 자국의 방어선들을 확장시켜온 사실을 고려하면 한국 입장에서는 이들도 잠재적인 위협으로 인식됨으로써 대양해군 기치가 촉발되었을 가능성도 있다. 하지만 이 설명의 문제점은 같은 변수(중국과 일본의 위협)로 1990년대 이전 한국의 행동을 설명할 수 없다는 것이다. 중국과 일본의 해군력은 항상 한국에 비해 우세했지만, 1990년대 이전 한국사회에서는 해군전력을 증강시켜야 한다는 공감대가 형성되진 않았다. 또한, 저자의 연구결과, 대양해군 현상이 시작된 시기를 전후로 한국이 중국이나 일본에 대해 특별히 적대적이거나 공격적인 외교안보정책 기조를 유지한 것도 아닌 것으로 확인했으며, 따라서 이러한 공격적인 외교안보정책으로 인해 대양해군 건설이 시작되었을 가능성도 매우 적다.

둘째, 대양해군 움직임을 미국의 방위공약 감소 등으로부터 온 자체균형 행위(internal balancing), 즉 한국의 국가 차원에서의 자체 전력 증강으로 보기도 어렵다. 냉전 이후 미국의 전방전개 전력 배치에 약간의 조정이 있었긴 하지만, 이것을 미국이 동북아지역을 방어하기 위한 노력이나 의지가 감소한 것으로 보는 것은 적절치 않다. 미국은 1990년대 들어 아시아지역에서 자국의 존재를 유지하는 것을 영원한 미국의 국익으로 정의하기도 했다. 한국 또한 냉전 이후 미국의 전력배치 조정에 대해 (과거의 주한미군 철수 때처럼) 방기의 공포로 인한 극도의 안보 불안감을 보이진 않았다. 당시, 한국은 오히려 미국으로부터 군 작전통제권을 환수하려는 적극적인 노력을 하는 등 자주적인 국가로서 어떻게 행동해야 하는지에 대해 더 관심을 갖는 변화를 보였다. 저자는 또한 대양해군 전력건설이 한국 외교안보정책(전력건설 등)에 대한 미국의 영향력이 감소했기 때문에 가능한 것이 아니라는 것도 설명했다. 과거에도 미국 정부가 한국의 재래식 무기획득을 의도적으로 제재한 예를 찾아보기 힘들었다.

셋째, 경제적 이익이나 기술 및 경제력의 성장 등도 1990년대 대양해군 현상을 만들어낸 주요 요인이 아니었다. 만일, 국제 교역에서의 국가이익을 보호하기 위해 대양해군 기치가 시작되었다면, 왜 이와 같은 경제적 요인으로 인해 1970년대 급격히 무역이 증가할 시기에는 대양해군 필요성이 대두되지 않았는지를 설명하기 힘들다. 1970년대에 실제로 한국의 대외무역이 현격히 증가할 때는 미 해군이 제공하는 해상교통로 보호의 무임승차 혜택을 받았다. 현실주의 시각에서 보면, 이러한 무임승차에서 오는 경제적 이익과 효율성을 계속 누릴 수 있는데, 왜 한국이 굳이 값비싼 대형 해군전력을 도입해서 국제 해역에서의 작전을 책임지려 하는지를 설명하기 힘들다. 저자는 또한 경제력이나 기술력의 발전이 대양해군 전력건설을 자연스럽게 이끌었다는 설명도 적절하지 않음을 보였다. 저자의 연구대상인 20년 동안 한국의 경제성장과 국방비 지출 간에 아무런 관계가 없음을 확인했다. 게다가 한국은 대양해군 기치가 시작된 시기에 대양해군전력을 자체 건조할 수 있는 핵심 기술을 보유하고 있지도 않았다. 하지만 저자는 한국의 경제성장과 (상선 건조 기술을 포함한) 기술력 발전은 이와 같은 대형 선진 해군전력을 건조하기 위한 필요충분조건(necessary and sufficient conditions)은 아니더라도 필요조건(necessary conditions)으로 작용했다는 점을 강조했다.

조직/관료주의 정치 모델의 가정에 따르면, 대양해군 현상은 해군의 자군 이기주의를 추구하기 위한 노력의 일환이었거나, 해군이 정부나 타군과의 개선된 관계나 조직상에서의 유리한 입지변화에서 나온 결과물로 해석한다. 저자의 연구에 의하면, 이러한 가정을 뒷받침할 만한 증거는 불충분하다. 먼저, 당시 해군 지도층이 대양해군을 주장한 것을 자군 이익적인 측면에서만 볼 수 없는 중요한 이유 중 하나는 당시 한반도 군사작전개념의 변화나 군사교리 발전 추세 측면에서 볼 때 필수 불가결한 무기체계였다. 또한, 가정과는 정반대로 예산 분배나 합참, 국방부 등에서 해군을 대표하는 인원수 등을 고려할 때, 한국 해군의 제도 및 조직적 입지가 크게 개선되지는 않았다. 한편, 조직이익 측면의 모델은 아니더라도 조직/관료주의 정치 모델의 다른 측면, 즉 결과의 논리가 아닌 적절성의 논리(logic of appropriateness)에 기반을 둔 조직 행동을 강조하는 측면이 저자의 절충적 설명에 유용하게 적용될 것이라는 점을 명확히 했다.

국내정치 모델도 대양해군 현상을 설명하는 데 적절하지 않음을 보였다. 국내정치 모델의 가정에 따르면, 대양해군 현상은 실무계층(연구원, 기술자 등)의 자율적인 업무추진과 개혁을 권장하는 한국의 사회 분위기에서 기인했을 수도 있다. 또는 해군, 정치권, 방위산업업체 등 각자의 이익을 추구하는 사회 행위자들 간의 정치적 연합(political coalitions)의 결과일 수도 있다. 먼저, 대양해군 기치 아래 진행된 해군력 건설은 개혁으로까지 보기는 힘들다. 게다가, 해군력 건설을 위한 한국의 산업기반은 (자발적인 실무계층의 기술력 발전이 아닌) 강력한 정부 주도의 노력으로 수립되었다. 연합정치로 인한 이익추구가 해군력 건설로 귀결되었을 가능성에 대해서는 무기체계 획득 과정의 특성이나 그 결정과정에서 해군의 미약한 영향력 등으로 볼 때, 방위산업업체가 해군 측에 강력한 로비를 할 만한 인센티브가 없다는 점을 보였다. 저자는 또한 실질적인 정부와 방위산업업체 간에는 군산복합체(military-industrial complex) 이론이 예측하는 것과는 매우 다른 역학관계가 형성된다는 점도 설명했다.

저자가 제시하는 분석의 틀에서는 사회학적 제도주의(Sociological Institutionalist) 접근을 주로 하고, 현실주의 및 조직/관료주의 정치 접근들을 기반으로 하는 다른 요인들의 역할을 인정했다. 특히, 대양해군 현상의 기원을 설명하는 데 조직 행동 모델이 유용한 역할을 했는데, 이는 이 모델이 조직의 에센스와 정체성(identity)을 정의하고 보호하려고 노력하는 조직 구성원들(여기서는 해군)의 역할을 조명해주기 때문이다. 실제로, 해군이 국가를 위해 일하는 방향과 조직의 정체성을 정의하는 과정에서 대양해군을 향한 움직임이 시작되었다. 과거, 한국 해군은 북한의 침투에 대해 한국 연안을 방어하는 역할을 주로 하는 '고속정 해군' 또는 '귀여운 해군'으로 여겨졌다. 이러한 이미지는 1980년대 해군이 국가의 이익과 국제 위상 증진을 조직 에센스의 일부로 정의하면서 바뀌기 시작했다. 특히, 1990년대 국민이 점차 한국을 국제사회에 속하는 더욱 자주적이고 정당한 하나의 구성원으로, 무엇보다 국제사회에서 중요한 역할을 하는 일원으로 인식해가고 있던 시기와 함께하면서 해군의 지도층은 역내·외에서 국가이익을 수호하고 대변하는 데 해군이 주도적인 역할을 해야 한다는 점을 더욱 강조하기 시작했다. 이러한 국제사회와 연관된 한국의 이미지는 과거 북한과의 경쟁관계로 정의된 국가 정체성으로부터의 변화를 의미했다.

국가 간의 벽을 넘어 국제사회 전반에 형성된 전문 분야의 장을 통한 기준(norms)과 제도적 관행(institutional practices)의 전파를 강조하는 사회학적 제도주의(SI) 모델이 예측하듯이, 새롭게 형성되어가던 해군의 조직 정체성은 다국적 해군훈련이나 외국항구 방문 등 국제적인 노출을 통해 더욱 확실해졌다. 그러한 국제적 노출은 해군 구성원들이 한국해군이 선진 해군들에 비해 얼마나 뒤처져 있었는지, 따라서 얼마나 해군의 현대화가 시급한지를 느낄 수 있는 기회였을 뿐 아니라, 한국 해군도 국제사회의 일원이라는 것과 국가를 위한 소중한 외교안보정책의 도구라는 것을 인식할 수 있는 계기가 되었다. 또한, 국제적 교류에서 그들이 관찰한 국제 관행이나 선진 무기체계들은 해군이라는 조직의 발전에 영향을 주고, 그 발전을 정당화하는 문화적 레퍼토리가 되었다.

해군 지도층이 '대양해군'이라는 표현을 쓰기 시작한 것은 1990년이었지만, 대양해군을 향한 실질적인 변화는 1995년 안병태 총장이 대양해군 전력건설 준비를 공식적인 해군 정책으로 설정하면서 추진되기 시작했다. 그때부터 해군 리더들은 '대양해군'이라는 표현을 한국 해군의 슬로건이자 미래 이미지로 인식하고 활용했다. 대양해군 기치는 본질적으로 한국 해군의 새롭게 형성되어가던 조직 정체성을 공식적으로 선포한 것이지만, 이는 한국의 국익 및 국가 위상과 연관된 해군전력이 갖는 의미(meanings)의 표면화를 촉진한 결과를 가져왔다. 대양해군 모토를 취함으로써 해군 리더들은 해군이 건조하기 시작한 대형 함정들에 특별한 의미를 부여했다. 국가의 발전과 관련된 함의가 컸던 만큼 해군이 아닌 일반국민도 그 의미를 비교적 쉽게 공감할 수 있었다. 어떤 측면에서 보면, '대양해군'이라는 표현은 한국의 위상과 국민이 느끼는 국가에 대한 자부심을 대변하는 상징적 의미를 띠게 되었다. '대양해군'은 오랜 기간 동안 다양한 무기체계를 획득하는 데 도움이 되는 일관적이고 포괄적인 테마 또는 배경으로의 역할을 하여 전력획득을 용이하게 한 효과도 있었다. 무엇보다 '대양해군'은 대한민국 해군 구성원들이 국가를 보위하고 대표하는 데 해군이 더 큰 역할을 할 수 있다는 비전과 희망을 가져다주었다.

대양해군 기치가 국방부 차원에서 국가적 수준의 정책으로 자리잡진 못했지만, 해군 내부에서라도 이렇게 오랜 기간 유지된 것은 바로 '대양해군'이 제시하는 한국 해군의 성격들이 조직 정체성으로 인식되었기 때문이다. 대양해군 기치가 해군의 조직 정체성이 아닌 단순한 정책 추진 노력이었다면, 상위 제대(국방부 등)에서 승인하기를 꺼려한 상황에서 오랜 시간이 지나지 않아 곧 사라지거나 그 추동력이 현격히 약해졌을 것이다. 대양해군 기치가 장기간 지속된 또 다른 이유는 정치지도자들과 국민으로부터의 응원과 지원이었다. 이러한 지원의 근간도 그들이 대양해군전력과 한국의 국가 정체성 그리고 국제 위상을 결부시켰다는 데서 찾을 수 있다. 대통령 연설과 국회 국방위원회 회의록을 분석한 결과, 1990년대 이전의 정치 리더들은 해군을 주로 북한과 관련된 임무에 국한지어 생각했다. 하지만 1990년대 이후에는 해군을 한국의 외교안보정책, 번영, 주권 등의 함의가 있는 좀 더 다양한 임무들과 연관지었다. 특히, 해군은 한국을 세계로 뻗어나갈 수 있게 해주는 매개체로까지 인식되어갔다. 국회의원들은 또한 다른 국가들이 어떻게 해군을 활용하여 국익을 추구하는지에 대해 관심을 갖기도 했다. 일간지 분석과 설문조사를 통해 국민과 오피니언 리더들이 '대양해군'을 지지하는 입장이었음과 대양해군전력건설은 순수한 군사문제 그 이상이었음도 확인했다. 그들의 태도에는 확실히 자신들이 속한 국가의 상태에 대한 '애착' 또는 '애정' 같은 감성의 요소가 담겨 있었다.

저자의 절충적 분석의 틀에서는 사회학적 제도주의 모델이 다른 모델들의 요소가 작용하는 조건 또는 배경을 제공해준다. 다시 말해, 다른 요소들이 역할을 할 때에도 문화적 요인을 통해 작용한다는 것이다. 예를 들어, 외부 안보 위협의 효과도 그것이 새롭게 정의된 해군의 정체성과 임무, 즉 (북한과의 대치상황뿐 아니라) 좀 더 광의의 국익과 현대국가로서의 자주성과 위상을 지키는 데 얼마나 관련되는지에 따라 달리 나타났다. '대양해군'이 시작되고 전개되는 과정에서 군사위협만이 중요한 변수는 아니었다. 사실, 해군 입장에서 '대양해군' 구상이 최초 계획보다 일찍 실현된 것은 1995~1996년 기간 일본의 독도 영유권 주장에 대해 김영삼 대통령이 구체적인 해군력 발전 계획을 원했기 때문이다. 독도는 한국이 실효적 지배를 하고 있다는 것과 국제 여론 등을 고려해 일본이 독도를 차지하기 위한 군사적 공격을 감행할 가능성이 적다는 사실들을 감안할 때, 일본의 독도 영유권 주장은 군사적·물리적 위협요소도 관련이 있겠지만, 더욱 심각한 것은 한국의 국가 정체성에 대한 도전이라는 점이다. 제2차 세계대전에서 항복하고 한국의 독립을 인정하면서 함께 반환한 독도를 자신들의 영토라고 다시 주장하는 것은 자주독립국가로서의 한국의 정체성에 대한 정면 도전으로 볼 수 있다.

경제 이익 같은 물질적인 요소도 정체성과 적절성을 고려하여 그 효과를 나타냈다. 이를 입증하기 위한 노력의 일환으로 저자는 한국의 경제 이익과 해군력 건설 간에 직접적인 관계가 없음을 보였다. 한편, 1990년대 정치 리더들과 국민 사이에서 대양해군력 건설을 위해 가장 자주 등장한 논리는 과거 미국 해군에게 의존해온 무역로 또는 해상교통로를 보호해야 한다는 것이었다. 미국에게 계속 의존할 수도 있는 상황에서 해군 지도층과 국민이 자국의 해상교통로는 스스로 보호해야 한다는 생각이 강해진 것이다. 이러한 대양해군력에 대한 요청은 무역을 보호해야 한다는 단순한 경제적 이익 차원이라기보다는 국제사회에서 자주적이고 존중받는 일원으로서 어떻게 행동하는 것이 적절한지에 대한 고려가 강하게 작용한 것이다.

저자가 본서를 통해 제시하려 한 것은 1990년대와 2000년대에 걸쳐 한국이 대형 해군함정을 건설하게 된 현상에 대한 메커니즘이다. 달리 표현하면, 저자가 여기서 제시한 메커니즘이 다른 시기에 다른 해군 무기체계 획득에 대해서도 동일하게 적용될 것이라고 기대할 수는 없다는 것이다. 1970년대와 1980년대에 획득한 해군 무기체계들이 어떻게 도입되었는지에 대해서는 현실주의 시각으로 설명하는 것이 적절한데, 이는 그 무기체계 도입을 구상하고 집행하는 핵심 요인이 바로 북한의 군사위협이었고 국가(정부)가 주행위자였기 때문이다. 이렇게 시대에 따라 다른 요인들이 작용한 것처럼 장차 해군의 전력 증강은 다른 논리와 메커니즘을 통해 이뤄질 가능성이 높다. 피어론과 웬트(Fearon and Wendt)가 주장했듯이, 인간의 행위 —그것이 결과의 논리(logic of consequences)이든, 아니면 적절성의 논리(logic of appropriateness)이든— 는 하나의 논리로만 정의되는 것이 아니다.[1] 어떤 경우에는 결과의 논리가 중요한 역할을 할 때도 있고, 또 다른 경우에는 적절성의 논리가 그 행위를 정의하는 핵심적인 메커니즘이 될 때도 있다. 이 두 가지 논리는 상호작용하면서 서로 인과관계의 설명을 보강해주는 역할을 할 수도 있다. 바로 이런 의미에서, 피어론과 웬트는 하나의 현상을 설명할 때, 어떤 논리가 반드시 옳다고 주장하기보다는 어떤 조건에서 이 두 가지 논리가 작용하며, 이 두 가지 논리가 어떻게 함께 그 현상을 설명할 수 있는지 그 "역할 분담"을 정의하는 노력을 해야 한다고 역설한 것이다.[2] 피어론과 웬트가 요구하는 정도의 연구에는 못 미치지만, 저자의 연구는 절충적인 입장을 뚜렷이 함으로써 이 두 논리의 상호작용을 강조했다.

실제로 본 연구의 중심 입장은 구성주의지만, 저자는 물질적 요인의 역할도 무시하지 않았다. 예를 들어, 저자는 앞서 한국의 신장된 경제력과 기술력이 대양해군을 위한 전력을 건설하기 위한 (충분조건은 아니지만) 필요조건으로 작용했다고 분석했다. 그러한 물질적 능력이 부재했다면, 대양해군을 위한 전력은 건설될 수 없었을 것이다. 본 연구에

---

1) James Fearon and Alexander Wendt. "Rationalism v. Constructivism: A Skeptical View." In *Handbook of International Relations*, by Walter Carlsnaes, Thomas Risse and Beth A. Simmons. London: Sage Publications Ltd., 2002. pp. 61-62.

2) 같은 책. p. 61.

서 저자가 제시한 모델에서는 물질적 요인과 비물질적 요인 간의 상호작용을 강조한다. 예를 들어, 한국의 경제력 성장은 해군력 건설을 위한 물질적인 조건이기도 하지만 한국 국민이 자신들의 국가를 바라보는 시각에도 영향을 주었다. 좀 더 구체적으로, 국회의원들이 대양해군 건설을 주장하면서 내세운 중요한 논리 중 하나는 한국 해군의 현실(연안해군)이 해양산업을 포함한 한국의 경제적인 활동이나 위상과 걸맞지 않다는 것이었다. 해군 리더들은 그들의 국가를 선진국 또는 강대국들과 비교하여 작은 국가로 보지 않았다. 오히려 그 강대국들을 세계화된 미래 국제관계에서는 한국이 협력하고 경쟁해야 하는 대상으로 여겼다. 이처럼 국민이 인식하고 있는 국가에 대한 이러한 이미지가 대양해군 전력건설에 기여한 것이다. 건설된 대양해군전력들을 보면서 다시금 국민은 자부심을 느끼게 되고, 국가에 대한 이미지를 각인하게 된다.

여기서 저자가 제시한 모델이 다른 국가들의 해군전력 획득사례에도 반드시 적용되리라고는 기대하지 않는다. 어떻게 보면 동북아지역의 안보 상황이나 대양해군 가치가 시작되고 형성된 사회 배경 등의 특징으로 인해 한국 해군의 경우는 그만의 독특한 사례가 된다. 예를 들어, 한국은 대양해군 관련 전력들을 평시에, 그것도 군사위협의 급작스런 증가 같은 상황이 아닐 때 건조하기 시작했다. 물론, 한국은 북한과의 지속적인 군사적 대치상황에 처해 있다. 그리고 북한의 위협이 신형 대형 함정들을 건조하기 위한 논리 중 하나였던 것도 사실이다. 사실상 과거로부터 북한의 위협은 한국이 1970년대 중공업과 방위산업을 발전시키는 데 영향을 준 요인이었다. 이렇게 발전된 한국의 산업기반은 1990년대 대형 함정을 건조할 수 있는 기반이 되었다. 빠른 경제발전이나 민주화 등 한국만의 경제적·정치적 발전상도 세계적으로

흔치 않은 사례일 것이다. 정부가 주도하여 총체적인 노력을 한 '세계화' 정책도 그러하다. 이러한 배경에서 형성된 해군전력 증강 사례를 다른 국가들의 사례와 비교하고, 그 속에서 모든 사례를 통해 일반화할 수 있는 요인을 찾는 것은 매우 어려울 것이다.

하지만 본 연구가 다른 (해군전력 증강) 사례들에도 적용될 수 있는 함의가 없는 것은 아니다. 예를 들어, 저자가 앞서 주장했듯이, 대양작전 능력을 갖춘 함정 같은 주요 해군 무기체계를 구축하기 위해서는 어느 정도의 경제력과 산업 기반이 갖춰져 있어야 한다. 해군전력 증강은 외국으로부터 무기도입을 통해서도 가능하고, 독자적인 국내 건조를 통해서도 가능하다. 두 경우 모두 쉽지 않은 과정을 거쳐야 한다는 특징도 있다. 무엇보다도 해군 무기체계가 타군의 무기체계와 다른 점은 단가가 매우 높다는 것이다. 게다가, 해군함정들이 작전에서 제대로 기능을 발휘하기 위해서는 서로 다른 성분작전과 역할을 수행하는 다양한 함정이 필요하다. 또 다른 함의로, 무기를 외국에서 도입하는 것보다는 자체적으로 건조했을 경우, 국가 정체성과 관련된 해군의 의미가 더 부각될 수 있다. 앞서 설명했듯이, 한국도 미국에서 건조한 구축함을 운용한 시기가 있었다. 그 구축함들이 화력이나 내파성 등 여러 측면에서 뛰어난 함정이었음은 사실이지만, 한국의 국가 이미지를 대변하는 전력은 아니었다. 반면, 한국이 최초로 만든 구축함인 광개토대왕함은 국가적 자부심이나 미래를 위한 희망 등 매우 강한 감정을 대변했다.

본 연구에서 도출할 수 있는 또 다른 함의로, 장차 재래식 무기 현대화 과정에서 자주성 또는 주권(sovereignty) 같은 무형적인 요인이 더 중요한 영향으로 작용할 수 있다는 측면이 있다. 예를 들어, 남중국해의 섬과 암초 등의 영유권 문제로 필리핀, 인도네시아, 베트남, 대만, 말레이시아와 중국 간에 고조되고 있는 긴장 상황이 비단 해저자원 등의 물질적인 이익에만 관련되는 것은 아니다. 물론, 떠오르는 중국에 대한 견제를 위한 역학도 관련될 것이다. 하지만 남중국해의 작은 국가들이 중국의 압력에도 굴하지 않고 물러서지 않는 무엇보다 중요한 요인 중 하나는 바로 주권이다. 전반적인 국력과 군사력은 중국과 비교하여 열세이지만, 자주적인 독립국가로서 자국의 영토, 영해에 대한 주권은 포기할 수 없는 것이다. 미국은 (오바마 정부 이후 더욱) 아시아 지역에 대한 관심과 자신들의 존재감을 강조해왔으며, 아세안(ASEAN) 국가들과의 연합 군사훈련도 계속해왔다. 하지만 미국의 지원에도 불구하고 아세안 국가들은 자신들의 바다와 해상교통로의 안전을 스스로 지키는 것이 주권 국가로서 해야 할 일이라고 생각한다면, 이들 해군의 능력과 규모는 커질 수 있다. 아마도 이들은 안보측면에서 미국에게 의존하는 국가이기보다 미국의 동반자(partners)로 인식되기를 원할 것이다.

또 다른 함의로, 국제 해군 문화에 연결되어 있는 정도가 현대 국가의 해군전력 현대화 노력의 정도나 지속성의 중요한 지표가 될 수도 있다. '연결'은 다국적 연합훈련이나 작전을 통해 이뤄질 수 있다. 본서의 도입부에서 저자는 2008년 현재 세계에서 3,000톤이 넘는 해군 함정을 보유하고 운용하는 국가는 29개국이라고 언급했다. 흥미롭게도, 이 국가들은 거의 모두 림팩이나 발틱 작전(Baltic Operations), 벨 부이(Bell Buoy), 해상 전비태세 및 훈련을 위한 협력(Cooperation Afloat Readiness and Training), 아만 11(Aman-11), 소말리아 대해적 작전 등 다국적 작전이나 훈련에 참여하고 있었다. 이러한 국제적인 해군 활동들은 최신 장비나 전술, 개념 등을 배울 수 있는 기회로 작용하며 이는 다시 자국 무기체계의 현대화에 영향을 주게 된다. 그와 동시에, 여기에 참가하는 각국 참가자들은 국제사회에서 자신들의 국가를 대표하게 된다.

인과관계의 화살표가 어느 방향으로 흐르게 될지는 실제 경험을 바탕으로 관찰해야 할 문제다. 다시 말해, 대형 함정을 보유한 국가가 자연스럽게 국제적 해군 활동에 참여하게 되는 것인지 아니면 국제사회의 일원으로서 국제 활동에 참여하기 위해 대형 함정을 구입하는 경우도 있는지는 실제 과정을 확인해봐야 알 수 있다는 것이다. 과거부터 큰 규모의 함대전력을 유지해온 강대국들이나 서구 선진국들의 경우는 전자에 속할 가능성이 높다. 아마도 후자의 경우임을 확인하는 한 가지 방법 중 하나는 외부위협 등과 같이 대규모 해군함대를 유지해야 하는 확실한 다른 이유들이 있는지 여부를 확인하는 것이다. 만일, 다른 확실한 이유가 없다면, 국제사회의 일원임을 고려하여 그러한 무기체계를 도입했을 가능성이 커지는 것이다. 예를 들어, 남아프리카공화국은 대형 해군함정을 요구할 만한 두드러진 지전략적(geostrategic) 위협에 당면하고 있지는 않다. 하지만 남아프리카공화국은 2001년부터 4척의 신형 유도탄 호위함(3,590톤)과 4척의 209급 잠수함(1,400톤)을 도입했다. 남아프리카공화국은 벨 부이(Bell Buoy)나 굿홉(Good Hope) 같은 다국적 해군훈련의 적극적인 참가국이다.[3)]

다시 강조하지만, 무기체계 도입의 배경과 원인 등 정확한 메커니즘을 밝히기 위해서는 해당 사례에 대한 심층 연구가 필요하다. 아마도 이러한 메커니즘을 밝히는 것이 장차 저자의 연구방향일 것이다. 본 연구를 통해 저자는 해군 무기체계 도입과정에 영향을 미칠 수 있는 몇 가지 중요한 요인들을 식별해보았다. 여기서 식별된 요인들을 활용하

---

3) 세부사항은 남아프리카공화국 해군의 웹사이트 참조. http://www.navy.mil.za/SMC/2011_planned_exercises/2011_exercises.htm.

여 어떤 국가가 (한국이 아닌 또 다른 사례로서) 대형 해군함정들을 왜 그리고 어떻게 건조하고 유지하는지를 연구할 수 있을 것이다. 또한 왜 국가들, 특히 바다에 접해 있는 국가들이 경제력과 기술력을 갖추고도 대형 해군함정들을 건조하여 보유하지 않았는지를 살펴보는 것도 흥미로운 연구주제일 것이다. 앞서 언급한 것처럼 스웨덴은 해군 관련 기술력이 발달한 바다를 접한 국가다. 그럼에도 불구하고 스웨덴은 연안작전에만 특화된 해군전력을 유지하고 있다. 다른 사례들을 연구하면서 대형 해군함정들을 건조하거나 그렇지 않도록 영향을 미치는 주요 요인과 메커니즘에 따라 몇 가지의 타입 또는 패턴을 수립할 수 있을지도 모른다. 이것은 어쩌면 조지와 베넷(George and Bennett)이 "구조화된 집중 비교법(the structured focused comparison method)"이라고 칭한 방법으로 볼 수도 있는데, 이는 이론이 사례연구의 방향을 먼저 제시하고, 그 사례연구의 결과로 다시 그 이론을 수정하고, 수정된 이론을 다시 다른 사례를 통해 타당성을 시험하는 절차를 일컫는다.[4] 다음 사례연구는 저자가 이 연구를 통해 발전시킨 가설을 기반으로 설계할 수 있다. 조지와 베넷이 주장한 것처럼 이것이 바로 질적(qualitative) 연구가 과학적 지식의 축적에 기여할 수 있는 한 가지 방법이다.

본 연구를 통해 저자는 한국 해군 전력구조에 큰 변화를 가져온 핵심적인 요인으로 한국 국민이 믿고 있던 국가 정체성과 연관된 해군함정의 의미(meanings)를 강조했다. 저자의 연구는 한국 국민이 느껴왔지만 정확히 무엇인지 몰랐고, 그 영향도 설명할 수 없었던 요인을 가시화시키고 설명했다는 측면에서 그 가치가 있다. 앞서 본문을 통해 설명

4) Alexander L. George and Andrew Bennett. *Case Studies and Theory Development in the Social Science*. Cambridge, MA: MIT Press, 2005. pp. 67-72.

한 것처럼 학자들이나 언론인들은 해군의 대양해군 메시지가 많은 사회적 지지를 받았다는 것은 알았지만 왜 그랬는지 설명할 수는 없었다. 전문가로서 군사 문제에서 눈에 보이는 군사적인 위협 같은 요소들만을 강조하고 문화적 요인의 중요성을 간과했을 수도 있다. 하지만 저자는 한 국가의 무기도입에 영향을 줄 수 있는 다른 중요한 요인들도 있음을 보였다. 특히, 한국의 경우는 사회 전반에서 해군에 대한 많지 않은 관심과 관료조직의 변화에 대한 저항 등을 고려했을 때, 국가의 이미지와 결부되어 국민에게 전달된 대양해군의 의미가 아니었으면 대형 함정들의 지속적인 건조는 힘들었을지도 모른다. 한국에서 1990년대에 시작된 대양해군을 향한 전력건설 노력은 그 노력이 국민의 관심을 끌었고, 국가를 위한 해군의 역할에 대한 사회적인 논의를 여는 역할을 했기에 가시적인 결과물을 이끌어낼 수 있었다고 할 수 있다.

제9장
에필로그: 대양해군 기치 중단의 함의

2010년 천안함 폭침사건은 대양해군 드라이브에 치명적인 영향을 끼쳤다. 1995년 공식적으로 대양해군의 기치를 올린 후 약 15년 만에 처음으로 해군이 "대양해군"이라는 표현을 사용하기를 주저했다. 본 에필로그에서 저자는 천안함 사건과 관련하여 대양해군 기치가 주춤했던 현상의 함의에 대해 논하려 한다. 추가적인 장인 에필로그를 통해 저자의 모델(가설)이 대양해군의 시작과 지속뿐 아니라 중단과 관련된 현상도 잘 설명할 수 있는지 여부를 가늠할 수 있다. 대양해군의 시작과 전성기를 설명한 요인들을 이용하여 같은 요인들이 대양해군 기치의 중단과 관련된 현상을 설명할 수 있다면, 저자가 제시한 모델의 설명력과 타당성을 더욱 확실히 입증할 수 있을 것이다. 저자는 먼저 천안함 사건에 대한 배경을 간단히 소개하고, 대양해군의 시작과 지속 현상을 설명할 때 사용한 이론적 틀이 대양해군 기치의 중단에 따른 현상도 설명할 수 있다는 것을 보일 것이다.

2010년 3월 26일, 서해 백령도 근처에서 한국 해군 초계함인 천안함(1,200톤)이 갑작스런 수중폭발과 함께 두 동강으로 갈라져서 침몰했다. 총 승조원 104명 중 46명이 사망하고 나머지는 구조되었다. 이러한 의아한 사건을 조사하기 위해 한국 정부는 미국, 영국, 스웨덴, 호주 등 외국 전문가들을 포함하여 군 및 민간 전문가들로 구성된 합동조사단을 구성했다. 5월 20일, 합동조사단은 북한 잠수함에서 발사한 어뢰로 인한 폭발이었다는 조사 결과를 공식적으로 발표했다. 이 결과를 입증하는 증거가 많이 있었는데, 폭파로 인한 선체 구조변화, 선체에 남아 있던 폭약 성분, 생존자들의 증언 등으로 판단할 때, 북한의 잠수함 어뢰가 틀림없다는 것이었다.[1] 가장 확실한 증거는 사고 해역에서 회수한 어뢰 잔여 부분에 쓰여 있는 한글이었다. 간단히 말하면, 북한 잠수함이 한국 영해에 침투하여 평시 경비 임무를 하고 있던 한국 해군함정을 어뢰로 공격한 이후, 은밀히 그 해역을 이탈한 것이다.[2]

사건이 있은 후, 우발상황에 대한 신속한 대응을 위해 지휘통제의 효율성 등 한국군의 대비태세에 대한 우려의 목소리가 높아졌다. 가장 많은 논란의 대상이 된 것은 한국군이 북한의 직접적인 군사위협에 신경을 쓰고 있었느냐는 것이다. 이러한 지적이 의미하는 것은 한국이 미래의 잠재적인 위협에 초점을 맞추는 대신 북한에 대한 경계를 소홀히 하지 않았느냐는 의심의 시선이었다.[3] 특히, 이 사건은 해군작전과 관

---

1) 국방부, 『국방백서 2010』(서울: 대한민국 국방부, 2010). pp. 256-264.

2) 북한은 한국에서 발표한 결과를 인정하지 않았고, 한국사회에서도 이것이 북한의 잠수함 공격이 아니었다(음모 이론 등)는 의견이 적지 않게 있었지만, 한국과 미국은 공식적으로 이것을 북한의 공격으로 정의했다. 예를 들어, 한미 연합사령관이자 유엔사령관인 월터 샤프(Walter Sharp) 장군은 2011년 미 상원 군사위원회에서 천안함 사건을 북한의 도발로 규정했다. General Walter L. Sharp. "Statement of General Walter L. Sharp, Commander, United Nations Command; Commander, United States-Republic of Korea Combined Forces Command; and Commander, United States Forces Korea Before the Senate Armed Services Committee." 12 April, 2011. p. 10.

3) "(사설) 문민정부와 군의 안보태세 전면 재점검하라", 「동아일보」, 2010년 4월 17일.

련되기 때문에 해군이 가장 큰 비판의 대상이 되었다. 당시 해군에 대한 냉소적인 비판적 의견으로 가장 잘 알려졌던 것이 바로 "먼 대양만을 바라보다가 안방에서 적의 공격을 당해 침몰했다"는 것이었다.[4] 군지휘부에서는 당시의 방위태세에 변화를 가져올 수 있는 방안을 발표하는 등의 방법으로 상황에 대처했다. 당시 강조된 것은 한국이 그동안 추진해온 값비싼 최신형 무기체계보다는 북한을 상대하여 소규모 교전에서 효과적으로 싸우기 위해서는 북한의 수준에 맞춘 소형 재래식 전력이 필요하다는 것이었다.[5] 이러한 대책은 한국 해군의 비교적 신형 초계함이 북한의 낡은 소형 잠수함에 의해 침몰당했다는 인식으로부터 많은 영향을 받았던 것으로 보인다.

이러한 가운데 해군이 대양해군 기치를 접겠다는 보도가 나왔다. 흥미롭게도 본 연구를 위한 자료로 사용된 12종의 일간지 중 8개 일간지에서 같은 소식을 다뤘다.[6] 하지만 이 보도들은 대양해군으로 나아가는 목표를 포기하는 일이 공식적인 해군의 입장인지 또는 해군본부로부터 나온 지침인지에 대한 정확한 언급은 빠져 있었다. 당시 해군참모총장이던 김성찬 제독은 2010년 국정감사에서 '대양해군'이라는 표현을 사용하지 않을 것을 공식적으로 지시한 적이 없다고 증언했다.[7] 저자의 김성찬 의원과의 인터뷰에 따르면, 당시 참모들에게 당분간 해

---

4) 박민혁 · 김승련, "'대양해군' 외치다 안방서 북잠수함 위협 직면", 「동아일보」, 2004년 4월 21일.

5) 박성진, "전력 강화 '거꾸로 가는 군' 첨단화보다 '재래식 무장' 쪽으로 방향 전환 검토", 「경향신문」, 2010년 4월 28일.

6) 오이석, "대양해군 꿈 잠시 접는다", 「서울신문」, 2010년 9월 16일; 박병진, "해군 '대양해군' 깃발 내린다", 「세계일보」, 2010년 9월 16일자; 유승운, "'대양해군' 구호 그만!", 「동아일보」, 2010년 9월 16일.

7) 국회사무처, 「2010년도 국정감사 국방위원회 회의록(피감사기관: 해군본부)」, 대한민국 국회, 2010. p. 10.

군을 홍보하는 등의 공공연한 자리에서 '대양해군'이라는 표현을 사용하는 것을 자제하라는 지침은 주었다고 한다. 그 이유는 천안함 사건으로 인해 해군의 임무 중 연안 방어의 중요성이 강조되고 있는 때에 대양작전 능력을 떠올리게 하는 표현을 사용하는 것이 해군에 도움 될 것이 없다는 것이었다.[8] 한편, 김성찬 당시 해군참모총장은 대양해군 전력들의 건조를 포함하여 해군전력 획득계획에는 변화가 없다는 것을 명확히 했다.[9] 따라서 대양해군 기치의 관점에서 봤을 때, 천안함 사건 직후 변한 것은 (전력건설은 기존 계획대로 하면서) 단지 한국 해군의 미래를 '대양해군'이라고 묘사하는 것에 대해 조심스러워하게 된 해군의 입장이었다. 그럼에도 불구하고 이후 대양해군 기치는 그전과 같지는 않게 되었다.

저자의 절충적인 모델을 이용하여 대양해군 기치가 이렇듯 주춤한 현상도 설명할 수 있다. 저자의 이론적 틀은 인간의 행동을 이해하는 데 기준(norms)과 정체성(identity)을 강조하는 사회학적 제도주의(SI) 가정에 기반을 두었음을 기억할 것이다. 그뿐만 아니라, 문화적 요인의 역할도 강조했다. 저자는 '문화'를 이해함에 있어 인간의 행동을 의미 창출의 행위로 이해하는 상징적 문화정치학의 입장을 취했다.[10] 여기서 문화는 도구상자(tool kit) 또는 자료(resources)로 이해되는데, 이는 행위자들이 자신들에게 가용한 문화적 상징과 관행을 이용하여 세상을 이해하고 문제를 해결한다는 의미다.

저자는 앞서 해군이 대양해군 기치를 올렸던 것은 해군이라는 조직의 에센스 또는 정체성을 한반도뿐 아니라 국제사회에서 한국의 국

8) 저자의 김성찬 의원과의 인터뷰(2011년 12월 9일).

9) 2010년도 국정감사 국방위원회 회의록(피감사기관: 해군본부). 2010. p. 13.

10) 자세한 사항은 제2장을 참조하라.

익을 보호하고 대변하는 핵심적인 외교안보정책의 도구로 정의하는 과정에서 발생한 현상이라고 설명했다. 그러한 조직 정체성은 해군 리더들이 (북한과의 경쟁에서만이 아니라) 국제사회를 배경으로 새로이 형성되어 가던 한국의 국가 정체성을 인식하면서, 또 한국 해군의 국제무대 참여가 늘어가면서 더욱 공고해져갔다. 대양해군 기치를 올림으로써 해군 리더들은 의식적 그리고 무의식적으로 국익과 국가 위상과 긴밀히 연관되는 해군함정들의 '의미'를 가시화한 것이다. 이 과정에서 '대양해군'이라는 표현은 국민이 바라는 한국의 이미지, 즉 현대성, 자주성(주권), 독립성 등의 특성들과 관련되는 상징적 의미를 함축하게 되었다. 한편, 대양해군 기치는 비교적 장기간 동안 여러 가지 해군 무기체계를 일관성 있는 테마로 묶어주면서 무기획득 과정이 비교적 원활히 진행되도록 하는 효과도 있었다.

하지만 천안함 폭침사건을 계기로 대양해군 기치의 작은 약점이 드러나게 되었다. 그 약점이란 바로 일반 국민이 '대양해군'이라는 표현으로부터 잘못된 선입견을 가질 가능성이었다. 사건 이후 언론에서 벌어진 열띤 토론을 통해 명확해진 사실로서, 국민의 일부는 '대양해군'이 해군의 주요 임무를 북한 관련 임무에서 국제적 임무로 완전히 전환하는 것으로 잘못 이해할 수도 있었다는 것이다. 이것이 바로 "대양만을 바라보다가 안방에서 당했다"는 언론의 표현이 의미하는 것이며, 연합작전이나 잠재위협에만 신경을 쓰고 북한의 군사적 위협은 등한시했기 때문에 천안함 같은 참사가 발생했다는 것이다.

중요한 것은 저자가 지속해서 강조하는 사항이지만, 해군은 대양해군 기치를 올리는 과정에서 단 한 번도 북한에 대한 군사대비태세를 완화한 적이 없다. 안병태 제독이 1995년 대양해군 정책을 시작할 때,

해군의 시대적 사명으로 제시한 것이 "대북한 군사대비태세"와 "미래 전략환경에 대처할 수 있는 대양해군 건설 준비"였다.[11] 정호섭 제독이 자신의 논문에서 강조했듯이, 한국 해군이 지향하는 대양해군은 "지역해를 벗어난 **대양에서도** 국가이익을 수호하고 국가정책을 지원할 수 있는" 작전능력을 갖춘 해군이다.[12] 이와 관련하여, 김성찬 당시 해군참모총장은 국정감사에서 국가 이익이 걸려 있다면 그것이 영해이건, 국제해역이건 상관없이 한국 해군은 어디서든 작전할 수 있는 능력을 갖춰야 한다고 강조했다.[13] 실제로 해군이 1980년대 해군의 목표를 설정한 이후, 한 번도 변하지 않은 핵심요소는 바로 국익을 수호하는 조직이라는 정체성이었다. 요약하면, 해군은 정책이나 작전을 논함에 있어 북한의 위협을 가볍게 보고 있다는 뉘앙스를 비친 적이 없었다.

따라서 대중 앞에서 '대양해군'이라는 표현 사용을 자제하라는 김성찬 당시 참모총장의 지시는 대양해군이라는 표현을 자제함으로써 해군의 대북한 대비태세에 대한 입장을 왜곡해서 이해할 가능성을 최소화시키자는 노력의 일환으로 이해할 수 있다. '대양해군'이라는 표현과 관련 의미들은 해군 리더들의 문화적 자원 또는 수단이고, 이것이 창출해낸 효과를 잘 알고 있었기에 이를 활용하는 일도 잠시 중단할 수 있었다. 단, 조직 행동 모델(앨리슨의 2번 모델)이 예측하듯이, 조직은 변화하지 않으려는 속성이 있다. 대양작전이 가능한 대형 함정들은 이제 한국 해군의 에센스가 되었으므로 전력 획득 방향을 다시 연안작전 위

11) 국회사무처, 「1995년도 국정감사 국방위원회 회의록(피감사기관: 해군본부)」, 대한민국 국회, 1995. p. 2.

12) 정호섭. "한국 해군과 대양해군을 둘러싼 제 논쟁의 분석과 새로운 해석," 『해양연구논총』, Vol. 17 (1996). p. 312.

13) 「2010년도 국정감사 국방위원회 회의록(피감사기관: 해군본부)」, 2010. p. 10.

주의 소형 함정들로 전환하기는 매우 힘들다. 김성찬 제독은 국정감사에서 추가적인 이지스 구축함, (독도함에 이은) 두 번째 다목적 상륙함, 그리고 차세대 잠수함(3,000톤급) 도입 계획은 변동 없이 추진된다는 계획을 강조했다.[14] 만일, 대양해군이 해군의 정체성 일부로 자리매김하지 않는 단순한 정책이었다면, 천안함 사건 이후 언론을 통한 수많은 질타와 논란 속에서 전력건설 방향은 연안 방어를 위한 소형 전력 위주로 바뀌었을 가능성도 있었을 것이다.

현실주의적 입장에서 보면, 직접적인 북한의 군사 위협을 고려하여 해군을 연안작전 위주로 전환 운용하는 쪽으로 예측할 수 있을 것이다. 학습이론 입장에서 생각하더라도 천안함 사건은 심각한 해군작전의 실패로 인식되기 때문에 비슷한 결과를 예측할 수 있다. 하지만 저자의 절충 모델에 따르면 다른 결과를 예측할 수 있다. 외부의 위협도 그것이 얼마나 국가 정체성과 관련되는지에 따라 다른 효과를 가져올 수 있을 것이다. 다시 말해, 북한과의 경쟁관계에만 국한되는 것이 아닌 세계와의 관계 속에서 국가의 정체성이 확립되어왔다는 점을 고려하면, 북한의 군사 위협이 전반적인 해군전력건설의 방향에 미치는 영향이 제한적일 수 있다는 것이다. 실제로, 해군은 천안함 사건으로부터 발생한 문제들을 전반적인 전력건설 방향의 수정을 통해 해결하려 하기보다 가용한 전력을 어떻게 달리 운용할 것인가를 고민한 측면이 강했다. 예를 들어, 서해에서 북한 잠수함에 대한 경비를 강화하기 위해 과거 한 척의 함정이 구역 경비를 하던 것을 2척의 대잠함이 탐색 및 공격 단대를 구성하여 경비작전을 하는 방식으로 바꾸는 등의 변화

14) 같은 자료. p. 13.

가 있었다.[15] 요컨대, 해군은 연안작전만을 위한 쪽으로 전력건설의 방향을 바꾸지는 않았다.

이러한 큰일을 겪고도 대양작전 능력을 갖춘 함정에 대한 강조가 바뀌지 않았던 것은 대양해군 기치와 함께 북한의 위협을 효과적으로 대응하는 방식에 대한 생각이 전환되었던 이유도 있다. 대양해군 기치와 함께 강조된 능력 중 하나가 바로 억제다.[16] 전 해군참모총장 송영무 제독이 강조하듯이, 한국이 언제까지나 북한의 국지도발을 허용하고 뒤늦은 대응을 하는 패턴을 계속 반복할 수는 없다.[17] 핵무기를 활용하지 않고 북한을 억제할 수 있는 한 가지 방법은 북한의 핵심노드를 무력화시킬 수 있는 정밀 타격 능력과 북한의 군사 도발에 대해 이러한 정밀 타격 능력을 사용할 것이라는 강력한 의지를 보여주는 것이다. 그리고 이러한 정밀 타격 능력은 바로 해군이 추구해온 대양해군전력들의 핵심 능력이었다. 이러한 시각에서 보면, 북한이 천안함을 기습공격할 수 있게 허용한 것은 해군이 대양해군을 추구하는 동안 놓친 것이 아니라 오히려 대양해군 능력이 부족했고, 북한의 도발 시 이를 사용하여 응징할 것이라는 의지의 현시가 부족했다고 봐야 한다. 다시 말해, 이춘근 박사가 지적하듯이, 천안함 폭침사건은 해군이 작전에서 실패한 것이 아니라, 국가 차원에서 북한에 대한 전반적인 억제에 실패한 것이다.[18]

천안함 이후 한국군 전력건설 방향을 첨단무기가 아닌 북한이 보유한 것과 비슷한 수준의 재래식 무기체계 쪽으로 전환한다는 몇몇 보

15) 장석범, " '천안함' 6개월 '해군이 바뀐다' ", 「문화일보」, 2010년 9월 15일.

16) 대양해군이 강조한 능력들에 대한 설명은 제6장을 참조하라.

17) 저자의 송영무 제독과의 인터뷰(2011년 5월 23일).

18) 저자의 이춘근 박사와의 인터뷰(2011년 5월 21일).

도가 있었다.[19] 물론, 이것이 정책에 반영된 것은 아니었지만, 이러한 발상 자체에 중대한 문제점이 있다. 먼저, 이는 한국군 방위태세에 대한 이분법적 가정에 기반을 둔 것이다. 다시 말해, 북한의 위협에 대응하기 위한 태세와 북한 외의 위협에 대응하기 위한 태세가 따로 있다는 것이다. 이러한 불필요한 이분법적 사고방식은 국가안보를 시행하는 데 비효율성을 가져올 수 있다. 진정한 군사대비태세를 위해서는 북한의 위협이건 기타 위협이건 상관없이 국가안보에 관련되는 어떤 외부의 위협이라도 대응할 수 있도록 전력건설이 이뤄져야 한다. 이와 관련하여 당시 김성찬 참모총장은 해군력을 건설함에 있어 연안해군과 대양해군을 구별하는 것은 무의미하다는 것과 한국 해군은 균형 잡힌 전력건설을 추구하고 있다는 것을 강조했다.[20]

둘째, 낡은 무기체계를 가진 적과 가장 효과적으로 싸우는 방법이 반드시 그와 같은 종류의 낡은 무기를 가지고 싸우는 것은 아니다. 북한이 단지 그러한 무기체계를 사용하는 이유는 고가의 신형 무기체계 도입이 어렵기 때문이다. 미군은 매우 낮은 수준의 무기체계를 보유하고 있는 테러 조직과 싸울 때도 고도의 과학기술이 접목된 최신형 무기체계를 사용한다. 미군이 이러한 최고도의 기술력이 동원된 무기체계를 사용하는 이유는 민간인 피해는 최소로 낮추면서 최대한 신속하고 효과적으로 정치적인 목적을 달성하기에 가장 좋은 방법이기 때문이다. 물론, 미군의 무인비행체(drone)를 이용한 작전이 민간인에게 피해를 입히는 사례도 종종 있지만 말이다. 기본적으로 정밀유도무기나 최

19) 박성진, "전력 강화 '거꾸로 가는 군' 첨단화보다 '재래식 무장' 쪽으로 방향 전환 검토", 「경향신문」, 2010년 4월 28일.

20) 국회사무처, 「2010년도 국정감사 국방위원회 회의록(피감사기관: 해군본부)」, 대한민국 국회, 2010. p.11.

신 네트워크 체계 같은 고도의 기술을 이용한 무기체계는 효과적이고 신속하기도 하지만 인도주의적인 원칙에도 부합하는 것이다. 한국은 어떻게 싸워야 하는가의 분명한 원칙이 있어야 한다. 북한의 군사위협에 대응하는 최선의 방법은 억제다. 억제에 실패할 경우, 한반도의 평화를 유지할 수 있는 것은 북한의 전쟁 의지와 능력을 신속하게 제압할 수 있는 능력이지 결코 낙후된 재래식 무기체계가 아니다.

1990년대 중반부터 대양해군의 방향으로 전력건설을 해온 한국 해군이 하루아침에 북한 해군처럼 소형 잠수정과 고속정 위주의 접근거부를 위한 전력구조로 바뀌기는 힘든 일이다. 대양해군은 한국 해군의 에센스가 되었을 뿐 아니라, 국제사회에서 중요한 역할을 하는 현대 주권 국가인 대한민국 국가 정체성의 일부가 되었다. 제3장에서 설명했듯이, 만일 (현실주의 접근에서 주장하듯이) 외부로부터의 침략이나 공격으로부터의 방어 그리고 생존(survival)이 국제관계 측면에서 한국의 해군력 건설의 유일한 또는 궁극적인 논리였다면, 값비싼 대형 수상전투함 대신 대표적인 접근거부전력인 잠수함을 다수 건조하는 것이 비용 대비 효과 측면에서 가장 효율적인 선택이었을 것이다. 하지만 한국은 이러한 선택을 하지 않을 것이다. 중국과 일본과의 해양 영토 분쟁의 가능성이 최고조에 이른 2012년 당시, 해군의 전력건설계획은 7,600톤급 이지스 구축함 3척, KDX-IIA로 칭하는 5,600톤급 미니 이지스 구축함, 2,300톤급 호위함(FFX) 20척, 214급 잠수함 6척과 3,000톤급 잠수함 등을 포함했다.[21] 잠수함 전력 증강도 포함되어 있지만, 전력건설의 초점은 확실히 대양작전 능력을 갖춘 대형 수상함에 있는 것을 알 수

---

21) Sung-Ki Jung. "S. Korea Pursues Blue-Water Force: Braces for China, Japan Buildups." *Defense News*, April 16, 2012.

있다.

사실, 현대 해군이 수행하는 많은 임무를 위해 다양한 수상함 전력이 필요한 것이 사실이다. 저자는 대양해군 정체성이 서방 선진국의 해군 문화에 의한 영향을 받았음을 역설했다. 국제적으로 볼 때, 해군은 비단 전투임무만을 수행하는 것은 아니다. 해군은 국제사회에서 자국을 대표하는 외교적인 기능을 해왔다.[22] 또한, 국제 안보협력이나 재난 구제 등 활동을 통해 국가가 국제 제도(international institutions)에 참여할 수 있는 수단이 되기도 했다. 이러한 측면이 바로 한국이 대양해군을 추구한 이유 중 한 부분이었다. 물론, 그 이유들은 실리적인 국익을 위한 해군의 기능으로 생각할 수도 있다. 하지만 무엇이 한 국가의 이익이 되는지도 궁극적으로 당시 국제사회에서 형성되는 기준과 문화의 범위 안에서 정의된다. 국제적으로 형성된 문화와 기준이 없다면, 값비싼 해군함정을 도입해서 얻는 외교안보정책 측면의 이점이 훨씬 줄어들 것이다. 또한 한국 국민이 국제사회에서 통용되는 국제적인 기준과 문화에 동화되지 않았다면, 그 기준에 의해 정의된 국익 증진을 위해 고가의 무기체계인 대형 해군함정 도입을 그토록 지지하지 않았을 것이다. 이러한 측면이 바로 저자가 주장하는 절충적 모델 —즉, 현실주의적·'합리적(rational)' 요인들이 어떻게 정의되는지 그 기준 자체가 문화적 요인들에 의해 형성된다는— 의 메커니즘을 보여주는 것이다.

천안함 사건을 통해 그동안 대양해군이 얼마나 중요한 사회현상이었는지도 가늠할 수 있었다. 이는 사실 대양해군 기치의 중단에 대한 추측과 논쟁으로 뜨거웠던 매체들의 반응에서도 쉽게 알 수 있었다. 이

22) 해군의 다양한 기능에 대해서는 다음 문헌을 참조하라. Ken Booth. *Navies and Foreign Policy*. New York: Crane, Russak & Company Inc., 1977. Harold J. Kearsley. Maritime Power and the Twenty-First Century. Aldershot: Darthmouth Publishing Co., 1992.

러한 부정적인 보도에 대해 몇몇 국회의원은 대양해군 전력건설의 종료에 대한 깊은 우려를 표명하기도 했다. 예를 들어, 김장수 의원은 한국 해군이 연안 방어에만 치중하고 있으면 안 되며, 해상교통로(SLOC) 보호와 국제평화유지 활동도 할 수 있어야 한다고 역설했다.[23] 정의화 의원도 해군은 세계 어디에서도 우리의 해상 무역활동을 보호할 수 있어야 한다고 강조하며, 대양해군 전력건설을 포기해서는 안 된다는 강한 의지를 표명했다.[24] 앞서 제3장에서 설명했듯이, 과거 한국의 무역활동을 위한 해상교통로 보호는 일반적으로 미 해군에 의존해왔다. 따라서 우리 해군에 이런 능력들을 갖춰야 한다는 국회의원들의 의견은 다른 방안이 없어서 선택한 것이 아니었다. (해상교통로 보호 등의 대양 임무는 한미 동맹 체제로 해결하고, 한국 해군은 연안 방어에 전념한다는 방향으로 갈 수도 있었다.) 하지만 국회의원들에게 중요한 것은 해상교통로 보호 등의 임무는 한국이 현대 자주 국가로서 갖춰야 하는(갖춰야 적절한) 능력이라는 것이다.

천안함 사건 이후 논란이 된 대양해군 관련 분위기는 삼호주얼리호 사건 이후 다시 대양해군의 필요성에 대한 목소리가 높아지면서 반전되었다. 2011년 1월 20일 소말리아 해역에서 해적에게 피랍된 한국 화물선 삼호주얼리호와 21명의 선원이 한국 해군 최영함과 특수전요원들의 성공적인 작전으로 무사히 구조되었다.[25] 당시 매체를 통해 표현된 국민이 느낀 자부심과 흥분은 마치 올림픽 경기나 월드컵 경기 같은 중요한 국제 스포츠 경기에서 한국이 승리한 순간을 떠올리게 했다. 한 매체의 보도에 따르면, 이와 관련하여 누구보다도 정치권에

23) 2010년도 국정감사 국방위원회 회의록(피감사기관: 해군본부). p. 31.

24) 2010년도 국정감사 국방위원회 회의록(피감사기관: 해군본부). pp. 10-11.

25) BBC News. "South Korea rescues Samho Jewelry crew from pirates." January 21, 2011.

서 대양해군에 대한 열정과 관심이 더 많이 표출되는 듯했다.[26] 2012년 현재, 매우 가끔이긴 해도 해군은 '대양해군'이라는 표현을 조심스럽게, 하지만 약간은 변형된 형태로 사용하기 시작했다. "한국형 대양해군"이 그것이었다.[27] 국가 정체성과 결부되어 국민이 해군에 대해 갖는 이미지가 아니었다면, 대양해군을 위한 지지가 이렇듯 지속되지는 않았을 것이다. 국민의 지지가 없었다면, 해군은 다시금 이러한 표현을 사용하려 하지도 않았을 것이다. 저자가 예측했듯이, 천안함 폭침사건 같은 북한의 직접적인 군사도발이 해군전력건설의 큰 흐름을 바꾸지는 못했다. 대양해군 기치는 단순한 '기능'에만 국한된 것이 아니었기 때문이다. 그것은 해군 조직의 에센스와 국민에게 해군전력이 갖는 '의미'에 관련된 현상이었다.

---

26) 홍성규 · 오이석, "아덴만 쾌거 이후/정치권 대양해군 한목소리… 군은 신중", 「서울신문」, 2011년 1월 26일.

27) 전현석, "천안함 이후 사라졌던 '대양해군' 구호 재사용", 「조선일보」, 2012년 2월 17일.

부록

대통령 연설 내용 분석

본 부록은 제7장 "정치 리더" 절에서 대통령 연설 내용에 대한 저자의 내용분석 결과에 대한 부연 설명을 제공한다. 다양한 내용분석 방법 중 저자는 랠프 화이트(Ralph K. White)의 '가치분석' 방법을 사용했다. 화이트의 정의에 따르면, 가치분석이란 "반복되는 가치 판단에 대한 분류와 집계"다.[28] 가치분석 방법이 저자의 연구에 잘 맞는 이유는 결국 저자가 분석하여 파악하려는 것은 정치 리더들이 해군과 다른 군들에 부여하고 느끼는 가치이기 때문이다. 분석 결과자료의 양이 많아 제한된 지면에 모든 연설에 대한 분석결과를 상세히 담는 것은 불가능했다. 따라서 여기서는 짧은 본문을 예로 들어 저자가 어떻게 분석했는지에 대해 간략히 설명하려 한다.

분석 절차는 그다지 복잡하지 않다. 먼저, 대통령 연설문의 모든 문장을 검토하고, 문장의 끝에 이 문장이 어떤 내용에 해당하는지, 다

---

28) Ralph K. White. "Value Analysis: A Quantitative Method for describing Qualitative Date." *Journal of Social Psychology, 19: 2*, May, 1944.

시 말해 어떤 '범주(category)'에 속하는지를 분류한다. 분류를 위한 범주의 예로는 해군의 역할, 국가 정체성, 국가안보태세 일반 등이 있다. 동시에 그 문장 안에서 가치가 들어가 있는 단어 또는 표현에 밑줄을 긋는다. 이런 작업이 끝난 후에는 그 연설에서 각 종류별 가치 단어/표현의 점수를 집계한다. 그 단어나 표현이 쓰일 때마다 모두 똑같이 1점을 부여하므로 일정 가치 단어/표현에 부여되는 점수는 그 빈도를 나타낸다.

또한 같은 범주에 속하지만 다른 단어/표현이 있을 수 있다. 예를 들어, 해군의 역할 범주에 속하는 문장이 북한의 침투와 관련된 가치 단어를 포함할 수도 있고, 해상교통로 보호 같은 다른 임무에 관한 단어일 수도 있다. 이런 현황들을 그대로 집계함으로써 시간이 지나면서 같은 범주에 속하는 가치 단어/표현의 변화를 관찰할 수 있다. 내용분석에서 저자는 인사말이나 감사의 말 등 일상적인 행사에서 전달되는 내용들은 제외했다. 아래 내용은 분석의 예시다.

① 삼면이 바다로 둘러싸인 우리로서는 북한공산집단의 끊임없는 해상침투를 분쇄하는 일이 대단히 중요하며, 따라서 해군의 임무와 사명은 실로 막중하다고 하겠습니다. (해군의 역할/정체성)

[1983년 대통령의 해군사관학교 졸업식 연설에서 발췌]

② 이제 우리는 약소민족의 굴레와 세계 변두리 나라로서의 서러움을 역사의 뒤안에 묻고, 다가오는 태평양 시대의 주역국가로 세계사의 전면에 나서고 있습니다. (국가 정체성/이미지)

[1988년 대통령의 해군사관학교 졸업식 연설에서 발췌]

③ 조국의 바다를 지키는 방패로서, 바다를 통해 민족을 세계의 중심으로 이끄는 향도로서, 여러분은 세계 최고의 해군이 되어야 합니다. (해군의 역할/정체성)

[1995년 대통령의 해군사관학교 졸업식 연설에서 발췌]

위의 예문들은 1983년, 1988년, 1995년에 대통령이 해군사관학교 졸업식에서 연설한 내용 중 일부다. 각 문장 끝에 괄호 안에는 볼드체로 그 문장이 어떤 범주(category)에 속하는가를 표기했다. 각 문장에서 밑줄 친 부분은 가치 단어/표현을 나타낸다. 위에서 보는 것처럼 각 문장에 가치 단어와 표현이 항상 많이 포함되어 있는 것은 아니다. ①번과 ②번 문장에서 보듯이, 한 개의 가치 단어/표현을 포함한 경우도 종종 있다. 이렇게 분석된 결과는 아래와 같은 표로 정리할 수 있다.

〈표 A.1〉 대통령 연설 분석 예

범주	가치 단어/표현	1983	1988	1995
해군의 역할/정체성	북한 위협 대응을 위한 해군력	1		
	국가 방위(영해 보호)			1
	"세계"와 연관된 해군의 이미지			1
국가 정체성/이미지	태평양 시대에 중심적인 역할을 하는 국가		1	

〈표 A.1〉에서 보듯이, 같은 범주 아래 여러 종류의 가치 단어/표현들이 포함될 수 있다. 위 경우에는 해군의 역할/정체성이라는 범주 아래 3가지 종류의 가치 단어/표현이 포함되었다. 분석 대상 연도를 추가함에 따라 또 다른 가치 단어/표현이 나오게 된다. 물론, 해를 거듭해도 반복되어 등장하는 가치 단어/표현도 있다. 이런 방식으로 결과를 집계하는 과정에서 오랜 기간에 걸쳐 일정 범주에 속하는 가치 단어/표현의 변화를 관찰할 수 있게 된다. 예를 들어, 제7장의 〈그림 7.2〉는 1980년부터 2007년까지 해군의 정체성 또는 이미지와 연관된 4가지 가치 표현들의 변화를 보여주고 있다. 이 4가지는 저자가 식별한 14가

지 가치 표현들 중 가장 빈번히 등장한 표현들이다.[29)]

주목할 것은 가치 단어/표현이 동일한 의미를 나타내면서도 다른 형태로 표현될 수 있다는 것이다. 예를 들어, 해군의 역할/정체성을 묘사할 때, '조국 번영을 위한 선도군'이나 '태평양 시대에 우리의 번영을 보호하는 군'은 모두 국가번영에 공헌하는 해군의 역할/정체성에 대한 동일한 인식을 표현하고 있다. 이러한 측면에서 저자는 유사한 표현들을 한 가지 가치 단어/표현으로 함께 분류했다. 〈표 A.2〉는 제7장의 〈그림 7.2〉에서 나온 4가지 가치 단어/표현에 포함되는 다른 표현의 예시를 열거 및 분류한 것이다. 하나의 범주에 대한 분석 및 분류 결과는 최종적으로 〈표 A.3〉처럼 작성된다.

〈표 A.2〉 그림 7.2의 가치 단어/표현에 대한 다양한 표현의 예

가치 단어/표현	다양한 표현
세계와 관련된 이미지	해군의 세계화, 세계로 뻗어나가는, 5대양 6대주/태평양 활동무대, 동아시아(당시 세계와 필적)를 주름잡는, 세계 해군에 필적(뛰어난), 세계 최고(일류), 우수성을 세계에, 대내외 과시, 세계의 주목, 선진해군, 연합훈련 성공적 참가
북한과 관련된 이미지	북한 관련 임무, 국방(안보), 침략자 격퇴, 현존 위협 격퇴, 간첩, 해전, 북한 해상도발 분쇄, 북한의 해군력 증강, 연안 방어
국가번영에 기여	민족/국가의 생존, 미래, 발전, 번영, 영광을 뒷받침, 국운융성의 선봉, 태평양 시대의 번영을 지키는, 한국을 바다의 나라로 일으키는, 태평양 시대의 주역, 민족/우리나라를 세계로 이끄는(세계화의 기수)
국익 및 주권 수호	국익, 주권 수호

29) 해군의 이미지 범주에서 사실상 영토/영해 수호와 관련된 가치 단어/표현이 세 번째로 자주 등장했다. 저자가 〈그림 7.2〉를 위한 분석에서 영토/영해 수호를 제외한 것은 이는 모든 연설에서 지속적으로 등장했고, 따라서 시간의 변화에 따른 변화를 보여주지 못하기 때문이다.

〈표 A.3〉 연도별 '해군의 역할/정체성' 범주에 속하는 가치 단어/표현

가치 단어/표현	80	81	82	83	84	85	86	88	89	90	91	93	94	95	96	97	98	99	00	01	02	03	04	07	계
세계 관련 이미지	1								1		2	2	4	5	2	4	1	3	2	2	2	4	1	3	39
북한 관련 이미지	2	5	2	3	1	4	2	2	1								3	2	3	2	5	1			38
영토/영해 방어	2	1	1			1	1	2		3	1			1	4	3	2	4		4	3	2		1	36
국가번영에 공헌								2		1				3	3	1	3	4	1	3	3		1		26
대양해군														2	1	4		1	1	4	4	2	1	2	23
주권, 국익에 기여															3	2	1	2		2	2	1			13
현대화, 과학적, 첨단										1	1	2					2	4				1	1	1	13
지역 평화에 기여														2	1				3	1		3	1	2	13
국제안보협력에 기여													3	2							2				7
강한 해군	2																	2							4
미래 안보환경에 대비																		2				1			3
통일을 지원하는													1	2											3
국력의 상징	1																				1				2
전쟁수행에서 주요 역할											2														2
자유와 민주주의를 수호								1	1																2
정예군의 선봉																1									1

국회 국방위원회 국정감사 내용분석

본 부록은 제7장 "국회의원" 절에 대해 저자가 어떤 방법으로 분석했는지에 대한 설명을 제공한다. 분석자료로는 1995년부터 2009년까지 해군본부에 대한 국정감사 내용을 사용했다. 기간 중 매년 11명에서 19명으로 구성된 국방위원회 위원들이 해군과 관련된 질의를 했다. 이에 대한 내용분석으로 저자는 대통령 연설에 대한 분석과는 다소 다른 방법을 사용했다. 많은 위원들이 해군과 관련된 폭넓은 질의를 하기 때문에 저자의 연구내용과 관련이 없는 모든 회의록 내용을 분석하는 것은 불필요했다. 저자는 먼저 어떤 종류의 이슈들이 논의되고, 그 주제들이 얼마나 자주 등장했는지를 살펴보았다. 본 연구의 관심사항은 해군의 대양해군 계획에 대해 국회의원들이 얼마나 많은 관심을 가졌는지를 측정하는 것이기 때문에 그 첫 단계로 해당 주제에 대한 논의가 얼마나 자주 이뤄졌는지를 확인하는 것이 단순하지만 가장 적절한 방법이라고 판단했다. 이후, 이러한 논의에서 나온 질문과 답변들의 내용을 분석함으로써 대양해군 전력건설을 지지하는 다양한 입장과 논리를 분류했다. 제한된 지면으로 인해 모든 분석과정을 여기에 담는 것은 매우 어려운 일이므로 아래에 짧은 분석의 예를 제시했다. 〈그림 A.1〉은 저자가 분석의 예로 사용한 1997년 국정감사 회의록의 일부다.

분석을 위한 첫 단계로, 먼저 국회의원들의 질의 내용을 모두 검토하여 주제별로 분류했다. 예를 들어, 〈그림 A.1〉에서 첫 번째 직사각형으로 표시한 부분은 하나의 구체적인 주제(대양해군 건설에 대한)에 대한 단락의 시작이다. 두 번째 직사각형은 또 다른 주제(북한 잠수함 침투에 대한 대응태세) 단락을 나타낸다. 이러한 주제들이 등장할 때, 저자는 각각의 주제에 대해 1회로 카운트한다. 의원들이 간혹 하나의 관련 주제에서 여러 가지 질문을 할 때가 있다. 예를 들어, 〈그림 A.1〉에서 괄호숫자 ①~④는 대양해군과 관련되면서 다른 내용의 질문이다. 이때는 '대양해군'이라는 주제로 4회를 카운트했다. 제7장의 〈표 7.4〉는 이러한 과정을 종합한 것으로, 총 1,397개의 관련 질문을 식별했으며, 이들은 다시 37개의 주제 범주로 분류했다.

다음 작업으로 저자는 대양해군 건설로 분류된 질의 내용만 세부적으로 살펴보았는데, 이는 국회의원들이 어떤 입장에서 (어떤 논리로) 대양해군에 대한 찬성 또는 반대를 했는지 분석하기 위한 것이었다. 어떤 논리가 주로 등장했는지를 측정하기 위한 방법으로 저자는 그 논리를 뒷받침하기 위해 의원들이 사용한 문장의 수를 카운트했다. 예를 들어, 〈그림 A.1〉에서 첫 번째 직사각형 아래 문장들은 모두 대양해군 건설이 필요하다는 입장을 표명한 단락을 구성한다. 대양해군이 왜 필요한지에 대한 다른 논리를 저자는 사선으로 표시하여 구분했다. 첫 번째 사선의 내용은 한국의 지형적 특성 때문에, 두 번째 사선은 해양자원 등 바다의 경제적 가치 때문에 대양해군이 필요하다는 내용이다. "그리고" 등으로 이어진 문장도 다른 내용의 논리를 표현하고 있다면 그것은 다른 내용의 논리로 카운트했다. 이러한 다양한 논리가 등장한 횟수를 종합적으로 카운트한 것이 바로 제7장의 〈표 7.6〉이다. 물론, 단순히 문장의 수를 세는 것이 그 논리의 중요성을 측정하는 정확한 방법이 될 수는 없다. 하지만 국정감사에서 제한된 시간과 지면이 할당되고, 수많은 이슈를 다뤄야 하는 국회의원들의 입장을 고려하면, 제한된 시간과 지면을 활용하여 어떤 특정한 주제에 대한 언급을 얼마나 많이 했는가를 살펴보는 것은 의원들이 그 주제에 대해 얼마나 관심을 갖고 중요하게 생각하고 있는지를 어느 정도 가늠할 수 있을 것이다.

4 (1997年度國監-國防)

하를 드립니다.

질의를 하겠습니다.

大洋海軍 建設을 위해서 질의를 하겠습니다.

우리나라는 3면이 바다이고 해안선이 1만 2,000Km이며 도서가 3,200여개입니다. 또한 배타적 경제수역도 한반도 전체면적의 2.5배에 달하고 있습니다./ 앞으로 육지자원의 고갈에 따라 未來資源의 寶庫인 바다의 관할권을 쟁취하기 위한 주변국가간의 분쟁은 표면화 될 것입니다./ 94년 11월16일 UN 海洋法協約 발효와 더불어 동북아 해역은 한·중·일의 영해, EEZ, 대륙붕 경계획정, 도서영유권 문제 등으로 인하여 새로운 분쟁의 가능성이 높아가고 있고 이러한 상황하에서 각국들이 영해수호는 물론 자국의 해양이익을 보호하기 위해 해군력을 증강시키고 있습니다./

中國은 남사군도문제 등 海洋權益이 국가전략적 차원에서 그 비중이 높아짐에 따라 원거리 작전수행 능력을 향상시키는데 중점을 두고 해군력을 증강시키고 있으며 2001년 이후에 항공모함을 확보하려 하고/ 日本은 원해의 도서영유권 분쟁 및 1,000해리 해상교통로 보호능력 확보를 위해 최첨단의 이지스급 구축함 및 항모개조 가능한 상륙함 확보 등을 추진하고 있으며/ 우리보다 국력이 못한 泰國도 금년도에 1만1,500t급 항공모함을 확보하여 자국의 海上作戰能力을 크게 신장시켜 나가고 있는 등 동아시아 각국은 海軍力의 現代化를 적극 추진중에 있습니다./

우리나라는 수출입 물동량 중 99.8%가 해상수송을 통해 이루어지고 있으며 세계 교역시장에서 우리나라가 차지하는 비중이 점점 높아지고 있는 만큼 해상교통로 안전확보는 국가 번영의 초석으로서 이와같은 우리 바다를 보호하기 위해서는 해군력 증강이 필요할 것입니다.

大洋海軍으로 발전하기 위해 많은 노력을 하고 있는 것으로 본위원은 알고 있습니다. 현재의 한국 해군의 연안작전 위주의 군사력으로는 점차 증가하고 있는 대양에서의 해양활동을 보호할 수 없을 뿐 아니라 주변국들과의 해양분쟁이 발생했을 시 우리의 바다를 내어주는 결과를 초래할 것이 자명한 사실입니다.

현재 海軍이 추진하고 있는 大洋海軍 建設은 국가생존과 번영의 필수조건이며 미래에 있을 수 있는 전쟁에서 승리할 수 있는 필수불가결한 것이라고 말할 수 있습니다. 그러나 해군 함정을 건조하는데는 많은 예산과 시간이 필요하기 때문에 어려움이 많을 것으로 본위원은 알고 있습니다. 따라서 이러한 해군사업을 원활히 추진하기 위해서는 전국민들이 海軍力 建設이 필요하다는 공감대가 형성되도록 범국가적인 이해가 요구되며 국민들의 이해를 촉진시켜야 할 것입니다.

이러한 관점에서 海軍參謀總長에게 大洋海軍 建設에 대해 질의하고자 합니다.

첫째, 대양해군건설을 목표로 하고 있는 海軍總長께서는 미래 안보환경을 고려해서 어느 정도 전력규모가 되어야 대양해군이라 할 수 있는지와 그 구비조건은 무엇입니까 ? ①

둘째, 우리해군은 주변국의 해군력과 비교시 양적 질적으로 열세한 함정으로 구성되고 있다고 보는데 미래 안보환경 대비 주변국들에 대응할 수 있는 戰力增强 方法은 무엇입니까 ? ②

셋째, 海軍力은 建設期間의 장기성, 장비의 고가성 및 다양성 등의 특성으로 말미암아 戰力增强에 많은 어려움이 있고 또한 해군의 소요 제기가 적극 수용되지 않는 등 예산확보에 문제가 있는 것 같은데 대양해군 건설을 위한 豫算 確保方案은 무엇이며 우리 國防委員들이 도와줄 것은 무엇입니까 ? ③

넷째, 輕航母 建造問題가 국방부의 중·장기 전력증강계획에서 삭제되어 있는데 경항모의 필요성은 무엇이고 함정건조가 10년이상 소요된다고 볼때 해군은 최소 언제부터 사업이 시작되어야 된다고 보는지? ④

두번째는 北 潛水艦의 대비책인 對潛抑制 戰略과 관련해서 묻겠습니다.

美 海軍情報局의 북 잠수함 분석보고서 내용에 따르면 북한은 세계 제4위의 잠수함 전력을 보유하고 있는 것으로 나타났습니다. 100여척의 잠수함을 보유하고 있는 북한은 앞으로 더욱 잠수함 전력을 조직화해 도발을 감행해올 가능성이 높다고 볼 때 이에 대비한 적절한 전력확보가 절대적으로 필요하겠습니다.

北韓 潛水艦 戰力에 대비한 우리 海軍의 對應戰略과 관련하여 질의하겠습니다.

첫째, 對潛抑制戰力인 P3-C가 메뉴얼상으로 나타나 있는 작전반경과 실제 훈련에서 나타난 것과 차이가 있다고 하는데 그 이유는 무엇이고 차이는 얼마이며 제작사에게 그 원인에 대한 문제제기를 한 사실이 있는지 밝혀주기 바랍니다. 아울러 향후 해군에서 파악하고 있는 P3-C의 적절한 소요는 몇대라고 생각는지 參謀總長의 답변을 바랍니

〈그림 A.1〉 연도별 ‘해군의 역할/정체성’ 범주에 속하는 가치 단어/표현

참고문헌

〈2차 자료〉

국내자료

강정훈, "해군 태평양시대 대형 함정 보유 시급 44%/해사 졸업생 설문", 「동아일보」, 1995년 3월 25일, 29면.

강영오. 「한국 해군의 역할정의」, 「Strategy 21」 제1권, 여름호. 1998.

______. 『나라와 바다의 전략』. 서울: 해양전략연구소. 2007.

국방부. 『율곡사업의 어제와 오늘, 그리고 내일』, 서울: 대한민국 국방부, 1994. 22면.

김광덕, "율곡비리 고발 6인 협의", 「한국일보」, 1993년 7월 10일.

김당, "한국 해군 '대양'으로 나가라", 「시사저널」, 1995년 8월 17일.

김동한. 「한국군 구조개편 정책과 결정요인 분석」, 「한국정치학회보」 제43집 제4호. 2009.

김민석 · 양욱 · 유용원. 『신의 방패 이지스 대양해군의 시대를 열다』, 서울: 플래닛미디어. 2008.

김성걸, "해군 '대양해군론' 공식 제기", 「한겨레」, 1995년 3월 7일, 2면.

김수곤, "의견", 「조선일보」, 2002년 8월 8일.

김원홍, "연안해군 탈피, 대양방위 첫발/환태평양 합동훈련 참가의 의미", 「서울신문」, 1990년 3월 25일, 3면.

김재철. 「전시 작전 통제권의 한국군 환원과 한반도 평화」, 「한국 동북아 논총」 제38권, 2006. 165쪽.

김재홍, "해군 대양으로 눈돌린다/21세기 신국방정책 추진", 「동아일보」, 1992년 9월 16일,

김정호, "해사 첫 여장교, 신고합니다", 「한국일보」, 2003년 3월 12일, 26면.

김종대. "육군 무기 도입 패권주의에 해공군 반발과 충돌 심화", 「주간동아」, 2012년 6월. 20-21쪽.

김증기. 『한국군사사』, 창원: 경남대학교출판부. 2011. 218-232쪽.

김현수. 『해양법총론』. 서울: 청목. 2010.

김혁수, "대양해군 허세 부린 적 없다", 「조선일보」, 2010년 3월 7일.

김효철 외 편집. 『한국의 배』. 서울: 지성사. 2006.

노경수. 「21세기 한국의 안보와 해군의 역할」, 「제4회 함상토론회」, 계룡: 해군본부, 1995. 231-273쪽.

노주석, "해군 심볼/로고 나왔다", 「서울신문」, 2000년 12월 8일, 28면.

노태우. 『노태우 회고록: 상권—국가, 민주화, 나의 운명』, 서울: 조선뉴스프레스. 2011. p. 5.

모규엽. "새해 첫날 방송 3사 메인 뉴스...하늘과 바다서 새해인사", 「국민일보」, 2004년 12월 31일.

문철, "우리 기술로 설계제작/구축함 광개토대왕함 진수의 의미", 「동아일보」, 1996년 10월 29일.

문화일보. "사설: 코리아 브랜드 가치 높일 청해부대 출항", 「문화일보」, 2009년 3월 14일, 23면.

민경택, "독도망언 단호대처", 「국민일보」, 1996년 2월 10일, 1면.

박광주, "대양해군 성장 밑거름/해군, 환태평양 훈련 참가 의미", 「세계일보」, 1990년 3월 25일.

박민혁 · 김승련, "'대양해군' 외치다 안방서 북잠수함 위협 직면", 「동아일보」, 2004년 4월 21일.

박병진, "해군 '대양해군' 깃발 내린다", 「세계일보」, 2010년 9월 16일.

박상은, "기고/문무대왕함 파병 환송식에 가서", 「한국일보」, 2009년 3월 28일.

박성진, "전력 강화 '거꾸로 가는 군' 첨단화보다 '재래식 무장' 쪽으로 방향 전환 검토", 「경향신문」, 2010년 4월 28일.

______, "군 슬로건과 '화이팅'", 「경향신문」, 2007년 3월 2일, 29면.

______, "해사 '오누이 생도' 오빠가 수석 졸업", 「경향신문」, 2003년 3월 12일, 12면.

"사설/공비침투가 남긴 것", 「국민일보」, 1996년 11월 6일.

"사설/대양해군 건설 어디갔나", 「세계일보」, 1997년 4월 5일, 3면.

"(사설) 문민정부와 군의 안보태세 전면 재점검하라", 「동아일보」, 2010년 4월 17일.

송용회, "3,000톤급 국산 구축함 시대 열렸다", 「한국일보」, 1996년 10월 25일, 6면.

신진호, "현대중공업, 차기잠수함 건조업체로 결정", 「세계일보」, 2000년 11월 23일.

오이석, "대양해군 꿈 잠시 접는다", 「서울신문」, 2010년 9월 16일.

오원철.『한국형 경제건설: 엔지니어링 어프로치』(제5권), 서울: 기아경제연구소, 1996. 442-443쪽.

유용원, "(전문가 칼럼) 첨단무기를 제대로 쓰려면",「조선일보」, 2008년 8월 17일.

______, "대양해군 10여년 앞당겨…해군전력증강계획",「조선일보」, 1996년 5월 23일.

______, "국방 중기 계획 주변국 위협까지 대비 첨단전력 증강",「조선일보」, 2000년 10월 3일.

유승운, "'대양해군' 구호 그만!",「동아일보」, 2010년 9월 16일.

유인호, "국산잠수함 첫 수출…대우조선, 인도네시아와 3척 11억불 계약",「한국일보」, 2011년 12월 21일.

육정수, "관함식 군사외교",「동아일보」, 2008년 10월 9일.

윤상호, "3,000t급 중잠수함 전과정 독자 개발",「동아일보」, 2007년 5월 17일.

______, "로켓 발사 강행/첫 투입 세종대왕함, 로켓 궤도추적 성공",「동아일보」, 2009년 4월 6일.

이민룡.『김정일 체제의 북한군대 해부』, 서울: 황금알. 2004. 54쪽.

이상현 · 조윤영.「미국의 세계전략과 주한미군: 80년대 말 철군 논의와 한반도 안보의 연계성에 관한 고찰」,『한국외교논총』제26호(1). 1998. 187쪽.

이선호.「21세기 한국 해군의 임무와 해군력」,「제4회 함상토론회」, 계룡: 해군본부, 1995. 338-388쪽.

이정호, "박정성 해군 예비역 소장 '연평해전, 햇볕정책 때문에 왜곡'",「파이낸셜뉴스」, 2009년 6월 16일.

이정훈, "안병태 전 해군참모총장 '분노의 전역사'",「시사저널」, 1997년 4월 17일.

이종훈, "대양해군 전략 재검토",「문화일보」, 1997년 3월 26일.

이중근, "대장승진 인사배경",「경향신문」, 1995년 3월 26일, 2면.

이철희, "서해교전 전사자 추모 해군환상곡 '황해' 초연",「중앙일보」, 2003년 11월 11일.

이춘근.「한국 해군력 증강의 논리」,「Strategy 21」제1집. 1998. 59-84쪽.

이홍환, "한국 해군 '방향타'는 있는가",「시사저널」, 1995년 2월 16일.

장석범, " '천안함' 6개월 '해군이 바뀐다'",「문화일보」, 2010년 9월 15일.

전현석, "천안함 이후 사라졌던 '대양해군' 구호 재사용",「조선일보」, 2012년 2월 17일.

정경환.『김대중 정권의 대북정책의 평가』, 부산: 이경출판. 2008.

정덕상, "북 반잠수정 격침/국방부, 합참 표정",「한국일보」, 1998년 12월 19일.

______, "국제관함식 주관하는 유삼남 해군참모총장(인터뷰)",「한국일보」, 1998년 10월 10일, 6면.

정종섭, "정종섭의 논형: 소말리아 파견과 국민 보호",「한국일보」, 2009년 3월 16일, 34면.

정충신, "3000t급 잠수함 사업 6년 연기", 「문화일보」, 2006년 12월 7일.

______, "세종대왕함 진수...내년 실전배치", 「문화일보」, 2007년 5월 26일, 2면.

정호섭. 「한국 해군과 대양해군을 둘러싼 제 논쟁의 분석과 새로운 해석」. 「해양연구논총」 제 17권. 1996.

______. 「한국의 해양안보: 그 몇 가지 근원적 난제」, 「Strategy 21」 제1집. 1998.

조성식, "'이상희 국방' 리더십 & 정책", 「신동아」, 589권, 2008년 10월 1일. 180-199쪽.

조활, "조선일보를 읽고", 「조선일보」, 1999년 8월 21일.

하준우, "우리군함 처음 러시아 간다", 「동아일보」, 1993년 9월 20일, 2면.

한영택, "함대 퍼레이드", 「세계일보」, 1996년 8월 16일, 5면.

함영준, "장보고 바로 알기", 「조선일보」, 1996년 5월 21일, 6면.

합참 전력발전본부 합동전투발전과, "육해공 전력 통합 · 발전 전투력 발휘 극대화", 「국방일보」, 2010년 3월 17일.

"해사생 순항훈련 첫 세계일주", 「동아일보」, 1992년 9월 14일.

"해참총장 이취임식", 「서울신문」, 1991년 9월 6일, 2면.

현용해. 「한반도 평화체제 구축과 군비통제 정책」; 차영구 · 황병무. 『국방정책의 이론과 실제』, 서울: 오름. 2004.

홍성규 · 오이석, "아덴만 쾌거 이후/정치권 대양해군 한목소리... 군은 신중", 「서울신문」, 2011년 1월 26일.

홍성일, "중일 해군력증강 대응 우리도 항공모함 필요", 「세계일보」, 1993년 5월 24일, 22면.

황유성, "대양해군 막는 세력 누구냐/안 해참총장 이임사 파장", 「동아일보」, 1997년 4월 3일.

『21세기를 향한 해군』, 논산: 해군본부. 1998.

외국자료

Abdelal, Rawi, Yoshiko M. Herrera. Alastair Iain Johnston, and Rose McDermott. "Identity as a Variable." In *Measuring Identity: A Guide For Social Scientists*, by Rawi Abdelal, Yoshiko M. Herrera, Alastair Iain Johnston and Rose McDermott. New York: Cambridge University Press, 2009.

Allison, Graham T., and Morris A. Frederic. "Exploring the Determinants of Military Weapons." *Daedalus 104*, Summer 1975.

Allison, Graham, and Philip Zelikow. *Essence of Decision: Explaining the Cuban Missile Crisis, Second Edition.* New York: Addison-Wesley Educational Publishers Inc., 1999.

Aronoff, Myron, and Jan Kubik. *Anthropology and Political Science: A Convergent Approach.* Oxford: Berghahn Books, 2012.

B. H. Hart, Liddell. *Strategy.* London: Faber & Faber Ltd., 1954.

Ball, Desmond. "Arms and Affluence: Military Acquisitions in the Asia-Pacific Region." *International Security, Vol. 18, No. 3* , Winter, 1993-1994: pp. 78-112.

BBC News. "South Korea rescues Samho Jewelry crew from pirates." January 21, 2011.

Blackman, Raymond V. B. *Jane's Fighting Ships 1956-57.* New York: The McGraw-Hill Book Company Inc, 1956.

______. *Jane's Fighting Ships 1965-66.* New York: McGraw-Hill Book Company, 1965.

______. *Jane's Fighting Ships 1972-73.* Huddersfield, England: Netherwood Dalton & Co. LTD, 1972.

Booth, Ken. *Navies and Foreign Policy.* New York: Crane, Russak & Company Inc., 1977.

Booth, Ken. "The Role of Navies in Peacetime: The Influence of Future History on Sea Power." In *Naval Power in the Pacific: Toward the Year 2000*, by Hugh Smith and Anthony Bergin, pp. 145-162. Boulder and London: Lynne Rienner Publishers, 1993.

Brands, H. W. *T. R.: The Last Romantic.* New York: BasicBooks, 1997.

Brown, Michael E. *Flying Blind: the Politics of the US Strategic Bomber.* Ithaca, New York: Cornell University Press, 1992.

Bruce, Anthony, and William Cogar. *An Encyclopedia of Naval History.* Chicago and London: Fitzroy Dearborn Publishers, 1998.

Cagle, Malcolm W. and Frank A. Manson. *The Sea War in Korea.* Annapolis, Maryland: United States Naval Institute, 1957.

Castillo, Jasen, Julia Lowell, Ashley J. Tellis, Jorge Munoz, and Benjamin Zycher. *Military Expenditures and Economic Growth.* Santa Monica: Rand, 2001.

Cha, Victor D. *Alignment Despite Antagonism: The United States-Korea-Japan Security Triangle.* Stanford, California: Stanford University Press, 1999.

Chairman of the Joint Chiefs of Staff. *Joint Vision 2010.* Washington, D.C., 1996.

Coleman, James S. "Social Capital in the Creation of Human Capital." *American Journal of Sociology, Vol. 94 Supplement*, 1988: pp. 95-120.

Defense Acquisition Program Administration. *Bangwisaupgaeron (Introduction to Defense Acquisition Program).* Seoul: Defense Acquisition Program Administration, Republic of Korea, 2008.

Department of Defense. "A Strategic Framework for the Asian Pacific Rim: Looking Toward the 21st Century." Report to Congress, Washington, D.C., 1990.

Department of Defense. *United States Security Strategy for the East Asia-Pacific Region.* Washington, D.C. : Department of Defense, Office of International Security Affairs, February 1995.

Department of State. *Department of State Bulletin.* June 2, 1975.

Deptula, David A. *Effects-Based Operations: Change in the Nature of Warfare.* Arlington, Virginia: Aerospace Education Foundation, 2001.

Deutsch, Karl W. et al. *Political Community and the North Atlantic Area.* Princeton: Princeton University Press, 1957.

DiMaggio, Paul J. and Walter W. Powell. "The Iron Cage Revisited: Institutional Isomorphism and Collective Rationality in Organizational Fields." In *The New Institutionalism in Organizational Analysis*, by Walter W. Powell and Paul J. DiMaggio eds., pp. 63-82. Chicago and London: The University of Chicago Press, 1991.

Division for Ocean Affairs and the Law of the Sea. *The United Nations Convention on the Law of the Sea (A Historical Perspective).* The United Nations, Originally prepared for the International Year of the Ocean, 1998.

Dombrowski, Peter J., Eugene Gholz and Andrew L. Ross. *Military Transformation and the Defense Industry after Next: The Defense Industrial Implications of Network-Centric Warfare.* Newport: Naval War College, 2002.

Elman, Colin and Miriam Fendius Elman. "Introduction: Appraising Progress in International Relations Theory." In *Progress in International Relations Theory: Appraising the Field*, by Colin Elman and Miriam Fendius Elman. Cambridge: MIT Press, 2003.

______. *Progress in International Relations Theory: Appraising the Field.* Cambridge and London: MIT Press, 2003.

Evangelista, Matthew. *Innovation and the Arms Race: How the United States and the Soviet Union Develop New Military Technologies.* Ithaca and London: Cornell University Press, 1988.

Evera, Stephen Van. *Causes of War: Power and the Roots of Conflict.* Ithaca, NY: Cornell University Press, 1999.

______. *Guide to Methods for Students of Political Science.* Ithaca and London: Cornell University Press, 1997.

Eyre, Dana P. and Mark C. Suchman. "Status, Norms, and the Proliferation of Conventional Weapons: An Institutoinal Theory Approach." In *The Culture of National Security: Norms and Identity in the World Politics*, by Peter J. Katzenstein, pp. 79-113. New York: Columbia University Press, 1996.

Farrell, Theo. *Weapons Without a Cause: The Politics of Weapons Acquisition in the United States.* New York: St. Martin's Press, 1997.

Farrell, Theo. "World Culture and Military Power." *Security Studies, Vol. 14, No. 3*, 2005: pp. 448-

488.

Farrell, Theo and Terry Terriff eds. *The Sources of Military Change: Culture, Politics, Technology.* Boulder, Colorado: Lynne Rienner Publishers, Inc, 2002.

Fearon, James and Alexander Wendt. "Rationalism v. Constructivism: A Skeptical View." In *Handbook of International Relations*, by Walter Carlsnaes, Thomas Risse and Beth A. Simmons. London: Sage Publications Ltd., 2002.

Finley, James P. *The US Military Experience in Korea, 1871-1982: In the Vanguard of ROK-US Relations.* USFK/EUSA Headquarters, 1983.

Finnemore, Martha. "Norms, Culture, and World Politics: Insights from Sociology's Institutionalism." *International Organization, Vol. 50, No. 2*, 1996: pp. 325-347.

Fischer, Hannah. *North Korean Provocative Actions, 1950-2007.* CRS Report for Congress, Congressional Research Service, Updated April 20, 2007.

French, Howard W. "Koizumi's Visit to War Shrine Angers Japan's Neighbors." *The New York Times*, April 22, 2002.

Friedman, Norman. *Network-Centric Warfare: How Navies Learned to Fight Smarter Through Three World Wars.* Annapolis: Naval Institute Press, 2009.

Gamson, William A. "Political Discourse and Collective Action." In *International Social Movement Research, Volume 1, From Structure to Action: Comparing Social Movement Research Across Cultures*, by Bert Klandermans, Hanspeter Kriesi and Sidney Tarrow, pp. 219-44. Greenwich, CT: JAI Press, 1988.

George, Alexander L. and Andrew Bennett. *Case Studies and Theory Development in the Social Science.* Cambridge, MA: MIT Press, 2005.

Gerring, John. "The Case Study: What It Is and What It Does." In *The Oxford Handbook of Comparative Politics*, by Carles Boix and Susan C. Stokes, pp. 90-122. Oxford and New York: Oxford University Press, 2007.

Giddens, Anthony. *The Nation-State and Violence: Volume Two of A Contemporary Critique of Historical Materialism.* Berkely and Los Angeles: University of California Press, 1985.

Gill, Bates and Taeho Kim. *China's Arms Acquisitions from Abroad: A Quest for "Superb and Secret Weapons."* New York: Oxford University Press, 1995.

Gilpin, Robert. *War and Change in World Politics.* New York: Cambridge University Press, 1981.

Glosny, Michael A., Philip C. Saunders and Robert S. Ross. "Debating China's Naval Nationalism." *International Security, Vol. 35, No. 2*, Fall 2010: pp. 161-175.

Godwin, Paul H. B. "Military Technology and Doctrine in Chinese Military Planning: Compensating for Obsolescence." In *Military Capacity and the Risk of War: China, India, Pakistan and Iran*, by Eric ed. Arnett. New York: Oxford University Press, 1997.

Goemans E. H. "Which Way Out?: The Manner and Consequences of Losing Office." "Journal of Conflict Resolution, Vol.52, No. 6", December, 2008: pp. 771-794.

Gordon, Michael R. and General Bernard E. Trainor. *Cobra II: The Inside Story of the Invasion and Occupation of Iraq.* New York: Pantheon Books, 2006.

Graham, Euan. *Japan's Sea Lane Security, 1940-2004: A Matter of Life and Death?* . New York: Routledge, 2006.

Gray, Colin S. *Weapons Don't Make War: Policy, Strategy, and Military Technology.* Lawrence: University Press of Kansas, 1993.

Green, M. J. "Despite Aegis, Japan Still Will Depend on U. S. Navy." *Defense News*, August 13, 1990: p. 8.

Grieco, Joseph M. "Anarchy and the Limits of Cooperation: A Realist Critique of the Newest Liberal Institutionalism." In *Controversies in International Relations Theory: Realism and the Neoliberal Challenge*, by Charles W. Kegley, Jr. New York: St. Martin's Press, 1995.

Grimmett, Richard F. and Paul K. Kerr. *Conventional Arms Transfers to Developing Nations, 2004-2011.* CRS Report for Congress (R42678), Congressional Research Service, August 24, 2012.

Grotius, Hugo. *Mare Liberum.* University of Michigan Library, 1916.

Hall, Peter A. and Rosemary C. Taylor. "Political Science and the Three New Institutionalisms." *Political Studies, Vol. 44, No. 5*, 1996: 936-957.

Halperin, Morton H. *Bureaucratic Politics and Foreign Policy.* Washington, D. C.: The Brookings Institution, 1974. With the assistance of Priscilla Clapp and Arnold Kanter.

Halperin, Morton H. and Arnold Kanter. "The Bureaucratic Perspective: A Preliminary Framework." In *Bureaucratic Politics and Foreign Policy*, by Morton H. Halperin and Arnold Kanter. Washington, D. C.: Brookings, 1974.

Harlan, Chico. "South Korea extends missile range under new deal with U. S." *The Washington Post*, October 7, 2012.

Harrison, Selig S. *Korean Endgame: A Strategy For Reunification and U. S. Disengagement.* Princeton: Princeton University Press, 2002.

Hedberg, Bo. "How Organizations Learn and unlearn." In *Handbook of Organizational Design, vol. 1*, by Paul C. Nystrom and William H. Starbuck. Oxford: Oxford University Press, 1981.

Heginbothem, Eric. "The Fall and Rise of Navies in East Asia: Military Organizations, Domestic Politics, and Grand Strategy." *International Security, Vol. 27, No.2*, Autumn, 2002: pp. 86-125.

Hicks, George L. *Japan's War Memories: Amnesia or Concealment?* Aldershot: Ashgate, 1997.

Horowitz, Michael C. *The Diffusion of Military Power: Causes and Consequences for International Politics.* Princeton: Princeton University Press, 2010.

Howard, Michael. "War and the Nation-State." *Daedalus 108*, 1979.

Hua, Di. "Threat Perception and Military Planning in China: Domestic Instability and the Importance of Prestige." In *Military Capacity and the Risk of War: China, India, Pakistan and Iran*, by Eric ed. Arnett. New York: Oxford University Press, 1997.

Hughes, Christopher W. and Akiko Fukushima. "U. S.-Japan Security Relations: Toward Bilateralism Plus?" In *Beyond Bilateralism: U. S.-Japan Relations in the New Asia-Pacific*, by Ellis S. Krauss and T. J. Pempel. Stanford, California: Stanford University Press, 2004.

Huntington, Samuel P. *The Third Wave: Democratization in the Late Twentieth Century.* Norman and London: University of Oklahoma Press, 1991.

Inglehart, Ronald. "The Renaissance of Political Culture." *The American Political Science Review, Vol. 82, Issue 4*, Dec., 1988: pp. 1203-1230.

Jepperson, Ronald L., Alexander Wendt and Peter J. Katzenstein. "Norms, Identity, and Culture in National Security." In *The Culture of National Security: Norms and Identity in World Politics*, by Peter J. Ed. Katzenstein, pp. 33-75. New York: Columbia University Press, 1996.

Jervis, Robert. "Cooperation Under Security Dilemma." *World Politics, Vol. 30, No. 2*, January, 1978: pp. 167-214.

______. *Perception and Misperception in International Politics.* Princeton: Princeton University Press, 1976.

Johnson, James. "Conceptual Problems as Obstacles to Progress in Political Science." *Journal of Theoretical Politics, Vol. 15, No. 1*, 2003: pp. 87-115.

Joint Chiefs of Staff. *Department of Defense Dictionary of Military and Associated Terms (Joint Publication 1-02).* Joint Force Development (J-7), 8 November 2010 (Amended through 15 March 2012).

Joint Chiefs of Staff. *Joint Publication 3-0 Joint Operations.* Washington, D.C., 2011.

Jung, Sung-Ki. "S. Korea Pursues Blue-Water Force: Braces for China, Japan Buildups." *Defense News*, April 16, 2012.

Kang, David C. "Getting Asia Wrong: The Need for New Analytical Frameworks." *International Security, Vol. 27, No. 4*, Spring, 2003: pp. 57-85.

Katzenstein, Peter J. *The Culture of National Security: Norms and Identity in World Politics.* New York: Columbia University Press, 1996.

Kearsley, Harold J. *Maritime Power and the Twenty-first Century.* Aldershot: Dartmouth Publishing Co., 1992.

Keegan, John. *A History of Warfare.* New York: Alfred A. Knopf Inc., 1993.

Kennedy, Malcolm J. and Michael J. O'Connor. *Safely by Sea.* Lanham, Maryland: University Press of America, Inc., 1990.

Kennedy, Paul M. *The Rise and Fall of British Naval Mastery.* New York: Charles Scribner's Sons, 1976.

Kim, Samuel S. *Korea's Globalization.* New York: Cambridge University Press, 2000.

______. *The Two Koreas and the Great Powers.* New York: Cambridge University Press, 2006.

Kim, Young Sam. "Let Us All Look Outward and Forward (New Year's Message to the Nation, January 1, 1995)." In *Korea's Quest for Reform and Globalization: Selected Speeches of President Kim Young Sam*, by The Presidential Secretariat. Seoul: The Presidential Secretariat, The Republic of Korea, 1995.

Kim, Young Sam. "Outlining the Blueprint for Globalization (Remarks at a Meeting with Members of the Committee for Globalization Policy, January 25, 1995)." In *Korea's Quest for Reform and Globalization: Selected Speeches of President Kim Young Sam*, by The Presidential Secretariat. Seoul: The Presidential Secretariat, The Republic of Korea, 1995.

Kim, Young Sam. "Reforms to Propel the Nation into Globalization (Remarks at the Beginning of the New Year's Press Conference, January 6, 1994)." In *Korea's Quest for Reform and Globalization: Selected Speeches of President Kim Young Sam*, by The President Secretariat. Seoul: The President Secretariat, The Republic of Korea, 1995.

Kim, Young Sam. "Together on the Road to a New Korea (Inaugural Address delivered on February 25, 1993)." In *Korea's Quest for Reform and Globalization: Selected Speeches of President Kim Young Sam*, by The Presidential Secretariat. Seoul: The Presidential Secretariat, The Republic of Korea, 1995.

Kington, Tom. "Italy Looks to Sell Used Ships, Vehicles." *Defense News*, June 4, 2012.

Kissinger, Henry. *Diplomacy.* New York and London: Simon & Schuster, 1994.

Kuhn, Thomas S. *The Structure of Scientific Revolutions.* Chicago: The University of Chicago Press, 1962.

Laird, Robbin F. "The Long Reach of Aegis." *Proceedings*, January 2012: pp. 32-38.

Lakatos, Imre. "Falsification and the Methodology of Scientific Research Programmes." In *Criticism and the Growth of Knowledge*, by Imre Lakatos and Alan Musgrave. New York, London: Cambridge University Press, 1970.

Larson, Deborah Welch. "Sources and Methods in Cold War History: The Need for a New Theory-Based Archival Approach." In *Bridges and Boundaries: Historians, Political Scientists, and the Study of International Relations*, by Colin Elman and Miriam Fendius Elman eds, pp. 327-350. Cambridge and London: The MIT Press, 2001.

Larson, Deborah, T. V. Paul and William Wohlforth. "Status and World Order." In *Status in World Politics*, by T. V. Paul, Deborah Larson and William Wohlforth. Forthcoming.

Laudan, Larry. *Progress and Its Problems: Toward a Theory of Scientific Growth.* Berkeley, Los Angeles, and London: University of California Press, 1977.

Lebow, Richard Ned. *A Cultural Theory of International Relations.* Cambridge and New York: Cambridge University Press, 2008.

Lee, Chae-Jin. *A Troubled Peace: U. S. Policy and the Two Koreas.* Baltimore: The Johns Hopkins University Press, 2006.

Legro, Jeffrey W. and Andrew Moravcsik. "Is Anybody Still a Realist?" *International Security, Vol. 24, No. 2,* Autumn, 1999: pp. 5-55.

Levy, Jack S. "Case Studies: Types, Designs, and Logics of Inference." *Conflict Management and Peace Science, Vol. 25,* 2008: pp. 1-18.

Levy, Jack S. "Learning and Foreign Policy: Sweeping a Conceptual Minefield." *International Organization, Vol. 48, No. 2,* Spring, 1994.

Levy, Jack S. *War in the Modern Great Power System 1495-1975.* Lexington, Kentucky: The University Press of Kentucky, 1983.

Levy, Jack S. and William R. Thompson. *Causes of War.* West Sussex, UK: Wiley-Blackwell, 2010.

Lewis, John Wilson and Xue Litai. *China's Strategic Seapower: The Politics of Force Modernization in the Nuclear Age.* Stanford, California: Stanford University Press, 1994.

Lobell, E. Steven. "Politics and National Security: The Battle for Britain." *Conflict Management and Peace Science, Vol. 21. No. 4,* Winter 2004: pp. 269-286.

Lobell, Steven E., Norrin M. Ripsman and Jeffrey W. Taliaferro. *Neoclassical Realism, the State, and Foreign Policy.* Cambridge and New York: Cambridge University Press, 2009.

Louscher, David J. and Anne Naylor Schwarz. "Patterns of Third World Military Technology Acquisition." In *The Dilemma of Third World Defense Industries: Supplier Control or Recipient Autonomy?*, by Kwang-Il Baek, Ronald D. McLaurin and Chung-in Moon, pp. 33-56. Inchon, South Korea: Center for International Studies, Inha University, 1989.

MacDonald, Donald Stone. *U. S.-Korean Relations from Liberation to Self-Reliance: The Twenty-Year Record.* Boulder, Colorado: Westview Press, 1992.

Mahoney, James and Kathleen Thelen. "A Theory of Gradual Institutional Change." In *Explaining Institutional Change: Ambiguity, Agency, and Power,* by James Mahoney and Kathleen Thelen, pp. 1-37. Cambridge and New York: Cambridge University Press, 2010.

Mandelbaum, Michael. *The Fate of Nations: The Search for National Security in the Nineteenth and Twentieth Centuries.* Cambridge and New York: Cambridge University Press, 1988.

March, James G. *A Primer on Decision: How Decisions Happen.* New York: Free Press, 1994.

March, James G. and Johan P. Olsen. *Rediscovering Institutions: The Organizational Basis of Politics.* New York: The Free Press, 1989.

March, James G. and Johan P. Olsen. "The New Institutionalism: Organizational Factors in Political Life." *The American Political Science Review, Vol. 78, No. 3*, Sep., 1984: pp. 734-749.

McCrabb, Michael H. "From Presence to Powerhouse." *Proceedings*, March 2011: pp. 54-59.

McNeely, Connie L. *Constructing the Nation-State: International Organization and Prescriptive Action.* Westport, CT: Greenwood Press, 1995.

Mearsheimer, John J. *The Tragedy of Great Power Politics.* New York: Norton, 2001.

Meconis, Charles A. and Michael D. Wallace. *East Asian Naval Weapons Acquisitions in the 1990s: Causes, Consequences, and Responses.* Westport, CT: Praeger Publishers, 2000.

Meyer, John W. "The World Polity and the Authority of the Nation-State." In *Institutional Structure: Constituting State, Society, and the Individual*, by M. George Thomas, John W. Meyer, Francisco O. Ramirez and John Boli. Beverly Hills, California: Sage Publication, 1987.

Mistry, Dinshaw. *Containing Missile Proliferation: Strategic Technology, Security Regimes, and International Cooperation in Arms Control.* Seattle and London: University of Washington Press, 2003.

Mochizuki, Mike M. "Japan's Search for Strategy." *International Security, Vol. 8, No. 3*, Winter, 1983-1984: pp. 152-179.

Moon Chung-in. "South Korea: Between Security and Vulnerability." In *The Implications of Third World Military Industrialization: Sowing the Serpents' Teeth*, by James Everett Katz, pp. 241-266. Lexington: D. C. Heath and Company, 1986.

Moore, John. *Jane's Fighting Ships.* London: Jane's Publishing Company, 1980.

______. *Jane's Fighting Ships 1974-75.* Huddersfield, UK: Netherwood Dalton & Co. Ltd, 1974.

______. *Jane's Fighting Ships 1981-82.* London and New York: Jane's Publishing Company Ltd., 1981.

______. *Jane's Fighting Ships 1985-86.* London and New York: Jane's Publishing Company Ltd, 1985.

Morgenthau, Hans J. *Politics among Nations: The Struggle for Power and Peace.* New York: Alfred A. Knopf, 1963.

Muller, Jr., David G. *China as a Maritime Power.* Boulder, Colorado: Westview Press, 1983.

Neuman, Stephanie. "Offsets in the International Arms Market." In *World Military Expenditures and Arms Transfers 1985*. Washington, D. C.: U. S. Arms Control and Disarmament Agency, 1985.

Nixon, Richard. *United States Foreign Policy for the 1970s: Building for Peace: A Report by President Richard Nixon to the Congress February 25, 1971.* New York: Harper & Row, Publishers, 1971.

Noer, John H. and David Gregory. *Chokepoints: Maritime Economic Concerns in South-east Asia.* Washington, D. C.: National Defense University Press/Center for Naval Analyses, 1996.

Nolan, Janne E. *Military Industry in Taiwan and South Korea.* New York: St. Martin's Press, 1986.

Noland, Marcus. *Avoiding the Apocalypse: The Future of the Two Koreas.* Washington D. C.: Institute for International Economics, 2000.

North, Robert C. and Matthew Willard. "The Convergence Effect: challenge to parsimony." *International Organization, Vol. 37. No. 2*, Spring 1983.

Nye, Joseph S. "Transnational Relations, Interdependence, and Globalization." In *Millennial Reflections on International Studies*, by Michael Brecher and Frank P. Harvey. Ann Arbor: The University of Michigan Press, 2002.

Oberdorfer, Don. *The Two Koreas: A Contemporary History.* Reading, Massachusetts: Addison-Wesley, 1997.

O'Connor, Michael. "The Threat to Sea Lane Security." In *Safely by Sea*, by Malcolm J. Kennedy and Michael J. O'Connor, pp. 49-56. Lanham, Maryland: University Press of America, Inc., 1990.

Olsen, Edward A. *Prospects For an Increased Naval Role For the Republic of Korea In Northeast Asian Security.* Prepared for Chief of Naval Operations (Plans, Policy and Operations), Monterey, California: Naval Postgraduate School, March 1989.

Olsen, Edward A. "Republic of Korea: The Peninsular Overachiever." In *Emerging Powers: Defense and Security in the Third World*, by Rodney W. Jones and Steven A. Hildreth, pp. 66-92. New York: Praeger, 1986.

O'Neill, Barry. *Honor, Symbols, and War.* Ann Arbor: University of Michigan Press, 1999.

Onish, Norimitsu. "In Japan's New Texts, Lessons in Rising Nationalism." *New York Times*, April 17, 2005.

Park, Han S. "The Nature and Evolution of the Inter-Korean Legitimacy War." In *Korean Security Dynamics In Transition*, by Kyung-Ae Park and Dalchoong Kim. New York: Palgrave, 2001.

Peck, Merton J. and Frederic M. Scherer. *The Weapons Acquisition Process: An Economic Analysis.* Boston: Graduate School of Business Administration, Harvard University, 1962.

Pierre, Andrew J. *The Global Politics of Arms Sales.* Princeton, New Jersey: Princeton University Press, 1982.

Pierson, Paul and Theda Skocpol. "Historical Institutionalism in Contemporary Political Science." In *Political Science: The State of the Discipline*, by Ira Katznelson and Helen V. Milner, pp. 693-721. New York: W. W. Norton & Company, Inc., 2002.

Polmer, Norman. "Back to the Future." *Proceedings Magazine, Vol. 132/3/1*, March 2006.

Posen, Barry R. *The Sources of Military Doctrine: France, Britain, and Germany between the World Wars.* Ithaca and London: Cornell University Press, 1984.

Powell, Walter W. and Paul J. DiMaggio. *The New Institutionalism in Organizational Analysis.* Chicago: University of Chicago Press, 1991.

Pressman, Jeremy. *Warring Friends: Alliance Restraint in International Politics.* Ithaca: Cornell University Press, 2008.

Price, Richard and Nina Tannenwald. "Norms and Deterrence: The Nuclear and Chemical Weapons Taboos." In *The Culture of National Security: Norms and Identity in World Politics*, by Peter J. Katzenstein, pp. 114-152. New York: Columbia University Press, 1996.

Ramirez, Francisco O. and John Boli. "Global Patterns of Educational Institutionalization." In *Institutional Structure: Constituting State, Society, and the Individual*, by George M. Thomas, John W. Meyer, Francisco O. Ramirez and John Boli, pp.150-172. Beverly Hills: Sage Publication, 1987.

Rhodes, Edward. "Sea Change: Interest-Based VS. Cultural-Cognitive Accounts of Strategic Choice in the 1890s." *Security Studies, Vol. 5, No. 4*, Summer, 1996: pp. 73-124.

Risse-Kappen, Thomas. "Collective Identity in a Democratic Community: The Case of NATO." In *The Culture of National Security: Norms and Identity in World Politics*, by Peter J. Katzenstein. New York: Columbia University Press, 1996.

Rose, Gideon. "Neoclassical Realism and Theories of Foreign Policy." *World Politics, Vol. 51, No. 1*, October, 1998.

Ross, Robert S. "China's Naval Nationalism Sources, Prospects, and the U. S. Response." *International Security, Vol. 34. No. 2*, Fall 2009: pp. 46-81.

Rothstein, Robert L. *Alliances and Small Powers.* New York: Columbia University Press, 1968.

Rüger, Jan. "'The Last Word in Outward Splendour': The Cult of the Navy and the Imperial Age." In *The Navy and the Nation: The Influence of the Navy on Modern Australia*, by David Stevens and John Reeve, pp. 48-65. Crows Nest NSW: Allen & Unwin, 2005.

Ruggie, John Gerard. "Continuity and Transformation in the World Polity: Toward a Neorealist Synthesis." *World Politics, Vol. 35. No. 2*, January, 1983.

Saunders, Stephen. *Jane's Fighinting Ships 2001-2002.* Jane's Information Group, 2001.

______. *Jane's Fighting Ships 2001-2002.* Coulsdon, UK: Jane's Information Group, 2001.

______. *Jane's Fighting Ships 2005-2006.* Coulsdon, UK: Jane's Information Group, 2005.

______. *Jane's Fighting Ships 2008-2009.* Jane's Information Group: Cambridge University Press, 2008.

______. *Jane's Fighting Ships 2010-2011.* Virginia: Jane's Information Group Inc., 2010.

Schroeder, Paul W. "Alliances, 1815-1945: Weapons of Power and Tools of Management." In

Systems, Stability, and Statecraft: Essays on the International History of Modern Europe, by Paul W. Schroeder, pp. 195-222. New York: Palgrave, 2004. Co-edited by David Wetzel, Robert Jervis, and Jack S. Levy.

Semmel, Bernard, ed. *Marxism and the Science of War.* New York: Oxford University Press, 1981.

Sharp, General Walter L. "Statement of General Walter L. Sharp, Commander, United Nations Command; Commander, United States-Republic of Korea Combined Forces Command; and Commander, United States Forces Korea Before the Senate Armed Services Committee." 12 April, 2011.

Sharpe, Richard. *Jane's Fighting Ships.* Frome and London: Butler & Tanner Ltd., 1991-92.

______. *Jane's Fighting Ships 1990-91.* Coulsdon, UK: Jane's Information Group, 1990.

______. *Jane's Fighting Ships 1991-92.* Frome and London: Jane's Information Group, 1991.

______. *Jane's Fighting Ships 1995-96.* Frome and London: Butler and Tanner Ltd, 1995.

Shinn, Henry. "Overview." In *Insight into Dokdo: Historical, Political and Legal Perspective on Korea's Sovereignty*, by The Korea Herald and Hyun-jin Park, pp. 26-65. Seoul: Jimoondang, 2009.

Shulman, Mark Russell. *Navalism and Emerging of American Sea Power, 1882-1893.* Annapolis, Maryland: Naval Institute Press, 1995.

Sil, Rudra and Peter J. Katzenstein. *Beyond Paradigms: Analytic Eclecticism in the Study of World Politics.* New York: Palgrave MacMillan, 2010.

Skidmore, David and Valerie M. Hudson. *The Limits of State Autonomy: Societal Groups and Foreign Policy Formulation.* Boulder: Westview Press, 1993.

Slater, Jerome and Terry Nardin. "The Concept of a Military-Industrial Complex." In *Testing the Theory of the Military-Industrial Complex*, by Steven Ed. Rosen. Lexington, Mass: D. C. Heath and Company, 1973.

Slaughter, Anne-Marie. "The Real New World Order." *Foreign Affairs, Vol. 76, No. 5*, Sep.-Oct., 1997: pp. 183-197.

Smaldone, Joseph P. and Ronald D. McLaurin. "Supplier Controls in U. S. Arms Transfer Policy." In *The Dilemma of Third World Defense Industries: Supplier Control or Recipient Autonomy?*, by Kwang-Il Baek, Ronald D. McLaurin and Chung-in Moon. Inchon and Boulder: Center for International Studies, Inha University and Westview Press, Inc., 1989.

Snyder, Glenn H. *Alliance Politics.* Ithaca and London: Cornell University Press, 1997.

Snyder, Jack. *Myth of Empire: Domestic Politics and International Ambition.* Ithaca, NY: Cornell University Press, 1991.

Solingen, Etel. *Nuclear Logics: Contrasting Paths in East Asia and the Middle East.* Princeton: Princeton University Press, 2007.

Sprout, Harold and Margaret Sprout. *The Rise of American Naval Power 1776-1918.* Princeton: Princeton University Press, 1939.

Suchman, Mark C. and Dana P. Eyre. "Military Procurement as Rational Myth: Notes on the Social Construction of Weapons Proliferation." *Sociological Forum, Vol.7, No.1, Special Issue: Needed Sociological Research on Issues of War and Peace*, Mar., 1992: pp. 137-161.

Sun-Tzu. *The Art of Warfare.* New York: Ballantine Books, 1993. Translated, with an introduction and commentary, by Roger T. Ames.

Swidler, Ann. "Culture in Action: Symbols and Strategies." *American Sociological Review, Vol. 51, No. 2*, Apr.,1986: pp. 273-286.

The Economist. "Asia's Arms Race: Gearing Up." February 20, 1993.

The International Institute for Strategic Studies. *The Military Balance 1989-1990.* London: The International Institute for Strategic Studies, 1989.

______. *The Military Balance 1997/98.* London: Oxford University Press, 1997.

______. *The Military Balance 2000.* London: Routledge, 2000.

______. *The Military Balance 2010.* London: Routledge, 2010.

The Sea Lanes of Communication Study Group - Korea. *The SLOC Study Group - Korea's 30th Anniversary.* Seoul: The Sea Lanes of Communication Study Group - Korea, 2011.

The United Nations Conference on Trade and Development Secretariat. *Review of Maritime Transport 2011.* New York and Geneva: The United Nations, 2011.

Thomas, George M. and John W. Meyer. "Regime Change and State Power in an Intensifying World-State-System." In *Institutional Structure: Constituting State, Society, and the Individual*, by George M. Thomas, John W. Meyer, Francisco O. Ramirez and John Boli, pp. 92-110. Beverly Hills: Sage Publications, 1987.

Thomas, George M., John W. Meyer, Francisco O. Ramirez and John Boli. *Institutional Structure: Constituting State, Society, and the Individual.* Beverly Hills: Sage Publications, 1987.

Thompson, William R. and David Dreyer. *Handbook of Interstate Rivalries, 1494-2010.* Washington, D. C.: CQ Press, 2011.

Walt, Stephen M. "Alliance Formation and the Balance of World Power." *International Security, Vol. 9, No. 4*, Spring 1985.

Walt, Stephen M. *The Origins of Alliances.* Ithaca: Cornell University Press, 1987.

Waltz, Kenneth N. *Theory of International Politics.* Boston, New York: McGraw-Hill, 1979.

Watts, Barry D. *The US Defense Industrial Base: Past, Present and Future: Strategy for the Long Haul.* Washington, D. C.: Center for Strategic and Budgetary Assessment, 2008.

Weber, Max. *Economy and Society (edited by Guenther Roth and Claus Wittich), Vol. 2.* Berkely: Univesity of California Press, 1978.

Wedeen, Lisa. "Conceptualizing Culture: Possibilities for Political Science." *The American Political Science Review, Vol. 96, No. 4*, Dec., 2002: pp. 713-728.

Wendt, Alexander. "Anarchy is what states make of it: The social construction of power politics." *International Organization, Vol. 46*, 1992: pp. 391-425.

______. "Collective Identity Formation and the International State." *The American Political Science Review, Vol. 88, No. 2*, Jun.1994: pp. 384-396.

______. *Social Theory of International Politics.* Cambridge and New York: Cambridge University Press, 1999.

White, Ralph K. "Value Analysis: A Quantitative Method for describing Qualitative Date." *Journal of Social Psychology, 19:2*, May, 1944.

William L. Scully, Guy M. Hicks. *Japanese Defense Policy.* Washington D. C.: Heritage Foundation, May 1981.

Zacek, Jane Shapiro. "Russia in North Korean Foreign Policy." In *North Korean Foreign Relations*, by Samuel S. Kim. Hong Kong: Oxford University, 1998.

〈1차 자료〉

국내자료

전두환. 1981. 4. 6. 해군사관학교 제35기 졸업식 유시.

______. 1982. 4. 9. 해군사관학교 제36기 유시.

______. 1983. 4. 2. 해군사관학교 제37기 졸업식 유시.

김대중. 1998. 3. 18. 해군사관학교 제52기 졸업 및 임관식 연설.

______. 1999. 3. 12. 해군사관학교 제53기 졸업 및 임관식 연설.

______. 2000. 3. 16. 해군사관학교 제54기 졸업 및 임관식 연설.

______. 2001. 3. 19. 해군사관학교 제55기 졸업 및 임관식 연설.

______. 2002. 3. 14. 해군사관학교 제56기 졸업 및 임관식 연설.

______. 1998. 3. 16. 육군사관학교 제54기 졸업 및 임관식 연설.

______. 1999. 3. 8. 육군사관학교 제55기 졸업 및 임관식 연설.

______. 2000. 3. 14. 육군사관학교 제56기 졸업 및 임관식 연설.

______. 2001. 3. 13. 육군사관학교 제57기 졸업 및 임관식 연설.

______. 2002. 3. 7. 육군사관학교 제58기 졸업 및 임관식 연설.
______. 1998. 3. 20. 공군사관학교 제46기 졸업 및 임관식 연설.
______. 1999. 3. 10. 공군사관학교 제47기 졸업 및 임관식 연설.
______. 2000. 3. 17. 공군사관학교 제48기 졸업 및 임관식 연설.
______. 2001. 3. 20. 공군사관학교 제49기 졸업 및 임관식 연설.
______. 2002. 3. 12. 공군사관학교 제50기 졸업 및 임관식 연설.
김영삼. 1993. 3. 12. 해군사관학교 제47기 졸업 및 임관식 연설.
______. 1994. 3. 4. 해군사관학교 제48기 졸업 및 임관식 연설.
______. 1995. 3. 24. 해군사관학교 제49기 졸업 및 임관식 연설.
______. 1996. 3. 13. 해군사관학교 제50기 졸업 및 임관식 연설.
______. 1997. 3. 12. 해군사관학교 제51기 졸업 및 임관식 연설.
______. 1993. 3. 5. 육군사관학교 제49기 졸업 및 임관식 연설.
______. 1994. 3. 2. 육군사관학교 제50기 졸업 및 임관식 연설.
______. 1995. 3. 22. 육군사관학교 제51기 졸업 및 임관식 연설.
______. 1996. 3. 11. 육군사관학교 제52기 졸업 및 임관식 연설.
______. 1997. 3. 10. 육군사관학교 제53기 졸업 및 임관식 연설.
______. 1993. 3. 10. 공군사관학교 제41기 졸업 및 임관식 연설.
______. 1994. 3. 8. 공군사관학교 제42기 졸업 및 임관식 연설.
______. 1995. 3. 28. 공군사관학교 제43기 졸업 및 임관식 연설.
______. 1996. 3. 15. 공군사관학교 제44기 졸업 및 임관식 연설.
______. 1997. 3. 14. 공군사관학교 제45기 졸업 및 임관식 연설.

「한국 현대사 증언 TV 자서전」, KBS 1 TV(2012년 4월 1일 방송)

외교부. 『외교백서 1997』(서울: 대한민국 외교부). 1997. 165-166쪽.
외교통상부. 『외교백서 2003』(서울: 대한민국 외교통상부). 2003.
______. 『외교백서 2004』(서울: 대한민국 외교통상부). 2004.
______. 『외교백서 2010』(서울: 대한민국 외교통상부). 2010.
______. 『한국외교 60년, 1948~2008』(서울: 외교통상부). 2009. 252쪽.
해양수산부. 『해양수산 백서, 1996~2001』(서울: 대한민국 해양수산부). 2001. 16쪽.
국방부. 『국방백서 1990』(서울: 대한민국 국방부). 1990.

______. 『국방백서 1995~1996』(서울: 대한민국 국방부). 1995. 95쪽.
______. 『국방정책 1998~2002』(서울: 대한민국 국방부). 2002. 87쪽.
______. 『국방정책 2010』(서울: 대한민국 국방부). 2010.

국회사무처. 1988. 「1988년 국정감사 회의록(해군본부)」(서울: 대한민국 국회).
______. 1989. 「1989년 국정감사 회의록(해군본부)」(서울: 대한민국 국회).
______. 1990. 「1990년 국정감사 회의록(해군본부)」(서울: 대한민국 국회).
______. 1991. 「1991년 국정감사 회의록(해군본부)」(서울: 대한민국 국회).
______. 1992. 「1992년 국정감사 회의록(해군본부)」(서울: 대한민국 국회).
______. 1993. 「1993년 국정감사 회의록(해군본부)」(서울: 대한민국 국회).
______. 1994. 「1994년 국정감사 회의록(해군본부)」(서울: 대한민국 국회).
______. 1995. 「1995년 국정감사 회의록(해군본부)」(서울: 대한민국 국회).
______. 1996. 「1996년 국정감사 회의록(해군본부)」(서울: 대한민국 국회).
______. 1997. 「1997년 국정감사 회의록(해군본부)」(서울: 대한민국 국회).
______. 1998. 「1998년 국정감사 회의록(해군본부)」(서울: 대한민국 국회).
______. 1999. 「1999년 국정감사 회의록(해군본부)」(서울: 대한민국 국회).
______. 2000. 「2000년 국정감사 회의록(해군본부)」(서울: 대한민국 국회).
______. 2001. 「2001년 국정감사 회의록(해군본부)」(서울: 대한민국 국회).
______. 2002. 「2002년 국정감사 회의록(해군본부)」(서울: 대한민국 국회).
______. 2003. 「2003년 국정감사 회의록(해군본부)」(서울: 대한민국 국회).
______. 2004. 「2004년 국정감사 회의록(해군본부)」(서울: 대한민국 국회).
______. 2005. 「2005년 국정감사 회의록(해군본부)」(서울: 대한민국 국회).
______. 2006. 「2006년 국정감사 회의록(해군본부)」(서울: 대한민국 국회).
______. 2007. 「2007년 국정감사 회의록(해군본부)」(서울: 대한민국 국회).
______. 2008. 「2008년 국정감사 회의록(해군본부)」(서울: 대한민국 국회).
______. 2009. 「2009년 국정감사 회의록(해군본부)」(서울: 대한민국 국회).
______. 2010. 「2010년 국정감사 회의록(해군본부)」(서울: 대한민국 국회).
______. 1996. 「1996년 국정감사 회의록(국방부)」(서울: 대한민국 국회).
______. 2000. 「2000년 국정감사 회의록(국방부)」(서울: 대한민국 국회).
______. 2008. 「2008년 국정감사 회의록(국방부)」(서울: 대한민국 국회).
______. 2009. 「2009년 국정감사 회의록(국방부)」(서울: 대한민국 국회).

______. 1993.「1993년 국정감사 회의록(대우중공업)」(서울: 대한민국 국회).

______. 1995.「1995년 국정감사 회의록(대우중공업)」(서울: 대한민국 국회).

______. 1996.「1996년 국정감사 회의록(대우중공업)」(서울: 대한민국 국회).

______. 1997.「1997년 국정감사 회의록(대우중공업)」(서울: 대한민국 국회).

______. 1999.「1999년 국정감사 회의록(대우중공업)」(서울: 대한민국 국회).

______. 2000.「2000년 국정감사 회의록(대우조선공업)」(서울: 대한민국 국회).

______. 2003.「2003년 국정감사 회의록(현대중공업)」(서울: 대한민국 국회).

______. 2005.「2005년 국정감사 회의록(대우조선해양)」(서울: 대한민국 국회).

______. 2005.「2005년 국정감사 회의록(현대중공업)」(서울: 대한민국 국회).

노무현. 2003. 3. 13. 해군사관학교 제57기 졸업 및 임관식 연설.

______. 2004. 3. 12. 해군사관학교 제58기 졸업 및 임관식 연설.

______. 2007. 3. 2. 해군사관학교 제61기 졸업 및 임관식 연설.

______. 2003. 3. 11. 육군사관학교 제59기 졸업 및 임관식 연설.

______. 2004. 3. 9. 육군사관학교 제60기 졸업 및 임관식 연설.

______. 2006. 3. 3. 육군사관학교 제62기 졸업 및 임관식 연설.

______. 2003. 3. 18. 공군사관학교 제51기 졸업 및 임관식 연설.

______. 2005. 3. 8. 공군사관학교 제53기 졸업 및 임관식 연설.

노태우. 1988. 4. 7. 해군사관학교 제42기 졸업 및 임관식 연설.

______. 1989. 4. 7. 해군사관학교 제43기 졸업 및 임관식 연설.

______. 1990. 3. 9. 해군사관학교 제44기 졸업 및 임관식 연설.

______. 1991. 3. 8. 해군사관학교 제45기 졸업 및 임관식 연설.

외국자료

Division for Ocean Affairs and the Law of the Sea. *United Nations Convention on the Law of the Sea.* The United Nations, 10 December 1982.

General Headquarters of Supreme Commander for Allied Powers. "Governmental and Administrative Separation of Certain Outlying Areas from Japan." SCAPIN-677, 29 January 1946.

Joint Communique, 22nd Annual US-ROK Security Consultative Meeting. Washington, D. C., November 15, 1990.

Joint Communique, Tenth Annual US-ROK Security Consultative Meeting. Seoul, July 26, 1977.

Joint Communique, Twenty-Fourth Annual US-ROK Security Consultative Meeting. Washington, D. C., October 8, 1992.

Joint Communique, Twenty-Third Annual US-ROK Security Consultative Meeting. Seoul, November 22, 1991.

Joint Communique, Twenty-Third Annual US-ROK Security Consultative Meeting. Seoul, November 22, 1991.

National Security Council. "National Security Decision Memorandum 48." Washington, D. C., March 20, 1970.

Nunn, Senator Sam. *Congressional Record 101st Congress (1989-1990)*. July 31, 1989.

Office of the Historian, U.S. Department of State. "Letter From President Pak to President Johnson." In *Foreign Relations of the United States, 1964-1968. Volume XXIX, Part 1, Korea, Document 155*. Washington, D. C.: U. S. Department of State, February 5, 1968.

______. "Memorandum From Cyprus R. Vance to President Johnson." In *Foreign Relations of the United States, 1964-1968. Volume XXIX, Part 1, Korea, Document 181*. Washington, D. C.: U. S. Department of State, February 20, 1968.

______. "Notes of Meeting." In *Foreign Relations of the United States, 1964-1968. Volume XXIX, Part 1, Korea, Document 213*. Washington, D. C.: U. S. Department of State, January 23, 1968.

______. "Telegram From the Department of State to the Embassy in Korea." In *Foreign Relations of the United States, 1964-1968, Volume XXIX, Part 1, Korea, Document 151*. Washington, D. C.: U. S. Department of State, February 4, 1968.

______. "Telegram From the Embassy in Korea to the Department of State." In *Foreign Relations of the United States, 1964-1968. Volume XXIX, Part 1, Korea, Document 145*. Washington, D. C.: U. S. Department of State, January 24, 1968.

찾아보기

ㄱ

ㅁ

ㅂ

ㅅ

ㅇ

ㅈ